U0150910

向为创建中国卫星导航事业

并使之立于世界最前列而做出卓越贡献的北斗功臣们

致以深深的敬意！

"十三五"国家重点出版物
出版规划项目

卫星导航工程技术丛书

主　编　杨元喜
副主编　蔚保国

GNSS 网络 RTK 技术原理与工程应用

Theory of GNSS Network RTK and Engineering Applications

徐彦田　程鹏飞　秘金钟　成英燕　祝会忠　著

国防工業出版社
·北京·

内 容 简 介

本书在简要介绍网络 RTK(NRTK)基本原理的基础上,详细分析了网络 RTK 中各类误差特性以及处理方法,对网络 RTK 中关键问题——卫星导航定位基准站模糊度固定,基准站网空间相关误差改正方法(非差与虚拟参考站技术)和区域建模,流动站定位技术,进行了详细的分析和讨论,然后对国际海事无线电技术委员会(RTCM)标准格式、通过互联网进行 RTCM 传输的协议(NTRIP),以及网络 RTK 系统的建设与工程应用进行了详细介绍,最后通过不同省级卫星导航定位基准站数据实例分析验证了网络 RTK 定位虚拟参考站技术和非差网络 RTK 技术的定位精度。

本书适用于网络 RTK 系统建设、运行维护和使用人员阅读,也可用作大专院校测绘工程等专业的参考教材。

图书在版编目(CIP)数据

GNSS 网络 RTK 技术原理与工程应用 / 徐彦田等著. —北京 : 国防工业出版社, 2021.3
(卫星导航工程技术丛书)
ISBN 978-7-118-12159-9

Ⅰ. ①G… Ⅱ. ①徐… Ⅲ. ①全球定位系统-测量技术 Ⅳ. ①P228.4

中国版本图书馆 CIP 数据核字(2020)第 140676 号

审图号 GS(2020)3500 号

※

国防工业出版社出版发行
(北京市海淀区紫竹院南路 23 号 邮政编码 100048)
天津嘉恒印务有限公司印刷
新华书店经售
*

开本 710×1000 1/16 **插页** 12 **印张** 16¼ **字数** 298 千字
2021 年 3 月第 1 版第 1 次印刷 **印数** 1—2000 册 **定价** 118.00 元

国防书店:(010)88540777 书店传真:(010)88540776
发行业务:(010)88540717 发行传真:(010)88540762

孙家栋院士为本套丛书致辞

探索中国北斗自主创新之路
凝练卫星导航工程技术之果

当今世界,卫星导航系统覆盖全球,应用服务广泛渗透,科技影响如日中天。

我国卫星导航事业从北斗一号工程开始到北斗三号工程,已经走过了二十六个春秋。在长达四分之一世纪的艰辛发展历程中,北斗卫星导航系统从无到有,从小到大,从弱到强,从区域到全球,从单一星座到高中轨混合星座,从 RDSS 到 RNSS,从定位授时到位置报告,从差分增强到精密单点定位,从星地站间组网到星间链路组网,不断演进和升级,形成了包括卫星导航及其增强系统的研究规划、研制生产、测试运行及产业化应用的综合体系,培养造就了一支高水平、高素质的专业人才队伍,为我国卫星导航事业的蓬勃发展奠定了坚实基础。

如今北斗已开启全球时代,打造"天上好用,地上用好"的自主卫星导航系统任务已初步实现,我国卫星导航事业也已跻身于国际先进水平,领域专家们认为有必要对以往的工作进行回顾和总结,将积累的工程技术、管理成果进行系统的梳理、凝练和提高,以利再战,同时也有必要充分利用前期积累的成果指导工程研制、系统应用和人才培养,因此决定撰写一套卫星导航工程技术丛书,为国家导航事业,也为参与者留下宝贵的知识财富和经验积淀。

在各位北斗专家及国防工业出版社的共同努力下,历经八年时间,这套导航丛书终于得以顺利出版。这是一件十分可喜可贺的大事!丛书展示了从北斗二号到北斗三号的历史性跨越,体系完整,理论与工程实践相结合，突出北斗卫星导航自主创新精神，注意与国际先进技术融合与接轨，展现了“中国的北斗，世界的北斗，一流的北斗”之大气！每一本书都是作者亲身工作成果的凝练和升华，相信能够为相关领域的发展和人才培养做出贡献。

“只要你管这件事，就要认认真真负责到底。”这是中国航天界的习惯，也是本套丛书作者的特点。我与丛书作者多有相识与共事，深知他们在北斗卫星导航科研和工程实践中取得了巨大成就，并积累了丰富经验。现在他们又在百忙之中牺牲休息时间来著书立说，继续弘扬“自主创新、开放融合、万众一心、追求卓越”的北斗精神，力争在学术出版界再现北斗的光辉形象，为北斗事业的后续发展鼎力相助，为导航技术的代代相传添砖加瓦。为他们喝彩！更由衷地感谢他们的巨大付出！由这些科研骨干潜心写成的著作，内蓄十足的含金量！我相信这套丛书一定具有鲜明的中国北斗特色，一定经得起时间的考验。

我一辈子都在航天战线工作，虽然已年逾九旬，但仍愿为北斗卫星导航事业的发展而思考和实践。人才培养是我国科技发展第一要事，令人欣慰的是，这套丛书非常及时地全面总结了中国北斗卫星导航的工程经验、理论方法、技术成果，可谓承前启后，必将有助于我国卫星导航系统的推广应用以及人才培养。我推荐从事这方面工作的科研人员以及在校师生都能读好这套丛书，它一定能给你启发和帮助，有助于你的进步与成长，从而为我国全球北斗卫星导航事业又好又快发展做出更多更大的贡献。

2020 年 8 月

祝贺卫星导航工程技术丛书

圆满出版

杨元喜

于 2019 年第十届中国卫星导航年会期间题词。

期待卫星导航工程技术丛书

助力中国北斗系统发展

周成虎

于 2019 年第十届中国卫星导航年会期间题词。

卫星导航工程技术丛书
编审委员会

卫星导航工程技术丛书
编写委员会

从书序

宇宙浩瀚、海洋无际、大漠无垠、丛林层密、山峦叠嶂，这就是我们生活的空间，这就是我们探索的远方。我在何处？我之去向？这是我们每天都必须面对的问题。从原始人巡游狩猎、航行海洋，到近代人周游世界、遨游太空，无一不需要定位和导航。

正如《北斗赋》所描述，乘舟而惑，不知东西，见斗则寤矣。又戒之，瀚海识途，昼则观日，夜则观星矣。我们的祖先不仅为后人指明了"昼观日，夜观星"的天文导航法，而且还发明了"司南"或"指南针"定向法。我们为祖先的聪颖智慧而自豪，但是又不得不面临新的定位、导航与授时(PNT)需求。信息化社会、智能化建设、智慧城市、数字地球、物联网、大数据等，无一不需要统一时间、空间信息的支持。为顺应新的需求，"卫星导航"应运而生。

卫星导航始于美国子午仪系统，成形于美国的全球定位系统(GPS)和俄罗斯的全球卫星导航系统(GLONASS)，发展于中国的北斗卫星导航系统(BDS)(简称"北斗系统")和欧盟的伽利略卫星导航系统(简称"Galileo 系统")，补充于印度及日本的区域卫星导航系统。卫星导航系统是时间、空间信息服务的基础设施，是国防建设和国家经济建设的基础设施，也是政治大国、经济强国、科技强国的基本象征。

中国的北斗系统不仅是我国 PNT 体系的重要基础设施，也是国家经济、科技与社会发展的重要标志，是改革开放的重要成果之一。北斗系统不仅"标新""立异"，而且"特色"鲜明。标新于设计(混合星座、信号调制、云平台运控、星间链路、全球报文通信等)，立异于功能(一体化星基增强、嵌入式精密单点定位、嵌入式全球搜救等服务)，特色于应用(报文通信、精密位置服务等)。标新立异和特色服务是北斗系统的立身之本，也是北斗系统推广应用的基础。

2020 年 6 月 23 日，北斗系统最后一颗卫星发射升空，标志着中国北斗全球卫星导航系统卫星组网完成；2020 年 7 月 31 日，北斗系统正式向全球用户开通服务，标志着中国北斗全球卫星导航系统进入运行维护阶段。为了全面反映中国北斗系统建设成果,同时也为了推进北斗系统的广泛应用,我们紧跟北斗工程的成功进展,组织北斗系统建设的部分技术骨干,撰写了卫星导航工程技术丛书,系统地描述北斗系统的最新发展、创新设计和特色应用成果。丛书共 26 个分册,分别介绍如下:

卫星导航定位遵循几何交会原理,但又涉及无线电信号传输的大气物理特性以及卫星动力学效应。《卫星导航定位原理》全面阐述卫星导航定位的基本概念和基本原理,侧重卫星导航概念描述和理论论述,包括北斗系统的卫星无线电测定业务(RDSS)原理、卫星无线电导航业务(RNSS)原理、北斗三频信号最优组合、精密定轨与时间同步、精密定位模型和自主导航理论与算法等。其中北斗三频信号最优组合、自适应卫星轨道测定、自主定轨理论与方法、自适应导航定位等均是作者团队近年来的研究成果。此外,该书第一次较详细地描述了“综合 PNT”、“微 PNT”和“弹性 PNT”基本框架,这些都可望成为未来 PNT 的主要发展方向。

北斗系统由空间段、地面运行控制系统和用户段三部分构成,其中空间段的组网卫星是系统建设最关键的核心组成部分。《北斗导航卫星》描述我国北斗导航卫星研制历程及其取得的成果,论述导航卫星环境和任务要求、导航卫星总体设计、导航卫星平台、卫星有效载荷和星间链路等内容,并对未来卫星导航系统和关键技术的发展进行展望,特色的载荷、特色的功能设计、特色的组网,成就了特色的北斗导航卫星星座。

卫星导航信号的连续可用是卫星导航系统的根本要求。《北斗导航卫星可靠性工程》描述北斗导航卫星在工程研制中的系列可靠性研究成果和经验。围绕高可靠性、高可用性,论述导航卫星及星座的可靠性定性定量要求、可靠性设计、可靠性建模与分析等,侧重描述可靠性指标论证和分解、星座及卫星可用性设计、中断及可用性分析、可靠性试验、可靠性专项实施等内容。围绕导航卫星批量研制,分析可靠性工作的特殊性,介绍工艺可靠性、过程故障模式及其影响、贮存可靠性、备份星论证等批产可靠性保证技术内容。

卫星导航系统的运行与服务需要精密的时间同步和高精度的卫星轨道支持。《卫星导航时间同步与精密定轨》侧重描述北斗导航卫星高精度时间同步与精密定轨相关理论与方法,包括:相对论框架下时间比对基本原理、星地/站间各种时间比对技术及误差分析、高精度钟差预报方法、常规状态下导航卫星轨道精密测定与预报等;围绕北斗系统独有的技术体制和运行服务特点,详细论述星地无线电双向时间比对、地球静止轨道/倾斜地球同步轨道/中圆地球轨道(GEO/IGSO/MEO)混合星座精密定轨及轨道快速恢复、基于星间链路的时间同步与精密定轨、多源数据系统性偏差综合解算等前沿技术与方法；同时，从系统信息生成者角度，给出用户使用北斗卫星导航电文的具体建议。

北斗卫星发射与早期轨道段测控、长期运行段卫星及星座高效测控是北斗卫星发射组网、补网，系统连续、稳定、可靠运行与服务的核心要素之一。《导航星座测控管理系统》详细描述北斗系统的卫星/星座测控管理总体设计、系列关键技术及其解决途径，如测控系统总体设计、地面测控网总体设计、基于轨道参数偏置的 MEO 和 IGSO 卫星摄动补偿方法、MEO 卫星轨道构型重构控制评价指标体系及优化方案、分布式数据中心设计方法、数据一体化存储与多级共享自动迁移设计等。

波束测量是卫星测控的重要创新技术。《卫星导航数字多波束测量系统》阐述数字波束形成与扩频测量传输深度融合机理，梳理数字多波束多星测量技术体制的最新成果，包括全分散式数字多波束测量装备体系架构、单站系统对多星的高效测量管理技术、数字波束时延概念、数字多波束时延综合处理方法、收发链路波束时延误差控制、数字波束时延在线精确标校管理等，描述复杂星座时空测量的地面基准确定、恒相位中心多波束动态优化算法、多波束相位中心恒定解决方案、数字波束合成条件下高精度星地链路测量、数字多波束测量系统性能测试方法等。

工程测试是北斗系统建设与应用的重要环节。《卫星导航系统工程测试技术》结合我国北斗三号工程建设中的重大测试、联试及试验，成体系地介绍卫星导航系统工程的测试评估技术，既包括卫星导航工程的卫星、地面运行控制、应用三大组成部分的测试技术及系统间大型测试与试验，也包括工程测试中的组织管理、基础理论和时延测量等关键技术。其中星地对接试验、卫星在轨测试技术、地面运行控制系统测试等内容都是我国北斗三号工程建设的实践成果。

卫星之间的星间链路体系是北斗三号卫星导航系统的重要标志之一，为北斗系统的全球服务奠定了坚实基础，也为构建未来天基信息网络提供了技术支撑。《卫星导航系统星间链路测量与通信原理》介绍卫星导航系统星间链路测量通信概念、理论与方法，论述星间链路在星历预报、卫星之间数据传输、动态无线组网、卫星导航系统性能提升等方面的重要作用，反映了我国全球卫星导航系统星间链路测量通信技术的最新成果。

自主导航技术是保证北斗地面系统应对突发灾难事件、可靠维持系统常规服务性能的重要手段。《北斗导航卫星自主导航原理与方法》详细介绍了自主导航的基本理论、星座自主定轨与时间同步技术、卫星自主完好性监测技术等自主导航关键技术及解决方法。内容既有理论分析,也有仿真和实测数据验证。其中在自主时空基准维持、自主定轨与时间同步算法设计等方面的研究成果,反映了北斗自主导航理论和工程应用方面的新进展。

卫星导航“完好性”是安全导航定位的核心指标之一。《卫星导航系统完好性原理与方法》全面阐述系统基本完好性监测、接收机自主完好性监测、星基增强系统完好性监测、地基增强系统完好性监测、卫星自主完好性监测等原理和方法,重点介绍相应的系统方案设计、监测处理方法、算法原理、完好性性能保证等内容,详细描述我国北斗系统完好性设计与实现技术,如基于地面运行控制系统的基本完好性的监测体系、顾及卫星自主完好性的监测体系、系统基本完好性和用户端有机结合的监测体系、完好性性能测试评估方法等。

时间是卫星导航的基础,也是卫星导航服务的重要内容。《时间基准与授时服务》从时间的概念形成开始:阐述从古代到现代人类关于时间的基本认识,时间频率的理论形成、技术发展、工程应用及未来前景等;介绍早期的牛顿绝对时空观、现代的爱因斯坦相对时空观及以霍金为代表的宇宙学时空观等;总结梳理各类时空观的内涵、特点、关系,重点分析相对论框架下的常用理论时标,并给出相互转换关系;重点阐述针对我国北斗系统的时间频率体系研究、体制设计、工程应用等关键问题,特别对时间频率与卫星导航系统地面、卫星、用户等各部分之间的密切关系进行了较深入的理论分析。

卫星导航系统本质上是一种高精度的时间频率测量系统,通过对时间信号的测量实现精密测距,进而实现高精度的定位、导航和授时服务。《卫星导航精密时间传递系统及应用》以卫星导航系统中的时间为切入点,全面系统地阐述卫星导航系统中的高精度时间传递技术,包括卫星导航授时技术、星地时间传递技术、卫星双向时间传递技术、光纤时间频率传递技术、卫星共视时间传递技术,以及时间传递技术在多个领域中的应用案例。

空间导航信号是连接导航卫星、地面运行控制系统和用户之间的纽带,其质量的好坏直接关系到全球卫星导航系统(GNSS)的定位、测速和授时性能。《GNSS 空间信号质量监测评估》从卫星导航系统地面运行控制和测试角度出发,介绍导航信号生成、空间传播、接收处理等环节的数学模型,并从时域、频域、测量域、调制域和相关域监测评估等方面,系统描述工程实现算法,分析实测数据,重点阐述低失真接收、交替采样、信号重构与监测评估等关键技术,最后对空间信号质量监测评估系统体系结构、工作原理、工作模式等进行论述,同时对空间信号质量监测评估应用实践进行总结。

北斗系统地面运行控制系统建设与维护是一项极其复杂的工程。地面运行控制系统的仿真测试与模拟训练是北斗系统建设的重要支撑。《卫星导航地面运行控制系统仿真测试与模拟训练技术》详细阐述地面运行控制系统主要业务的仿真测试理论与方法，系统分析全球主要卫星导航系统地面控制段的功能组成及特点，描述地面控制段一整套仿真测试理论和方法，包括卫星导航数学建模与仿真方法、仿真模型的有效性验证方法、虚-实结合的仿真测试方法、面向协议测试的通用接口仿真方法、复杂仿真系统的开放式体系架构设计方法等。最后分析了地面运行控制系统操作人员岗前培训对训练环境和训练设备的需求，提出利用仿真系统支持地面操作人员岗前培训的技术和具体实施方法。

卫星导航信号严重受制于地球空间电离层延迟的影响，利用该影响可实现电离层变化的精细监测，进而提升卫星导航电离层延迟修正效果。《卫星导航电离层建模与应用》结合北斗系统建设和应用需求，重点论述了北斗系统广播电离层延迟及区域增强电离层延迟改正模型、码偏差处理方法及电离层模型精化与电离层变化监测等内容，主要包括北斗全球广播电离层时延改正模型、北斗全球卫星导航差分码偏差处理方法、面向我国低纬地区的北斗区域增强电离层延迟修正模型、卫星导航全球广播电离层模型改进、卫星导航全球与区域电离层延迟精确建模、卫星导航电离层层析反演及扰动探测方法、卫星导航定位电离层时延修正的典型方法等，体系化地阐述和总结了北斗系统电离层建模的理论、方法与应用成果及特色。

卫星导航终端是卫星导航系统服务的端点，也是体现系统服务性能的重要载体，所以卫星导航终端本身必须具备良好的性能。《卫星导航终端测试系统原理与应用》详细介绍并分析卫星导航终端测试系统的分类和实现原理，包括卫星导航终端的室内测试、室外测试、抗干扰测试等系统的构成和实现方法以及我国第一个大型室外导航终端测试环境的设计技术，并详述各种测试系统的工程实践技术，形成卫星导航终端测试系统理论研究和工程应用的较完整体系。

卫星导航系统 PNT 服务的精度、完好性、连续性、可用性是系统的关键指标，而卫星导航系统必然存在卫星轨道误差、钟差以及信号大气传播误差，需要增强系统来提高服务精度和完好性等关键指标。卫星导航增强系统是有效削弱大多数系统误差的重要手段。《卫星导航增强系统原理与应用》根据国际民航组织有关全球卫星导航系统服务的标准和操作规范，详细阐述了卫星导航系统的星基增强系统、地基增强系统、空基增强系统以及差分系统和低轨移动卫星导航增强系统的原理与应用。

与卫星导航增强系统原理相似，实时动态（RTK）定位也采用差分定位原理削弱各类系统误差的影响。《GNSS 网络 RTK 技术原理与工程应用》侧重介绍网络 RTK 技术原理和工作模式。结合北斗系统发展应用，详细分析网络 RTK 定位模型和各类误差特性以及处理方法、基于基准站的大气延迟和整周模糊度估计与北斗三频模糊度快速固定算法等，论述空间相关误差区域建模原理、基准站双差模糊度转换为非差模糊度相关技术途径以及基准站双差和非差一体化定位方法，综合介绍网络 RTK 技术在测绘、精准农业、变形监测等方面的应用。

GNSS 精密单点定位（PPP）技术是在卫星导航增强原理和 RTK 原理的基础上发展起来的精密定位技术，PPP 方法一经提出即得到同行的极大关注。《GNSS 精密单点定位理论方法及其应用》是国内第一本全面系统论述 GNSS 精密单点定位理论、模型、技术方法和应用的学术专著。该书从非差观测方程出发，推导并建立 BDS/GNSS 单频、双频、三频及多频 PPP 的函数模型和随机模型，详细讨论非差观测数据预处理及各类误差处理策略、缩短 PPP 收敛时间的系列创新模型和技术，介绍 PPP 质量控制与质量评估方法、PPP 整周模糊度解算理论和方法，包括基于原始观测模型的北斗三频载波相位小数偏差的分离、估计和外推问题，以及利用连续运行参考站网增强 PPP 的概念和方法，阐述实时精密单点定位的关键技术和典型应用。

GNSS 信号到达地表产生多路径延迟，是 GNSS 导航定位的主要误差源之一，反过来可以估计地表介质特征，即 GNSS 反射测量。《GNSS 反射测量原理与应用》详细、全面地介绍全球卫星导航系统反射测量原理、方法及应用，包括 GNSS 反射信号特征、多路径反射测量、干涉模式技术、多普勒时延图、空基 GNSS 反射测量理论、海洋遥感、水文遥感、植被遥感和冰川遥感等，其中利用 BDS/GNSS 反射测量估计海平面变化、海面风场、有效波高、积雪变化、土壤湿度、冻土变化和植被生长量等内容都是作者的最新研究成果。

伪卫星定位系统是卫星导航系统的重要补充和增强手段。《GNSS 伪卫星定位系统原理与应用》首先系统总结国际上伪卫星定位系统发展的历程，进而系统描述北斗伪卫星导航系统的应用需求和相关理论方法，涵盖信号传输与多路径效应、测量误差模型等多个方面，系统描述 GNSS 伪卫星定位系统（中国伽利略测试场测试型伪卫星）、自组网伪卫星系统（Locata 伪卫星和转发式伪卫星）、GNSS 伪卫星增强系统（闭环同步伪卫星和非同步伪卫星）等体系结构、组网与高精度时间同步技术、测量与定位方法等，系统总结 GNSS 伪卫星在各个领域的成功应用案例，包括测绘、工业控制、军事导航和 GNSS 测试试验等，充分体现出 GNSS 伪卫星的“高精度、高完好性、高连续性和高可用性”的应用特性和应用趋势。

GNSS 存在易受干扰和欺骗的缺点，但若与惯性导航系统（INS）组合，则能发挥两者的优势，提高导航系统的综合性能。《高精度 GNSS/INS 组合定位及测姿技术》系统描述北斗卫星导航/惯性导航相结合的组合定位基础理论、关键技术以及工程实践，重点阐述不同方式组合定位的基本原理、误差建模、关键技术以及工程实践等，并将组合定位与高精度定位相互融合，依托移动测绘车组合定位系统进行典型设计，然后详细介绍组合定位系统的多种应用。

未来 PNT 应用需求逐渐呈现出多样化的特征，单一导航源在可用性、连续性和稳健性方面通常不能全面满足需求，多源信息融合能够实现不同导航源的优势互补，提升 PNT 服务的连续性和可靠性。《多源融合导航技术及其演进》系统分析现有主要导航手段的特点、多源融合导航终端的总体构架、多源导航信息时空基准统一方法、导航源质量评估与故障检测方法、多源融合导航场景感知技术、多源融合数据处理方法等，依托车辆的室内外无缝定位应用进行典型设计，探讨多源融合导航技术未来发展趋势，以及多源融合导航在 PNT 体系中的作用和地位等。

卫星导航系统是典型的军民两用系统，一定程度上改变了人类的生产、生活和斗争方式。《卫星导航系统典型应用》从定位服务、位置报告、导航服务、授时服务和军事应用 5 个维度系统阐述卫星导航系统的应用范例。“天上好用，地上用好”，北斗卫星导航系统只有服务于国计民生，才能产生价值。

海洋定位、导航、授时、报文通信以及搜救是北斗系统对海事应用的重要特色贡献。《北斗卫星导航系统海事应用》梳理分析国际海事组织、国际电信联盟、国际海事无线电技术委员会等相关国际组织发布的 GNSS 在海事领域应用的相关技术标准，详细阐述全球海上遇险与安全系统、船舶自动识别系统、船舶动态监控系统、船舶远程识别与跟踪系统以及海事增强系统等的工作原理及在海事导航领域的具体应用。

将卫星导航技术应用于民用航空，并满足飞行安全性对导航完好性的严格要求，其核心是卫星导航增强技术。未来的全球卫星导航系统将呈现多个星座共同运行的局面，每个星座均向民航用户提供至少 2 个频率的导航信号。双频多星座卫星导航增强技术已经成为国际民航下一代航空运输系统的核心技术。《民用航空卫星导航增强新技术与应用》系统阐述多星座卫星导航系统的运行概念、先进接收机自主完好性监测技术、双频多星座星基增强技术、双频多星座地基增强技术和实时精密定位技术等的原理和方法,介绍双频多星座卫星导航系统在民航领域应用的关键技术、算法实现和应用实施等。

本丛书全面反映了我国北斗系统建设工程的主要成就,包括导航定位原理,工程实现技术,卫星平台和各类载荷技术,信号传输与处理理论及技术,用户定位、导航、授时处理技术等。各分册:虽有侧重,但又相互衔接;虽自成体系,又避免大量重复。整套丛书力求理论严密、方法实用,工程建设内容力求系统,应用领域力求全面,适合从事卫星导航工程建设、科研与教学人员学习参考,同时也为从事北斗系统应用研究和开发的广大科技人员提供技术借鉴,从而为建成更加完善的北斗综合 PNT 体系做出贡献。

最后,让我们从中国科技发展史的角度,来评价编撰和出版本丛书的深远意义,那就是:将中国卫星导航事业发展的重要的里程碑式的阶段永远地铭刻在历史的丰碑上!

2020 年 8 月

前 言

全球卫星导航系统(GNSS)是一种以卫星为基础的可供军民共享的空基无线电系统,具备全球性、全天候、高精度的导航定位和授时能力,在军事、国民经济建设、导航定位和科学研究等领域得到了广泛应用。随着 GNSS 现代化进程尤其是北斗卫星导航系统的圆满建成,GNSS 定位技术及其辅助基础设施得到了快速发展,实时性越来越好、精确性越来越高,全国范围各种用途的卫星导航定位基准站逐步建立起来,基于基准站网实时动态定位服务的网络 RTK(NRTK)技术,作为 GNSS 新一代的实时厘米级定位也得到了越来越多的应用。

网络 RTK 理论是多种先进技术的融合体,结合了现代通信技术、信息网络分发技术、计算机存储及处理技术、GNSS 卫星定位系统误差处理技术及现代大地测量技术。网络 RTK 技术弥补了常规 RTK 的不足,在一定区域内建立多个连续观测卫星导航定位基准站,对该地区构成网状覆盖,并进行连续跟踪观测,通过基准站网络观测数据的实时解算,精确地估算区域的空间相关误差,以此生成用户端 RTK 改正信息,并通过现代通信手段实时发送给用户进行 RTK 定位,实现高可靠性、实时、动态、高精度定位。

本书介绍网络 RTK 定位基本原理,分析网络 RTK 技术中各类误差特性以及处理模型,详细论述卫星导航定位基准站模糊度固定、空间相关误差改正方法和区域建模算法、流动站定位技术等网络 RTK 关键技术,同时对网络 RTK 系统服务协议NTRIP(通过互联网进行 RTCM 网络传输的协议)、RTCM(海事无线电技术委员会)标准格式以及网络 RTK 系统的建设与工程应用进行了介绍。全书分为 10 章,包括网络 RTK 技术现状与发展、网络 RTK 基本原理、基准站网误差分析、基准站双差模糊度快速固定及转换为非差模糊度的技术理论、空间相关误差区域建模、非差网络 RTK 改正方法,NTRIP 和 RTCM 标准格式、系统建设和工程应用等。

第 1 章介绍 GNSS 现状与发展趋势以及网络 RTK 技术的工作原理、技术特点和相关问题的国内外研究现状,并对网络 RTK 技术的基础理论进行了分析和研究。

第 2 章给出 GNSS 的时空基准,推导了差分定位的数学模型、单差和双差观测值的组成及其观测方程的线性化。分析了 GNSS 观测值和常用的线性组合观测值及其组合特性;采用电离层残差法和改进的伪距/相位组合法进行周跳探测分析。

第 3 章对网络 RTK 技术中空间相关误差和非空间相关误差进行详细分析,特别对广播星历、超快预报星历以及双差对流层延迟、双差电离层延迟及地球自转进行了定量分析,得到一些统计信息和先验参数,并给出相应的改正方法。

第 4 章对基准站间模糊度快速解算理论进行分析研究,采用常规相位组合滤波算法以及非组合滤波算法实现双频或三频模糊度的快速固定,针对北斗全三频的特点,提出了北斗三频模糊度的快速固定算法及固定准则,提出了双差模糊度转换为非差模糊度的技术原理。

第 5 章对网络 RTK 虚拟参考站技术空间相关误差区域建模原理进行比较分析,主要有线性组合法(LCA)、基于距离线性内插法(DIA)、线性内插法(LIA)、低阶曲面法(LSA)、平差配置法(LSC),并试验上述模型的双差对流层延迟和双差电离层延迟的区域建模精度。

第 6 章介绍网络 RTK 中区域误差的非差改正方法,推导了伪距观测值和载波相位观测值的非差误差改正数的计算公式和流动站误差改正过程。在非差误差改正方法的基础上,进一步介绍分类区域误差非差改正方法,并详细给出了分类误差非差改正数的计算及流动站的误差改正过程。

第 7 章分析常规的 RTK 多历元卡尔曼滤波动态定位算法和北斗卫星导航系统(BDS)三频单历元模糊度算法,针对非差网络 RTK 非差误差改正数的情况下,进行流动站整周模糊度的固定算法,给出了具体的公式推导和实现方法以及实例分析。

第 8 章分析网络 RTK 网络通信、NTRIP,数据传输 RTCM 格式等。

第 9 章分析网络 RTK 数据中心系统建设,主要包括基准站子系统、数据中心子系统、数据通信网络、网络 RTK 技术指标和应用申请等。

第 10 章介绍网络 RTK 系统工程应用,主要包括参考框架建立和维持、测绘工程应用、智能交通应用、精准农业应用、变形监测应用。

本书的部分理论研究工作得到了国家“863”计划项目“低成本高精度 GNSS/INS 深耦合系统与应用示范项目”,国家青年科学基金项目“基于长距离参考站网的 GPS/BDS 高精度实时动态定位算法研究”和黑龙江省应用技术研究与开发计划重大项目“北斗地基增强导航定位与 HLJCORS 融合服务研究”等资助。

本书由中国测绘科学研究院的徐彦田副研究员、程鹏飞研究员、秘金钟研究员和成英燕研究员,辽宁工程技术大学测绘学院祝会忠副教授共同撰写。李博、徐宗秋、高猛等博士和王铎、王艺希、陈文涛、赵硕、王楚扬和杨航等硕士研究生为书中算例处理和外业测试、参考文献整理、公式编辑和文字校对等繁琐工作付出了辛勤的努力。

感谢四川省第一测绘工程院 CORS[①] 中心陈线春和张芯、黑龙江省第一测绘工程院 CORS 中心吕立楠、赵忠海等提供测试环境并提出宝贵修改意见。

由于作者水平有限，书中难免有疏漏和不足，恳请读者朋友批评指正。

作者

2020 年 8 月

① CORS——连续运行参考站。

目录

第1章　绪　　论

网络RTK(NRTK)技术作为全球卫星导航系统(GNSS)新一代的高精度实时导航定位技术,是基于卫星导航定位基准站网的动态导航定位服务技术,融合了全球卫星导航系统、网络通信和计算机处理等多种先进技术。GPS网络RTK技术从1998年开始发展,经过多年的不断完善,目前作为GPS高精度定位的最主要方式得到了广泛的应用,不断适应社会发展对位置信息实时性、精确性的需要。随着我国北斗卫星导航系统的快速发展和应用,如何在已有的GPS网络RTK技术的基础上快速发展应用GPS/BDS网络RTK技术需要理论技术指导。

1.1　引　　言

全球卫星导航系统(GNSS)指一个能在地球表面或近地空间的任何地点为适当装备的用户提供24h、三维坐标和速度以及时间信息的空基无线电定位系统,包括一个或多个卫星星座及其支持特定工作所需的增强系统[1]。GNSS卫星导航定位技术能够实现全球性、全天候、高精度的导航定位,并在军事、空间技术、国民经济建设等领域得到了广泛的应用。

目前,GNSS应用最广泛的是美国的全球定位系统(GPS)。我国的北斗卫星导航系统(BDS)已经正式向亚太地区提供无源定位、导航和授时服务。北斗卫星导航系统按照"先区域、后全球,先有源、后无源"的建设思路,实施"三步走"的发展战略稳步推进系统建设。2012年年底,北斗卫星导航系统正式对外向全世界公开宣布提供无源定位、导航和授时服务。从2015年以来,5颗新一代北斗导航卫星和2颗区域服务备份卫星准确进入预定轨道,标志着北斗卫星导航系统由区域运行向全球拓展的建设目标迈出了坚实的一步。BDS白皮书的发布进一步说明BDS可快速实现区域服务能力,正沿着为全球服务的发展路径稳步前进,截至2019年2月,全球北斗三代卫星达到19颗,正式开启全球组网服务模式,并于2020年实现全球范围的导航、定位、授时服务,北斗系统的成熟丰富了世界卫星导航事业的发展模式。

卫星导航定位基准站(以下简称基准站)作为地理空间信息基础设施建设的重点,使得网络实时动态定位服务技术(简称网络RTK技术)成为现实,是支持基准站覆盖范围内分米级和厘米级实时动态定位的多功能导航定位服务系统,作为GNSS

新一代的实时动态(RTK)定位技术得到了广泛的应用。网络 RTK 技术是多种先进技术的融合体,结合了现代通信技术、信息网络分发技术、计算机存储及处理技术、区域卫星导航定位系统误差处理技术及现代大地测量技术。

到目前为止,以 GPS 为主的网络 RTK 技术得到了快速发展应用,国内外许多地区和国家纷纷建立了不同规模的基准站网,如美国、加拿大、德国、日本等国都建立了国家级基准站系统,提供多功能网络 RTK 服务,以上网络 RTK 系统都是基于 GPS 和俄罗斯全球卫星导航系统(GLONASS)开展的研究,我国全国范围和省级基准站系统建设也基本完成。随着北斗卫星导航系统的发展、全球布网,三频信号的播发,需要在已有的 GPS 基础设施上,发展北斗网络 RTK 系统,发挥多频和混合星座的优势,实现 GPS/BDS 组合的网络 RTK 系统,为全球范围的导航定位服务。

本书从 GNSS 网络 RTK 技术原理开始阐述,推导网络 RTK 技术的定位模型,包括双差网络 RTK 技术和非差网络 RTK 技术,结合北斗卫星导航系统的特性对网络 RTK 技术中基准站模糊度实时固定、GNSS 观测值空间相关误差改正方法及流动站定位 3 个关键技术进行详细介绍,并进行应用实例分析。

1.2 网络 RTK 技术简介

1.2.1 RTK 技术

常规 RTK 技术是以一个已知坐标(或假定已知)的测站为基准站,基于载波相位观测值的一种实时动态差分定位技术。流动站用户在基准站周围作业,两站相距一般不超过 15km,从而基准站和流动站的共视卫星相同,具有相近的卫星轨道误差、电离层延迟误差和中性大气延迟误差等影响。基准站和流动站的同步观测数据差分技术处理后,消除了接收机钟和卫星钟误差,而流动站的卫星星历误差、电离层延迟误差和中性大气延迟误差被大大削弱,从而获得高精度的双差观测值,可进行流动站双差整周模糊度的解算,得到厘米级的定位结果,如图 1.1 所示。

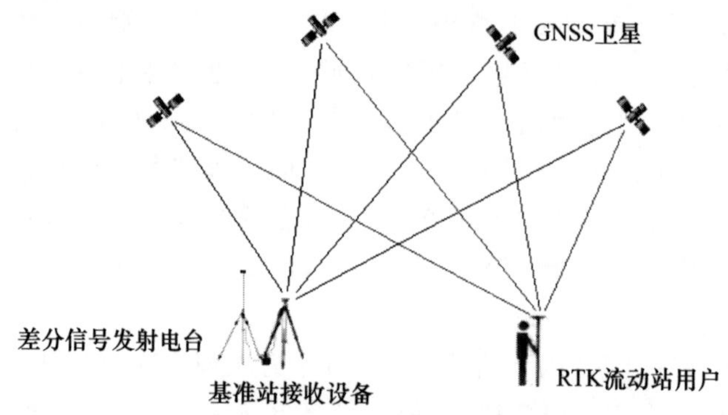

图 1.1　常规 RTK 技术示意图(见彩图)

1.2.2 网络 RTK 基本概念

网络 RTK 又称为多卫星导航定位基准站 RTK,是在一定的区域内建立多个(一般为 3 个或 3 个以上)卫星导航定位基准站,对该区域构成网状覆盖,并以这些基准站为基准,计算和发播改正信息,对区域内的流动站用户进行实时改正的定位方式。

网络 RTK 目的是解决流动站高精度定位时残差项的影响。常规 RTK 定位一般适用范围小于 15km,当流动站距离基准站基线较长时,站星间差分处理后的空间相关误差(对流层延迟误差,电离层延迟误差等)无法有效地削弱或者消除,影响载波相位模糊度的固定和最终定位结果的精度。网络 RTK 基于多个基准站的差分定位,扩大了流动站定位的测量范围,在其有效覆盖范围内,可通过双差误差改正数和非差误差改正数来消除或削弱空间相关误差的影响,从而实现流动端的高精度定位。

网络 RTK 双差改正数主要包括空间相关误差电离层延迟、中性大气延迟和星历误差;非差定位模型包括卫星钟差、接收机钟差、中性大气延迟、电离层延迟和星历误差等。

1.2.3 网络 RTK 基本原理

网络 RTK 基本原理是利用流动站周围基准站精确坐标和观测数据,计算出流动站处的误差改正数,实现流动站高精度定位。

网络 RTK 系统由基准站网、应用服务中心、网络通信链路和用户部分组成,如图 1.2所示。基准站网一般由多个基准站组成,GNSS 观测墩、GNSS 接收机、网络通信设备和不间断电源(UPS)等。数据中心配备服务器硬件和网络 RTK 软件服务系统,通过网络与基准站和用户保持连接,实时接收基准站观测数据并进行相关的数据处理,将改正数播发给用户。用户进行改正削弱误差影响后实现高精度定位。

图 1.2 网络 RTK 系统(见彩图)

基准站连续观测的 GNSS 信号观测数据实时通过网络传送给数据中心,数据中心首先对各基准站的数据进行处理,待整周模糊度确定之后,实时建立区域误差改正模型,根据用户需求生成改正数发送给用户,流动站用改正数对观测方程误差进行改正,获得高精度定位结果。

流动站用户和数据中心之间的通信可通过无线通信系统,包括数据电台、移动通信系统(3G、4G、5G)等进行。通信方式可分为单向数据通信和双向数据通信。

1.2.4 网络 RTK 技术的发展历程

全球卫星导航系统可以全天候不间断地为用户提供全球范围内的标准定位服务(SPS)和精密定位服务(PPS),快速、准确、低成本地解决了“何时? 何地? 何速度?”的问题。GNSS 卫星导航定位会受到大气延迟误差、卫星钟差及硬件延迟、卫星轨道误差、接收机钟差及硬件延迟等误差的影响,所以降低了 GNSS 定位的精度。PPS 和 SPS 都是码伪距的单点定位服务,定位精度为米级或者 10m 级[1]。为了满足高精度实时动态定位的需求,高精度实时动态定位技术的发展得到了重视,成为 GNSS 卫星导航定位技术的研究热点。

差分 GPS(DGPS)技术的出现提高了定位精度,其中伪距差分定位精度 1m 左右,载波相位差分更是实现了厘米级定位[2]。由于模糊度固定技术处于起步阶段,早期的载波差分定位需要在基线两端长时间连续同步观测以便获得载波相位多余观测值,消除相关误差[3-4]。模糊度固定后,载波相位变为毫米级精度(0.5 ~ 2mm)的距离观测值,理论研究和试验证明,其定位精度达到厘米级[5],但不具有动态定位的优点,应用范围比较小。

1985 年一种快速差分定位技术“走走停停(S&G)”出现,该技术需要两台或两台以上接收机,其中一台接收机固定在已知(或假定)基准站上,其他接收机在其周围固定观测几分钟从而快速确定模糊度[6]。一旦模糊度固定则完成该点测量,初始观测时间的最短极限就是模糊度固定时间,模糊度固定后继续观测,其定位精度并没有明显的改善,此后,流动接收机依次移动到其他点上观测定位。S&G 定位技术从测量方式上初步有了动态测量的特征,使观测时间从数小时缩短到数分钟,而且定位精度与静态相比基本相当[7]。其缺陷是需要静态观测一段时间进行初始化即确定模糊度,而且测量过程中一旦发生跟踪卫星的变化或周跳,必须重新静态观测初始化,其在动态测量中的应用受到了限制。

1994 年,Edwards 等开发了一种实时动态(RTK)定位技术。RTK 技术同样需要两台或者多台接收机,一台接收机固定在基准站不动,并实时发送改正信息给流动站,流动站用载波相位差分值进行实时动态定位,若模糊度固定则精度为厘米级。在航(OTF)模糊度解算技术使 RTK 定位成为现实[8]。模糊度在流动站的移动过程中完成初始化,即观测过程中即使卫星失锁重新捕获或发生周跳也可以实时地搜索固定模糊度,实现实时动态定位[9-13]。

基于基准站网的网络 RTK 定位技术经过近 10 年的发展逐渐成熟,建立了支持

区域厘米级实时动态定位的多功能导航定位服务系统，得到了广泛应用。网络RTK技术弥补了常规RTK（SRTK）的不足，该技术指在一定区域内建立多个基准站，对该地区构成网状覆盖，并进行连续跟踪观测，通过基准站网观测数据的实时解算，精确地估算覆盖区域的空间相关误差，以此生成用户端RTK改正信息，并通过现代通信手段实时发送给用户进行RTK定位，实现大范围、高可靠性、实时、动态、高精度定位[13-22]。

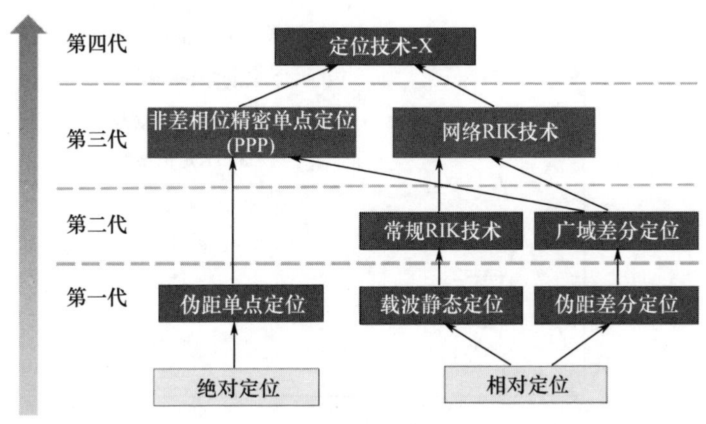

图1.3　定位技术发展过程（见彩图）

从初始的静态相对定位发展到目前的网络RTK，相应的载波相位差分技术实现了从静态到动态、从后处理到实时定位、从单基准站短基线到多基准站区域的动态定位的飞跃。刘经南院士曾对定位技术进行了分类描述，其发展过程可以用图1.3表示。网络RTK技术和精密单点定位（PPP）技术是GNSS第三代定位技术，目前有些专家学者正在尝试基于基准站网的非差网络RTK技术，并取得了一定的成果[23-25]。随着BDS、Galileo系统、俄罗斯全球卫星导航系统（GLONASS）、准天顶卫星系统（QZSS）等定位系统的发展，GNSS定位理论的不断发展，导航定位技术的传统界限变得模糊，未来的定位技术应该是多系统相互融合，趋向统一的定位方法，高精度高可靠性地解决全球范围的“何时？何地？何速度？”的问题。

1.2.5　网络RTK技术特点和优势

网络RTK技术克服常规RTK技术的不足和缺陷，其特点主要表现在以下几个方面（图1.4）。

（1）高可靠性和可用性以及定位精度。网络RTK技术利用多个基准站共同估计空间相关误差对终端进行差分改正，即如果某个或者几个基准站发生故障，系统中心会自动把它从网络中去除，并用其他站的数据进行补偿，继续为用户提供服务，从而确保了精度和可用性。

（2）更大的作用范围。在基准站个数相同的条件下，网络RTK技术充分处理所有可用基准站数据,定位精度均匀,并且使用无线网络通信方式传输数据,数据传输质量高(点对点传输),无盲点,因此实施厘米级动态定位的范围远大于常规 RTK 技术。

(3) 更好的便利性和易用性。用户无需架设本地基准站,在网络覆盖范围内,直接使用高精度差分信息实时动态定位,保证网内各项工程在统一的坐标框架内以同样的精度完成,避免控制网因精度不均匀造成的系统误差以及不同时期工程间的误差,整合和管理本地区的相关资源和用户,提高了作业效率,使成本更集约更有效。

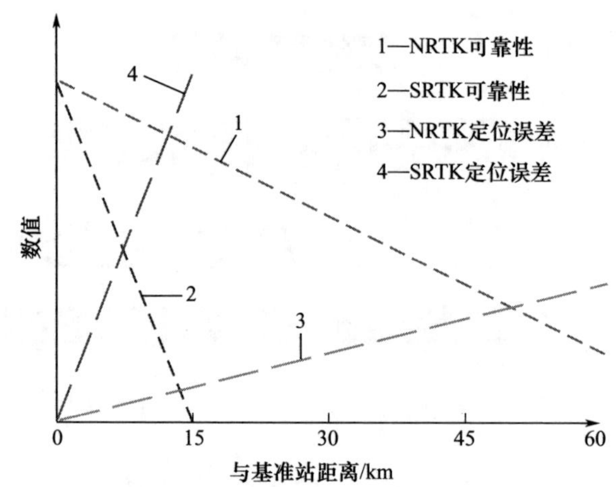

图 1.4　网络 RTK 与常规 RTK 在定位误差、可靠性方面比较

1.2.6　网络 RTK 关键技术

网络 RTK 算法可以分为 3 个关键内容:一是基准站间实时观测值的整周模糊度解算,模糊度固定后可以计算基准站观测值误差;二是区域误差模型的建立,也就是流动站大气等环境误差和观测值误差的计算与消除;三是流动站用户整周模糊度的确定,即进行流动站高精度动态定位[26]。

1) 基准站网模糊度实时固定

GNSS 观测值有伪距和载波相位观测值,其中伪距观测值精度为亚米级,适用于伪距差分 GPS(DGPS)应用;载波相位观测精度达到了毫米级,使用载波相位距离观测值可以精确计算网络 RTK 改正数,但观测值中包含未知的整周模糊度,因此网络 RTK 首先需要实时解算基准站网模糊度值[27-36]。基准站一般相距几十千米以上,简单的通过差分技术进行误差处理不能有效地消除或削弱基准站间的电离层延迟误差、对流层延迟误差等与距离相关的误差的影响,残余的误差远远大于双差载波相位整周模糊度的 0.5 倍波长,即便在已知基准站坐标的条件下,双差载波相位整周模糊度也很难可靠地被确定[37-38]。

2) 空间相关误差区域建模

基准站网模糊度固定后,可以精确地计算基准站间空间相关误差,由基准站间空

间误差计算流动站的改正数需要建立相关误差的区域模型,模型的精度直接决定定位精度和流动站定位的难易度,需要深入研究相关误差特性和变化规律[39]。

3）流动站高精度定位算法

流动站载波相位观测值的观测误差经过高精度的网络 RTK 改正后,观测误差得到了大幅度消除或削弱,此时流动站载波相位整周模糊度的确定过程与单基准站 RTK 相类似,需要固定流动站的模糊度才能获得高精度的定位结果[40]。

1.3 网络 RTK 技术研究现状

网络 RTK 核心技术包括卫星导航定位基准站网的模糊度的实时固定、空间相关误差的区域建模和流动站用户实时定位算法,以下分别介绍三个方面的研究现状。

1.3.1 基准站网双差模糊度算法

由于基准站间一般相距几十或上百千米,随着距离增加空间相关误差(电离层延迟和对流层延迟等)相关性变弱,差分后残差远大于 0.5 周,严重影响整周模糊度的固定,碰上太阳活动的高峰年,有时仅双差电离层在 20min 内对 20km 基线的影响高达 35 周,作者某次在苏州试验时中午时段 100km 基线双差电离层数值达 2.2m,所以即使基准站的坐标精确已知,通过简单的差分技术不能有效地固定整周模糊度。因此,国内外很多学者对网络 RTK 基准站间整周模糊度的确定方法进行了研究[41-42]。

中等和大范围内单、多基准站情况下多频组合和码伪距辅助的静态基线的整周模糊度解算方法首先是使用伪距观测值来确定宽巷整周模糊度,并通过无电离层组合观测值,固定双频载波相位的整周模糊度,但要解算出基准站双差整周模糊度的时间过长,一般需要几十分钟才能确定出宽巷整周模糊度[43]。

基准站间单历元整周模糊度搜索算法的主要思想为:直接利用基准站坐标已知,根据模糊度必须为整数和 L1、L2 模糊度间的线性关系对站间的整周模糊度进行搜索。该方法能够克服单历元情况下,基准站间整周模糊度解算的未知数个数多于方程个数,方程组秩亏,无法解算的问题。因为是在单历元进行基准站的整周模糊度搜索,所以不受周跳和电离层突变的影响[28]。

文献[44]提出在网络 RTK 系统初始化以后即基准站观测值模糊度固定后,利用前一历元计算的大气延迟误差辅助确定当前历元基准站整周模糊度的固定。

通过无码宽巷组合解算宽巷模糊度,再用无电离层(77-60)组合固定 L1 模糊度。宽巷组合无法消去电离层延迟影响,短时间难于固定;无电离层整数组合后的主要误差双差对流层延迟通过相对对流层天顶延迟估计,并且无电离层组合有效波长缩短为 10.7cm,残差较大,为厘米级,短时间内难于正确固定[45]。

三步法确定基准站间的双差整周模糊度首先利用 M-W 组合观测值计算双差宽

巷模糊度,并将双差宽巷模糊度确定下来,一般需要几分钟或十几分钟的观测时间。双差宽巷模糊度固定后,根据宽巷模糊度与窄巷模糊度之间的同奇同偶特性,辅助双差窄巷模糊度的快速确定。最后利用确定的双差宽巷模糊度和双差窄巷模糊度计算出载波相位模糊度,并使用模糊度间的线性关系进行模糊度检验[46]。

网络 RTK 基准站间整周模糊度的卡尔曼滤波算法进行动态解算。该方法使用多历元的单码(C 码)和双频相位的无电离层组合解算宽巷模糊度,由于 C 码多路径效应明显,通过 C 码多路径效应的周期性削弱其影响,并通过分布搜索宽巷模糊度。宽巷模糊度固定后,同样采用无电离层组合解算 L1 模糊度[19]。

多频数据组合法通过组合值先解算超宽巷模糊度,再用超宽巷和窄巷构成无几何距离组合和无电离层组合消对流层误差解算窄巷模糊度,进而解算 L1 模糊度,但需要每颗卫星 L5 观测值,当前星座状况不能满足[47]。

在单历元模糊度解算方法的基础上提出了一种基准站间整周模糊度单历元改进方法,可以实现 GPS 长距离基准站间整周模糊度的实时单历元解算。该方法利用弥散性误差和非弥散性误差的特点得到了两个基准站间双差载波相位模糊度间的整数关系,利用这两个整数线性关系可在整周模糊度备选值中快速搜索确定双差宽巷整周模糊度,双差宽巷整周模糊度一旦确定,L1 频率载波相位整周模糊度和 L2 频率载波的关系被唯一确定,进一步利用线性约束关系进行原始频率双差整周模糊度的搜索与确定[48]。

一种不受距离约束的估计大气延迟的非组合模糊度固定算法用基准站天顶对流层延迟、相对电离层天顶延迟以及站间星间双差模糊度组成的双差观测方程进行滤波估计,试验中基线最长为 364km,系统初始化时间和观测条件相关,一般只需几个历元(采样间隔 15s),观测条件较好时仅需一个历元固定整周模糊度。若观测过程中发生周跳或卫星失锁重新捕获,则一个历元重新固定整周模糊度[49]。

一种附加失败率检验的长距离基准站网模糊度固定在基准站网内所有基线均通过 Ratio 检验和三角形模糊度闭合差(TACE)检验的前提下,根据模糊度整数解与真值偏差的分布特性,计算出基准站网模糊度固定的失败率。通过设置合理的失败率阈值,从而提高模糊度固定的正确率[50]。

上述研究工作和成果主要基于双差模式的 GPS 网络 RTK 方法。在双差 GPS 网络 RTK 的基础上又发展出了基于非差误差改正模型的 GPS 网络 RTK 方法。这类方法通过转换矩阵将基准站的双差整周模糊度转换为非差整周模糊度,虽然可以实现非差整周模糊度的固定,但随着基准站网中参数站数量的增加,模糊度转换矩阵的维数会随之增大,这将导致数据处理过程中转换矩阵运算困难。

以上介绍的研究成果主要针对 GPS 观测值基准站模糊度固定算法。目前,BDS 能够向亚太地区提供连续无源的导航、定位和授时服务后,学者们已利用 BDS 实测数据进行了网络 RTK 基准站间整周模糊度的确定方法的研究。BDS 测码伪距噪声为 20 ~ 40cm,载波相位噪声为 1 ~ 3mm。BDS 卫星钟漂为 0.2 ~ 2.0cm/s,虽然总体

性能赶不上新一代的GPS卫星钟,但与前期的GPS卫星钟相当,能够满足高精度导航定位的需求。

一种利用宽巷整周模糊度作为约束条件的基准站间载波相位整周模糊度解算方法首先利用MW组合(Melbourne-Wubeena Combination)解算宽巷整周模糊度,并将宽巷整周模糊度作为精确值,与无几何模型和无电离层模糊度联合平差单历元解算原始频率的模糊度浮点解,然后将浮点解直接取整获得相应的固定解[51]。

利用三频超宽巷/宽巷模糊度波长较长因而易于固定的优势提出了一种基于BDS三频宽巷组合的网络RTK单历元定位方法。该方法以单个卫星对为研究对象,使用载波、伪距组合以及分步解算的三频载波求整周模糊度解算(TCAR)方法单历元可靠地完成两个超宽巷或宽巷整周模糊度的固定[52]。

BDS网络RTK基准站双差载波相位整周模糊度单历元解算方法首先在双差载波相位整周模糊度搜索之前,使用双频载波相位整周模糊度间的线性关系约束双频载波相位整周模糊度备选值。根据多频载波相位整周模糊度、载波相位观测值与单个频率观测值电离层误差之间的关系,利用整周模糊度备选值计算双差电离层延迟误差,考虑基准站各卫星电离层延迟误差的空间关系,建立双差电离层延迟误差的线性计算模型,利用双差电离层延迟误差线性计算模型的建立过程,搜索和确定网络RTK基准站间的BDS观测值载波相位整周模糊度,能够很好实现BDS网络RTK中距离基准站间的整周模糊度单历元解算[53]。

1.3.2 空间相关误差区域建模

网络RTK基准站间的整周模糊度确定后,能够计算出准确的基准站间空间相关误差,其计算的精度可以达到厘米级或更高。有了高精度的基准站间相对误差,就可以进行流动站观测值双差误差的区域建模,并对流动站的双差观测值进行误差改正。经过误差改正之后的流动站观测值,消除或大大削弱了各种误差的影响,进而得到高精度的定位结果。因此,流动站双差观测值的误差计算和改正是NRTK算法中一个重要的组成部分。

利用网络RTK的基准站网,改正的主要是流动站用户处的空间相关误差。文献[11]最早提出了一种利用三个以上基准站的区域电离层的线性内插方法;文献[54]将其用到对流层延迟、星历误差等空间相关误差。文献[55]讨论了利用多项式建立区域电离层模型的方法,并应用到中国的分布式广域差分系统中;文献[56]建立了优化的适合四川区域的电离层延迟模型[50];文献[57]提出了使用分层模型对电离层进行建模的方法;文献[58]提出了BP神经网络的电离层区域建模算法;文献[59]提出了Kriging插值的大气延迟区域建模算法;另外,还有众多学者精化了基准站网络覆盖区域电离层延迟建模模型。

文献[60]提出了基于连续运行参考站(CORS)网的对流层网络平差法;文献[61]研究了含测站高程影响因子的天顶对流层拟合模型,试验区域精度已经达到

1. 8cm。Ahn 根据基准站网估计水汽参数并建立大范围的综合对流层延迟误差改正模型,能够有效地削弱长基线对流层延迟误差的影响;文献[62]介绍了一种考虑高程的对流层延迟误差内插方法。

使用广播星历可以保证网络 RTK 定位的实时性,在使用广播星历的情况下,Baueršíma 提出一个确定星历误差和定位误差以及基线长度的关系,根据估算模型计算得到广播星历和国际 GNSS 服务(IGS)超快预报星历对于基线相对定位误差约为 0.08×10^{-6} 和 0.01×10^{-6},因此超快预报星历能够显著削弱数据处理过程中星历误差的影响。文献[63]研究认为对于几百千米的基线,星历误差 Y 方向的影响可以忽略,主要是 X 和 Z 方向上对差分观测值有影响,而通过 NRTK 技术可以很好地削弱流动站的星历误差影响。

文献[64]对多基准站网络消除各种空间相关误差的方法进行了详细分析,提出了一种网平差方法,用于直接估计流动站与各基准站的空间相关误差。文献[65]提出了综合误差内插法。综合误差内插法不区分基准站的各种误差改正信息,将所有空间相关误差放在一起,统一进行区域建模生成改正数。文献[66]提出了改进的综合误差内插法,改进综合误差内插法是将综合误差分为与频率相关的和与频率无关的两部分,然后进行流动站误差计算,并通过简单的转换关系计算出所有频率的误差改正数。

1.3.3 流动站模糊度算法

当流动站的系统误差得到改正之后,NRTK 的算法仅剩下流动站整周模糊度的动态解算。由于流动站的系统误差得到了消除或大大削弱,此时 NRTK 流动站整周模糊度的动态解算与 SRTK 中的整周模糊度动态解算就基本是一样的,采用多历元初始化的动态卡尔曼滤波算法或者是静态基线初始化解算的最小二乘算法固定整周模糊度。

文献[13]详细研究了单基准站、多基准站、中等基线和长基线等各种情况下多频组合和码伪距辅助的流动站模糊度搜索情况。

文献[65]提出了 NRTK 流动站整周模糊度的单历元搜索方法,这种流动站整周模糊度单历元搜索方法的基本思想是不求解方程组,使用流动站双差模糊度为整数以及双频整周模糊度间的线性关系搜索流动站的载波相位双差整周模糊度。

文献[67]提出了流动站的分步消元整周模糊度确定方法,该方法的基本思想是先确定流动站的双差宽巷整周模糊度,再解算双频载波相位的双差整周模糊度,同时使用消元法消去位置坐标未知数,仅留下双差整周模糊度未知数。

文献[54]不使用常见的无电离层组合观测值而使用原始观测值,将电离层延迟误差作为参数进行估计。利用电离层延迟误差空间上或时间上的变化特征对电离层参数进行限制,提高了定位收敛的速度,缩短了模糊度固定的时间。

文献[68]详细系统地研究了 BDS 多频实时精密定位理论与算法,对三频线性组

合观测量理论、三频无几何模糊度解算方法和多系统多频率非组合几何模糊度解算模型及其计算优化算法等内容进行了深入的研究,并对 BDS/GPS 多频 RTK 定位性能进行了评估。

文献[69]研究了一种基于 BDS 三频宽巷组合的网络 RTK 方法,用户站可快速固定两个超宽巷或宽巷模糊度,并得到对应观测值噪声最小的宽巷模糊度用于定位解算。

文献[70]研究了一种附加中误差约束的 BDS 三频模糊度固定算法,用户可以单历元固定整周模糊度,并提高了模糊度固定的成功率,有效减少了模糊度误判的问题。

1.3.4 模糊度搜索与质量控制

接收机捕获载波相位观测值时缺失一个未知的整周数波长 N 称为整周模糊度,要实现厘米级精度的相位距离测量,必须确定整周模糊度的大小。理论上模糊度是一个整数,但由于和各种传播误差混杂在一起,要正确固定整周模糊度必须消除所有非整数误差,或者是采用某种方法将误差削弱到波长的二分之一内[13]。因此高精度定位的关键研究内容就是模糊度固定(AR)。目前应用比较广泛的是模糊度搜索法,其他误差削弱得越充分,模糊度搜索空间越小,搜索效率越高,成功率越高。

模糊度搜索法的基本思想是:首先采用某种计算方法(一般是最小二乘或者滤波)解算模糊度初值或近似值;其次以初值为原点,根据合适的模糊度的数学空间(模糊度域)或者模糊度物理空间(点域)建立适当的搜索空间;最后在空间中进行搜索,直到待检定的某组合满足预先设定的约束条件,即得到正确模糊度组合。

双频双 P 码伪距法用于确定双差模糊度,用相位平滑的伪距计算初始的宽巷双差模糊度,根据虚拟电离层信号确定窄巷模糊度,进而确定 L1、L2 双差模糊度。此方法需要高精度的 P 码观测值,并且以虚拟电离层信号的精度作为模糊度固定标准,初始化时间和可靠性取决于与频率有关的残余误差(电离层、多路径效应)[71]。

Hatch 在 1990 年最早提出了最小二乘搜索法,采用了基本模糊度组的思想:如果可以固定三个独立的双差整周模糊度,则所有的双差模糊度都可以固定。首先根据初试坐标确定模糊度的搜索空间,其次计算搜索空间中的每组候选模糊度组合的方差因子,最后通过 Ratio 值检验确证整周模糊度。最小二乘搜索法也存在一些问题。首先基本卫星的选择决定了待定模糊度组的数量和计算效率,不同的基本卫星计算效率的差异是很大的;其次,搜索过程中某一基本卫星失锁,则必须重新搜索。

在上述方法的基础上,众多的学者发展了模糊度协方差方法——新的一类 OTF 方法,即将模糊度参数作为未知数矢量的一部分进行平差处理,解算得到模糊度浮点解和反映模糊度间相关关系的协方差阵,认为残差平方和最小的候选模糊度矢量组合为正确的整周模糊度[6,72-73]。这类 OTF 模糊度固定方法称为最小二乘模糊度搜索方法,例如:快速模糊度解算法(FARA),其后出现的用于动态定位的模糊度协方差方法,优化 Cholesky 分解算法,快速模糊度搜索滤波器方法(FASF)和著名的最小二乘模糊度降相关平差(LAMBDA)法。其中 LAMBDA 方法极大地改善了模糊度搜索空间,提高了搜索效率。改进的 LAMBDA(MLAMBDA)方法作为对LAMBDA方法的扩展,改进了原有的降相关过程,在某些情况下可以提高搜索速度而且适合大矩阵操作。

模糊度搜索过程中质量的控制也是非常重要的,Teunissen 和 S. Han 都做过系统的研究,目前常有的模糊度固定准则是 Ratio 值检验和综合验证测试(OVT)检验。

Ratio 值检验指的是模糊度搜索过程中,候选模糊度组次小和最小残差平方和的比值,当 Ratio 值大于某一限定值时,则认为最小残差平方和的候选模糊度组为正确模糊度组。但是通过大量的数据处理试验发现,在卫星图形较差或者观测噪声大时,仅用 Ratio 值检验并不可靠,因此引入了 OVT 检验,看 Ratio 值能否在一定的时间范围内增长并且持续大于给定的阈值。

1.3.5 非差网络 RTK 技术

GNSS 精密单点定位(PPP)技术采用 IGS 提供的精密卫星钟差和精密卫星星历,以减小卫星钟差和轨道误差对定位的影响。但电离层延迟误差(一阶项)需要通过无电离层组合或参数估计的方法进行消除,以对流层延迟为主的中性大气延迟误差需要进行参数估计予以消除,另外还存在卫星硬件延迟误差、接收机钟差等误差需要处理。精密单点定位相对于网络 RTK,存在初始化时间长,实时快速定位的精度较差,模糊度解算困难等问题。为了克服 PPP 的这些不足之处,许多精密单点定位的研究学者进行了深入的研究,提出了一些克服 PPP 缺陷的方法。这些方法的基本思想大多是基于基准站网进行 PPP 的非差观测误差改正,首先利用基准站网计算出 PPP 用户非差观测值的误差改正数,然后利用这些改正数进行 PPP 用户的观测误差改正,主要是对大气延迟、卫星硬件等误差进行消除和削弱。进而可以有效实现 PPP 的模糊度解算,以达到提高 PPP 实时定位精度和缩短初始化时间的目的。

利用基准站网可以克服 PPP 在模糊度固定、初始化时间和实时快速定位精度等方面缺陷,利用数秒的观测时间可提供厘米级精度的 PPP 结果。主要思想是基于状态空间模型进行区域误差的模型化,优点是可以将该方法应用于 PPP 模式,能够更好地分离出各种观测误差以改善 PPP 的精度。由于基准站网的使用,所以 Wübbena 将这种方法称为 PPP-RTK。理论上,该思想可以使用小规模、区域性或全球性的基准站网进行 PPP 用户的观测误差改正[54]。

通过全球 IGS 跟踪站的观测数据分析并发现双差载波相位整周模糊度是由两个测站上的星间单差模糊度组成。因此,不同测站上同一组卫星的星间单差模糊度应具有近似相等的小数部分。所以,可以利用基准站网估计星间单差模糊度的小数部分,即星间单差硬件延迟,PPP 用户经过星间单差硬件延迟误差改正后可实现 PPP 模糊度的有效固定[74]。文献[75]提出的方法是将星间单差模糊度的小数部分通过修

正卫星钟差的方式发送给 PPP 用户。

网络 RTK 定位和精密单点定位(PPP)的原理是相似的,将基准站网固定的宽巷和窄巷模糊度转换成非差 L1 和 L2 载波相位观测值的模糊度。基准站根据载波相位模糊度计算出基准站的定位误差,并将这些定位误差改正数播发给用户,然后 PPP 用户可以根据已知的基准站分布和用户当前位置自动选择基准站和计算误差改正数。利用计算出的误差改正数改正用户观测值后,就可以采用精密单点定位模式实现快速精密定位,并能够确定 PPP 的模糊度。如果由区域基准站网提供 PPP 用户所需要的轨道和卫星钟差改正数,PPP 用户可以进行精密单点定位,并得到与网络 RTK 相当的定位精度。这种方法已经在 PANDA 软件中实现,能够从不同区域的基准站网和观测时间段传输数据,进行 PPP 用户实时模式或事后模式的精密定位[76]。

根据基准站的 PPP 固定解得到准确的基准站非差大气延迟误差然后播发给 PPP 用户,并计算出 PPP 用户的 L1、L2 载波相位观测值的误差改正数,或是载波相位组合观测值的误差改正数。PPP 用户的大气延迟误差得到改正之后,即可进行 PPP 模糊度的快速解算。PPP 用户可以采用该方法得到 10cm 左右的定位精度,在区域基准站网内可获得几厘米的定位精度[77]。

采用非差模糊度解算进行实时 PPP 精密定位使用区域基准站网进行 PPP 用户精密定位的数据处理策略,即对基准站网的非差伪距和载波相位观测值进行组合,利用这些组合观测值,使用精密卫星星历可以计算出与观测时间同步的卫星钟差,单台用户接收机使用这些钟差改正数可以实现类似 PPP 方法的精密定位。并在用户的 PPP 中进行了模糊度固定,能够得到厘米级精度的定位结果。该方法可以用来进行实时定位,其核心是基准站载波相位观测值整周模糊度的卡尔曼滤波器。滤波器通过基准站整周模糊度固定生成卫星轨道和卫星钟差产品,利用这些产品用户可以实时的得到与网络 RTK 相当的定位精度[75]。

将非差模糊度解算应用于 RTK 定位当中是一种新的流动站用户 RTK 定位和 PPP 的无缝连接定位方法。使用 PPP 滤波器估计基准站的非差载波相位观测值模糊度,计算出非差观测值的误差,并将其播发给流动站,能够帮助 RTK 用户在不同的观测环境下进行定位。这种定位方式能够实现 RTK 定位模式和 PPP 模式之间的切换,如果基准站的差分数据不可用,流动站用户则可以使用 PPP 滤波进行定位,双频用户能够实时得到分米级的定位精度,静态情况下单频用户(低成本接收机)可以得到分米级的定位精度。如果基准站接收机的模糊度已经确定,并且可将差分改正信息播发给流动站用户,则单频用户使用已知的对流层延迟误差、准确的卫星钟差和卫星轨道误差改正信息一般可实时地获得分米级的定位精度[78]。

在双差 GNSS 网络 RTK 的基础上又发展出了基于非差误差改正信息的 GNSS 网络 RTK 方法[76]。这类方法通过转换矩阵将基准站的双差模糊度转换为非差模糊度,然后建立非差误差改正模型,消除了流动站的观测误差,并进行流动站单差模糊度的实时解算。由于采用的非差误差改正数具有测站独立性,使非差网络 RTK 方法突破了基准站个数的限制。

非差网络 RTK 方法与区域增强 PPP-RTK 非常相似,不同的是非差网络 RTK 方法不需要精密星历和精密卫星钟差产品。相对于区域增强 PPP,网络 RTK 方法利用基准站观测误差建立区域误差改正模型,然后计算和改正流动站用户的观测误差,用户不需要自己建立误差模型和使用精密星历及卫星钟差对各种误差进行改正或估计,可实时得到厘米级精度的定位结果。

1.4 网络 RTK 技术差分原理

目前广泛讨论和应用的商业 NRTK 系统从差分原理上可归结为三种:双差的虚拟参考站(VRS)技术、非差的区域改正数(FKP)技术和单差的主辅站(MAC)技术[79]。以上 3 种 NRTK 技术在网络基准站数据处理方式、流动站数据处理方式、误差改正项含义和计算方法、数据通信方式等各不相同。由于商业机密的原因,已有国外的商业化软件中使用的误差方法具体实现过程和数学模型是严格保密的,只能对其方法的使用进行简单的介绍。

1) 虚拟参考站(VRS)技术

VRS 技术是由 Herber Landau 博士 2000 年提出的,并由 Terrasat 公司开发出来推向市场的,该技术应用在 Trimble 的 NRTK 软件 GPSNet™ 中,后升级为 PIVOT 系统,其遵循以下的工作原理:

(1) 基准站网络(至少 3 个)实时地发送观测数据到数据处理中心。

(2) 流动站用户在网络覆盖范围内进行观测,通过美国国家海洋电子协会(NMEA)格式 GPGGA 传递概略点位给数据处理中心。

(3) 数据处理中心根据流动站位置选定最近基准站和网型,并计算网络参数。

(4) 根据网络参数进行空间相关误差区域建模,计算流动站和最近基准站间的改正数。

(5) 用改正数和最近基准站在流动站概略位置产生相对于流动站的虚拟基准站观测数据并通过 RTCM 或者 CMR 差分电文格式传递给流动站。

(6) 最后,流动站用户用 VRS 数据实现 SRTK 定位。

VRS 技术采用单基线作为独立解算单元,估计基准站间的双差对流层延迟、双差电离层延迟等空间相关误差,通过区域建模估计基准站和流动站用户间相应的误差生成虚拟观测值,流动站收到虚拟观测数据后可以实现 SRTK 定位。

总体而言,VRS 技术具有明显的优势,得到了广泛的应用。其作业流程如图 1.5 所示。书中也是基于 VRS 技术完成了 NRTK 原理的介绍和讨论。

2) 区域改正数(FKP)技术

FKP 技术是由 Wuebenna 博士 2001 年提出的一种利用非差观测值估计状态空间参数的全网整体解算技术,是由 Geo + + 公司开发出来用在 GNSMART™ 中,其遵循

以下工作原理：

(1) 基准站实时的传递原始观测数据到数据处理中心。

(2) 数据处理中心估计基准站覆盖区域的非差状态参数。

(3) 对整网区域的非差分误差建模,生成一个称为 FKP 的空间相关误差改正参数。

(4) 发送 FKP 到流动站,生成流动站改正数。

(5) 流动站进行精密单点定位。

此技术只需数据处理中心发送改正参数给流动站,改正数在流动站生成,因此数据是单向传输,但每个流动站需要购买相应的软件支持改正数的生成。此技术难点在于估计参数太多、各参数函数模型不能十分精确建立,精度较低。

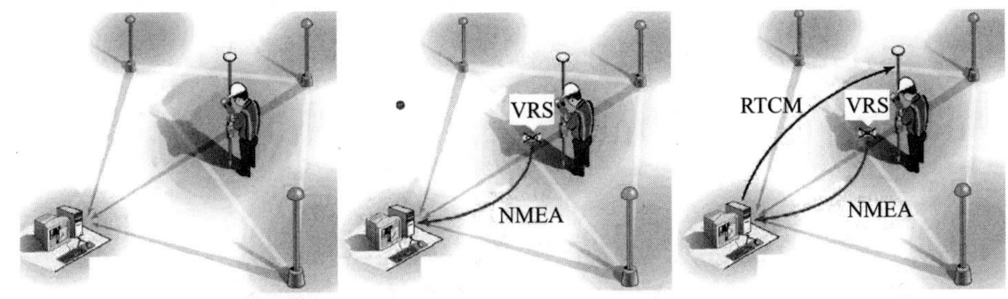

图 1.5 VRS 作业流程

FKP 技术的独立解算单元为单基准站,采用非差观测方程估计非差参数,如表 1.1所列。

表 1.1 FKP 参数估计的函数模型和随机过程

参数	函数模型	随机模型
卫星钟差	二次多项式	白噪声过程
星历误差		一阶高斯马尔科夫过程
电离层延迟	单层模型,每星一参数	一阶高斯马尔科夫过程
对流层延迟	Hopfield 模型,NMF(Neill 映射函数)	一阶高斯马尔科夫过程
多路径效应	高度角相关加权	一阶高斯马尔科夫过程
接收机钟差		白噪声过程
相对论效应	相对论效应模型	一阶高斯马尔科夫过程

3) 主辅站(MAC)技术

MAC 技术最早由 Euler 在 2001 年介绍,由莱卡(Leica)测量系统有限公司推出,应用在该公司开发的 SpiderNet™中。如图 1.6 所示,该技术选定一个主基准站,将所有辅基准站的相位距离转为基于一个公共的整周未知数,当组成双差时整周未知数就被消除了,并且传送单差散射和非散射相位改正数给流动站。非散射项随时间变化缓慢,主要指天顶对流层延迟和接收机钟差,用较低的频率发送;散射项随时间变化较快,指的是电离层延迟,用较高的频率发送。允许在流动站建立自主的空间误差区域建模,对网络改正数进行简单、有效的内插或更精确严格的计算。遵循以下的工作原理:

(1) 基准站实时地传递观测数据到数据处理中心。

(2) 数据处理中心选定一个主基准站,实时地估计主基准站和辅基准站间的模糊度,将模糊度简化到一个整周未知水平。

(3) 计算主辅基准站间的单差空间相关误差,并分解为散射和非散射项。

(4) 散射和非散射误差改正采用不同的频率发送到流动站。

(5) 流动站通过自带的区域建模模型内插改正数。

(6) 流动站用观测值和误差改正项进行精密动态定位。

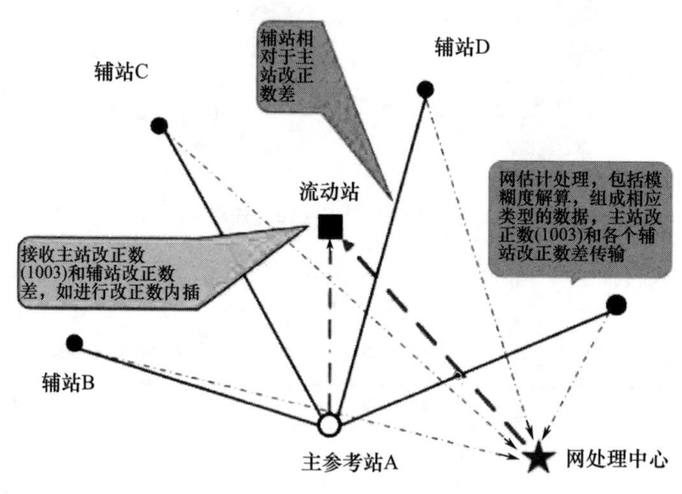

图 1.6　MAC 技术工作原理

1.5　我国卫星导航定位基准站设施现状

目前 GNSS 连续运行基准站的建设主要包括国家直接投资和各省地方投资建设。2012 年 6 月,经国家发改委批准全面启动了国家现代测绘基准体系基础设施建设一期工程,来全面提升现代测绘基准的服务能力和水平。国家测绘地理信息局经过 4 年多的努力,于 2017 年全面完成了工程建设任务并通过发改委的竣工验收,完成了 360 座国家卫星导航定位基准站建设,其平均间距为 150km。为了加强测绘基准的动态维持,提供高精度的卫星导航定位服务,国家测绘地理信息局利用现代测绘基准工程、“927”工程以及陆态网等建设的卫星导航定位基准站,组成具备 410 座规模的国家级卫星导航定位基准站网，统筹构建了2700多座站规模的卫星导航定位基准站网如图1.7所示，其中三角形为国家级基准站、圆形为省级测绘系统基准站。建成了1个国家的数据中心和30个省级的数据中心，共同组成了全国卫星导航定位基准服务系统。2017年5月27日上午10点，国家测绘地理信息局举行全国卫星导航定位基准服务系统启用新闻发布会，全国卫星导航定位基准服务系统是我们国家规模最大、覆盖范围最广的卫星导航定位服务系统，能够向公众提供实时亚米级的导航定位服务，并向专业用户提供厘米级乃至毫米级的定位服务。

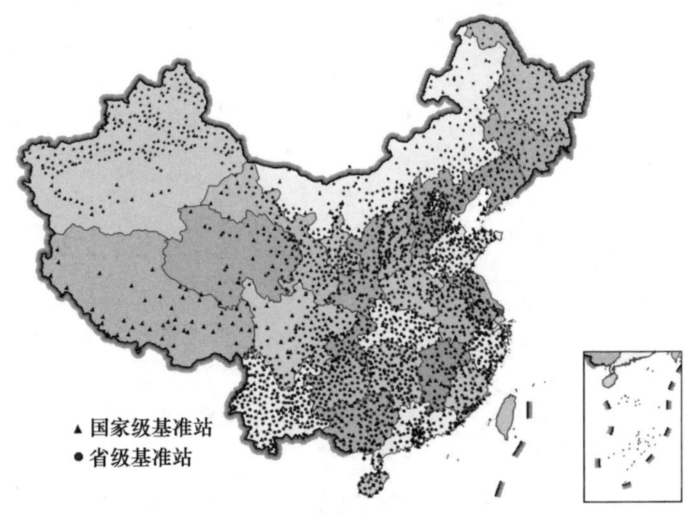

图1.7　全国基准站分布（见彩图）

全国卫星导航定位基准服务系统按照"统筹指导、分级服务、保障安全"的原则，在测绘基准下提供高精度的导航定位服务。国家测绘地理信息局负责国家级的基准站的运行维护，并且向社会公众提供开放的实时亚米级的信息服务，省级地理信息部门在国家测绘地理信息局指导下，提供专业厘米级和事后毫米级的服务。目前全国范围均已完成了省级卫星导航定位基准站网络RTK服务系统，并在线实时提供服务，基准站间距为60～100km，如黑龙江省省级基准站122座（图1.8），四川省省级基准站97座（图1.9）。据统计各省根据需求已建基准站总规模约2145座。各省市测绘系统基准站建设现状（截至2018年6月）具体见表1.2。

表1.2　省级基准站网统计

省份	北京	福建	浙江	湖北	安徽	江西	青海	吉林	山西	河南	甘肃
数量	15	74	73	81	63	62	51	47	67	56	120
省份	海南	四川	广东	云南	广西	天津	上海	湖南	江苏	河北	山东
数量	12	97	88	115	102	12	10	93	100	64	123
省份	辽宁	贵州	宁夏	重庆	内蒙古	陕西	西藏	新疆	黑龙江		
数量	50	89	24	35	110	60	30	100	122		

图 1.8　黑龙江省基准站分布(见彩图)

图 1.9　四川省基准站分布(见彩图)

参考文献

[1] HOFMANN-WELLENHOF B, LICHTENEGGER H, WASLE E. 全球卫星导航系统 GPS, GLONASS, Galileo 及其他系统[M]. 程鹏飞, 蔡艳辉, 文汉江, 等译. 测绘出版社, 2009.

[2] 张锡越, 赵春梅, 王权, 等. 低轨卫星增强载波相位差分定位[J]. 测绘科学, 2017, 42(10): 14-18.

[3] 蔡艳辉. 差分 GPS 水下定位关键技术研究[D]. 阜新: 辽宁工程技术大学, 2007.

[4] CHENG P F. Investigation on the establishment of DGPS services in China[D]. Graz: Graz University of Technology, 1998.

[5] TEUNISSEN P J G. The least-squares ambiguity decorrelation adjustment: a method for fast GPS integer ambiguity estimation[J]. Journal of Geodesy, 1995, 70(1-2): 65-82.

[6] FREI E, BEUTLER G. Rapid static positioning based on the fast ambiguity resolution approach "FARA": theory and first results[J]. Manuscripta Geodaetica, 1990, 15(4): 325-356.

[7] 周忠谟, 易杰军, 周琪. GPS 卫星测量原理与应用[M]. 北京: 测绘出版社, 1992.

[8] CHEN D, LACHAPELLE G. A comparison of the FASF and least-squares search algorithms for on-the-fly ambiguity resolution[J]. Journal of the Institute of Navigation, 1995, 42(2): 371-390.

[9] FENG Y, GU S, RIZOS C. A reference station-based GNSS computing mode to support unified precise point positioning and real-time kinematic services[J]. Journal of Geodesy, 2013, 87(10-12): 945-960.

[10] ABLDIN H Z. On the construction of the ambiguity searching space for on-the-fly ambiguity resolution [J]. Journal of The Institute of Navigation, 1993, 40(3): 321-338.

[11] WANNINGER L. Improved ambiguity resolution by regional differential modeling of the ionosphere [C]. Palm Springs California: Proceedings ION GPS-95, 1995.

[12] GAO Y, LI Z. Ionosphere effect and modeling for regional area differential GPS network [C]. Nashville, Tennessee: 11th Int. Tech. Meeting of the Satellite Div. of U. S. Institute of Navigation, 1998: 91-97.

[13] HAN S. Carrier phase-based long-range GPS kinematic positioning[D]. Sydney: the University of New South Wales, 1997.

[14] WÜBBENA G, BAGGE A, SEEBER G, et al. Reducing distance dependent error for real-time precise DGPS applications by establishing reference station networks[C]. Kansas: 9th Int. Tech. Meeting of the Satellite Div. of U. S. Institute of Navigation, 1996: 1845-1852.

[15] RAQUET J, LACHAPELLE G, FORTES L. Use of covariance analysis technique for performance of regional area differential code and carrier-Phase networks[C]. Nashville: 11th Int. Tech. Meeting of the Satellite Div. of U. S. Institute of Navigation, 1998: 1345-1354.

[16] ODIJK D, van der MAREL H, SONG I. Precise GPS positioning by applying ionospheric corrections from an active control network[J]. GPS Solution, 2000, 3(3): 49-57.

[17] 刘经南, 高振东, 任向红. 抓住机遇加速推进高新技术产业化[J]. 地理信息世界, 1999, 5(3): 18-20.

[18] 高星伟,刘经南,葛茂荣. 网络 RTK 基准站间基线单历元模糊度搜索方法[J]. 测绘学报,2002,31(2):305-309.

[19] 周乐韬. 连续运行基准站网络实时动态定位理论算法和系统实现[D]. 成都:西南交通大学,2007.

[20] 杨汀. 网络 RTK 定位精度影响因子与 GNSS 数据网络传输研究[D]. 北京:中国矿业大学,2010.

[21] 吕志伟. 基于连续运行基准站的动态定位理论与方法研究[D]. 郑州:解放军信息工程大学,2012.

[22] 祝会忠,刘经南,唐卫明,等. 长距离网络 RTK 参考站间双差模糊度快速解算算法[J]. 武汉大学学报(信息科学版),2012,37(6):689-692.

[23] 邹璇,李宗楠,唐卫明,等. 一种适用于大规模用户的非差网络 RTK 服务新方法[J]. 武汉大学学报(信息科学版),2015,40(9):1242-1246.

[24] 祝会忠,徐爱功,徐宗秋. 长距离单历元非差网络 RTK 方法[J]. 大地测量与地球动力学,2015,35(1):111-114.

[25] 马天明,王建敏,祝会忠. 长距离网络 RTK 实时厘米级定位算法[J]. 测绘科学,2017,42(12):157-162.

[26] 高星伟. GPS/GLONASS 网络 RTK 的算法研究与程序实现[D]. 武汉:武汉大学测绘学院,2002.

[27] 祝会忠,李军,王楚扬,等. 北斗卫星导航系统双差网络 RTK 方法[J]. 测绘科学,2017,42(12):1-7.

[28] 高星伟,刘经南,葛茂荣. 网络 RTK 基准站间基线单历元模糊度搜索方法[J]. 测绘学报,2002. 31(2):305-309.

[29] 唐卫明,刘经南,施闯,等. 三步法确定网络 RTK 基准站双差模糊度[J]. 武汉大学学报(信息科学版),2007,32(4):305-308.

[30] 祝会忠,刘经南,唐卫明,等. 长距离网络 RTK 基准站间整周模糊度单历元确定方法[J]. 测绘学报,2012,41(3):359-365.

[31] 吕伟才,高井祥,张书毕,等. 宽巷约束的网络 RTK 基准站间模糊度固定方法[J]. 中国矿业大学学报,2014,43(5):933-937.

[32] 李磊,徐爱功,祝会忠,等. 长距离网络 RTK 基准站间整周模糊度的快速解算[J]. 测绘科学,2014,39(10):22-25.

[33] 梁霄,杨玲,黄涛,等. 网络 RTK 基准站间的模糊度及空间相关误差解算[J]. 测绘工程,2016,25(1):24-28.

[34] 吴波,高成发,高旺,等. 北斗系统三频基准站间宽巷模糊度解算方法[J]. 导航定位学报,2015,3(1):36-40.

[35] 王建敏,李亚博,马天明,等. 大范围网络 RTK 基准站间整周模糊度实时快速解算[J]. 测绘通报,2017(10):7-11.

[36] 张明,刘晖,侯祥祥,等. 一种用于长距离网络 RTK 基准站模糊度固定的非组合方法[J]. 测绘科学技术学报,2015,32(1):32-35.

[37] 楼益栋,龚晓鹏,辜声峰,等. GPS/BDS 混合双差分 RTK 定位方法及结果分析[J]. 大地测量

与地球重力学,2016,36(1):1-5.

[38] 任小伟.载波相位差分相对定位的模糊度求解[J].导航定位学报,2014,2(1):20-22.

[39] JIN B,GUO J,HE D,et al. Adaptive Kalman filtering based on optimal autoregressive predictive model[J]. GPS Solutions,2017,21(2):307-317.

[40] 祝会忠,高星伟,徐爱功,等.网络 RTK 流动站整周模糊度的单历元解算[J].测绘科学,2010,35(2),78-79.

[41] ISSHIKI H. An Approach to ambiguity resolution in multi frequency kinematic positioning [C]. Graz,Austria:the 2003 International Symposium on GPS/GNSS,2003:545-552.

[42] KASHANI I,WIELGOSZ P. Towards instantaneous network-based RTK GPS over 100km distance [C]//Proceedings of the ION 60th Annual Meeting,Dayton,Ohio,June 7-9,2004:679-685.

[43] 韩绍伟.GPS 组合观测值理论及应用[J].测绘学报,1995,24(2):9-12.

[44] 刘经南,戴礼文.GPS 长距离快速静态定位整周模糊度的一种确定方法[C]//纪念中国测绘学会成立四十周年学术会议,1999.

[45] HERBERT L,VOLLATH U,CHEN X M. Virtual reference stations versus broadcast solutions in network RTK-advantages and limitations[C]//GNSS 2003,Graz,Austria,April,2003.

[46] 唐卫明.大范围长距离 GNSS 网络 RTK 技术研究及软件实现[D].武汉:武汉大学测绘学院,2006.

[47] 李博峰,沈云中,楼立志.GPS 中长基线观测值随机特性分析[J].武汉大学学报(信息科学版),2010,35(2):176-180.

[48] 祝会忠.基于非差误差改正数的长距离单历元 GNSS 网络 RTK 算法研究[D].武汉:武汉大学,2012.

[49] 徐彦田.基于长距离参考站网络的 B/S 模式动态定位服务理论研究[D].阜新:辽宁工程技术大学,2013.

[50] 张明,刘晖,冯彦同,等.附加失败率检验的长距离参考站网模糊度固定[J].复杂系统与复杂性科学,2016(3):103-107.

[51] 吕伟才,高井祥,张书毕,等.宽巷约束的网络 RTK 基准站间模糊度固定方法[J].中国矿业大学学报,2014,43(5):933-937.

[52] 高旺,高成发,潘树国,等.北斗三频宽巷组合网络 RTK 单历元定位方法[J].测绘学报,2015,44(6):641-648.

[53] 祝会忠,徐爱功,高猛,等.BDS 网络 RTK 中距离参考站整周模糊度单历元解算方法[J].测绘学报,2016,45(1):50-57.

[54] WÜBBENA G,SCHMITZ M,BAGGE A. PPP-RTK:precise point positioning using state-space representation in RTK networks[C]//Proceedings of the ION GNSS 2005 Meeting,Long Beach,2005.

[55] 陈俊勇,刘经南,胡建国.分布式广域差分 GPS 实时定位系统的技术特点[J].测绘通报,1997(10):2-4.

[56] 李成钢,黄丁发,袁林果,等.GPS 参考站网络的电离层延迟建模技术[J].西南交通大学学报,2005,40(5):610-615.

[57] HANSEN A,WALTER T,ENGE P. Ionospheric correction using tomography[C]//Proceedings of Institute of Navigation ION GPS-97,Kansas City,1997:249-260.

[58] 彭勃,闻道秋,喻国荣,等．基于 BP 神经网络的网络 RTK 电离层误差改正模型研究[C]//第三届中国卫星导航学术年会电子文集,广州,2012.

[59] 郭秋英,郝光荣,陈晓岩．中长距离网络 RTK 大气延迟的 Kriging 插值方法研究[J]. 武汉大学学报(信息科学版),2012,37(12):1426-1428.

[60] ZHANG J,LACHAPELLE G. Precise estimation of residual tropospheric delays using a regional GPS network for real-time kinematic applications[J]. Journal of Geodesy,2001,75:255-266.

[61] 熊永良,黄丁发,丁晓利,等．基于多个 GPS 基准站的对流层延迟改正模型研究[J]. 工程勘察,2005(5):55-57.

[62] 李成钢,黄丁发,周乐韬,等．GPS/VRS 参考站网络的对流层误差建模技术研究[J]. 测绘科学,2007,32(4):29-31.

[63] 高星伟,刘经南,葛茂荣．网络 RTK 基准站间基线单历元模糊度搜索方法[J]. 测绘学报,2002. 31(2):305-309.

[64] HAN S,RIZOS C. GPS network design and error mitigation for real-time continuous array monitoring System [C]//Proc. ION GPS - 96, 9th Int. Tech. Meeting of the Satellite Division of the U. S. Institute of Navigation,1996,17-20.

[65] 高星伟．GPS/GLONASS 网络 RTK 的算法研究与程序实现[D]. 武汉:武汉大学测绘学院,2002.

[66] 唐卫明,刘经南,刘晖．一种 GNSS 网络 RTK 改进的综合误差内插方法[J]. 武汉大学学报(信息科学版),2007,32(12):1156-1159.

[67] 唐卫明,刘经南,施闯,等．三步法确定网络 RTK 基准站双差模糊度[J]. 武汉大学学报(信息科学版),2007,32(4):305-308.

[68] 李金龙．北斗/GPS 多频实时精密定位理论与算法[J]. 测绘学报,2015,44(11):1297-1310.

[69] 高旺,高成发,潘树国,等．北斗三频宽巷组合网络 RTK 单历元定位方法[J]. 测绘学报,2015,44(6):641-648.

[70] 徐彦田,秘金钟,鄢中堡,等．北斗三频 RTK 附加中误差约束的单历元模糊度固定算法[J]. 测绘通报,2016(10):12-15.

[71] 王爱朝,陈永奇．GPS 载波相位模糊度的算法方法与其存在的问题[J]. 武测科技,1994(4):21-27.

[72] EULER H J,LANDAU H. Fast GPS ambiguity resolution on-the-fly for real-time application [C]//Proceedings of 6th International Geodetic Symposium on Satellite Positioning, Columbus, Ohio, March 17-20,1992:650-659.

[73] TEUNISSEN P J G. A new method for fast carrier phase ambiguity estimation[C]//Proceedings IEEE Position,Location and Navigation Symposium PLANS94,Las Vegas,1994.

[74] GE M,GENDT G,ROTHACHER M. Resolution of GPS carrier-phase ambiguities in precise point positioning (PPP) with daily observations[J]. Journal of Geodesy,2008,82(7):389-399.

[75] LAURICHESSE D. The CNES real-time PPP with undifferenced integer ambiguity resolution demonstrator[C]//Proceedings of the ION GNSS 2011:654-662.

[76] GE M,ZOU X,DICK G,et al. An alternative network RTK approach based on undifferenced observation corrections[C]//Proceedings of ION GNSS,2010:11-20.

[77] LI X,ZHANG X,GE M. Regional reference network augmented precise point positioning for instantaneous ambiguity resolution[J]. Journal of Geodesy,2011,85(3):151-158.

[78] CARCANAGUE S,JULIEN O,VIGNEAU W,et al. Undifferenced ambiguity resolution applied to RTK [C]//Proceedings of the ION GNSS 2011 Meeting,Portland,September 20-23,2011:663-678.

[79] 林瑜滢. 主辅站技术定位原理及算法研究[D]. 郑州:解放军信息工程大学,2010.

第2章 网络RTK基本原理

GNSS导航定位需要统一的时空基准,GNSS观测信号的捕获,卫星、接收机位置的描述均离不开空间和时间基准。GNSS观测值是定位的基础,观测方程是定位的基本条件,决定了定位的科学性和合理性,观测误差影响定位的精度,因此对卫星信号特征的分析有助于更好的实施高精度定位。

2.1 时间基准

GNSS卫星导航定位系统正常运行需要高精度的时间基准,不同GNSS有独立的参考时间系统,多系统组合处理时需要实现时间基准的统一。

2.1.1 GPS时

GPS时间系统定义为GPS时(GPST),是由GPS中数十台原子钟进行维持的一种局部原子时,与1980年1月6日0时0分0秒的协调世界时(UTC)对齐,GPS时间是连续且不存在闰秒的情况,UTC存在跳秒,因而经过一段时间两个系统时间就会差n个整秒[1]。由于在起始时刻UTC与国际原子时(TAI)相差19s,故GPST与TAI的原点不同,二者关系为

$$\mathrm{GPST} = \mathrm{TAI} - 19(\mathrm{s}) \tag{2.1}$$

规定GPS时与协调世界时(UTC)在1980年1月6日0时的时刻是保持一致的,二者关系为

$$\mathrm{GPST} = \mathrm{TAI} - 19(\mathrm{s}) + n(\mathrm{s}) \tag{2.2}$$

式中:n为整数,表示闰秒,其具体值由国际地球自转服务(IERS)公布。在GPS广播星历中,GPST是以1980年1月6日0时开始算起的,采用周和周内秒计数。

2.1.2 BDS时

与GPS时相类似,我国的北斗卫星导航系统(BDS)也建立了自己专用的地方原子时——北斗时(BDT),是由北斗系统中的原子钟进行共同维持的一种局部原子时,BDT的起始历元为2006年1月1日0时0分0秒UTC,与GPS时相同无闰秒,采用周和周内秒计数[2-3]。GPST与BDT两个时间系统的起算点存在差异,除了相差1356周外,由于BDT起始时间存在5s的跳秒,所以BDT和GPST存在14s的固定时间差,二者关系为

$$\text{GPST} = \text{BDT} + 14(\text{s}) + 1356(\text{w}) \tag{2.3}$$

2.1.3 时间转换

1) 民用时与儒略日(JD)之间的变换

儒略日(JD)定义为从公元前 4713 年 1 月 1 日世界时 12 时起算到所论历元时刻的平太阳日数[1]。

民用时的年、月、日分别用整数 Y、M、D 表示,实数 Hr 表示小时。

民用时变换为儒略日的公式为

$$\begin{aligned}\text{JD} = {} & \text{INT}[365.25 \cdot y] + \text{INT}[30.6001 \cdot (m+1)] + \\ & D + \text{Hr}/24 + 1720981.5\end{aligned} \tag{2.4}$$

式中:INT 表示取整;y 和 m 按以下规则计算,即

$$y = Y - 1, m = M + 12 \qquad M \leqslant 2$$

$$y = Y, m = M \qquad M > 2$$

儒略日变换为民用时分成两步进行。首先计算辅助数:

$$\begin{cases} a = \text{INT}[\text{JD} + 0.5] \\ b = a + 1537 \\ c = \text{INT}[(b - 122.1)/365.25] \\ d = \text{INT}[365.25 \cdot c] \\ e = \text{INT}[(b - d)/30.6001] \end{cases} \tag{2.5}$$

然后,用下式计算民用时参数:

$$\begin{cases} D = b - d - \text{INT}[30.6001 \times e] + \text{FRAC}[\text{JD} + 0.5] \\ M = e - 1 - 12 \times \text{INT}[e/14] \\ Y = c - 4715 - \text{INT}[(7 + M)/10] \end{cases} \tag{2.6}$$

式中:FRAC 表示取小数部分。作为日期换算的副产品,在一个星期的第几天可以按照下式得到:

$$N = \text{mod}\{\text{INT}[\text{JD} + 0.5], 7\} \tag{2.7}$$

式中:mod 为求余函数;$N=0$ 表示星期一,$N=1$ 表示星期二,以此类推。

2) 儒略日与 GPS 时间之间的变换

一般是将观测文件中的民用时(年、月、日、时、分、秒)按照上面的公式变换为儒略日,之后再按照下面的公式变换为 GPS 周(GPS Week)和 GPS 秒(GPS Second),以便与星历中的日期和时间相统一。

$$\text{GPS Week} = \text{INT}[(\text{JD} - 2444244.5)/7.0] \tag{2.8}$$

$$\text{GPS Second} = (\text{JD} - 2444244.5 - 7 \cdot \text{GPS Week}) \cdot 84600.0 \tag{2.9}$$

2.2 空间基准

2.2.1 WGS-84

1984 世界大地坐标系(WGS-84)是 1987 年 1 月使用多普勒卫星测量技术定义的,于 1987 年 1 月 23 日正式用作卫星广播星历的参考框架。WGS-84 是一个协议地球坐标系(CTS),其原点是地球的质心,Z 轴指向国际时间局(BIH)的 BIH 1984.0 定义的协议地球极(CTP)方向,X 轴指向 BIH 1984.0 零度子午面和 CTP 赤道的交点,Y 轴和 Z、X 轴构成右手坐标系。WGS-84 椭球采用国际大地测量与地球物理联合会第 17 届大会常数推荐值。

WGS-84(G730,“G”指 GPS,“G”后面的数字指新的站坐标开始用于计算精密星历的 GPS 周)于 1994 年 6 月 29 日作为 GPS 卫星广播星历的参考框架,这个实现通常认为与国际地球参考框架(ITRF)92 是一致的;WGS-84(G873)于第 873 周更新,采用的坐标框架为 ITRF94,改进后的坐标与 ITRF94 相比其误差为 ±5cm,基本等同于国际地球参考框架(ITRF)1996 和 1997,当年 1 月 29 日被用作 GPS 卫星广播星历的地球参考框架。2001 年 WGS-84 进行了再次精化,实现的 WGS 框架为 WGS-84(G1150),采用的坐标框架为 ITRF2000,历元 2001.0 年,2002 年 1 月 20 日作为 GPS 卫星广播星历的地球参考框架持续到 2012 年。本次精化使用了 49 个 IGS 站,并将它们的坐标固定到 ITRF2000 下,WGS-84(G1150)与 ITRF2000 的符合程度为 ±1cm,比 1996 年的 WGS-84(G873)的 ±5cm 精度有了很大提高。在某一 WGS-84 框架中计算的坐标转换到另一 WGS-84 框架下,其差异在几厘米,这意味着 WGS-84 坐标在厘米级精度范围内可以认为与 ITRF 相同[4]。

WGS-84(G1150)实用上认为等同于 ITRF2000,WGS-84(G873)实用上认为等同于 ITRF96,WGS-84(G730)实用上认为等同于 ITRF92,对应关系见图 2.1。

2012 年 7 月 1 日发布了 WGS-84 框架更新版本 WGS-84(G1674),参考历元为 2005.0 年。G1674 意为 GPS 1674 周,即 2012 年 2 月 8 日。WGS-84(G1674)遵循国际地球自转服务(IERS) Technical Note 21 标准。WGS-84(G1674)框架除了位于巴林和韩国的站,其余站均采用国家地理空间情报局(NGA)在 ITRF2008 中的站坐标值。其中所有 WGS-84 基准站都采用在 ITRF2008 的速度或附近站的速度值,所实现的 WGS-84(G1674)参考框架中每一个站坐标的精度都优于 1cm。WGS-84(G1674)到 ITRF2008 转换的七参数都为零(表 2.1)。这是通过将 WGS-84(G1674)框架中(除上述位于巴林和韩国的两个站)所有与 ITRF2008 公共站的坐标和速度强置为 ITRF2008 中的坐标和速度来实现的,以确保所发布的初始 WGS-84(G1674)版本与 ITRF2008 一致性好于 1cm。

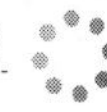

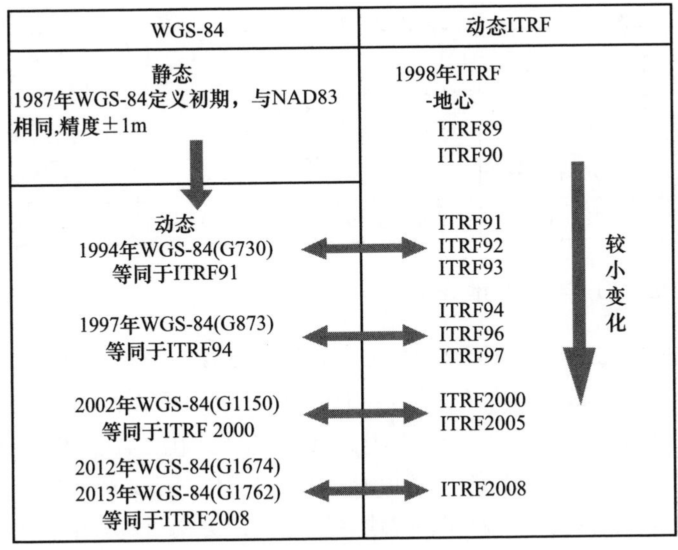

图2.1　WGS-84与ITRF关系图

表2.1　WGS-84(G1674)与ITRF2008及WGS-84(G1150)转换关系

参考框架及历元	T_x/mm	T_y/mm	T_z/mm	$D/10^{-9}$	R_x/mas	R_y/mas	R_z/mas
WGS-84(G1150) (2001.0)	-4.7 5.9	11.9 5.9	15.6 5.9	4.72 0.92	-0.52 0.24	-0.01 0.24	-0.19 0.22
ITRF2008(2005.0)	0	0	0	0	0	0	0
注：R_x、R_y、R_z符号为国家地理空间情报局(NGA)在轨道比较程序中规定，与IERS Technical Note No.36公式4.3相反；比较指标为各参数的标准差；mas为毫角秒							

2013年10月16日NGA发布了最近版本WGS-84(G1762)，提高了WGS-84的整体精度。此次实现与ITRF一样，采用了IERS2010协议中的方法和模型，以提高二者间的一致性，今后WGS-84与ITRF间的不符值将会逐渐减小。表2.2给出了历次WGS-84实现所对应的轨道、星历、历元及精度等信息。可以看出，当前WGS-84参考框架(G1762)的实现精度整体优于1cm，但要保持这1cm的精度，同ITRF一样，WGS-84也要面临地心地固参考框架所固有的时空效应的影响，即板块运动、站点突然位移、地球潮汐等诸多因素所带来的精度方面的挑战。

表2.2　WGS-84站点坐标的更新

更新后命名	实现日期		历元	精度
	GPS广播轨道	NGA精密星历		
WGS-84	1987	1987-01-01		1～2m
WGS-84(G730)	1994-06-29	1994-01-02	1994.0	坐标分量均方根(RMS)10cm
WGS-84(G873)	1997-01-29	1996-09-29	1997.0	坐标分量RMS 5cm

（续）

更新后命名	实现日期		历元	精度
	GPS 广播轨道	NGA 精密星历		
WGS-84(G1150)	2002-01-20	2002-01-20	2001.0	坐标分量 RMS 1cm
WGS-84(G1674)	2012-02-08	2012-05-07	2005.0	坐标分量 RMS <1cm
WGS-84(G1762)	2013-10-16	2013-10-16	2005.0	坐标分量 RMS <1cm

2.2.2 2000 中国大地坐标系

2000 中国大地坐标系(CGCS2000)是一个协议地球参考系，坐标系的原点为包括海洋和大气的整个地球的质量中心，尺度为在引力相对论意义下局部地球框架的尺度，定向的初始值采用国际时间局 BIH1984.0 的定向，定向的时间演化保证相对于地壳不产生残余的全球旋转。坐标系的 X 轴由原点指向格林尼治参考子午线与地球赤道面的交点，Z 轴由原点指向历元 2000.0 的地球参考极的方向，该历元的指向由国际时间局给定的历元为 1984.0 的初始指向推算，Y 轴与 Z 轴、X 轴构成右手正交坐标系。

2000 国家大地坐标框架采用 ITRF1997、2000.0 历元，是在 2003 年完成的 2000 国家 GPS 大地控制网平差(简称三网平差)基础上建立起来的。所谓“三网”是指由我国战场环境保障局 GPS 一、二级网(简称一、二级网)，国家测绘地理信息局 GPS A、B 级网(简称 A、B 级网)，以及中国地震局等部门建设的 GPS 地壳运动监测网(简称地壳监测网，包括“攀登项目网”以及若干区域性的地壳形变监测网)和中国地壳运动观测网络(简称网络工程)组成，共约 2600 个点。平差后统称为 2000 国家 GPS 大地控制网，或简称为 GPS2000 网。CGCS2000 框架最高层次为连续运行 GPS 网。我国维持 CGCS2000 主要依靠连续运行 GPS 基准站，它们是 GPS2000 网的骨架，三网平差时仅 34 个国家级卫星导航定位基准站，而其中只有 25 个站观测数据参与了 2000 国家 GPS 大地控制网平差，其坐标精度为毫米级，速度精度为 1mm/a[5]。

CGCS2000 椭球所定义的 4 个基本常数与国际上广泛使用的椭球如 1980 大地测量参考系(GRS80)和 WGS-84 等略有不同，由此引起椭球的其他参数的不同。表 2.3给出了这 3 个不同的椭球所定义的基本常数。

表 2.3 CGCS2000 椭球与 GRS80 和 WGS-84 椭球基本参数比较

参数	GRS80	CGCS2000	WGS-84
长半轴 a/m	6378137	6378137	6378137
地心引力常数 $G_M/(10^{14}\mathrm{m}^3/\mathrm{s}^2)$	3.986005	3.986004418	3.986004418
$J_2/10^{-3}$	1.08263		
地球自转角速度 $\omega/(10^{-5}\mathrm{rad/s})$	7.292115	7.292115	7.292115
扁率倒数 $1/f$		298.257222 101	298.257223 563

由表 2.3 可以看出，这 3 个椭球所定义的长半轴及地球的自转角速度均相同；

CGCS2000 椭球与 WGS-84 椭球所采用的地心引力常数数值相同，均为 IERS 推荐的数值，而 GRS80 椭球所定义的数值略有不同；另外的一个常数与椭球的形状有关，CGCS2000 椭球与 WGS-84 椭球定义的椭球扁率略有不同，GRS80 没有定义扁率，而是定义了动力学形状因子 J_2 。根据动力学形状因子与第一、二偏心率以及地心引力常数之间的联系，可推算椭球的扁率。

2000 国家大地坐标系是我国新一代地心坐标系，但受我国当时的卫星轨道误差的影响和 GPS 网观测条件及观测仪器的限制，所建立的 2000 国家大地坐标框架不够完善，后续的 2000 国家大地坐标框架将随着 GNSS 测站分布密度的加大、观测手段的提高、站坐标精度的提高，逐渐更新和完善。

2.2.3　空间直角坐标系变换

卫星导航系统参考系统是空间直角坐标系（笛卡尔坐标系），GNSS 组合数据处理时需要坐标基准的坐标变换，是指基于不同空间参考基准，从一个坐标系变换到另一个坐标系[6-7]。

在空间直角坐标 $Oxyz$ 中（图 2.2），若将点 P 的坐标记为（ x_P ，y_P ，z_P ），则其位置矢量可表示为

$$\boldsymbol{x}'_P = \begin{bmatrix} x_P \\ y_P \\ z_P \end{bmatrix}$$

式中：x_P 、y_P 、z_P 为实数。

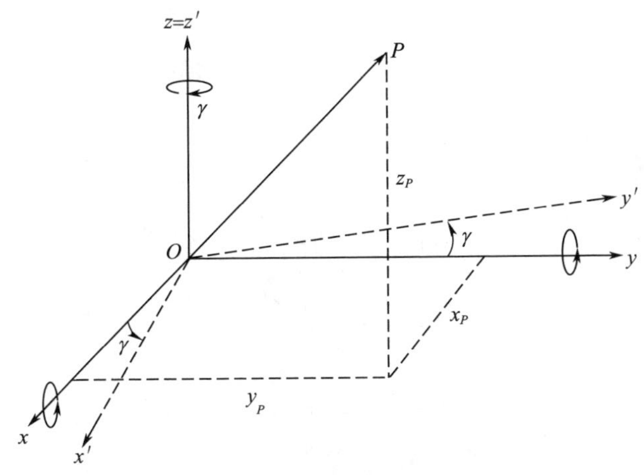

图 2.2　空间直角坐标系

如图 2.2 所示，首先考虑两个坐标系原点重合的情况，若将空间直角坐标系 $Oxyz$ 中的点位坐标转换到空间直角坐标系 $O'x'y'z'$ 中，可由坐标系 $Oxyz$ 绕 z 轴旋转 γ 角得到，其矩阵表达式为

$$\boldsymbol{x}_P' = \boldsymbol{R}_3(\gamma)x_P \tag{2.10}$$

式中

$$\boldsymbol{R}_3(\gamma) = \begin{bmatrix} \cos\gamma & \sin\gamma & 0 \\ -\sin\gamma & \cos\gamma & 0 \\ 0 & 0 & 1 \end{bmatrix}$$

同理,绕 x 轴的旋转矩阵 $\boldsymbol{R}_1$ 和绕 y 轴的旋转矩阵 $\boldsymbol{R}_2$ 可表示为

$$\boldsymbol{R}_1(\alpha) = \begin{bmatrix} 1 & 0 & 0 \\ 0 & \cos\alpha & \sin\alpha \\ 0 & -\sin\alpha & \cos\alpha \end{bmatrix}$$

$$\boldsymbol{R}_2(\beta) = \begin{bmatrix} \cos\beta & 0 & \sin\beta \\ 0 & 1 & 0 \\ -\sin\beta & 0 & \cos\beta \end{bmatrix}$$

上述旋转矩阵适用于右手空间直角坐标系统变换(图 2.3)。不同空间直角坐标系统变换可通过组合上述旋转矩阵实现,在三维空间直角坐标系统中,其一般形式为

$$\boldsymbol{x}_P{}' = \boldsymbol{R}_1(\alpha)\boldsymbol{R}_2(\beta)\boldsymbol{R}_3(\gamma)\boldsymbol{x}_P = \boldsymbol{R}\boldsymbol{x}_P \tag{2.11}$$

式中:α、β、γ 称为欧拉角。在矩阵论中,旋转矩阵为正交矩阵,具有很多重要性质,其性质 $\boldsymbol{R}^{-1} = \boldsymbol{R}^{\mathrm{T}}$ 最为常用。利用以下反射矩阵可改变坐标轴的极性:

$$\boldsymbol{S}_1 = \begin{bmatrix} -1 & 0 & 0 \\ 0 & 1 & 0 \\ 0 & 0 & 1 \end{bmatrix},\quad \boldsymbol{S}_2 = \begin{bmatrix} 1 & 0 & 0 \\ 0 & -1 & 0 \\ 0 & 0 & 1 \end{bmatrix},\quad \boldsymbol{S}_3 = \begin{bmatrix} 1 & 0 & 0 \\ 0 & 1 & 0 \\ 0 & 0 & -1 \end{bmatrix} \tag{2.12}$$

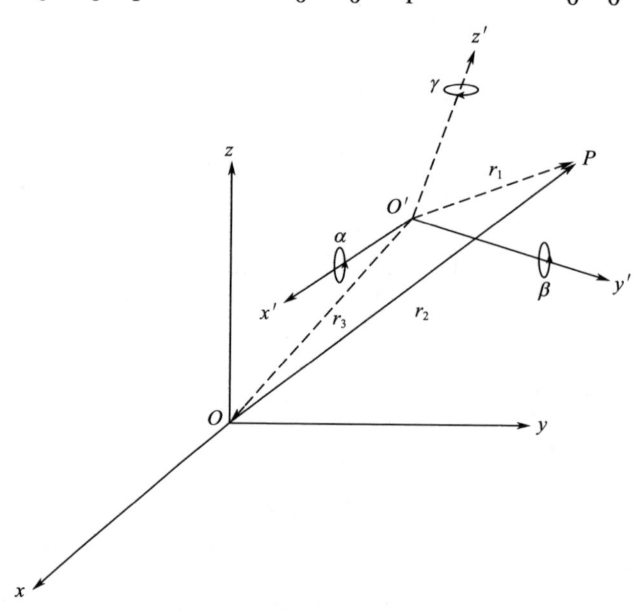

图 2.3　空间直角坐标系统变换

式(2.11)中的转换旋转矩阵可表示为

$$\boldsymbol{R} = \begin{bmatrix} \cos\beta\cos\gamma & \cos\beta\sin\gamma & -\sin\beta \\ \sin\alpha\sin\beta\cos\gamma - \cos\alpha\sin\gamma & \sin\alpha\sin\beta\sin\gamma + \cos\alpha\cos\gamma & \sin\alpha\cos\beta \\ \cos\alpha\sin\beta\cos\gamma + \sin\alpha\sin\gamma & \cos\alpha\sin\beta\sin\gamma - \sin\alpha\cos\gamma & \cos\alpha\cos\beta \end{bmatrix}$$

更一般的情形为,上述两个坐标系统的原点并不重合,且两个坐标系统间存在尺度比例因子 m,设空间直角坐标系 $O'x'y'z'$的坐标原点 O'在空间直角坐标系统 $Oxyz$ 中的位置向量为[8]

$$\boldsymbol{x}_O{}' = [\Delta x, \Delta y, \Delta z]$$

$$\boldsymbol{x}_P{}' = (1 + m)\boldsymbol{R}_1(\alpha)\boldsymbol{R}_2(\beta)\boldsymbol{R}_3(\gamma)\boldsymbol{x}_P + \boldsymbol{x}_{O'}$$

当旋转角较小时,上式可近似表示为

$$\begin{bmatrix} x' \\ y' \\ z' \end{bmatrix} = \begin{bmatrix} \Delta x \\ \Delta y \\ \Delta z \end{bmatrix} + (1+m)\begin{bmatrix} 1 & \gamma & \beta \\ -\gamma & 1 & \alpha \\ \beta & -\alpha & 1 \end{bmatrix}\begin{bmatrix} x \\ y \\ z \end{bmatrix} \tag{2.13}$$

式(2.13)又可表示为

$$\begin{bmatrix} x' \\ y' \\ z' \end{bmatrix} = \begin{bmatrix} x \\ y \\ z \end{bmatrix} + \begin{bmatrix} \Delta x \\ \Delta y \\ \Delta z \end{bmatrix} + \boldsymbol{K}\begin{bmatrix} \alpha \\ \beta \\ \gamma \\ m \end{bmatrix} \tag{2.14}$$

式中

$$\boldsymbol{K} = \begin{bmatrix} 0 & -z & y & x \\ z & 0 & -x & y \\ -y & x & 0 & z \end{bmatrix}$$

2.3　GNSS 观测方程

从概念上讲,GNSS 测量的基本观测量是卫星和接收机天线相位中心距离,通过接收到的信号和接收机自身产生的信号进行比较,得到“时间差”和“相位差”,进一步计算得到码和相位的距离观测值。GNSS 测量采用“单向概念”,即需要两个时钟:接收机钟和卫星钟。由于接收机钟和卫星钟存在误差,因此距离测量值称为伪距(以下伪距仅指码观测值),一般可以捕获码和载波相位,还能够提供多普勒观测值(载波相位变化率)。

2.3.1　伪距观测方程

测距码观测值是卫星发射的测距码传播到用户接收机的时间延迟乘以光速所得到的距离观测量,信号传播时延由卫星钟和接收机钟确定,因此伪距观测量不可避免地存在接收机钟差、卫星钟差,另外还包括对流层延迟、电离层延迟、星历误差、多路径效应以及观测噪声等[9]。

由于各种误差项的影响，伪距观测量并不是站星间真实的几何距离，站星间伪距观测值表示为

$$P_r^s = \rho_r^s + c(dt^s - dt_r) + \frac{\eta_r^s}{f^2} + t_r^s + O_r^s + M_r^s + \varepsilon_P \tag{2.15}$$

式中：s 为卫星标识；ρ_r^s 为卫星至接收机的几何距离；P_r^s 为卫星 s 到接收机 r 的伪距观测值；c 为真空光速，$c = 2.99792458 \times 10^8$ m/s；dt^s 为卫星钟差（包括硬件延迟）；dt_r 为接收机钟差（包括硬件延迟）；f 为卫星频率；$\eta_r^s = I = 40.28Ne$ 为电离层延迟常数项；O_r^s 为卫星星历误差（即轨道误差）；M_r^s 为多路径效应；ε_P 为观测噪声。

站星间几何距离 $\rho = \| \boldsymbol{X}^s - \boldsymbol{X}_r \|$，$\boldsymbol{X}^s$ 为卫星坐标矢量，$\boldsymbol{X}_r$ 为测站坐标矢量。

一般认为码元宽度的 1% 为伪距的观测精度，因此码元越宽，精度越差，而 C 码由于周期短，因此码元较宽为 293m，相应的其观测精度为 2.9m；P2 码宽度为 29.3m，相应的观测精度为 0.29m。P2 码比 C 码测量精度高一个数量级，称 C 码为粗码，称 P 码为精码。

2.3.2 相位观测方程

载波是可运载调制信号的高频振荡波，载波除了能够很好地传送 GNSS 卫星的测距码和导航电文，还可以作为一种测距信号来使用，这种测距信号称为载波相位观测值，以周为单位。由于接收机环路初始只能捕获小于 1 周的相位，并不能捕获站星间距离的初始整数部分，一般随机给定一个初始整周模糊度值，进而在此基础上累加跟踪相位的变化数，因此利用载波相位作为距离观测值进行定位时包含一个整周模糊度未知数[10]。载波相位观测方程为

$$\lambda \cdot \varphi_r^s = \rho_r^s + c \cdot (dt^s - dt_r) - \lambda \cdot N_r^s - \frac{\eta_r^s}{f^2} + t_r^s + O_r^s + M_r^s + \varepsilon_\varphi \tag{2.16}$$

式中：λ 为载波相位的波长；N_r^s 为初始整周模糊度；φ_r^s 为相位观测值；其他符号含义同式（2.15）。

BDS 包括 B1、B2 和 B3 载波相位的频率，GPS 包括 L1、L2 和 L5 载波相位的频率；BDS 和 GPS 的各频点值如表 2.4 所列。

表 2.4 BDS 和 GPS 的各频点值

系统	BDS			GPS		
频点	B1	B2	B3	L1	L2	L5
频率/MHz	1561.098	1207.140	1268.520	1575.42	1227.60	1176.45

2.3.3 多普勒观测方程

奥地利物理学家多普勒在 1842 年发现，发射器和接收机之间的相对运动将产生

频率漂移，当发射器靠近时，将压缩波长，而当发射器远离时，波长将变长。这种现象现在通常叫作多普勒频移。作为近似，多普勒频移 Δf 可以表示[11]为

$$\Delta f = f_r - f^s = -\frac{1}{c}v_\rho f^s = -\frac{1}{\lambda^s}v_\rho \tag{2.17}$$

式中：f^s 指发射频率（上标 s 表示与卫星相关联）；f_r 指接收频率；v_ρ 是接收机和发射器连线的径向相对速度（视线速度）。将发射器和接收机之间的距离 ρ 进行微分：

$$v_\rho = \frac{d\rho}{dt} = \dot{\rho} \tag{2.18}$$

因此，多普勒频移就是速度的测量，通过对时间的积分，可以得到距离差

$$\Delta\rho = \int_{t_0}^{t}\dot{\rho}dt = -\lambda^s\int_{t_0}^{t}\Delta f dt = -\lambda^s\Delta\varphi \tag{2.19}$$

假设卫星轨道高度 20000km，卫星轨道开普勒运行相应的平均速度约为 9 km/s。忽略地球的自转，地面静止接收机在卫星靠近的最近点的时刻将观测不到多普勒频移值，因为此刻卫星和接收机之间的相对径向速度为零。在卫星通过水平方向时刻时最大的径向速度为 0.9km/s。假定传输频率 $f^s = 1.5\text{GHz}$，则相应的多普勒频移 $\Delta f = 4.7\text{kHz}$。该频移值将导致 1ms 载波相位 4.7 周的变化，相应的距离变化为 0.9m。

2.3.4　非差观测方程的线性化

卫星到测站接收机的几何距离 ρ_r^s 表示成卫星 s 和测站接收机 r 的三维坐标形式：

$$\rho_r^s = |\boldsymbol{\rho}^s - \boldsymbol{\rho}_r| = \sqrt{(x^s - x_r)^2 + (y^s - y_r)^2 + (z^s - z_r)^2} \tag{2.20}$$

式中

$$\boldsymbol{\rho}^s = \boldsymbol{X}^s = [x^s \quad y^s \quad z^s]^T$$
$$\boldsymbol{\rho}_r = \boldsymbol{X}_r = [x_r \quad y_r \quad z_r]^T$$

式中：$\boldsymbol{\rho}^s$ 和 $\boldsymbol{\rho}_r$ 分别为卫星 s 和测站接收机 r 的位置向量。若卫星 s 和测站接收机 r 的近似三维坐标向量分别为 $\boldsymbol{X}_0^s$ 和 $\boldsymbol{X}_{r0}$，卫星 s 和测站接收机 r 的三维坐标的改正值向量分别为 $\delta\boldsymbol{X}^s = [\delta x^s \quad \delta y^s \quad \delta z^s]^T$ 和 $\delta\boldsymbol{X}_r = [\delta x_r \quad \delta y_r \quad \delta z_r]^T$，此时可以得到测站接收机 r 至卫星 s 的方向余弦[12-13]，即

$$\begin{cases}\dfrac{\partial\rho_r^s}{\partial x^s} = \dfrac{1}{\rho_{r0}^s}(x_0^s - x_{r0}) = l_r^s \\ \dfrac{\partial\rho_r^s}{\partial y^s} = \dfrac{1}{\rho_{r0}^s}(y_0^s - y_{r0}) = m_r^s \\ \dfrac{\partial\rho_r^s}{\partial z^s} = \dfrac{1}{\rho_{r0}^s}(z_0^s - z_{r0}) = n_r^s\end{cases} \tag{2.21}$$

$$\begin{cases} \dfrac{\partial \rho_r^s}{\partial x_r} = -l_r^s \\ \dfrac{\partial \rho_r^s}{\partial y_r} = -m_r^s \\ \dfrac{\partial \rho_r^s}{\partial z_r} = -n_r^s \end{cases} \tag{2.22}$$

式中

$$\rho_{r0}^s = \sqrt{(x_0^s - x_{r0})^2 + (y_0^s - y_{r0})^2 + (z_0^s - z_{r0})^2}$$

对上式进行泰勒级数展开并取一阶项，可以得到卫星到测站接收机的几何距离 ρ_r^s 的线性化形式，即

$$\rho_r^s = \rho_{r0}^s + [l_r^s \quad m_r^s \quad n_r^s] \cdot [\partial \boldsymbol{X}^s - \partial \boldsymbol{X}_r] \tag{2.23}$$

将式(2.23)分别代入测码伪距观测方程式(2.15)和载波相位观测方程式(2.16)中，可以得到线性化形式的非差测码伪距观测方程和非差载波相位观测方程：

$$P_{m,r}^s = \rho_{r0}^s + [l_r^s \quad m_r^s \quad n_r^s] \cdot [\partial \boldsymbol{X}^s - \partial \boldsymbol{X}_r] + c \cdot (t_r - t^s) + o_r^s + T_r^s + \eta_r^s/f^2 + \varepsilon_{P,r}^s \tag{2.24}$$

$$\phi_r^s = \lambda \cdot \varphi_r^s = \rho_{r0}^s + [l_r^s \quad m_r^s \quad n_r^s] \cdot [\partial \boldsymbol{X}^s - \partial \boldsymbol{X}_r] + c \cdot (t_r - t^s) - \lambda \cdot N_r^s + o_r^s + T_r^s - \eta_r^s/f^2 + \varepsilon_{\varphi,r}^s \tag{2.25}$$

卫星的坐标可以通过广播星历计算得到，因此 $\delta X^s = 0$，此时式(2.24)和式(2.25)进一步可以表示为

$$P_r^s = \rho_{r0}^s + [l_r^s \quad m_r^s \quad n_r^s] \cdot \begin{bmatrix} \partial x_r \\ \partial y_r \\ \partial z_r \end{bmatrix} + c \cdot (t_r - t^s) + o_r^s + T_r^s + \eta_r^s/f^2 + \varepsilon_{P,r}^s \tag{2.26}$$

$$\phi_r^s = \lambda \cdot \varphi_r^s = \rho_{r0}^s + [l_r^s \quad m_r^s \quad n_r^s] \cdot \begin{bmatrix} \partial x_r \\ \partial y_r \\ \partial z_r \end{bmatrix} + c \cdot (t_r - t^s) - \lambda \cdot N_r^s + o_r^s + T_r^s - \eta_r^s/f^2 + \varepsilon_{\varphi,r}^s \tag{2.27}$$

2.3.5 差分观测方程

伪距或相位观测值可以在卫星间、测站间和历元间进行求差即构成单差，单差观测值再进行求差就可以构成双差观测值，为了消除接收机钟差和卫星钟差，削弱电离层延迟、对流层延迟、星历误差等，通常采用站间星间求差的双差观测方程[14]。

设基准站 A 和流动站 B 同步观测卫星 p、q,则站间单差观测方程为

$$\begin{cases}\lambda\cdot\Delta\varphi_{AB}^{p}=\Delta\rho_{AB}^{p}-\dfrac{\Delta\eta_{AB}^{p}}{f^{2}}+\Delta T_{AB}^{p}-\lambda\cdot\Delta N_{AB}^{p}+\Delta O_{AB}^{p}+\Delta M_{AB}^{p}+\Delta\varepsilon_{\varphi}\\ \Delta P_{AB}^{p}=\Delta\rho_{AB}^{p}+\dfrac{\Delta\eta_{AB}^{p}}{f^{2}}+\Delta T_{AB}^{p}+\Delta O_{AB}^{p}+\Delta M_{AB}^{p}+\Delta\varepsilon_{P}\end{cases}\tag{2.28}$$

站星间双差观测方程为

$$\begin{cases}\lambda\cdot\Delta\nabla\varphi_{AB}^{pq}=\Delta\nabla\rho_{AB}^{pq}-\dfrac{\Delta\nabla\eta_{AB}^{pq}}{f^{2}}+\Delta\nabla T_{AB}^{pq}-\lambda\cdot\Delta\nabla N_{AB}^{pq}+\Delta\nabla O_{AB}^{pq}+\\ \qquad\Delta\nabla M_{AB}^{pq}+\Delta\nabla\varepsilon_{\varphi}\\ \Delta\nabla P_{AB}^{pq}=\Delta\nabla\rho_{AB}^{pq}+\dfrac{\Delta\nabla\eta_{AB}^{pq}}{f^{2}}+\Delta\nabla T_{AB}^{pq}+\Delta\nabla O_{AB}^{pq}+\Delta\nabla M_{AB}^{pq}+\Delta\nabla\varepsilon_{P}\end{cases}\tag{2.29}$$

式中:$\Delta\nabla$为双差算子;Δ 为单差算子。

显然,忽略各项误差的影响,则伪距双差观测方程只含有基线向量参数,而相位方程增加了整周模糊度待定参数。一般的差分定位中,设定一个观测站为基准站,连续静止观测,同时选高度角最高卫星为参考卫星。若在 n_s 个测站对 n^s 个卫星同步观测了 n_t 个历元,则可组成双差观测方程数:

$$(n_s-1)(n^s-1)n_t\tag{2.30}$$

待定参数个数为

$$3(n_s-1)+(n_s-1)(n^s-1)\tag{2.31}$$

式(2.31)中第一项为坐标参数,第二项为整周模糊度参数。为得到确定解,必须满足

$$(n_s-1)(n^s-1)n_t\geqslant 3(n_s-1)+(n_s-1)(n^s-1)\tag{2.32}$$

考虑到 $(n_s-1)\geqslant 1$、$(n^s-1)\geqslant 4$,故式(2.32)可写成

$$n_t\geqslant\frac{n^s+2}{n^s-1}\tag{2.33}$$

显然,必要的观测历元数由同步观测卫星数决定,与测站数无关。

通过站间星间差分建立的双差观测方程消除了接收机钟差和卫星钟差的影响,当基线较短时,可有效削弱空间相关误差的影响,忽略其残差的影响,同时还保持了模糊度的整数特征。理论上讲,只有双差整周模糊度为整数[15],因此,它是 GNSS 数据处理中最常采用的观测方程。

对于基准站网络数据处理,由于坐标精确已知,忽略空间相关误差的影响,待定参数个数为 $(n_s-1)(n^s-1)$,因此理论上只需一个历元就可解算双差模糊度,但由于基准站间距离较长,差分以后不能有效地削弱空间相关误差的影响,特别是大气延迟的影响(第 3 章做详细介绍),因此待定参数需加上空间相关误差参数,而且空间相关误差随着时间缓慢变化。

2.3.6 双差观测方程的线性化

站星间双差载波相位观测方程消除了卫星和接收机的钟差、硬件延迟及初始相位的影响,基线距离较短时电离层延迟误差、对流层延迟误差和卫星轨道误差等误差被有效地削弱,基线距离较长时仍存在残差。

设基准站 A 和流动站 B 同步观测卫星 p、q,则可由式(2.16)得到简化形式的站星间双差载波相位观测方程:

$$\Delta\nabla\varphi_{AB}^{pq} = \frac{1}{\lambda}(\rho_{B0}^{p} - \rho_{A}^{p} - \rho_{B0}^{q} + \rho_{A}^{q}) \tag{2.34}$$

式中

$$\begin{cases} \rho_{A}^{p} = \sqrt{(x^{p} - x_{A})^{2} + (y^{p} - y_{A})^{2} + (z^{p} - z_{A})^{2}} \\ \rho_{B0}^{p} = \sqrt{(x^{p} - x_{B0})^{2} + (y^{p} - y_{B0})^{2} + (z^{p} - z_{B0})^{2}} \\ \rho_{A}^{q} = \sqrt{(x^{q} - x_{A})^{2} + (y^{q} - y_{A})^{2} + (z^{q} - z_{A})^{2}} \\ \rho_{B0}^{q} = \sqrt{(x^{q} - x_{B0})^{2} + (y^{q} - y_{B0})^{2} + (z^{q} - z_{B0})^{2}} \end{cases}$$

式(2.34)中假设测站 A 为基准站,测站 B 为流动站,流动站 B 的概略位置坐标为 (x_{B0}, y_{B0}, z_{B0}),流动站概略位置改正数为 $(\partial x_{B}, \partial y_{B}, \partial z_{B})$。式(2.34)在流动站 B 的概略位置坐标 (x_{B0}, y_{B0}, z_{B0}) 处进行泰勒级数展开并取一阶项,可以得到线性化形式的站星间双差载波相位观测方程:

$$\Delta\nabla\varphi_{AB}^{pq} = \frac{1}{\lambda}[(l_{B}^{p} - l_{B}^{q}) \quad (m_{B}^{p} - m_{B}^{q}) \quad (n_{B}^{p} - n_{B}^{q})]\begin{bmatrix} \partial x_{B} \\ \partial y_{B} \\ \partial z_{B} \end{bmatrix} + \frac{1}{\lambda} \cdot (\rho_{B0}^{p} - \rho_{A}^{p} - \rho_{B0}^{q} + \rho_{A}^{q}) - \Delta N_{A}^{pq} \tag{2.35}$$

式中

$$\begin{cases} l_{B}^{p} - l_{B}^{q} = \left(\dfrac{x_{B0} - x^{p}}{\rho_{B0}^{p}} - \dfrac{x_{B0} - x^{q}}{\rho_{B0}^{q}}\right) \\ m_{B}^{p} - m_{B}^{q} = \left(\dfrac{y_{B0} - y^{p}}{\rho_{B0}^{p}} - \dfrac{y_{B0} - y^{q}}{\rho_{B0}^{k}}\right) \\ n_{B}^{p} - n_{B}^{q} = \left(\dfrac{z_{B0} - z^{p}}{\rho_{B0}^{p}} - \dfrac{z_{B0} - z^{q}}{\rho_{B0}^{q}}\right) \end{cases}$$

由式(2.29)得线性化的双差观测方程为

$$
\begin{cases}
\lambda \cdot \Delta\nabla\varphi_{AB}^{pq} = \Delta\nabla\rho_{AB}^{pq} + \Delta l_B^{pq}\partial X_B + \Delta m_B^{pq}\partial Y_B + \Delta n_B^{pq}\partial Z_B - \dfrac{\Delta\nabla\eta_{AB}^{pq}}{f^2} + \\
\qquad \Delta\nabla T_{AB}^{pq} - \lambda \cdot \Delta\nabla N_{AB}^{pq} + \Delta\nabla O_{AB}^{pq} + \Delta\nabla M_{AB}^{pq} + \Delta\nabla\varepsilon_{\varphi} \\
\Delta\nabla P_{AB}^{pq} = \Delta\nabla\rho_{AB}^{pq} + \Delta l_B^{pq}\partial X_B + \Delta m_B^{pq}\partial Y_B + \Delta n_B^{pq}\partial Z_B + \dfrac{\Delta\nabla\eta_{AB}^{pq}}{f^2} + \\
\qquad \Delta\nabla T_{AB}^{pq} + \Delta\nabla O_{AB}^{pq} + \Delta\nabla m_{AB}^{pq} + \Delta\nabla\varepsilon_{P}
\end{cases}
\tag{2.36}
$$

式中：$\Delta l_B^{pq} = l_B^q - l_B^p$；$\Delta m_B^{pq} = m_B^q - m_B^p$；$\Delta n_B^{pq} = n_B^q - n_B^p$。

对于基准站数据处理，由于坐标精确已知，因此不包含坐标参数，则变为

$$
\begin{cases}
\lambda \cdot \Delta\nabla\varphi_{AB}^{pq} = \Delta\nabla\rho_{AB}^{pq} - \dfrac{\Delta\nabla\eta_{AB}^{pq}}{f^2} + \Delta\nabla T_{AB}^{pq} - \lambda \cdot \Delta\nabla N_{AB}^{pq} + \Delta\nabla O_{AB}^{pq} + \\
\qquad \Delta\nabla M_{AB}^{pq} + \Delta\nabla\varepsilon_{\varphi} \\
\Delta\nabla P_{AB}^{pq} = \Delta\nabla\rho_{AB}^{pq} + \dfrac{\Delta\nabla\eta_{AB}^{pq}}{f^2} + \Delta\nabla T_{AB}^{pq} + \Delta\nabla O_{AB}^{pq} + \Delta\nabla M_{AB}^{pq} + \Delta\nabla\varepsilon_{P}
\end{cases}
\tag{2.37}
$$

2.3.7　相位的相关性

相关性包括物理相关性和数学相关性。在两点所接收到的来自一颗卫星的相位，比如 $\phi_A^j(t)$ 和 $\phi_B^j(t)$，是物理相关的，因为它们是相对于同一颗卫星。通常是不考虑物理相关性的，数据处理主要考虑由于差分所引起的数学相关性[1,16]。

一般情况下可以做出这样的假设：相位测距误差是一种随机误差，服从数学期望为 0、方差为 σ^2 的正态分布，其中方差可以由用户等效距离误差(UERE)来估计。因此，原始相位观测值是线性独立的。假设 ϕ 为等精度的相位观测量，那么其协方差矩阵为

$$\boldsymbol{\Sigma}_{\phi} = \sigma^2\boldsymbol{I} \tag{2.38}$$

式中：$\boldsymbol{I}$ 为单位矩阵。

1）单差的相关性

假设 A、B 两个测站对在历元 t 对卫星 j 进行了同步观测，则其单差观测值如下：

$$\phi_{AB}^j(t) = \phi_A^j(t) - \phi_B^j(t) \tag{2.39}$$

如果 A、B 两点在历元 t 还对卫星 k 进行了同步观测，那么可以组成第二个单差观测值：

$$\phi_{AB}^k(t) = \phi_A^k(t) - \phi_B^k(t) \tag{2.40}$$

这两个单差方程可以由矩阵形式表示如下：

$$\boldsymbol{S} = \boldsymbol{C\Phi} \tag{2.41}$$

式中

$$
\boldsymbol{S} = \begin{bmatrix} \phi_{AB}^j(t) \\ \phi_{AB}^k(t) \end{bmatrix},\quad \boldsymbol{C} = \begin{bmatrix} -1 & 1 & 0 & 0 \\ 0 & 0 & -1 & 1 \end{bmatrix}
$$
$$
\boldsymbol{\Phi} = [\phi_A^j(t) \quad \phi_B^j(t) \quad \phi_A^k(t) \quad \phi_B^k(t)]^T \tag{2.42}
$$

根据协方差传播律,由方程式(2.41)的线性关系可以得出

$$\boldsymbol{\Sigma}_S = \boldsymbol{C}\boldsymbol{\Sigma}_{\boldsymbol{\Phi}}\boldsymbol{C}^{\mathrm{T}} \tag{2.43}$$

代入方程式(2.38)可得

$$\boldsymbol{\Sigma}_S = \boldsymbol{C}\sigma^2\boldsymbol{I}\boldsymbol{C}^{\mathrm{T}} = \sigma^2\boldsymbol{C}\boldsymbol{C}^{\mathrm{T}} \tag{2.44}$$

式中

$$\boldsymbol{C}\boldsymbol{C}^{\mathrm{T}} = 2\begin{bmatrix} 1 & 0 \\ 0 & 1 \end{bmatrix} = 2\boldsymbol{I} \tag{2.45}$$

将其代入式(2.44)可以得到单差协方差如下:

$$\boldsymbol{\Sigma}_S = 2\sigma^2\boldsymbol{I} \tag{2.46}$$

式(2.46)反映出单差观测值是不相关的。要注意的是,式(2.46)中单位阵的维数与历元 t 的单差观测值个数相一致,而因子 2 却不依赖于单差个数。若考虑多个历元,那么协方差矩阵同样是一个有着与单差观测值总个数具有相同维数的单位阵。

2) 双差的相关性

现考虑 A、B 两点在历元 t 对 3 颗卫星 j、k、l 进行同步观测的情况,以卫星 j 为参考卫星,对单差观测值求差可得其双差结果如下:

$$\begin{aligned} \phi_{\mathrm{AB}}^{jk}(t) &= \phi_{\mathrm{AB}}^{j}(t) - \phi_{\mathrm{AB}}^{k}(t) \\ \phi_{\mathrm{AB}}^{jl}(t) &= \phi_{\mathrm{AB}}^{j}(t) - \phi_{\mathrm{AB}}^{l}(t) \end{aligned} \tag{2.47}$$

将这两个方程以矩阵形式表示为

$$\boldsymbol{D} = \boldsymbol{C}\boldsymbol{S} \tag{2.48}$$

式中

$$\begin{gathered} \boldsymbol{D} = \begin{bmatrix} \phi_{\mathrm{AB}}^{jk}(t) \\ \phi_{\mathrm{AB}}^{jl}(t) \end{bmatrix}, \quad \boldsymbol{C} = \begin{bmatrix} -1 & 1 & 0 \\ -1 & 0 & 1 \end{bmatrix} \\ \boldsymbol{S} = [\phi_{\mathrm{AB}}^{j}(t) \quad \phi_{\mathrm{AB}}^{k}(t) \quad \phi_{\mathrm{AB}}^{l}(t)]^{\mathrm{T}} \end{gathered} \tag{2.49}$$

根据协方差传播律,双差的协方差矩阵为

$$\boldsymbol{\Sigma}_D = \boldsymbol{C}\boldsymbol{\Sigma}_S\boldsymbol{C}^{\mathrm{T}} \tag{2.50}$$

将式(2.46)代入可得

$$\boldsymbol{\Sigma}_S = 2\sigma^2\boldsymbol{C}\boldsymbol{C}^{\mathrm{T}} \tag{2.51}$$

将式(2.49)中的 $\boldsymbol{C}$ 代入得

$$\boldsymbol{C}\boldsymbol{C}^{\mathrm{T}} = 2\sigma^2\begin{bmatrix} 2 & 1 \\ 1 & 2 \end{bmatrix} \tag{2.52}$$

式(2.52)反映出双差观测值是相关的。对协方差矩阵求逆可得其相关矩阵(权阵):

$$\boldsymbol{P}(t) = \boldsymbol{\Sigma}_D^{-1} = \frac{1}{2\sigma^2}\frac{1}{3}\begin{bmatrix} 2 & -1 \\ -1 & 2 \end{bmatrix} \tag{2.53}$$

这里是同一历元的两个双差观测值。如历元 t 的双差观测值个数为 n_D,那么同

样可以计算出其相关矩阵：

$$P(t) = \frac{1}{2\sigma^2}\frac{1}{n_D+1}\begin{bmatrix} n_D & -1 & -1 & \cdots \\ -1 & n_D & -1 & \cdots \\ -1 & \vdots & & \vdots \\ \vdots & \cdots & -1 & n_D \end{bmatrix} \tag{2.54}$$

式中：矩阵的维数为 $n_D \times n_D$。为了更好地说明其相关性，假设有 4 个双差观测值，此时其相关矩阵大小为 4×4，其相关矩阵为

$$P(t) = \frac{1}{2\sigma^2}\frac{1}{5}\begin{bmatrix} 4 & -1 & -1 & -1 \\ -1 & 4 & -1 & -1 \\ -1 & -1 & 4 & -1 \\ -1 & -1 & -1 & 4 \end{bmatrix} \tag{2.55}$$

以上只考虑了某一单独历元的情况，对于 n 个历元，其相关矩阵为一“对角阵”：

$$P(t) = \begin{bmatrix} P(t_1) & & \\ & \ddots & \\ & & P(t_n) \end{bmatrix} \tag{2.56}$$

式中：矩阵的每个元素本身又是一个矩阵，矩阵 $P(t_n)$ 不一定要有相同维数，因为不同历元的双差观测值个数不一定相同。

2.4　GNSS 观测值线性组合

GNSS 观测值中多个载波相位观测值能够组成多种特性观测值，数据处理中，经常利用原始的载波相位和伪距观测值的线性组合辅助定位、模糊度解算等[17-18]。不同频率的观测值之间的各种不同的线性组合可以消除多余的未知参数或者与频率有关的误差项的影响，韩绍伟分析了 GPS 双频组合观测值的误差项并提出了衡量组合观测值好坏的 3 个指标（波长参数、电离层参数和偶然误差参数），随着 GNSS 三频的出现，三频线性组合也得到了详细研究[19]。

2.4.1　相位伪距线性组合

线性组合后的观测值应满足模糊度具有整数特性、有适当的波长、有较小的测量噪声、电离层延迟影响较弱或不受其影响这四个标准。对于如何保持模糊度的整数特性，只需保证组合系数 i、j、k 为整数，以下简单介绍剩余的 3 个标准[20-21]。

1）频率和波长

BDS 卫星的基准频率为 $f_0 = 2.046\text{MHz}$，对应波长 $\lambda_0 = 146.53\text{m}$，对应的 B1、B2、B3 频率的系数分别为 $n_1 = 763$、$n_2 = 590$、$n_3 = 620$；对于 GPS 卫星，其基准频率为 $f_0 = 10.23\text{MHz}$，对应波长 $\lambda_0 = 29.305\text{m}$，对应的 L1、L2、L3 频率系数分别为 $n_1 = 154$、

$n_2 = 120$、$n_3 = 115$。若

$$n = in_1 + jn_2 + kn_3 \tag{2.57}$$

定义 n 为巷数，则有组合观测值频率

$$f_{(i,j,k)} = f_0(in_1 + jn_2 + kn_3) = nf_0 \tag{2.58}$$

组合观测值波长为

$$\lambda_{(i,j,k)} = \frac{\lambda_0}{n} \tag{2.59}$$

从式(2.59)可以看出，波长大小取决于巷数 n 的大小，巷数越大波长越小，巷数越小波长越大。

2）组合观测值电离层

在短基线中，电离层具有较好的相关性，通过双差可以较好地削弱其对相对定位的影响；而在长基线中，由于距离的限制，双差后的电离层不能有效地削弱其对相对定位的影响，而通过对原始载波相位线性组合，可寻找一组削弱电离层影响的相位组合观测值来简化数据处理模型，从而极大地提高数据处理效率，这也是多频组合观测量的主要优点之一[22-23]。

对于式(2.36)，令 $I_1 = \eta/f^2$，则以周为单位的相位组合观测值电离层为

$$I_{(i,j,k)} = K_{(i,j,k)} I_1 \tag{2.60}$$

其电离层影响系数为

$$K_{(i,j,k)} = \frac{f_1^2}{c}\left(\frac{i}{f_1} + \frac{j}{f_2} + \frac{k}{f_3}\right) \tag{2.61}$$

类似的以米为单位的相位组合观测值电离层影响系数为

$$\theta_{(i,j,k)} = \frac{f_1^2}{if_1 + jf_2 + kf_3}\left(\frac{i}{f_1} + \frac{j}{f_2} + \frac{k}{f_3}\right) \tag{2.62}$$

3）组合观测值噪声

一般认为 GNSS 三个频率上的载波相位组合观测值有相同的精度，如下所示：

$$\sigma_{\varphi 1} = \sigma_{\varphi 2} = \sigma_{\varphi 3} = \sigma_{\varphi} \tag{2.63}$$

式中：$\sigma_{\varphi 1}$、$\sigma_{\varphi 2}$、$\sigma_{\varphi 3}$ 分别为各载波测量噪声标准差，单位为周。由误差传播定律可得到相位组合观测值的测量噪声为

$$\sigma_{\varphi(i,j,k)} = \sqrt{i^2 + j^2 + k^2}\,\sigma_{\varphi} \tag{2.64}$$

和原始载波相位测量噪声相比，以周为单位的相位组合观测值噪声放大因子为

$$n_{\varphi(i,j,k)} = \sqrt{i^2 + j^2 + k^2} \tag{2.65}$$

式(2.65)表明相位组合以周为单位的测量噪声总大于单个载波的测量噪声。

2.4.2 常用的线性组合

表 2.5 和表 2.6 中分别给出了 BDS 和 GPS 几组较常用的线性组合系数及其特

性[24-25]。如果两个组合系数同时乘以一个数,比如窄巷组合系数同时乘以 2,以距离为单位的观测值噪声水平没有变化,因此,将原组合系数同时乘以一个相同的数得到的新组合与原组合是等价的。

无几何关系组合消除了非散射误差,常用于周跳探测。Melbourne-Wübbena 组合能够消除电离层延迟误差、对流层延迟误差、卫星星历误差、卫星钟差、接收机钟差和计算的几何距离误差等误差影响,只受观测噪声的影响[26-27]。

表 2.5　BDS 三频观测值组合

编号	i	j	k	n	$\lambda_{(i,j,k)}$	$K_{(i,j,k)}$	$n_{\varphi(i,j,k)}$
1	-1	-5	6	7	20.932	-0.4282	7.874
2	1	4	-5	23	6.371	0.1024	6.481
3	0	-1	1	30	4.884	-0.3258	1.414
4	1	3	-4	53	2.765	-0.2235	5.099
5	1	-1	0	173	0.847	-1.5269	1.414
6	1	0	-1	143	1.025	-1.2010	1.414
7	1	0	0	763	0.192	5.2073	1.000
8	0	1	0	590	0.248	6.7341	1.000
9	0	0	1	620	0.236	6.4083	1.000

表 2.6　GPS 三频观测值组合

编号	i	j	k	n	$\lambda_{(i,j,k)}$	$K_{(i,j,k)}$	$n_{\varphi(i,j,k)}$
1	-1	8	-7	1	29.305	-0.5636	10.677
2	1	-7	6	4	7.326	0.2704	9.274
3	0	1	-1	5	5.861	-0.2932	1.414
4	1	-6	5	9	3.256	-0.0228	7.874
5	1	-1	0	34	0.862	-1.4889	1.414
6	1	0	-1	39	0.751	-1.7821	1.414
7	1	0	0	154	0.190	5.2550	1.000
8	0	1	0	120	0.244	6.7440	1.000
9	0	0	1	115	0.255	7.0372	1.000

表 2.5 和表 2.6 中前 4 行为超宽巷组合,第五、第六行为宽巷组合,后 3 行为窄巷组合。

2.4.3　码伪距平滑

相位平滑码伪距的原理是设在 t_1 历元进行双频观测,其观测值的测码伪距为 $R_1(t_1)$、$R_2(t_1)$,测相伪距为 $\phi_1(t_1)$、$\phi_2(t_1)$。进一步假设通过将码伪距与相应载波波长相除换算为周数(仍然用 R 表示),称为码相位。由两频率 f_1、f_2 组合,得测码伪距

$$R(t_1) = \frac{f_1 R_1(t_1) - f_2 R_2(t_1)}{f_1 + f_2} \tag{2.66}$$

由宽巷信号得到载波相位伪距

$$\phi(t_1) = \phi_1(t_1) - \phi_2(t_1) \tag{2.67}$$

由误差传播定律,组合码伪距 $R(t_1)$ 的噪声与单码观测噪声相比减少到原来的 $\sqrt{f_1^2 + f_2^2}/(f_1 + f_2) \approx 70\%$;宽巷组合误差是原误差的$\sqrt{2}$倍。但由于测相伪距误差比测码伪距误差小得多,故$\sqrt{2}$倍的宽巷组合误差影响较小。需要注意的是,码信号 $R(t_1)$ 和载波信号 $\Phi(t_1)$ 具有相同的频率,故波长相同。

对每个历元采用式(2.66)与式(2.67)得到相关组合。另外,对 t_1 历元之后的所有历元 t_i,外推的测码伪距 $R(t_i)_{ex}$ 为

$$R(t_i)_{ex} = R(t_1) + (\Phi(t_i) - \Phi(t_1)) \tag{2.68}$$

通过算术平均可得到测码伪距平滑值为

$$R(t_i)_{sm} = \frac{1}{2}(R(t_i) + R(t_i)_{ex}) \tag{2.69}$$

根据以上各式得由 t_{i-1}历元计算 t_i 历元的递推公式为

$$\begin{cases} R(t_i) = \dfrac{f_1 R_1(t_i) - f_2 R_2(t_i)}{f_1 + f_2} \\ \Phi(t_i) = \Phi_1(t_i) - \Phi_2(t_i) \\ R(t_i)_{ex} = R(t_{i-1})_{sm} + (\Phi(t_i) - \Phi(t_{i-1})) \\ R(t_i)_{sm} = \dfrac{1}{2}(R(t_i) + R(t_i)_{ex}) \end{cases} \tag{2.70}$$

式中:$i > 1$;$R(t_1) = R(t_1)_{ex} = R(t_1)_{sm}$。

上述算法假设数据中没有粗差,但是,载波相位观测量对整周模糊度的变化很敏感(即周跳)。为了克服这个问题,后面给出了一个变化的算法[28]。对任意历元 t_i 采用和前面相同的符号表示,则平滑的码伪距可表示为

$$R(t_i)_{sm} = wR(t_i) + (1 - w)R(t_i)_{ex} \tag{2.71}$$

式中:w 为时间相关的加权因子。由前面公式可知,须将 $R(t_i)_{ex} = R(t_{i-1})_{sm} + (\Phi(t_i) - \Phi(t_{i-1}))$ 代入式(2.71)。

当历元 $i = 1$ 时,权重 $w = 1$,组合观测量完全受测码伪距观测量的影响。随着历元的连续变化,码伪距的影响逐渐降低,载波相位的影响不断增强。在频率为 1Hz 的差分试验中发现,从一个历元至下一个历元的变化中,权重降低量为 0.01。100s 后,就只剩外推值 $R(t_i)_{ex}$。另外,如果存在周跳,上述算法将会失效。一个简单检查两个相邻历元相位差的方法就是通过多普勒频移观测值乘以两个历元的时间间隔来探测数据的不规则变化[29],如周跳等。在有周跳出现时,将权重 w 重置为 1,这将完全消除载波观测量错误数据的影响。这种方法的思想就是周跳必须探测出来,但是不能够修复。当然,如果观测量足够多的话,进行修复也是可能的。

图 2.4 通过实测数据显示了该平滑算法的效果。上面曲线是频率为 1Hz 的 170 个观测历元的测码伪距观测量(消除了由于卫星运动的趋势项);中间曲线为由平滑算法式(2.70)计算的 $R(t_i)_{sm}$ 值;下面曲线为根据式(2.71)加入权重因子计算所得结果。前面已经讲过,每个历元权重减小 1% 表明码伪距的影响减小,同时载波相位的作用加强。

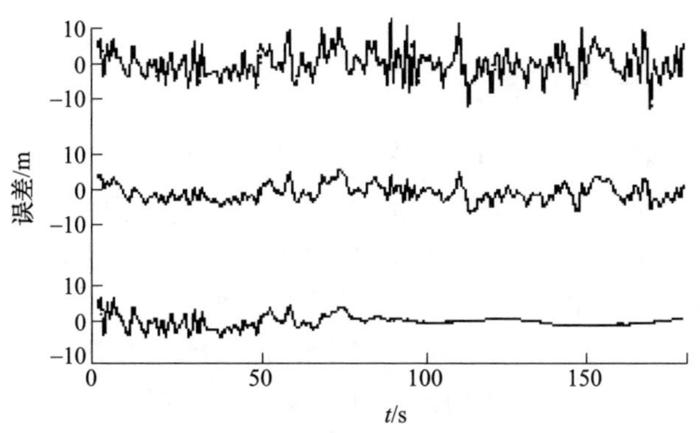

图 2.4　实测数据平滑算法效果

另一种平滑算法就是采用相位差 $\Delta\Phi(t_i,t_1)$ 平滑码伪距法[30]。相位差 $\Delta\Phi(t_i,t_1)$ 通过对开始历元 t_1 到当前历元 t_i 进行多普勒积分计算得到,需要注意的是,积分多普勒频移对周跳不敏感。对每一个历元 t_i 测码伪距 $R(t_i)$,t_1 历元测码伪距估计可表示为

$$R(t_1)_i = R(t_i) - \Delta\Phi(t_i,t_1) \tag{2.72}$$

连续对每个历元进行估计,得到 n 个历元码伪距的算术平均值 $R(t_1)_m$,即

$$R(t_1)_m = \frac{1}{n}\sum_{i=1}^{n} R(t_1)_i \tag{2.73}$$

任一历元的平滑码伪距为

$$R(t_i)_{sm} = R(t_1)_m + \Delta\Phi(t_i,t_1) \tag{2.74}$$

该方法的优点在于通过对任意 n 个历元测码伪距观测量求平均,减小了初始码伪距的噪声。需要注意的是,从式(2.72)到式(2.74)的算法也可以一个历元一个历元地连续进行,因为算法平均必须一个历元一个历元更新。采用以上的表示法,式(2.74)对历元 t_1 也是有效的。当 $t_i = t_1$ 时, $\Delta\Phi(t_1,t_1) = 0$,表示此刻没有平滑效果。

如果只有单频数据可用时,所有的平滑算法也都是可用的。此时,$R(t_i)$、$\Phi(t_i)$ 和 $\Delta\Phi(t_i,t_1)$ 相应地表示单频测码伪距、载波相位伪距和相位差。

2.5　周跳的探测和修复

GNSS 载波相位观测值捕获过程中出现信号失锁,导致模糊度整周模糊度不连

续,数据处理时若不考虑周跳则导致结果错误,若考虑周跳则增加估计参数,因此载波相位高精度数据处理时需要探测和修复周跳。目前探测、修复周跳的方法主要有伪距/相位组合法、电离层残差法、多项式拟合法、小波分析法等,其中电离层残差法,因为探测效率高、容易实现得到了广泛使用;经典伪距相位组合法引入了相位的电离层残差组合,增加了多组组合方式,使得该方法可以应用于所有双频接收机[31]。

2.5.1 电离层残差法

电离层残差法采用无几何距离(GF)组合可以探测周跳发生的位置,但无法区别是 L1、L2 其中一个还是两者同时发生周跳,并且 L1 和 L2 上同时发生周跳的比例为 f_1/f_2 时,L1 和 L2 的距离变化值相等,无法探测周跳[32-33]。电离层残差法只能用于初步探测周跳,并不能探测出周跳的大小并修复周跳。

GPS GF 组合是双频观测值的 60、-77 组合,BDS 组合是 763、-590,主要消除站星间几何距离以及和频率无关的误差项,仅剩下不同频率的电离层延迟差值,观测值模糊度差值若不发生周跳则为整常数以及观测噪声[34-35]。若历元间观测值没有发生周跳,则 GF 组合相邻历元求差即为电离层延迟不同频率不同历元间的残差,即检验量,因此也称为电离层残差法,由于相邻历元时间间隔很短,电离层相关性很强,因此历元间残差值远小于半波长,所以检验量大于设定的阈值就可判定当前历元发生周跳,但不能区分 L1 或 L2 周跳[36-37]。

$$\varphi_{\mathrm{GF}} = 60\varphi_1 - 77\varphi_2 = 60N_1 - 77N_1 - \eta \cdot \frac{60f_2 - 77f_1}{f_1 f_2} + \varepsilon \tag{2.75}$$

$$\varphi_{\mathrm{GF},k} - \varphi_{\mathrm{GF},k-1} = 60\Delta N_1 - 77\Delta N_2 + \Delta\left(\eta \cdot \frac{60f_2 - 77f_1}{f_1 f_2}\right) > \mathrm{const} \tag{2.76}$$

式中:const 为设定的阈值,一般为 0.05。若无周跳,则 $60\Delta N_1 - 77\Delta N_2 = 0$ 。

同样采用第 3 章用到的 LJ 站、JH 站 24h GPS 和 BDS 数据进行分析,若某一频点载波相位失锁为零,则残差值设置为 0.8,大于阈值出现周跳,如图 2.5 所示,红色为周跳、绿色为正常。

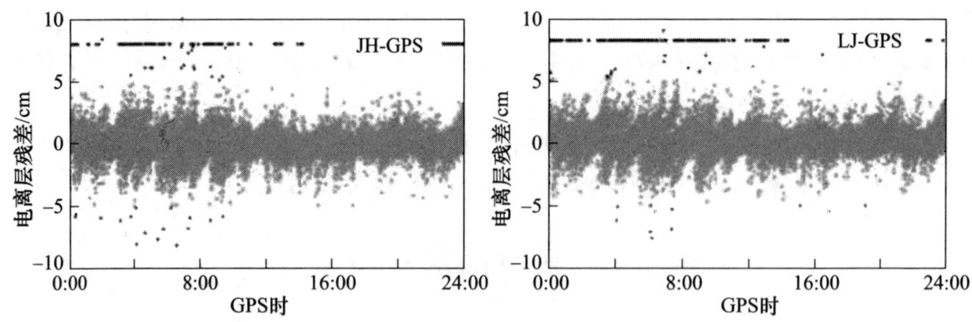

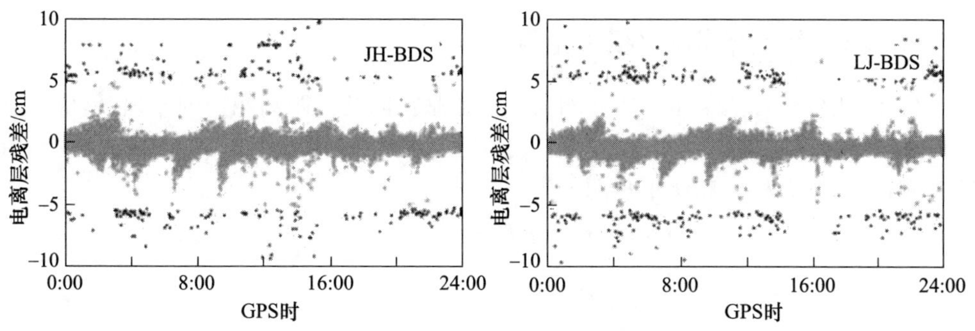

图 2.5　JH、LJ 站电离层残差值(见彩图)

2.5.2　改进电离层残差法

常规的电离层残差法是对单个测站的单颗卫星双频观测数据进行周跳的探测[38],由于相对定位过程两基准站数据采用差分处理,使用站间星间双差观测方程并对双差整周模糊度进行卡尔曼滤波估计,只需要探测周跳的存在,重新初始化模糊度值,一般一个历元就可重新固定模糊度,因此为了节省计算量,提出了站间单差观测值探测周跳,从而将 L1 和 L2 上同时发生 f_1/f_2 比例的周跳探测不出的概率减小[39]。

GF 组合单差值消除了站星间几何距离以及和频率无关的误差项,相邻历元求差即为电离层延迟不同频率的历元间站间的双差观测值残差[40],因为相邻历元时间间隔很短,电离层相关性很强,并且站间求差,因此残差值同样远小于半波长,可以探测出小于 0.5 周的波长,所以检验量大于阈值就可判定发生周跳,重新初始化模糊度。

$$\Delta\varphi_{\mathrm{GF}} = 60\Delta\varphi_1 - 77\Delta\varphi_2 = 60\Delta N_1 - 77\Delta N_1 - \Delta\left(\eta \cdot \frac{60f_2 - 77f_1}{f_1 f_2}\right) + \varepsilon \quad (2.77)$$

$$\Delta\varphi_{\mathrm{GF},k} - \Delta\varphi_{\mathrm{GF},k-1} = 60\Delta\nabla N_1 - 77\Delta\nabla N_2 + \Delta\nabla\left(\eta \cdot \frac{60f_2 - 77f_1}{f_1 f_2}\right) > \mathrm{const} \quad (2.78)$$

JH-LJ 站间单差电离层残差值如图 2.6 所示。

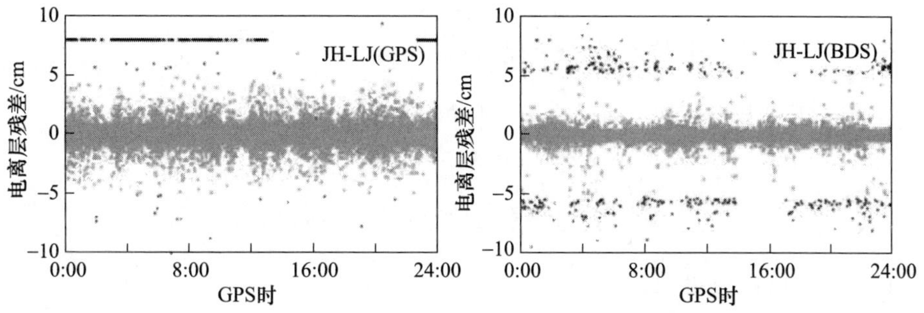

图 2.6　JH-LJ 站间单差电离层残差值(见彩图)

2.5.3 经典的伪距/相位组合法

伪距/相位组合法采用伪距和相关观测值站星间几何距离相同的原理,用伪距值为基准计算相位整周模糊度值。高精度接收机通常包含 2 个频点以上载波相位和伪距观测值,设已有相位和伪距观测值为

$$\begin{cases} R_1 = \rho + \eta/f_1^2 + \varepsilon_{R_1} \\ R_2 = \rho + \eta/f_2^2 + \varepsilon_{R_2} \\ \varphi_1\lambda_1 = \rho - \eta/f_1^2 + N_1\lambda_1 + \varepsilon_{\varphi_1} \\ \varphi_2\lambda_2 = \rho - \eta/f_2^2 + N_2\lambda_2 + \varepsilon_{\varphi_2} \end{cases} \tag{2.79}$$

式中:R_i 为伪距观测值,$i=1,2$,采用精密 P 码。

相位观测值无周跳则不同历元整周模糊度一致,出现周跳则前后历元模糊度出现跳变,伪距/相位组合值历元间求差[41],用精密 P 码则模糊度残差公式为

$$\delta N_{n,m} = \delta\varphi_{n,m} - \frac{\delta P}{\lambda_{n,m}} + \gamma_{n,m} \cdot \left(-\frac{f_2^2}{f_1^2 - f_2^2}(\delta R_1 - \delta R_2) \right) \tag{2.80}$$

$$\gamma_{n,m} = \left(\frac{n}{\lambda_1} + \frac{m}{\lambda_2} \cdot \frac{f_1^2}{f_2^2} \right) + \frac{\beta}{\lambda_{n,m}} \tag{2.81}$$

$$\beta = \begin{cases} 1.0 & P = R_1 \\ 1.647 & P = R_2 \\ 1.323 & P = (R_1 + R_2)/2 \end{cases} \tag{2.82}$$

采用观测值组合系数(1, -1)和(-7,9)即观测值组合 $\varphi_{1,-1}$ 和 $\varphi_{-7,9}$,则周跳可以根据下式计算:

$$\begin{cases} \delta N_1 = \dfrac{1}{2}(9 \cdot \delta N_{1,-1} + \delta N_{-7,9}) \\ \delta N_2 = \dfrac{1}{2}(7 \cdot \delta N_{1,-1} + \delta N_{-7,9}) \end{cases} \tag{2.83}$$

若无周跳则计算值为 0,计算值非 0 则为周跳。

2.5.4 伪距/相位组合法的改进

GF 组合观测值历元间差值与 L1 波长相除:

$$\begin{cases} \delta\varphi_I = (\delta\varphi_1\lambda_1 - \delta\varphi_2\lambda_2)/\lambda_1 \\ \delta N_I = \delta N_1 - \dfrac{\lambda_2}{\lambda_1}\delta N_2 \end{cases} \tag{2.84}$$

由式(2.83)可以得到

$$\frac{\delta I}{f_1^2} = \frac{c \cdot f_2^2}{(f_1^2 - f_2^2) \cdot f_1} \cdot (\delta\varphi_I - \delta N_I) \tag{2.85}$$

式(2.84)为载波相位电离层残差组合计算的历元间电离层延迟影响,详细推导过程见文献[42-43]。将式(2.82)代入替换式(2.78),伪距计算的电离层延迟得

$$\delta N_{n,m} = \delta\varphi_{n,m} - \frac{\delta P}{\lambda_{n,m}} + B_{n,m} \cdot (\delta\varphi_I - \delta N_I) \tag{2.86}$$

式中:$B_{n,m} = \frac{\gamma_{n,m}}{A}$,其中 $A = \frac{(f_1^2 - f_2^2) \cdot f_1}{c \cdot f_2^2}$。文献[42-43]又增加了观测值不同组合系数值(表 2.7)。

表 2.7　不同组合量的系数取值参考表

组合类型	$B_{1,-1}$	$B_{-7,9}$	$B_{-3,4}$	$B_{-14,18}$
$R = P_1, C_1$	-0.0967	7.0531	3.4782	14.0163
$R = P_2, P_2'$	0.1241	7.0661	3.5951	13.1322
$R = (P_1 + P_2)/2$ 或 $(C_1 + P_2')/2$	0.0135	7.0596	3.5366	14.1192

表中,P_1、P_2 为精密 P 码,C_1 为载波上的 C 码,P_2' 为 L2 载波上的交叉相关 P 码,则周跳初值计算公式:

$$\begin{cases} \delta N_1 = \dfrac{m_2(\delta N_{n_1,m_1} - B_{n_1,m_1} \cdot \delta\varphi_I) - m_1(\delta N_{n_2,m_2} - B_{n_2,m_2} \cdot \delta\varphi_I)}{m_2 n_1 - m_1 n_2} \\ \delta N_2 = \dfrac{n_2(\delta N_{n_1,m_1} - B_{n_1,m_1} \cdot \delta\varphi_I) - n_1(\delta N_{n_2,m_2} - B_{n_2,m_2} \cdot \delta\varphi_I)}{m_1 n_2 - m_2 n_1} \end{cases} \tag{2.87}$$

式中:$\delta N_I + \delta\varphi_I = \delta\phi_I$。计算周跳初值后,在初值附近选取 5 个整数作为候选值分别计算 $|\delta\phi_I - \delta N_I|$ 的值,结果最小的即为所求的周跳。

采用 320 个历元观测数据,L1 上增加 7 个、L2 上增加 6 个周跳,用 C 码和 P2 码,相位采用 1,-1 和 -7,9 组合搜索周跳。图 2.7 和图 2.8 只能探测出有周跳,图 2.9 和图 2.10可以探测出有多少周的周跳,探测出的 L1 频率和 L2 频率的周跳数如图 2.11 和图 2.12 所示。

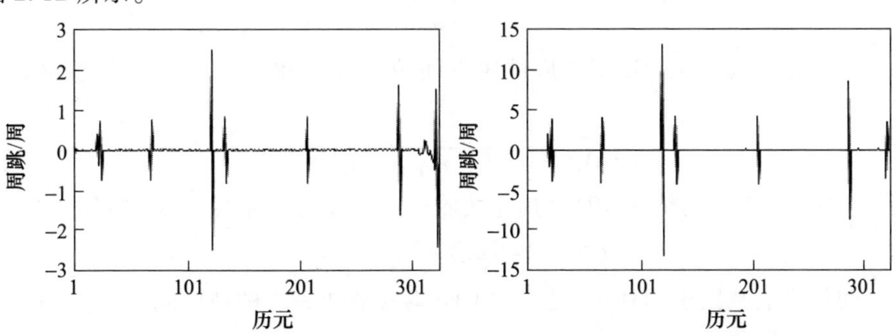

图 2.7　电离层残差法探测周跳　　图 2.8　$\delta\varphi_1$ 序列曲线

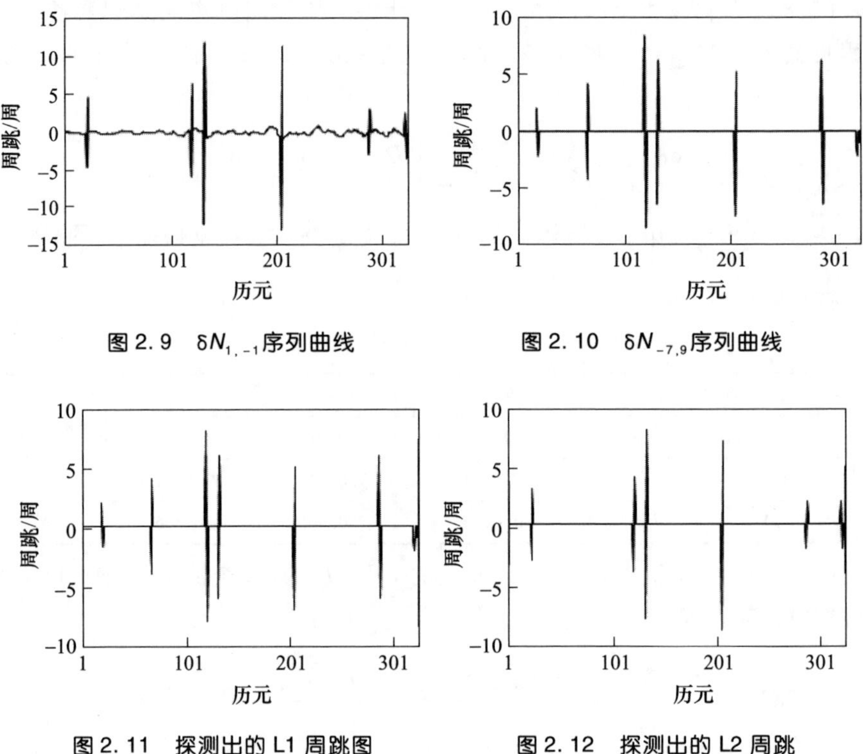

图 2.9　$\delta N_{1,-1}$序列曲线

图 2.10　$\delta N_{-7,9}$序列曲线

图 2.11　探测出的 L1 周跳图

图 2.12　探测出的 L2 周跳

2.5.5　单点定位精度衰减因子(DOP)值

伪距单点绝对定位不仅解算用户位置与接收机钟差 4 个未知数,同时可以得到权系数阵

$$\boldsymbol{Q}_X = (\boldsymbol{B}^{\mathrm{T}}\boldsymbol{P}\boldsymbol{B})^{-1} = \begin{bmatrix} q_{XX} & q_{XY} & q_{XZ} & q_{Xt} \\ q_{XY} & q_{YY} & q_{YZ} & q_{Yt} \\ q_{XZ} & q_{YZ} & q_{ZZ} & q_{Zt} \\ q_{Xt} & q_{Yt} & q_{Zt} & q_{tt} \end{bmatrix} \tag{2.88}$$

几何精度衰减因子(GDOP)是描述空间位置误差和时间误差综合影响的精度因子:

$$\mathrm{GDOP} = \sqrt{q_{XX} + q_{YY} + q_{ZZ} + q_{tt}} \tag{2.89}$$

位置精度衰减因子(PDOP)是描述接收机空间直角坐标误差的精度因子:

$$\mathrm{PDOP} = \sqrt{q_{XX} + q_{YY} + q_{ZZ}} \tag{2.90}$$

时间精度衰减因子(TDOP)是描述 GPS 时接收机钟差的精度因子:

$$\mathrm{TDOP} = \sqrt{q_{tt}} \tag{2.91}$$

为了估算测站坐标的水平精度和垂直精度,需借助于坐标转换矩阵 $\boldsymbol{H}$,将空间直

角坐标中的权系数阵转为平面和高程坐标系统：

$$\boldsymbol{H} = \begin{bmatrix} -\sin B\cos L & -\sin B\sin L & \cos B \\ -\sin L & \cos L & 0 \\ \cos B\cos L & \cos B\sin L & \sin B \end{bmatrix} \tag{2.92}$$

式中：B 为测站的大地纬度；L 表示测站的大地经度。若用 $\boldsymbol{Q}_P$ 表示 $\boldsymbol{Q}_X$ 中与位置有关部分，即

$$\boldsymbol{Q}_P = \begin{bmatrix} q_{XX} & q_{XY} & q_{XZ} \\ q_{XY} & q_{YY} & q_{YZ} \\ q_{XZ} & q_{YZ} & q_{ZZ} \end{bmatrix} \tag{2.93}$$

转换为水平坐标系后的系数权阵 $\boldsymbol{Q}_X$ 为

$$\boldsymbol{Q}_X = \boldsymbol{H}\boldsymbol{Q}_P\boldsymbol{H}^{\mathrm{T}} = \begin{bmatrix} q_{nn} & q_{ne} & q_{nu} \\ q_{en} & q_{ee} & q_{eu} \\ q_{un} & q_{ue} & q_{uu} \end{bmatrix} \tag{2.94}$$

类似地，可得到描述水平精度衰减因子（HDOP）和描述垂直精度衰减因子（VDOP）：

$$\mathrm{HDOP} = \sqrt{q_{nn} + q_{ee}} \tag{2.95}$$

$$\mathrm{VDOP} = \sqrt{q_{uu}} \tag{2.96}$$

3000 个历元的 GPS 和 BDS 的 HDOP 值如图 2.13 所示。

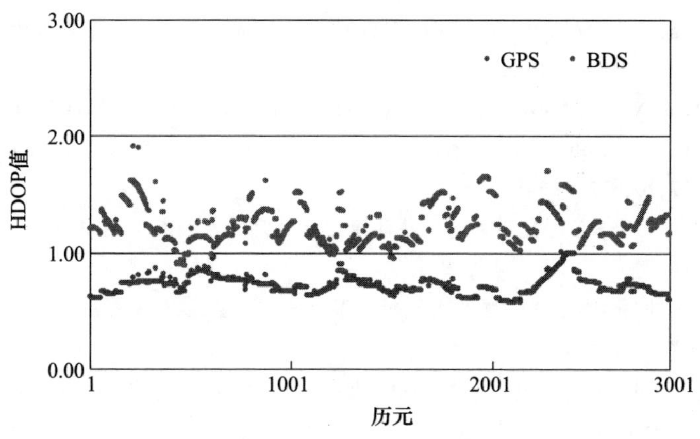

图 2.13　HDOP（见彩图）

参考文献

[1] HOFMANN - WELLENHOF B, LICHTENEGGER H, WASLE E. 全球卫星导航系统 GPS, GLONASS, Galileo 及其他系统[M]. 程鹏飞，蔡艳辉，文汉江，等译. 北京：测绘出版社，2009.

[2] 高星伟,李毓麟. PZ-90 和 WGS-84 之间的转换参数[J]. 测绘通报,1999(7):25-30.
[3] 徐绍铨,张海华,杨志强,等. GPS 测量原理及应用[M]. 武汉:武汉大学出版社,2000.
[4] 陈俊勇. 世界大地坐标系统 1984 的最新精化[J]. 测绘通报,2003(2):1-3.
[5] 程鹏飞,文汉江,成英燕,等. 2000 国家大地坐标系椭球参数与 GRS80 和 WGS-84 的比较[J]. 测绘学报,2009,38(3):189-194.
[6] 蒋辉,夏勇,樊朝俊. 北京 54 坐标系坐标转换的探讨[J]. 南京工业大学学报(自然科学版),2007(4):73-76.
[7] 祁玉杰. 对常用大地坐标系间坐标转换方法的评价[J]. 测绘通报,2017(4):13-16.
[8] 施一民,朱紫阳,宋树军. 不同的新型大地坐标系之间的坐标转换[J]. 同济大学学报(自然科学版),2008(7):977-980.
[9] 吴风波,宋歌. 一种基于观测值域的 GNSS 伪距多粗差验前探测方法[J]. 全球定位系统,2018,43(1):7-14.
[10] TEUNISSEN P,JOOSTEN P,TIBERIUS C. A comparison of TCAR,CIR and LAMBDA GNSS ambiguity resolution[C]//Proceedings of the 15th International Technical Meeting of the Satellite Division of the Institute of Navigation(ION GPS 2002),ION,2003.
[11] ZHAO,Y W. Cubature + Extended hybrid Kalman filtering method and its application in PPP/IMU tightly-coupled navigation systems[J]. IEEE Sensors Journal,2015,15(12):1-1.
[12] 邹璇,李宗楠,唐卫明,等. 一种适用于大规模用户的非差网络 RTK 服务新方法[J]. 武汉大学学报(信息科学版),2015,40(9):1242-1246.
[13] 祝会忠,徐爱功,高星伟,等. 长距离 GNSS 网络 RTK 算法研究[J]. 测绘科学,2014,39(5):80-83.
[14] 楼益栋,龚晓鹏,辜声峰,等. GPS/BDS 混合双差分 RTK 定位方法及结果分析[J]. 大地测量与地球重力学,2016,36(1):1-5.
[15] APONTE J,MENG X,MOORE T,et al. Evaluating the performance of NRTK GPS positioning for land navigation applications[J]. Royal Institute of Navigation NAV08 and International Loran Association ILA37,2008. 239-248.
[16] 叶险峰. 基于 GNSS 信噪比数据的测站环境误差处理方法及其应用研究[D]. 武汉:中国地质大学,2016.
[17] 袁宏超,秘金钟,张洪文,等. 顾及大气延迟误差的中长基线 RTK 算法[J]. 测绘科学,2017,42(1):33-47.
[18] BRACK A. Reliable GPS + BDS RTK positioning with partial ambiguity resolution[M]. New York:Springer-Verlag New York,2017.
[19] 韩绍伟. GPS 组合观测值理论及应用[J]. 测绘学报,1995(2):8-13.
[20] FENG Y M. GNSS three carrier ambiguity resolution using Ionosphere-reduced virtual signals [J]. Journal of Geodesy,2008,82(12):847-862.
[21] COCARD M,BOURGON S,KAMALI O,et al. A systematic investigation of optimal carrier-phase combinations for modernized triple-frequency GPS[J]. Journal of Geodesy,2008,82(9):555-564.
[22] ODOLINSKI R,TEUNISSEN P J G,ODIJK D. Combined GPS + BDS for short to long baseline RTK positioning[J]. Measurement Science and Technology,2015,26(4):045801.

[23] TAKASU T, YASUDA A. Kalman-filter-based integer ambiguity resolution strategy for long-baseline RTK with ionosphere and troposphere estimation[C]//Proceedings of the ION GNSS. 2010: 161-171.

[24] 伍岳,邱蕾. 网络 RTK 模式下多频载波相位观测值解算整周模糊度[J]. 测绘工程,2015,22(4):1-4.

[25] ZHANG X H, HE X Y. BDS triple-frequency carrier-phase linear combination models and their characteristics[J]. Science China Earth Sciences,2015,58(6):896-905.

[26] HATCH R. A new three-frequency, geometry-free technique for ambiguity resolution[C]//Proceedings of ION GNSS,2006:26-29.

[27] WANG K, Rothacher M. Ambiguity resolution for triple-frequency geometry-free and ionosphere-free combination tested with real data[J]. Journal of Geodesy,2013,87(6):539-553.

[28] 胡杰,石潇竹. 载波相位平滑伪距在 GPS/SINS 紧组合导航系统中的应用[J]. 导航定位与授时,2018(05):32-38.

[29] 燕欢,罗孝文,郭杭. 相位平滑伪距 GNSS PPP/INS 紧耦合算法[J]. 测绘科学,2017,42(3):22-28.

[30] 燕欢. 基于相位平滑伪距 GNSS PPP/INS 紧耦合技术研究[D]. 南昌:南昌大学,2016.

[31] 张成军,许其凤,李作虎. 对伪距/相位组合量探测与修复周跳算法的改进[J]. 测绘学报,2009,38(5):402-407.

[32] 周海涛,黄令勇,王宇谱,等. 基于数据质量分析的 TECR 周跳处理算法[J]. 武汉大学学报(信息科学版),2018,43(6):879-886,892.

[33] 赵亮,达朝宗,周星,等. CORS 基准站周跳探测与修复方法研究[J]. 测绘科学,2018,43(2):24-29.

[34] 柏粉花,黄国勇,邹金慧. 三频伪距相位和电离层残差法探测与修复 BDS 周跳[J]. 计算机与应用化学,2016,33(6):701-706

[35] 马驰,李柏渝,刘文祥,等. 基于多普勒辅助的电离层残差探测与修复周跳改进方法[J]. 全球定位系统,2014,39(5):8-12.

[36] KIM D, LANGLEY R B. Instantaneous realtime cycle-slip correction of dual-frequency GPS data[C]//Proceedings of the International Symposium on Kinematic Systems in Geodesy, Geomatics and Navigation, Alberta, Banff,2001:255-264.

[37] BISNATH S B. Efficient automated cycle-slip correction of dual-frequency kinematic GPS data[C]//Proceedings of the 13th International Technical Meeting of The Institute of Navigation, Salt Lake City, September 19-22,2000:145-154.

[38] 崔立鲁,张涌,杜石,等. 联合超宽巷组合和电离层残差的北斗三频周跳探测与修复[J]. 成都大学学报(自然科学版),2018(2):163-167.

[39] 陈猛,李建文,陈星宇,等. 联合 MW 组合法及改进电离层残差法的周跳探测新方法[J]. 全球定位系统,2016,41(4):39-42.

[40] 陶庭叶,何伟,高飞,等. 综合电离层残差和超宽巷探测和修复北斗周跳[J]. 中国惯性技术学报,2015,23(1):54-58.

[41] 范冬阳,徐良. 基于伪距相位组合法和电离层残差法探测和修复周跳的研究[J]. 湘潭大学

自然科学学报编辑部,2018(4):52-55.

[42] 张成军,许其凤,李作虎. 对伪距/相位组合量探测与修复周跳算法的改进[J]. 测绘学报,2009,38(5):402-407.

[43] 龙嘉露. GNSS 实时动态周跳探测与修复方法研究[D]. 成都:西南交通大学,2014.

第3章　网络 RTK 误差影响分析

GNSS 测量中包含的误差直接影响定位的能力，分为空间相关误差（对流层延迟、电离层延迟、星历误差等）和非空间相关误差（钟差、多路径效应、相位中心偏差、观测噪声等）[1]，网络 RTK 的主要功能是消除或削弱 GNSS 定位时的观测误差。为了更好地削弱 GNSS 观测误差有必要对各项误差进行分析和估计，获取相应的统计信息。

3.1　卫星钟差

卫星钟频率漂移引起的卫星钟时间与 GNSS 标准时间之间的互差值称为卫星钟差。GNSS 卫星钟采用原子钟，其中价格较低廉的铷原子钟的频率分稳定度约为 5×10^{-12}、时稳定度和日稳定度均优于 10^{-11}，铯原子钟的短期和长期稳定度都优于铯原子钟，其频率日稳定度优于 2×10^{-13}，10 日的频率稳定度优于 7×10^{-13}。

卫星钟差的变化可以利用一个二项式表示，由于误差中含有 α_0、α_1、α_2 项的影响，所以其数值可能很大。α_i 的数值由地面控制系统依据前一段时间的跟踪资料计算得到，然后根据该钟的变化规律进行预报并编入广播星历中播发给用户。其具体形式为

$$\Delta t_s = a_0 - a_1 \cdot (t_s - t_{oe}) + a_2 \cdot (t_s - t_{oe})^2 \tag{3.1}$$

式中：Δt_s 为卫星钟在 t 时刻的卫星钟差；t_{oe} 为由星历提供的数据基准时间；a_0 为 t_{oe} 时刻的钟差；a_1 为 t_{oe} 时刻的钟速（频移）；a_2 为 t_{oe} 时刻加速度的一半（频漂）。

图 3.1 显示了北斗和 GPS 卫星钟 24h 广播星历播发的误差值，卫星钟的同步误差控制在 1ms 以内，当卫星钟差大于 1ms 时，地面系统便会对其进行调整。但 1ms 对测距的影响达到 300km，因此导航定位必须对卫星钟差进行处理。在网络 RTK 差分定位模式中，卫星钟差可以通过基准站与流动站间双差组合进行消除[2]。而基于非差观测模型的网络 RTK 定位，由于基准站与流动站之间没有进行双差组合，卫星钟差对观测值的影响无法得到消除，处理方法是利用非差观测模型计算包含卫星钟差在内的非差误差信息，流动站直接利用非差误差信息可将观测值中的卫星钟差消除。

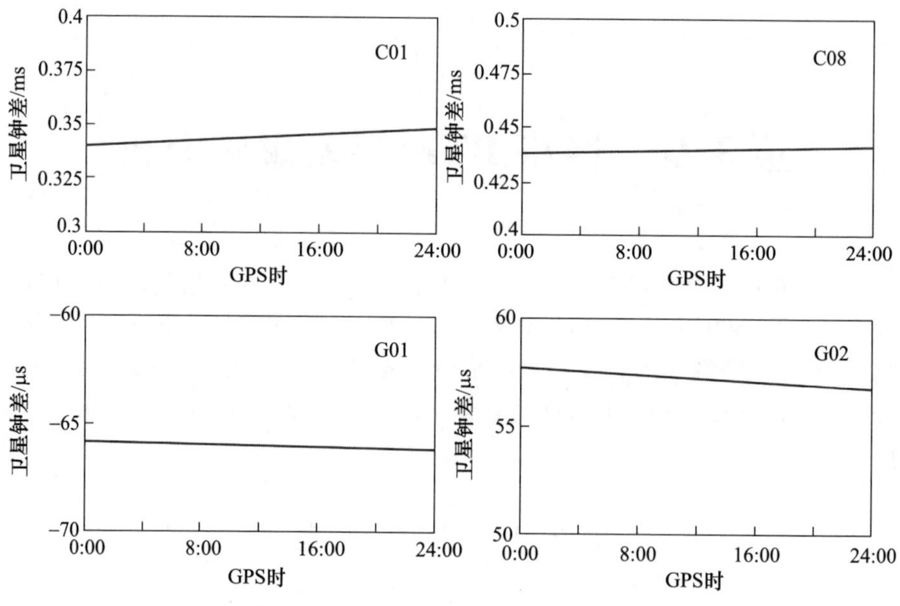

图 3.1　24h 广播星历播发的卫星钟差

3.2　接收机钟差

接收机钟时标晶体振荡器的频率漂移引起的接收机钟时间与 GNSS 标准时之间的差值称为接收机钟差。理论上接收机的钟与 GNSS 时间系统保持严格的统一，但是为了降低接收机的成本，接收机一般采用稳定度不高的石英钟，其频率分稳定度为 1×10^{-11}，时稳定度为 1×10^{-10}，日稳定度优于 1×10^{-9}。未修正钟差如图 3.2 所示。由于石英钟不够稳定，存在钟差、钟漂等误差，因此 GNSS 中实际采用的方法是将接收机的钟差限定在一定的范围内（如 ±0.5ms），周期性地加入时间跳变，称为钟跳，一般接收机都自动修复周跳。

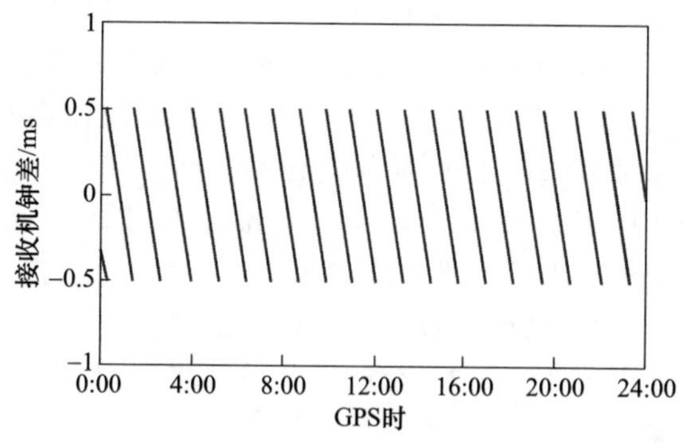

图 3.2　未修正钟差

接收机钟差是目前 GNSS 定位的最大误差，卫星到接收机的距离是通过信号的传播时间乘以光速计算出来的，因此，即使 0.5ms 的钟差，乘以光速后，也会产生约 150000m 的距离误差。每台接收机有一个单独钟差，无法统一地监测预报，接收机钟差采用 BDS/GPS 标准定位求出的接收机钟差估计精度优于 10^{-6}s，但这种方法计算出的接收机钟差精度有限[3]。修正后的钟差如图 3.3 所示。

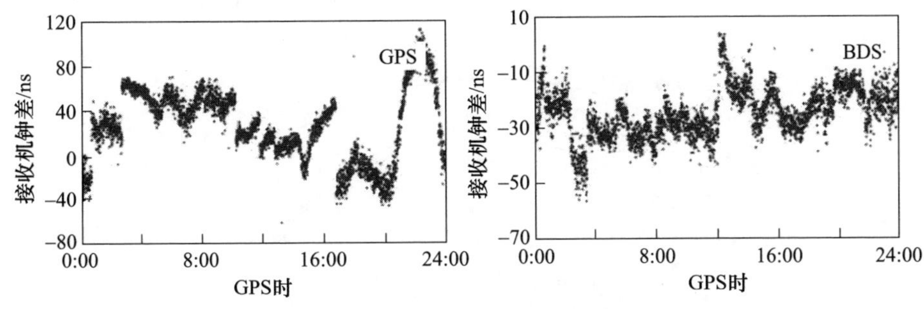

图 3.3 修正后的钟差（见彩图）

在 BDS/GPS 网络 RTK 基准站间载波相位整周模糊度解算过程中，接收机钟差可以通过站星间双差组合进行消除[4]。在非差网络 RTK 定位中，通常将接收机钟差作为历元参数与测站坐标和天顶对流层延迟误差等参数同时进行估计。

3.3 对流层延迟

根据不同的物理性质及其对电磁波的影响，可以将地球的大气层分为不同的层。考虑到电磁波的结构，大气层被分为中性大气层和电离层，其中中性大气层由对流层和平流层组成，GNSS 领域将其统称为对流层，并将中性大气层的延迟称为“对流层延迟”。

中性大气延迟误差是空间相关误差，是卫星定位中主要的误差源之一。对流层对频率在 30GHz 以下的电磁波都是非色散介质。对流层的折射系数是温度、压力以及局部水汽压力的函数[5]。局部水汽压力包括干分量和湿分量，其中大约 90% 的对流层延迟是由干分量影响造成的，干分量或者叫作大气流体静力学影响，主要是压力的函数。湿分量主要是水汽的影响，由于水汽的高可变性，湿分量很难用模型表示。对 L 波段的频率而言，雨量的大小、雾和云等造成的衰减相对于对流层的延迟可以忽略不计，因此 GNSS 号称可以在任何天气条件下作业。

中性大气延迟一般泛指 GNSS 信号通过高度为 40km 以下的中性大气层时，由于中性大气层对电磁波的折射，使电磁波传播路径比几何距离长的现象。中性大气延迟中 80% 的信号延迟发生在对流层，而平流层只占其中的 20% 左右[5]。对流层分层厚度如图 3.4 所示。

中性大气属于非弥散介质，对 GNSS 的码伪距和相位观测值的影响是相同的，不存在色散效应,即与信号频率无关,不能通过不同频率观测值的线性组合进行消除,GNSS 数据处理中只能通过模型改正或参数估计的方法消除。

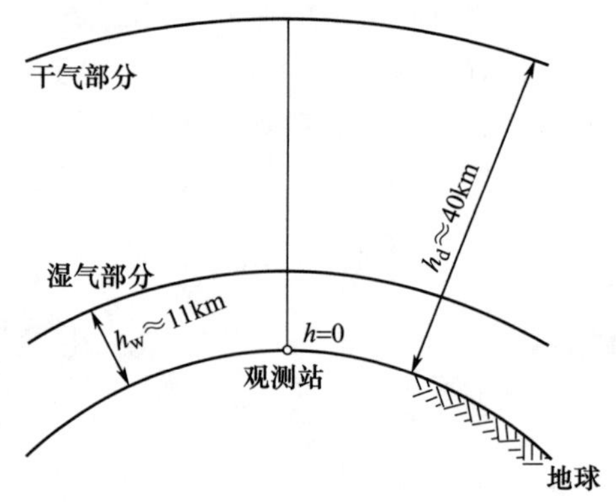

图 3.4 对流层分层厚度

根据对 GNSS 信号延迟影响的稳定性和可预测性,大气中干燥气体产生干分量延迟,其在时间上和空间上变化缓慢,几小时的变化量小于 1% ,在海平面上的天顶延迟约为 2.3m,并与当地的气压和温度有关,若能提供精确的大气压值,其模型精度可达到毫米级。大气中的水汽产生湿分量延迟,约占总延迟的 10% ,湿延迟变化较快,其在几小时内的变化量达到 10% ~20% ,主要由于水蒸气在大气中的分布极不均匀,在海平面上的天顶延迟为 1 ~80cm,一般小于 40cm,而且很难建立实时精确的模型,因此,对流层延迟的主要残差是由于湿延迟引起的[6]。

对流层延迟包括信号延迟和信号路径弯曲两部分,其中路径弯曲在卫星高度角大于 20°时,其值小于 3mm,高度角为 10°时增加到 2cm,而信号延迟在 10°时可达十多米。因此信号路径弯曲影响相对于信号延迟可以忽略。对流层路径延迟定义为

$$\Delta^{\text{Trop}} = \int (n-1)\,\mathrm{d}s_0 \tag{3.2}$$

将积分路线近似为两点几何距离上,通常,以大气折射率

$$N^{\text{Trop}} = 10^6 (n-1) \tag{3.3}$$

代替大气折射指数 n ,代入式(3.2),得

$$\Delta^{\text{Trop}} = 10^{-6}\int N^{\text{Trop}}\,\mathrm{d}s_0 \tag{3.4}$$

Hopfield[5]将大气折射率 N^{Trop} 分为干分量和湿分量两部分,即

$$N^{\text{Trop}} = N_{\text{d}}^{\text{Trop}} + N_{\text{w}}^{\text{Trop}} \tag{3.5}$$

干分量与干(流体静力学的)气体有关,湿分量与大气中水蒸气含量有关,相应地表示为

$$\Delta_{\text{d}}^{\text{Trop}} = 10^{-6}\int N_{\text{d}}^{\text{Trop}}\,\mathrm{d}s_0 \tag{3.6}$$

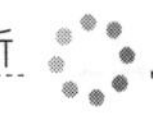

$$\Delta_{\mathrm{w}}^{\mathrm{Trop}} = 10^{-6}\int N_{\mathrm{w}}^{\mathrm{Trop}} \mathrm{d}s_0 \tag{3.7}$$

两式求和得

$$\Delta^{\mathrm{Trop}} = \Delta_{\mathrm{d}}^{\mathrm{Trop}} + \Delta_{\mathrm{w}}^{\mathrm{Trop}} = 10^{-6}\int N_{\mathrm{d}}^{\mathrm{Trop}} \mathrm{d}s_0 + 10^{-6}\int N_{\mathrm{w}}^{\mathrm{Trop}} \mathrm{d}s_0 \tag{3.8}$$

实际上,式(3.8)引入了折射模型,式中的积分式可以通过数值积分进行,或者通过被积函数级数展开的解析方法进行。该模型必须已知某时间的地球表面的干、湿折射率。相应的地球表面的干分量组成(以下标0表示)可表示为

$$\begin{cases} N_{\mathrm{d},0}^{\mathrm{Trop}} = \bar{c}_1 \dfrac{p}{T} \\ \bar{c}_1 = 77.64\mathrm{K/mb} \end{cases} \tag{3.9}$$

式中:p 为大气压力(mbar);T 为温度(K)。

湿分量组成为

$$\begin{cases} N_{\mathrm{w},0}^{\mathrm{Trop}} = \bar{c}_2 \dfrac{e}{T} + \bar{c}_3 \dfrac{e}{T^2} \\ \bar{c}_2 = -12.96\mathrm{K/mbar} \\ \bar{c}_3 = 3.718 \times 10^5 \mathrm{K}^2/\mathrm{mbar} \end{cases} \tag{3.10}$$

式中:e 为水蒸气的局部压力(mbar);$\bar{c}_1$、$\bar{c}_2$、$\bar{c}_3$ 系数的值由经验确定,当然,并不能完全描述当地环境,可通过测量测站气象数据进行修正。

由于传播路径和对流层折射率是未知的,式(3.2)只是理论公式,实际上众多的学者建立了很多的经验模型,其中经典模型为 Hopfield 模型[5]、适合低高度角卫星的改进的 Hopfield 模型[6],Saastamoinen 模型[7],Black 模型、UNB3 模型等。通过大量的试验比较,这些著名对流层延迟模型在卫星高度角15°以上时,结果相差很小,一般为毫米级,当卫星高度角过低时,模型的差异就明显增大,甚至模型失效[8-9]。

3.3.1 Hopfield 模型

利用全球实测数据,Hopfield[5]通过试验经验发现了一种干折射率的表示方法,此方法将干分量折射率表示为高度 h 的函数,即

$$N_{\mathrm{d}}^{\mathrm{Trop}}(h) = N_{\mathrm{d.0}}^{\mathrm{Trop}} \left[\frac{h_{\mathrm{d}} - h}{h_{\mathrm{d}}}\right]^4 \tag{3.11}$$

假设多元对流层的厚度为(图3.4):

$$h_{\mathrm{d}} = 40136 + 148.72(T - 273.16) \quad (\mathrm{m}) \tag{3.12}$$

将式(3.11)代入式(3.6),产生的对流层延迟(干分量)为

$$\Delta_{\mathrm{d}}^{\mathrm{Trop}} = 10^{-6} N_{\mathrm{d},0}^{\mathrm{Trop}} \int \left[\frac{h_{\mathrm{d}} - h}{h_{\mathrm{d}}}\right]^4 \mathrm{d}s_0 \tag{3.13}$$

若积分沿垂直方向进行，且忽略信号路径弯曲，则该积分可求解。因此，式(3.13)可表示为

$$\Delta_{d}^{\mathrm{Trop}} = 10^{-6} N_{d,0}^{\mathrm{Trop}} \frac{1}{h_{d}^{4}} \int_{0}^{h_{d}} (h_{d} - h)^{4} \mathrm{d}h \tag{3.14}$$

式中：积分下限 $h = 0$，对应观察站点位于地球表面，并将常数项提出，求解积分得

$$\Delta_{d}^{\mathrm{Trop}} = 10^{-6} N_{d,0}^{\mathrm{Trop}} \frac{1}{h_{d}^{4}} \left[-\frac{1}{5} (h_{d} - h)^{5} \Big|_{h=0}^{h=h_{d}} \right] \tag{3.15}$$

括号内的值为 $h_{d}^{5}/5$，因此，干分量对流层天顶方向延迟为

$$\Delta_{d}^{\mathrm{Trop}} = \frac{10^{-6}}{5} N\Delta_{d,0}^{\mathrm{Trop}} h_{d} \tag{3.16}$$

由于水蒸气含量随时间和空间变化强烈，湿分量很难模型化，而且又没有合适的替代形式，所以 Hopfield 模型假设湿分量与干分量具有相同的函数形式，则

$$\Delta_{w}^{\mathrm{Trop}}(h) = \Delta_{w,0}^{\mathrm{Trop}}(h) \left[\frac{h_{w} - h}{h_{w}} \right]^{4} \tag{3.17}$$

式中

$$h_{w} = 11000\mathrm{m} \tag{3.18}$$

有时取其他值，如 $h_{w} = 12000\mathrm{m}$。由于 h_{d} 和 h_{w} 与地点和温度有关，所以其值不能唯一确定。在德国，利用 4.5 年多的无线电探空仪观测数据通过微波频率估计当地对流层路径的延迟得出结果是，测站地区的参数值 $h_{d} = 41.6\mathrm{km}$，$h_{w} = 11.5\mathrm{km}$，有效对流层高度为 $40\mathrm{km} \leqslant h_{d} \leqslant 45\mathrm{km}$，$10\mathrm{km} \leqslant h_{w} \leqslant 13\mathrm{km}$ [10]。

完全类似于式(3.13)，同样可得式(3.17)的积分结果为

$$\Delta_{w}^{\mathrm{Trop}} = \frac{10^{-6}}{5} N\Delta_{w,0}^{\mathrm{Trop}} h_{w} \tag{3.19}$$

由此，得总对流层天顶延迟为

$$\Delta^{\mathrm{Trop}} = \frac{10^{-6}}{5} [N_{d,0}^{\mathrm{Trop}} h_{d} + N_{w,0}^{\mathrm{Trop}} h_{w}] \tag{3.20}$$

式中：Δ^{Trop} 单位为米。模型中未考虑任意天顶角信号情况。如果考虑视线方向信号，必须增加倾斜因子，最简单方式是将天顶方向延迟投影到视线方向。通常，天顶方向延迟到任意天顶角方向的延迟转换指的就是映射函数[1]。

引入映射函数，式(3.20)变换为

$$\Delta^{\mathrm{Trop}} = \frac{10^{-6}}{5} [N_{d,0}^{\mathrm{Trop}} h_{d} m_{d}(E) + N_{w,0}^{\mathrm{Trop}} h_{w} m_{w}(E)] \tag{3.21}$$

式中：$m_{d}(E)$、$m_{w}(E)$ 分别为干分量和湿分量映射函数；E（单位：(°)）为测站高度角（将视线视为直线）。显然 Hopfield 模型映射函数为

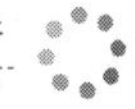

$$m_{\mathrm{d}}(E) = \frac{1}{\sin\sqrt{E^2 + 6.25}}$$
$$m_{\mathrm{w}}(E) = \frac{1}{\sin\sqrt{E^2 + 2.25}} \tag{3.22}$$

采用更简洁形式,式(3.21)可表示为

$$\Delta^{\mathrm{Trop}}(E) = \Delta_{\mathrm{d}}^{\mathrm{Trop}}(E) + \Delta_{\mathrm{w}}^{\mathrm{Trop}}(E) \tag{3.23}$$

式(3.23)右侧各项表示为

$$\Delta_{\mathrm{d}}^{\mathrm{Trop}}(E) = \frac{10^{-6}}{5}\frac{N_{\mathrm{d},0}^{\mathrm{Trop}}h_{\mathrm{d}}}{\sin\sqrt{E^2 + 6.25}}$$
$$\Delta_{\mathrm{w}}^{\mathrm{Trop}}(E) = \frac{10^{-6}}{5}\frac{N_{\mathrm{w},0}^{\mathrm{Trop}}h_{\mathrm{w}}}{\sin\sqrt{E^2 + 2.25}} \tag{3.24}$$

或代入式(3.9)、式(3.12)、式(3.10)、式(3.18),有

$$\Delta_{\mathrm{d}}^{\mathrm{Trop}}(E) = \frac{10^{-6}}{5}\frac{77.64}{\sin\sqrt{E^2 + 6.25}}\frac{p}{T}[40136 + 148.72(T - 273.16)]$$
$$\Delta_{\mathrm{w}}^{\mathrm{Trop}}(E) = \frac{10^{-6}}{5}\frac{(-12.96T + 3.718\cdot 10^5)}{\sin\sqrt{E^2 + 2.25}}\frac{e}{T^2}11000 \tag{3.25}$$

在观测站处测量 p 、T 、e 值并计算测站高度角 E ,将以上参数代入式(3.25)估计干、湿分量延迟,最后由式(3.23)得到总对流层路径延迟。

3.3.2　改进 Hopfield 模型

改进 Hopfield 模型是将经验式(3.11)中将两点的高度以两点间矢量长度代替而构成。地球半径以 R_{e} 表示,相应地有: $r_{\mathrm{d}} = R_{\mathrm{e}} + h_{\mathrm{d}}$, $r = R_{\mathrm{e}} + h$ (图 3.5)。从而可以得到类似于式(3.11)的干折射率公式:

$$N_{\mathrm{d}}^{\mathrm{Trop}}(r) = N_{\mathrm{d},0}^{\mathrm{Trop}}\left[\frac{r_{\mathrm{d}} - r}{r_{\mathrm{d}} - R_{\mathrm{e}}}\right]^4 \tag{3.26}$$

根据式(3.6),并引入映射函数 $1/\cos z(r)$,可以得地面测站的干分量路径延迟:

$$\Delta_{\mathrm{d}}^{\mathrm{Trop}}(z) = 10^{-6}\int_{R_{\mathrm{e}}}^{r_{\mathrm{d}}} N_{\mathrm{d}}^{\mathrm{Trop}}(r)\frac{1}{\cos z(r)}\mathrm{d}r \tag{3.27}$$

这里注意天顶角 $z(r)$ 是可变的。观测站上的天顶角表示为 z_0 ,由正弦定律(图 3.5)知

$$\sin z(r) = \frac{R_{\mathrm{e}}}{r}\sin z_0 \tag{3.28}$$

由式(3.28)得天顶角余弦:

$$\cos z(r) = \sqrt{1 - \frac{R_{\mathrm{e}}^2}{r^2}\sin^2 z_0} \tag{3.29}$$

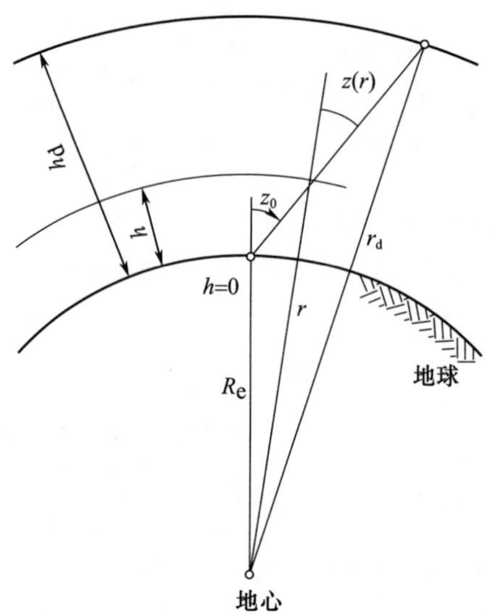

图 3.5　对流层路径延迟示意图

即

$$\cos z(r) = \frac{1}{r}\sqrt{r^2 - R_e^2 \sin^2 z_0} \tag{3.30}$$

将式(3.30)和式(3.26)代入式(3.27),可得

$$\Delta_d^{Trop}(z) = \frac{10^{-6}N_{d,0}^{Trop}}{(r_d - R_e)^4}\int_{R_e}^{r_d}\frac{r(r_d - r)^4}{\sqrt{r^2 - R_e^2 \sin^2 z_0}}dr \tag{3.31}$$

其中与积分变量 r 无关的常数项已经从积分号中提出了。

假定对湿分量采用相同的模型,相应的公式可表示为

$$\Delta_w^{Trop}(z) = \frac{10^{-6}N_{w,0}^{Trop}}{(r_w - R_e)^4}\int_{R_e}^{r_w}\frac{r(r_w - r)^4}{\sqrt{r^2 - R_e^2 \sin^2 z_0}}dr \tag{3.32}$$

还可以采用高度角 E 代替天顶角 z , $E = 90° - z$ 。根据解决积分的方法的不同,提出了很多改进的 Hopfield 模型。在此,介绍一种基于将被积函数级数展开的改进模型。其公式可在 Remondi[3] 的文献中找到,式中,下标 i 即可表示干分量(以 d 代替),也可表示湿分量(以 w 代替)。公式表示如下:

$$r_i = \sqrt{(R_e + h_i) - (R_e \cos E)^2} - R_e \sin E \tag{3.33}$$

相应对流层延迟(单位:m)为

$$\Delta_i^{Trop}(E) = 10^{-12}N_{i,0}^{Trop}\left[\sum_{k=1}^{9}\frac{\alpha_{k,i}}{k}r_i^k\right] \tag{3.34}$$

式中

$$
\begin{cases}
\alpha_{1,i} = 1 \\
\alpha_{2,i} = 4\alpha_i \\
\alpha_{3,i} = 6a_i^2 + 4b_i \\
\alpha_{4,i} = 4a_i(a_i^2 + 3b_i) \\
\alpha_{5,i} = a_i^4 + 12a_i^2 b_i + 6b_i^2 \\
\alpha_{6,i} = 4a_i b_i(a_i^2 + 3b_i) \\
\alpha_{7,i} = b_i^2(6a_i^2 + 4b_i) \\
\alpha_{8,i} = 4a_i b_i^3 \\
\alpha_{9,i} = b_i^4
\end{cases}
\tag{3.35}
$$

其中

$$
a_i = -\frac{\sin E}{h_i}, \quad b_i = -\frac{\cos^2 E}{2h_i R_e} \tag{3.36}
$$

将式(3.9)中的 $N_{d,0}^{trop}$ 和式(3.12)中的 h_d 代入式(3.34)中,并以 d 代替 i,可以得到干分量延迟。类似,以 w 代替 i,并将式(3.10)中的 $N_{w,0}^{trop}$ 和式(3.18)中的 h_w 代入式(3.34),则得湿分量延迟。

3.3.3　Saastamoinen 模型

Saastamoinen 模型分为干延迟和湿延迟模型,并对应着不同的投影函数[7],Saastamoinen 模型天顶方向的干、湿分量为

$$
\begin{cases}
T_{Z,dry} = \dfrac{0.002277p}{f(B,h)} \\
T_{Z,wet} = 0.002277\left[\dfrac{1225}{t+273.15} + 0.05\right]\dfrac{e}{f(B,h)}
\end{cases}
\tag{3.37}
$$

式中:p 和 e 分别是测站大气压和水汽压(mbar);t 为测站的绝对温度;$f(B,h)$ 为测站纬度和高程的函数。

$$
f(B,h) = 1 - 0.00266\cos(2B) - 0.00028h \tag{3.38}
$$

3.3.4　NMF 映射函数

天顶对流层延迟计算得到以后,需要通过映射函数投影到对流层路径传播方向上,常见的投影函数认为对流层延迟只与高度角有关,而与方位角无关,NMF 映射函数适合高于 3°的高度角卫星[11]。

NMF 映射函数为

$$\mathrm{NMF}(E)=\frac{1+\cfrac{a}{1+\cfrac{b}{1+c}}}{\sin E+\cfrac{a}{\sin E+\cfrac{b}{\sin E+c}}} \tag{3.39}$$

式中:E 为高度角;a、b、c 分别为不同纬度的映射系数。

通过表 3.1 和测站纬度以及式(3.40)内插得到计算干映射和湿映射的参数值,其中干映射系数公式如下:

$$\alpha_{\mathrm{dry}}(B,\mathrm{DOY})=\alpha_{\mathrm{avg}}(B)+\alpha_{\mathrm{amp}}(B)\cos\left(2\pi\frac{\mathrm{DOY}-28}{365.25}\right) \tag{3.40}$$

式中:B 为测站纬度;DOY 为年积日。从上式可以看出 NMF 包含了季节的影响,卫星越低高度角越小其值越大。Neill[12] 指出该映射函数计算高度角为 5°时,对流层干分量能达到 3.8mm 的精度。

表 3.1　映射函数系数表

系数	$B\leqslant15^\circ$	$B=30^\circ$	$B=45^\circ$	$B=65^\circ$	$B\geqslant75^\circ$
a_{avg}	1.2769934D−3	1.2683230D−3	1.2465397D−3	1.2196049D−3	1.2045996D−3
b_{avg}	2.9153695D−3	2.9152299D−3	2.9288445D−3	2.9022565D−3	2.9024912D−3
c_{avg}	6.2610505D−3	6.2837393D−2	6.3721774D−2	6.3824265D−2	6.4258455D−2
a_{amp}	0.0000000D+0	1.2709626D−5	2.6523662D−5	3.4000452D−5	4.1202191D−5
b_{amp}	0.0000000D+0	2.1414979D−5	3.0160779D−5	7.2562722D−5	1.1723375D−4
c_{amp}	0.0000000D+0	9.0128400D−5	4.3497037D−5	8.4795348D−4	1.7037206D−3
a_{wet}	5.8021897D−4	5.6794847D−4	5.8118019D−4	5.9727542D−4	6.1641693D−4
b_{wet}	1.4275268D−3	1.5138625D−3	1.4572852D−3	1.5007428D−3	1.7599082D−3
c_{wet}	4.3472961D−2	4.6729510D−2	4.3908931D−2	4.4626982D−2	5.4736038D−2

由式(3.37)看出,在计算对流层延迟时,需要知道测站的气象数据,经常使用标准的大气模型计算气象参数:

$$\begin{cases}t=288.15-6.5h\\P=1013.25\left(\dfrac{288.15}{t}\right)^{-5.255877}\end{cases} \tag{3.41}$$

对于湿延迟计算水汽压的公式如下:

$$\begin{cases}A=21.3195,\quad B=5327.1157k\qquad t<273.16k\\A=24.3702,\quad B=6162.3496k\qquad t\geqslant273.16k\\e=\exp(A-B/t)\end{cases} \tag{3.42}$$

3.3.5　非差对流层延迟分析

图 3.6 和图 3.7 显示了 Saastamoinen 模型和 NMF 映射函数计算的基准站 DX 和

LJ 的天顶对流层和信号传播方向的对流层延迟，基准站天顶对流层延迟 2.3～2.5m，全天 24h 变化缓慢，变换幅度在 0.1m 左右，历元间差值很小，因此可以作为参数进行估计；信号传播方向的对流层延迟与高度角强相关，高度角低的时候对流层延迟达到最大值约 25m。

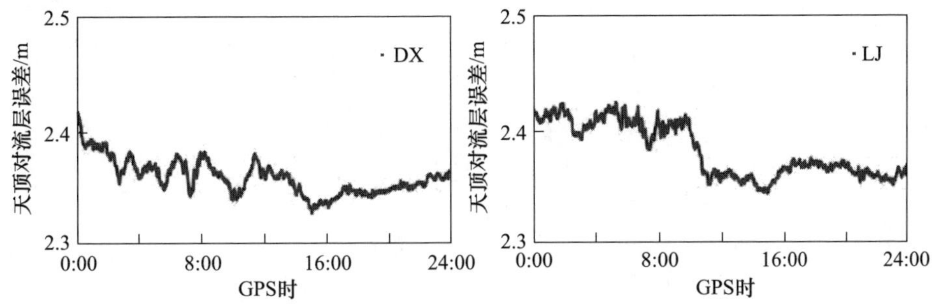

图 3.6　基准站 DX 和 LJ 的天顶对流层延迟

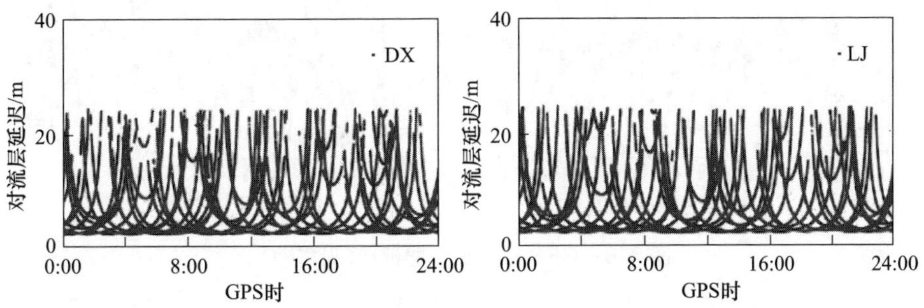

图 3.7　基准站 DX 和 LJ 信号传播方向的对流层延迟

3.3.6　双差对流层延迟分析

为了分析双差对流层延迟的变化规律，可以通过双频无电离层组合解算双差对流层延迟[13]，但无法区分星历误差和多路径效应的影响，因此双差对流层延迟的计算采用精密星历并且忽略了多路径效应的影响，当基准站间的双差模糊度正确固定后可精确地计算双差对流层延迟。以基线长约 75km 的 DX-LJ、JH-LJ 和 DX-JH 为例，数据处理中实时以最高的卫星为基准卫星。

图 3.8 显示了 GPS 全天的所有可视卫星的双差对流层延迟(除了基准卫星)和 G14、G16 的值，单颗卫星残差图显示了 3 条基线的双差值。双差对流层延迟和卫星高度角是强相关的，卫星越高双差对流层延迟越小，高度角越低双差对流层延迟越大，最大达到了 20cm 以上。中长基线基准站模糊度快速搜索必须削弱对流层延迟的影响。低高度角卫星必须考虑双差对流层延迟的影响，因此新升起的低高度角卫星模糊度难以固定一定程度是由于双差对流层延迟影响的。

相比于 GPS，BDS 具有独特的卫星星座结构，按照 BDS 的地球静止轨道(GEO)、倾斜地球同步轨道(IGSO)和中圆地球轨道(MEO)三种不同的轨道卫星,GEO 固定不变、IGSO 周期为 24h,MEO 卫星较少,因此 BDS 双差对流层延迟整体变化缓慢,卫星出现升降时才出现较大的值,GEO 卫星变换缓慢整体比较平缓。图 3.9 显示了 BDS 全天的所有可视卫星的双差对流层延迟(除了基准卫星)和 C01、C09 的值。

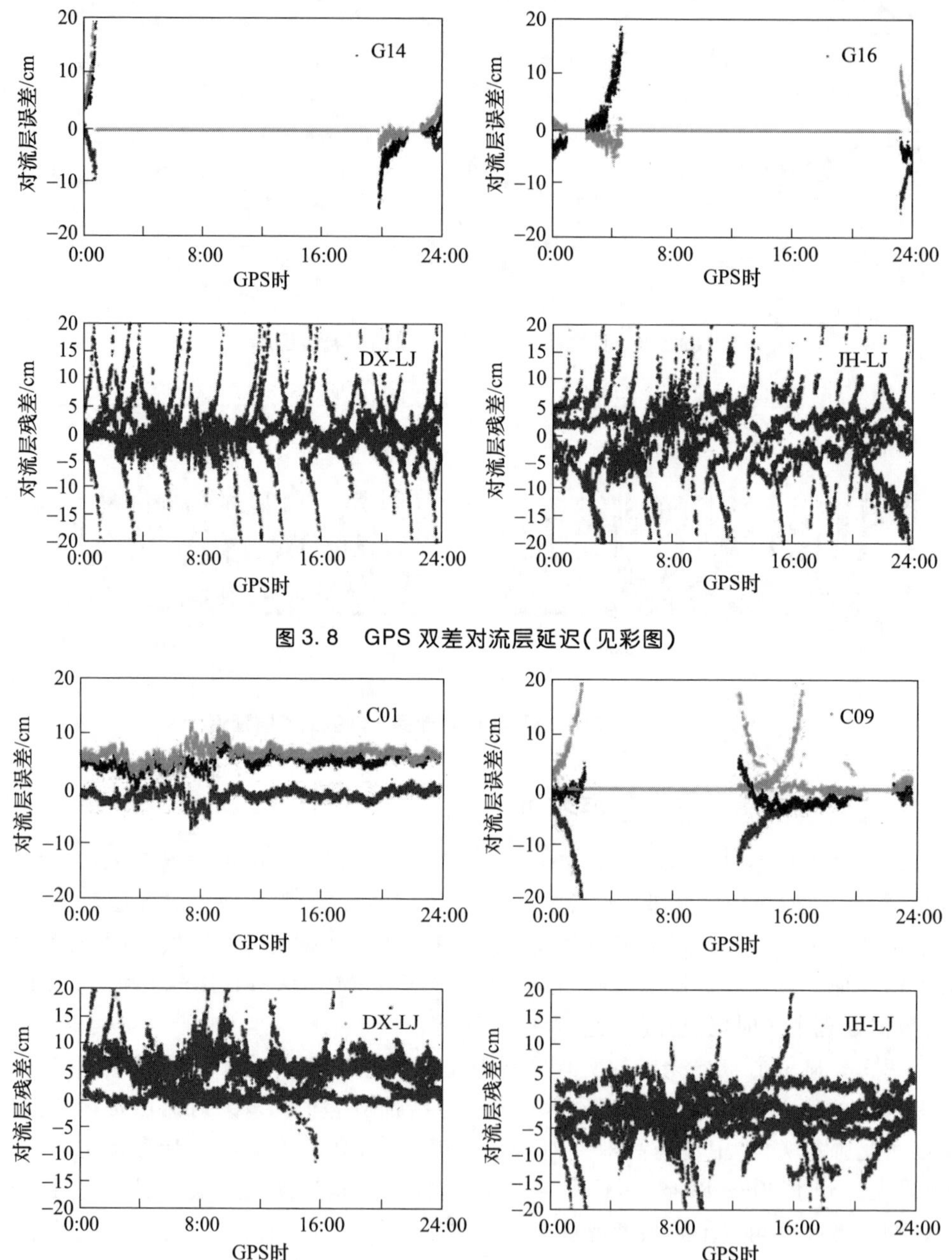

图 3.8　GPS 双差对流层延迟(见彩图)

图 3.9　BDS 双差对流层延迟(见彩图)

由于没有高差差异较大的基准站，因此没有分析高差和双差对流层延迟的关系。周乐韬[14]和李成钢[15]的博士论文中进行了详细分析，双差对流层延迟和高差是相关的，高差为 300m 和 126m 的基线相应的双差对流层延迟最大分别达到 1m 和 0.5m，说明基准站间高差越大相应的双差对流层延迟越大。

3.3.7　对流层延迟估计

天顶对流层延迟的干分量部分可以使用模型消除，并且精度达到毫米级[13]，而湿分量服从一阶高斯-马尔科夫(Gauss-Markov,GM)随机过程[16]：

$$\dot{X}(t) = \frac{X(t)}{\tau} + w(t) \tag{3.43}$$

式中：$\dot{X}(t)$ 为非差对流层天顶湿延迟速率；τ 为非差对流层天顶延迟随机过程相关时间；$w(t)$ 为零均值高斯白噪声，其离散解为

$$\begin{cases} X(t_{n+1}) = \Phi(t_n) \cdot X(t_n) + W(t_n) \\ E(W(t_n)) = 0 \\ \mathrm{Cov}(W(t_n), W(t_n - \tau)) = Q(t_n) \end{cases} \tag{3.44}$$

式中：$\Phi(t_n) = \exp\left(-\frac{\Delta t}{\tau}\right)$；$Q(t_n) = \frac{\tau q_T}{2}\left(1 - \exp\left(-\frac{2\Delta t}{\tau}\right)\right)$，其中 $\Delta t = t_{n+1} - t_n$ 为采样间隔，q_T 为谱密度(对应于 τ 和 Δt 的湿延迟状态转移噪声方差)。

若假定非差对流层延迟随机过程的相关时间为正无穷大，则随机游走过程可简化为：$\Phi(t_n) = 1$，$Q(t_n) = q_T\Delta t$，q_T 与当地的环境有关，葛茂荣[16]曾用水蒸气辐射仪观测结果分析 q_T 的典型值为 $4\mathrm{cm}^2/\mathrm{h}$；美国喷气动力实验室的 GIPSY 软件设置的参数为 $1.04\mathrm{cm}^2/\mathrm{h}$；本书中使用的绝对对流层天顶湿分量的 q_T 值为 $2.5\mathrm{cm}^2/\mathrm{h}$。

许多研究显示，卫星高度角较小时，对流层延迟表现为各向异性，即对流层映射函数随方位角的变化而不同，需要顾及对流层水平梯度影响[17]。

3.4　电离层延迟

电离层是大气层上端被电离的部分，其主要特点就是同时包含自由粒子、中性粒子以及带电粒子，在一天的时间内，随着时间的变化而变化。电离层又分为若干层，其中，随着高度的增加分别为 D、E 和 F 层。D 层(50～90km)的电离程度随太阳光的变化而变化。D 层的低电子密度和高粒子密度使得在晚上的时间段内几乎完全没有电离发生。E 层(90～150km)的电离主要是由白天的紫外线和 X 射线的照射以及晚上的宇宙射线和流星照射导致的，该层又称为 Kennelly-Heaviside 层[18]。F 层(150～1000km)的电离程度在中午达到最大，随着太阳的下山逐渐减小，该层又称作 Appleton 层。白天 F 层又分为 F1 区段(150～200km)和 F2 区段(200～1000km)。F2 区段具有最大的电子密度。典型的电离层延迟在当地时间上午 10 时开始快速增

大,到当地时间14时达到最大,在午夜达到最低。

电离层折射通过电子总含量(TEC)表示的电子密度的函数来模型化。TEC主要受太阳的活动情况、太阳的日变化、太阳的季节性变化以及地球的磁场的影响。图3.10给出了电子密度变化机制的基本概况。TEC可以采用全球模型来模型化或者洲际区域模型来模型化。TEC非均匀的小尺度变化目前还不能够预报。

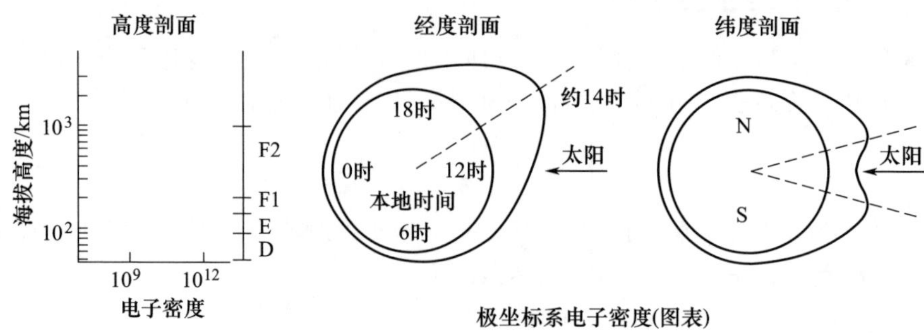

图3.10　电子总含量略图(Issler等,2001)

电离层范围指地球上空距地面50~1000km的大气部分,在太阳紫外线、X射线、γ射线和高能离子等的作用下,大气中含有大量的自由电子和正离子,其中密度最大区域距地表350km左右,使GNSS卫星信号在其中传播时产生显著的影响。通常当地时间14:00~15:00太阳照射最强烈时段大气中电子密度达到每日峰值;而夏季时通常达到每年峰值。并且,太阳黑子每11年左右会大爆发,使空气的电子和离子密度达到极值,给GNSS测量带来灾害性后果,高星伟[19]博士文章中提到仅20min的时间内双差电离层延迟在20km的基线上变化可达35周,下个峰值约在2022年左右。电磁波信号的延迟与其频率有关,电离层是弥散性介质,因此,利用双频观测值的无电离层组合可以消除电离层延迟一阶项影响,但组合后的残差为厘米级,常规基准站间无码宽巷组合法的77-60组合的残差更大。电离层延迟是空间相关误差。

电磁波在电离层中传播产生的延迟可以用下式表示:

$$I = \int_s (n - 1)\,\mathrm{d}s \tag{3.45}$$

由于电离层对单一频率和多个频率叠加的电磁波折射率是不同的,前者称为相速、后者称为群速,GNSS测量中载波相位以相速传播,而调制在载波上的信号(C码、P码等)以群速传播[1]。在色散介质中,相速与群速是不同的。群速反映了一组电磁波的包络速度。电离层中的电离气体可以导致电磁波相位发生偏移,相位超前导致相位速度大于光速,相位的超前和群延迟大小相等符号相反。码伪距会变得更长,相位伪距变得更短。因此群速滞后而相速超前,即测距码信号滞后,载波相位信号超前。相折射率近似公式可以表示为[17]

$$n_{\mathrm{p}} = 1 + \frac{c_2}{f^2} + \frac{c_3}{f^3} + \frac{c_4}{f^4} + \cdots \tag{3.46}$$

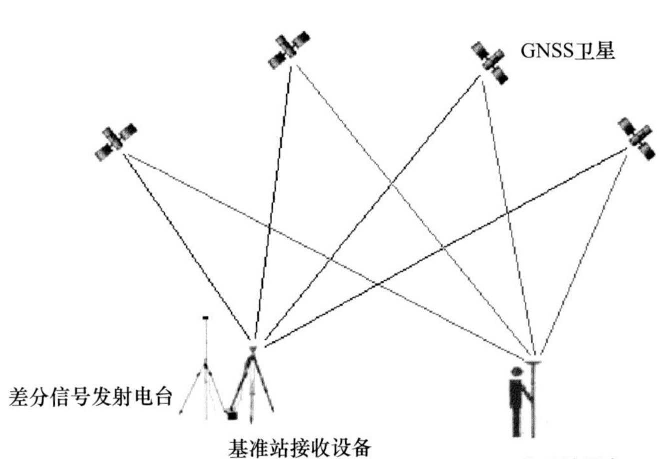

图1.1　常规RTK技术示意图

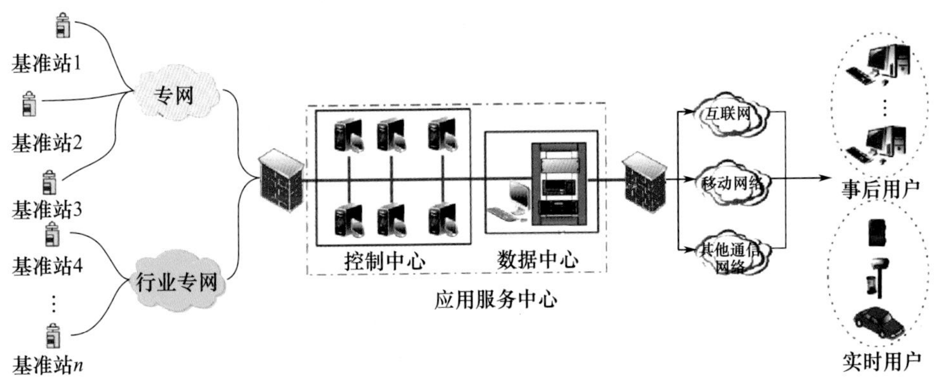

图1.2　网络RTK系统

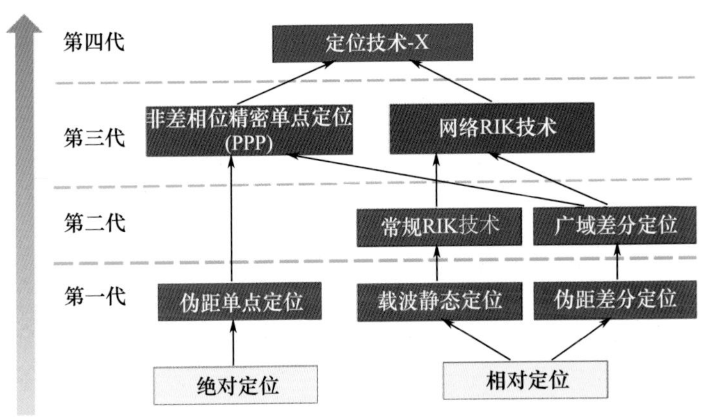

图1.3　定位技术发展过程

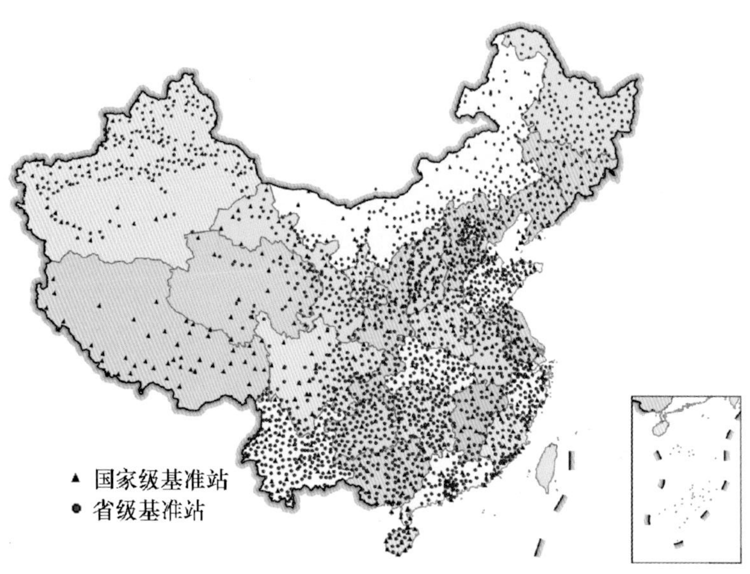

图 1.7　全国基准站分布

图 1.8　黑龙江省基准站分布

图 1.9　四川省基准站分布

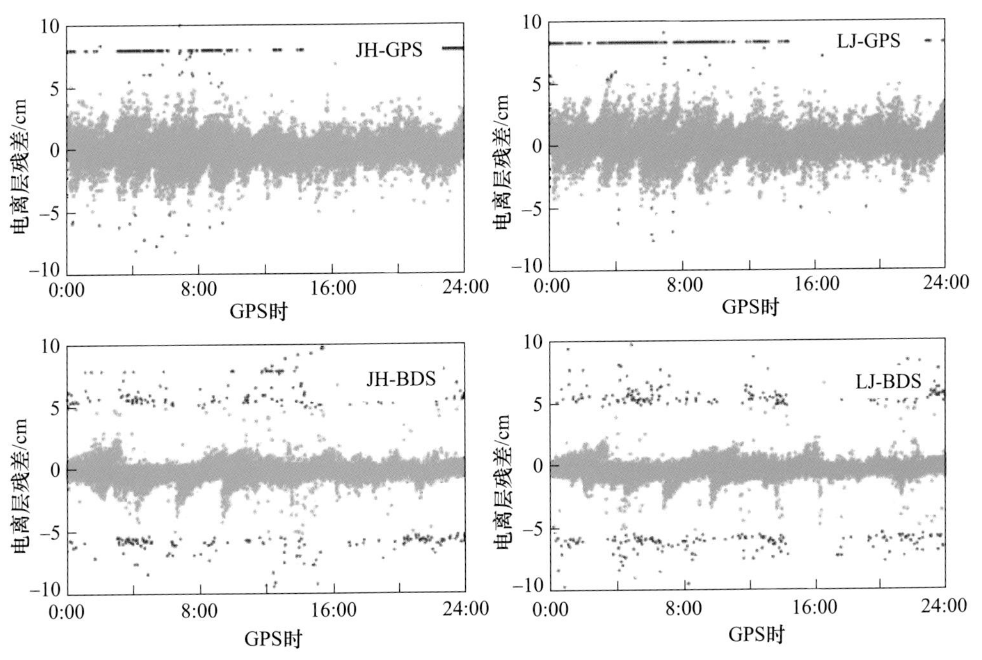

图 2.5　JH、LJ 站电离层残差值

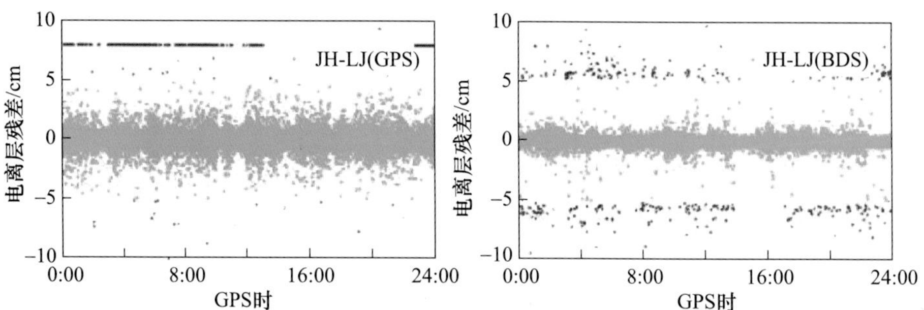

图 2.6　JH-LJ 站间单差电离层残差值

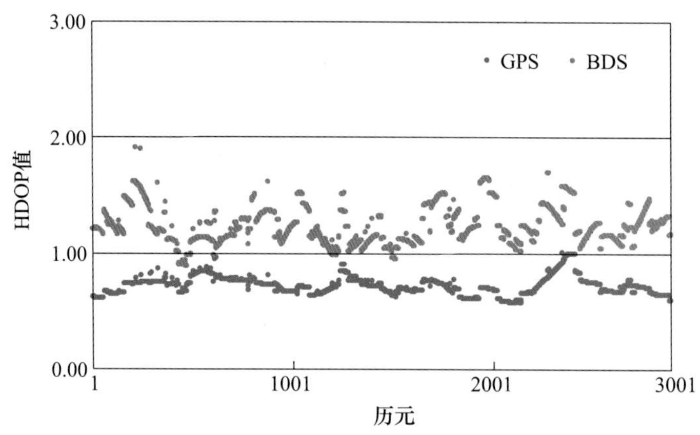

图 2.13　HDOP

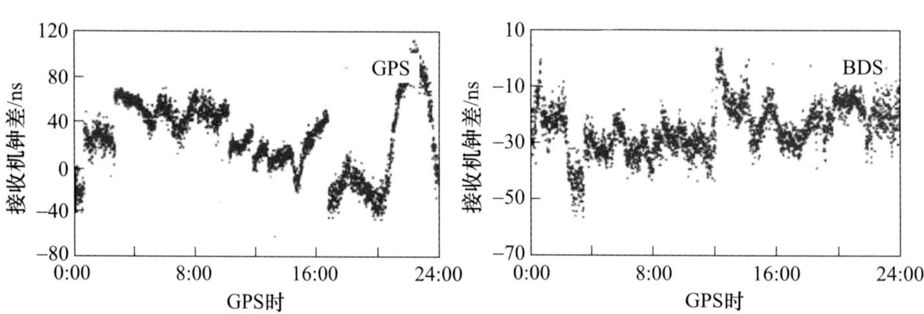

图 3.3　修正后的钟差

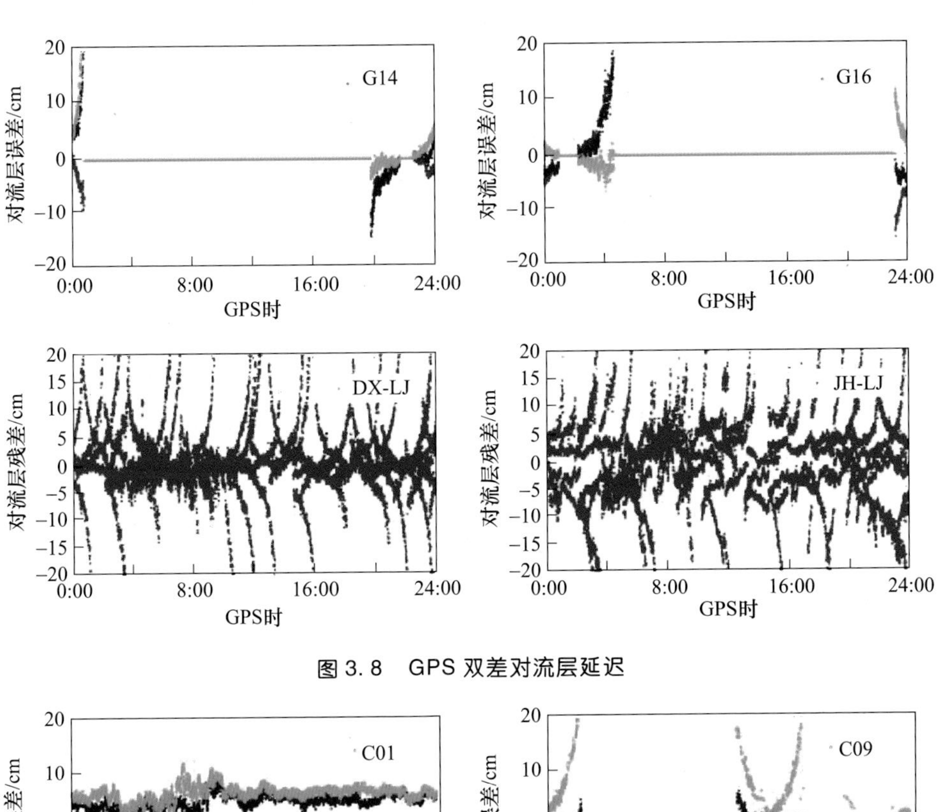

图 3.8　GPS 双差对流层延迟

图 3.9　BDS 双差对流层延迟

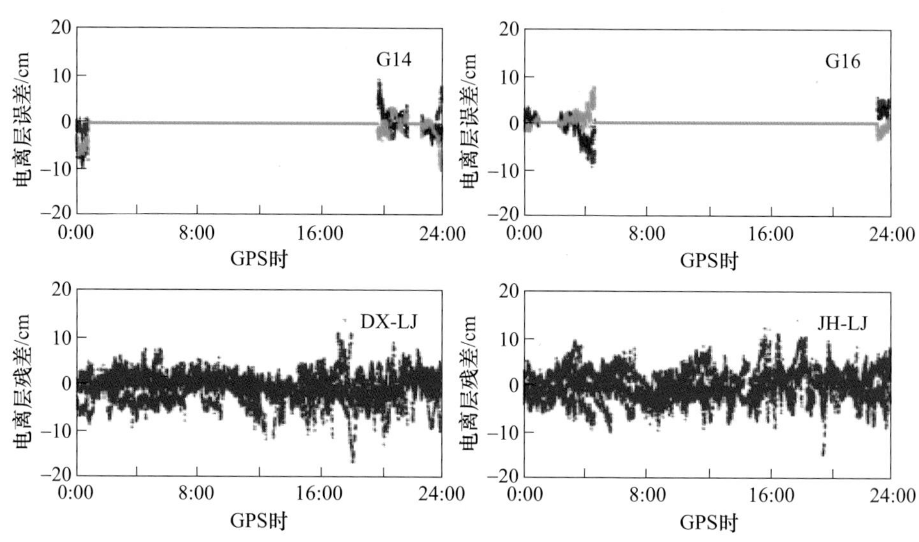

图 3.13　GPS 双差电离层延迟

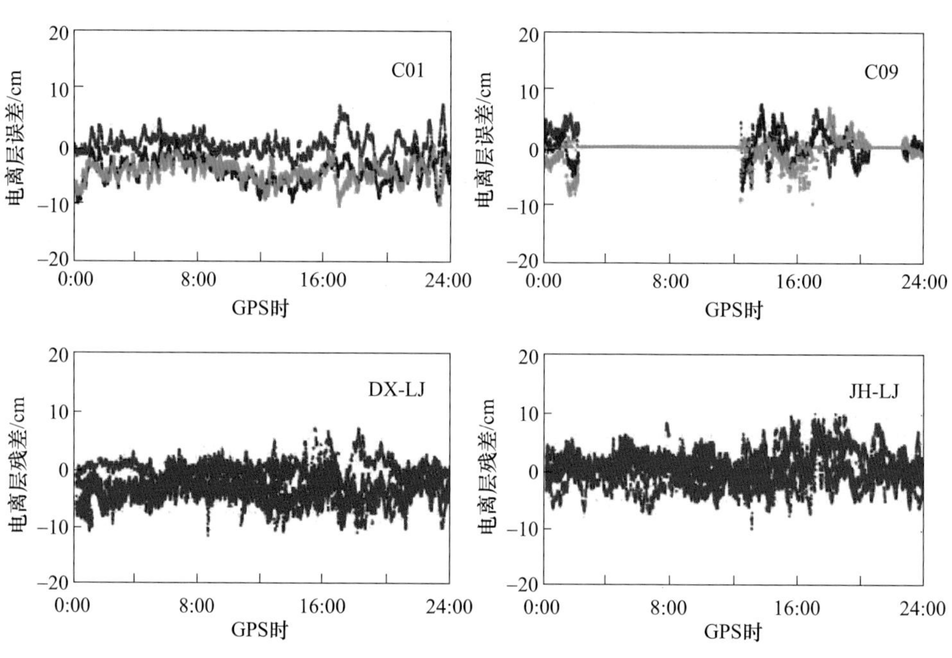

图 3.14　BDS 双差电离层延迟

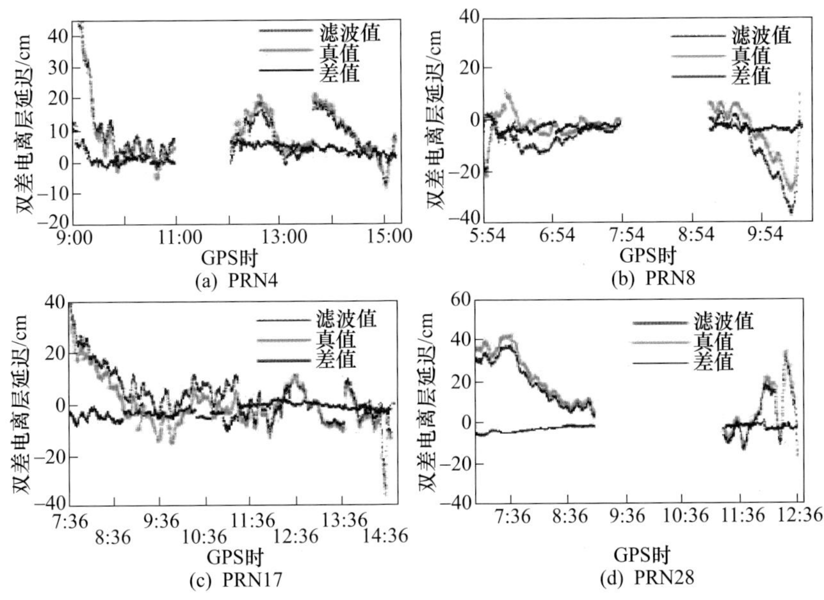

图 3.15　不同 PRN 时的双差电离层延迟

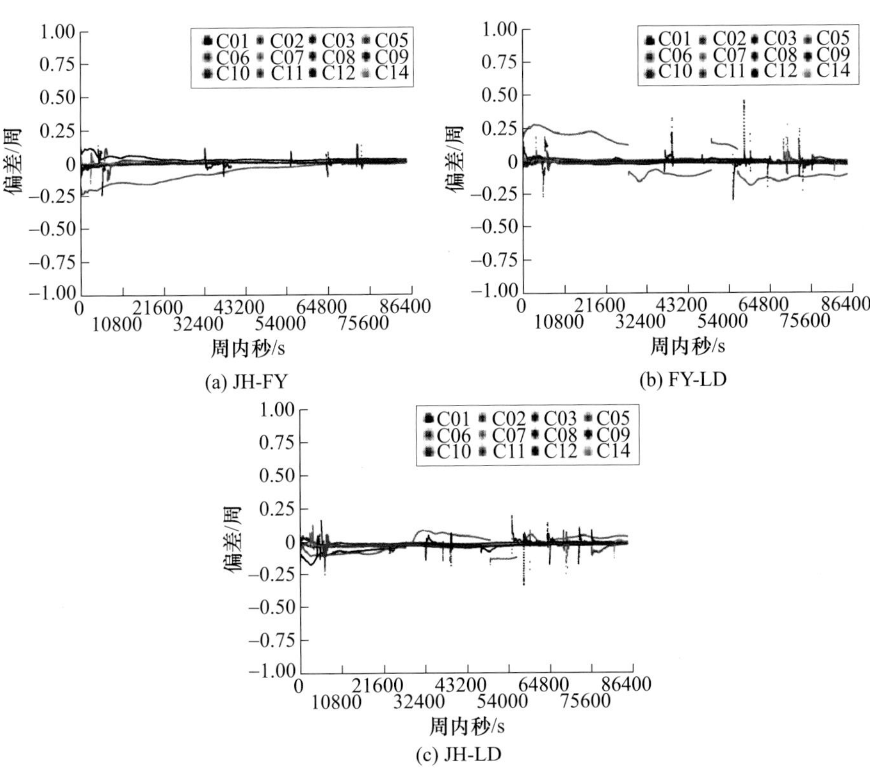

图 4.4　BDS 的 B2、B3 双差超宽巷整周模糊度的偏差

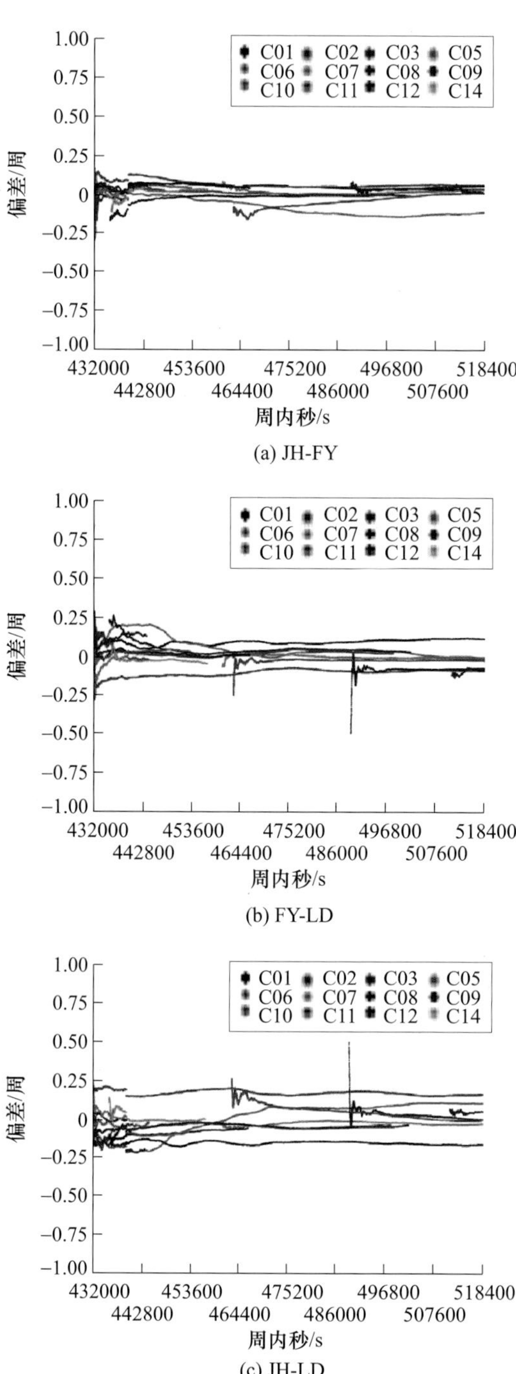

(a) JH-FY

(b) FY-LD

(c) JH-LD

图 4.5　BDS 双差宽巷整周模糊度的偏差

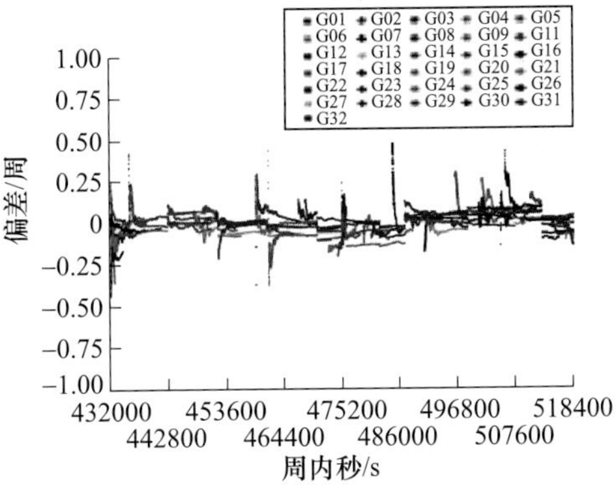

(a) JH-FY

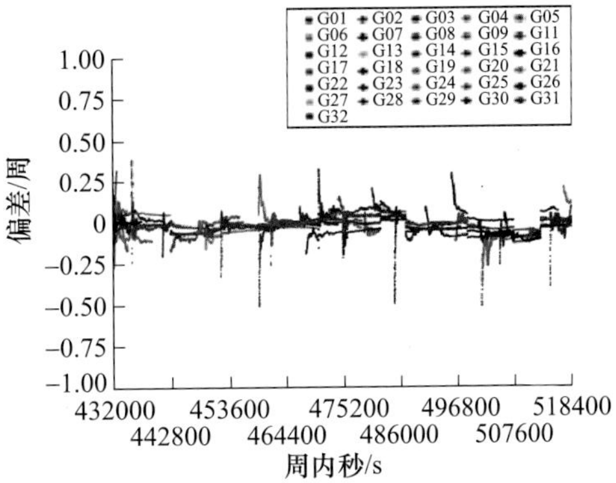

(b) FY-LD

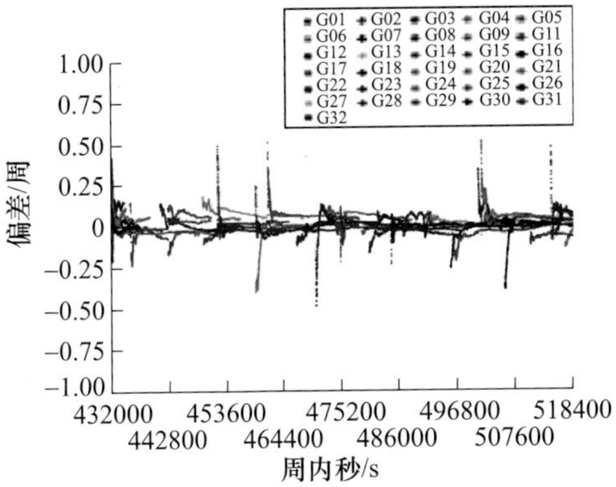

(c) JH-LD

图 4.6　GPS 双差宽巷整周模糊度的偏差

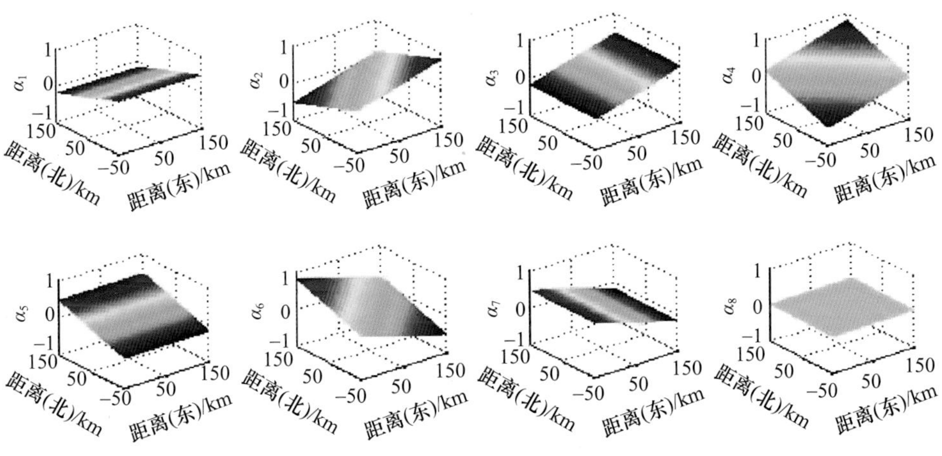

图 5.2　LCA 加权系数

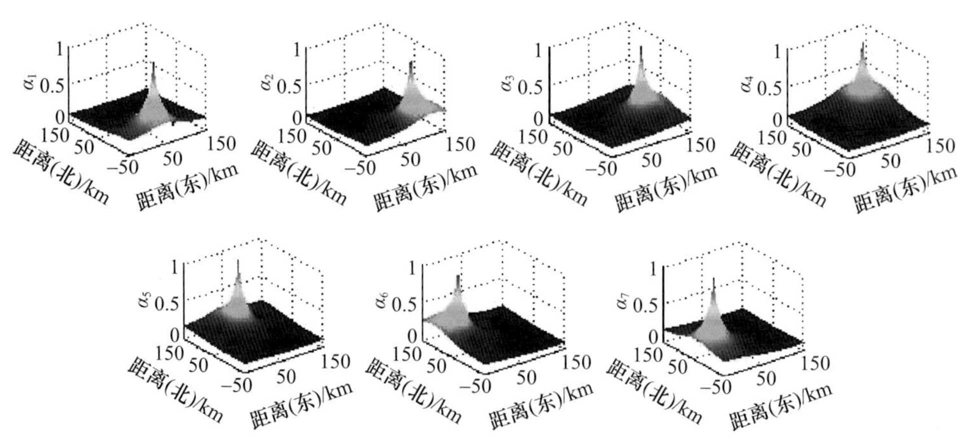

图 5.3　DIA 加权系数

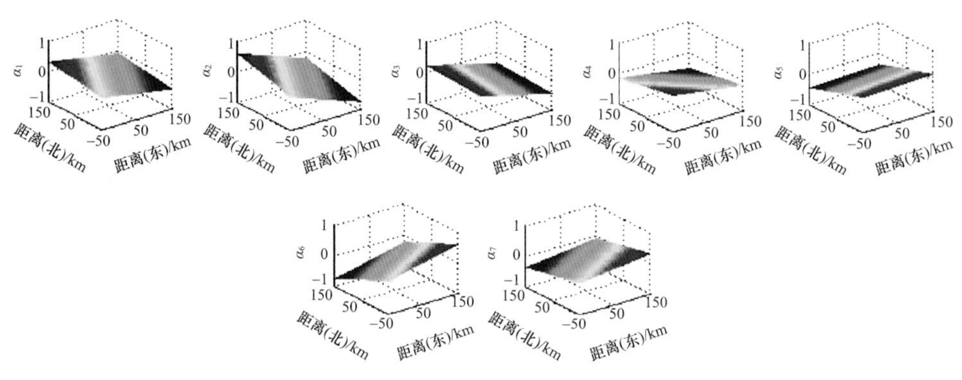

图 5.4　LIA 加权系数

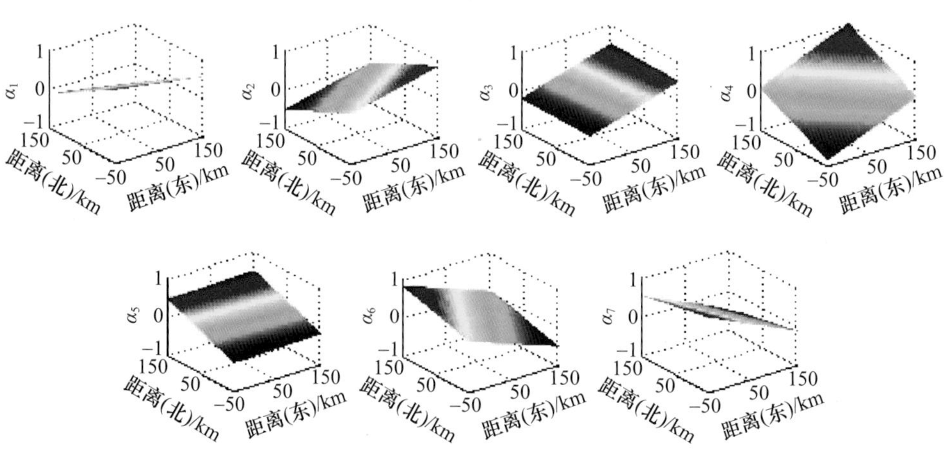

图 5.5　LSA 加权系数

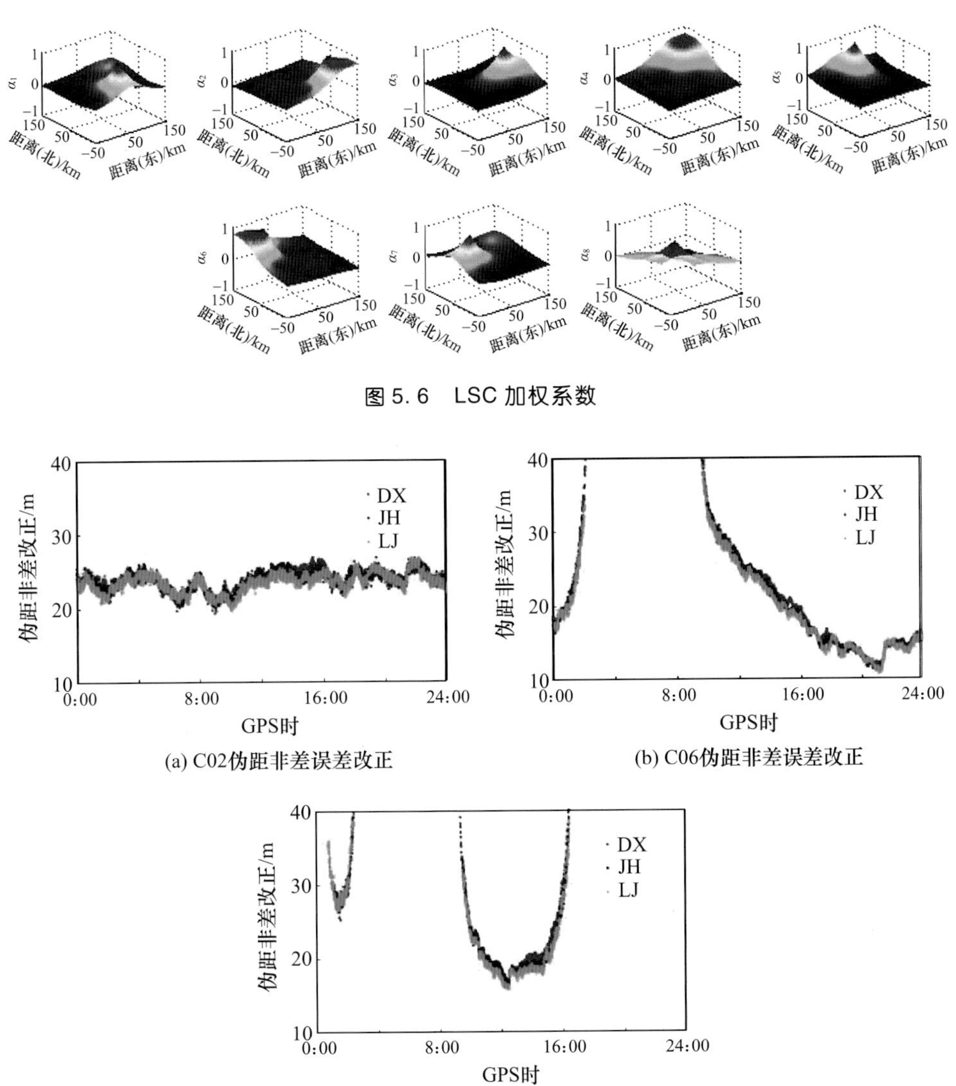

图 5.6　LSC 加权系数

图 6.3　BDS 伪距非差误差改正

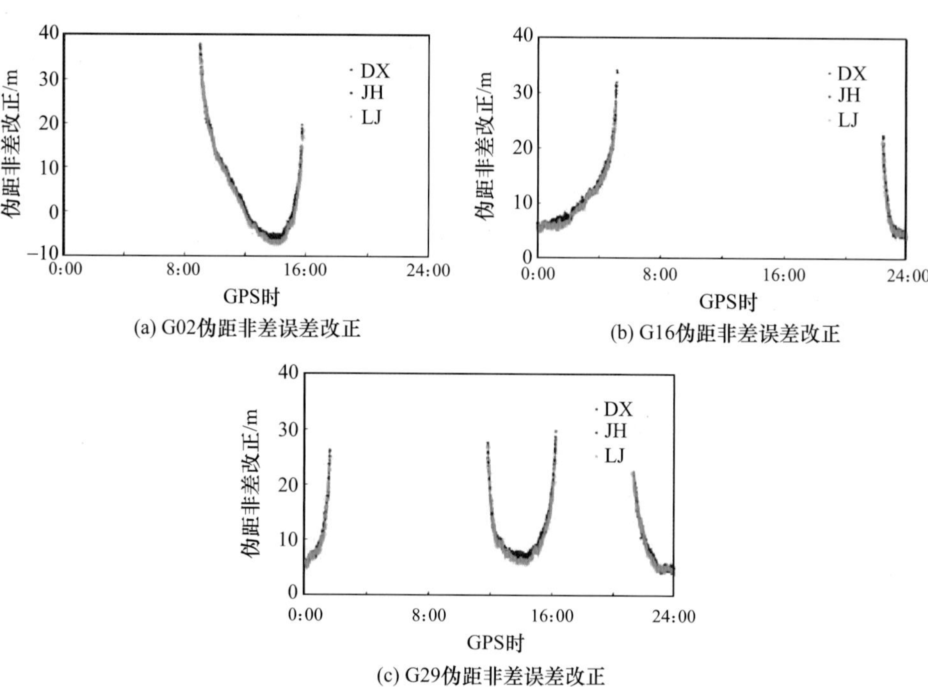

(a) G02伪距非差误差改正

(b) G16伪距非差误差改正

(c) G29伪距非差误差改正

图 6.4　GPS 伪距非差误差改正

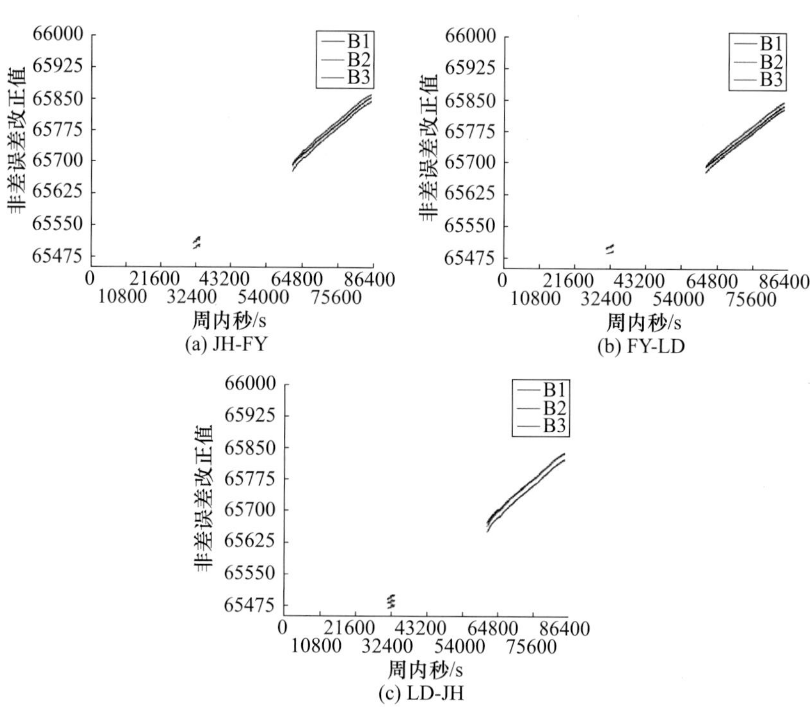

(a) JH-FY

(b) FY-LD

(c) LD-JH

图 6.6　C06 的 B1、B2、B3 非差误差改正信息

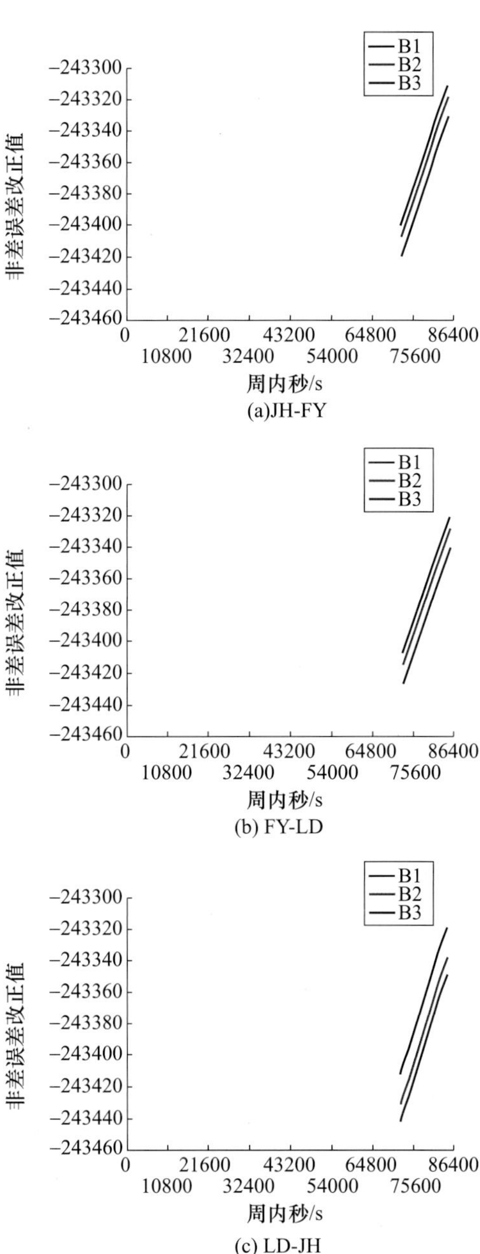

图 6.7　C14 的 B1、B2、B3 非差误差改正信息

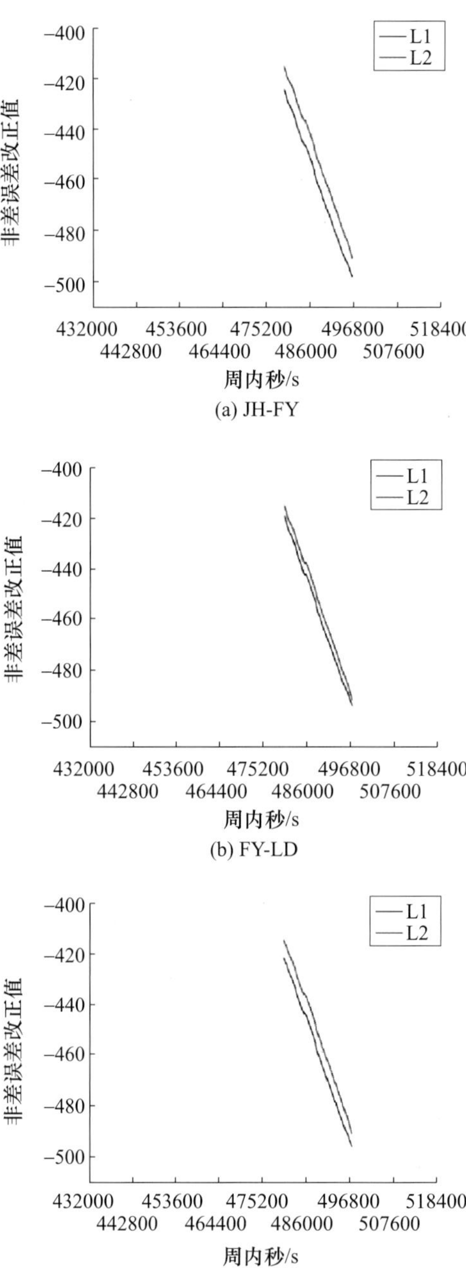

(a) JH-FY

(b) FY-LD

(c) LD-JH

图 6.8　G16 的 L1、L2 非差误差改正信息

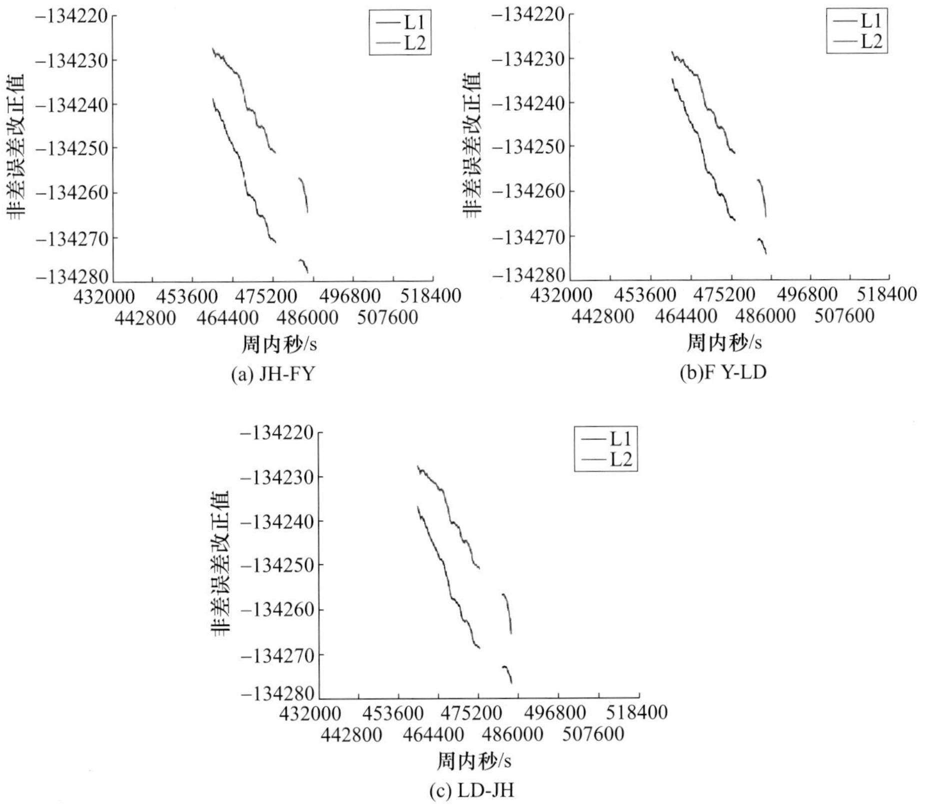

(a) JH-FY

(b)F Y-LD

(c) LD-JH

图 6.9　G29 的 L1、L2 非差误差改正信息

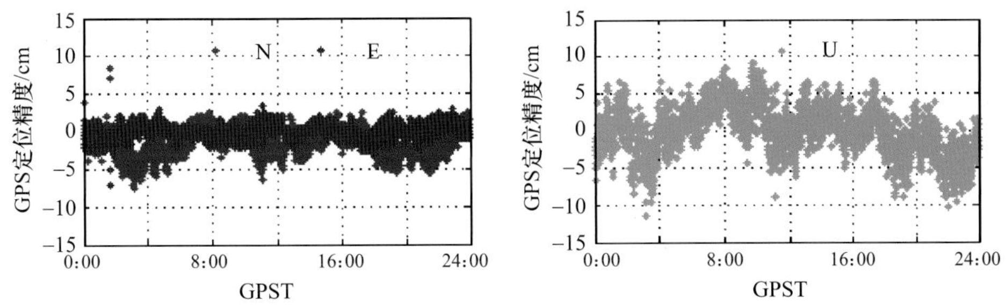

图 7.2　JH GPS 定位精度

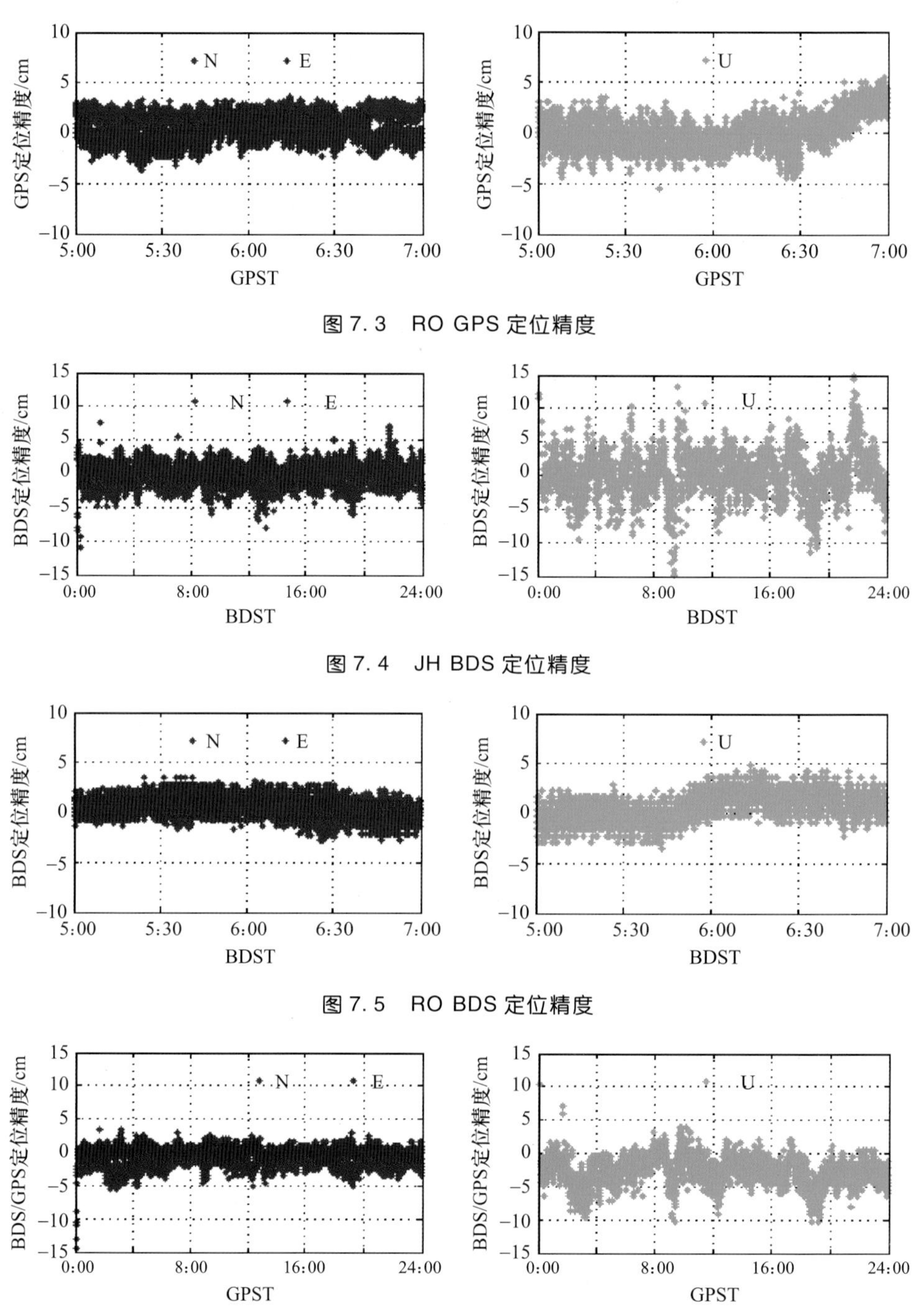

图 7.3　RO GPS 定位精度

图 7.4　JH BDS 定位精度

图 7.5　RO BDS 定位精度

图 7.6　JH BDS/GPS 组合定位精度

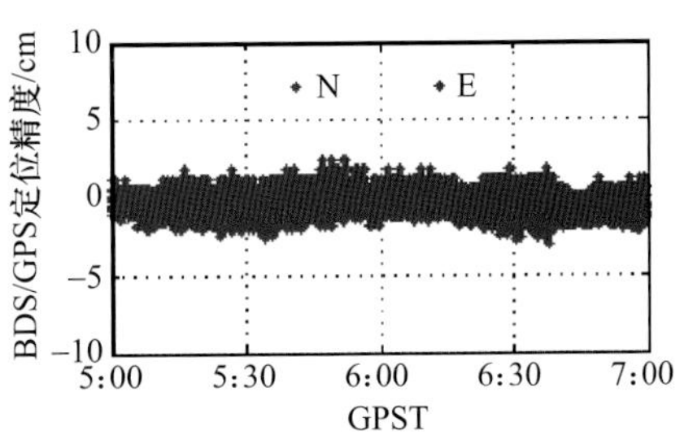

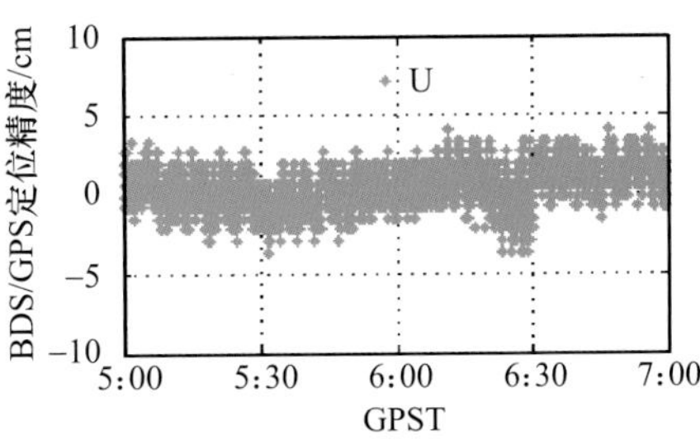

图 7.7　RO BDS/GPS 组合定位精度

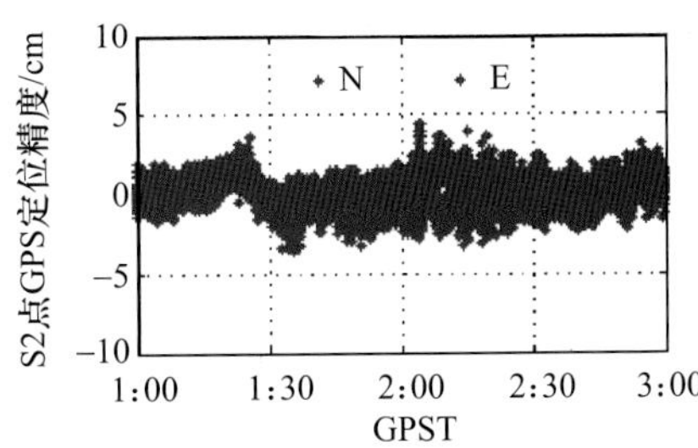

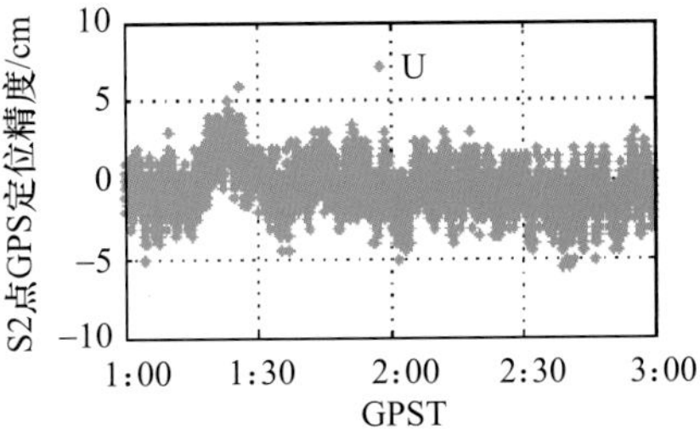

图 7.9　S2 点 GPS 定位精度

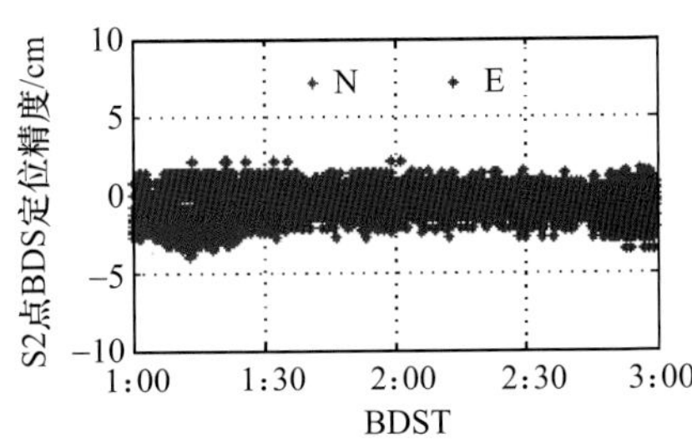

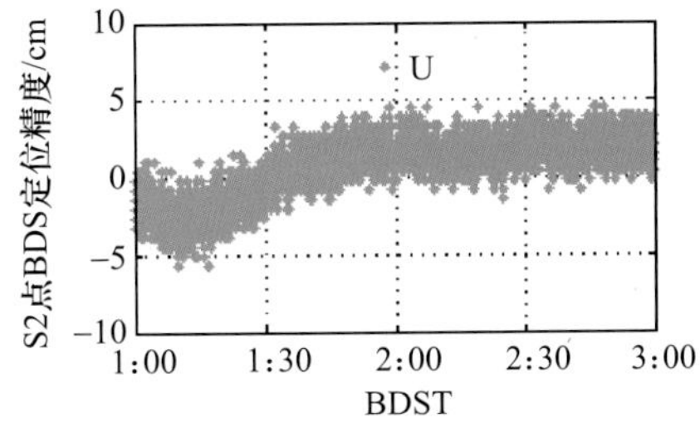

图 7.10　S2 点 BDS 定位精度

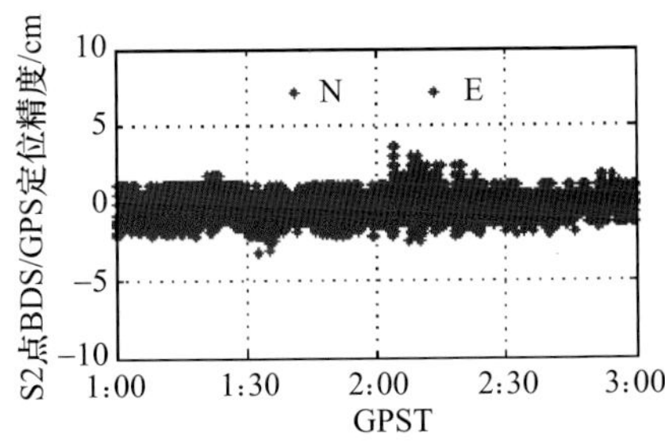

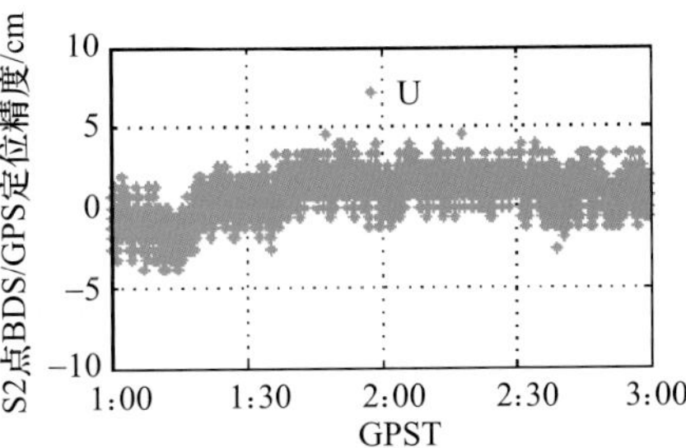

图 7.11　S2 点 BDS/GPS 组合定位精度

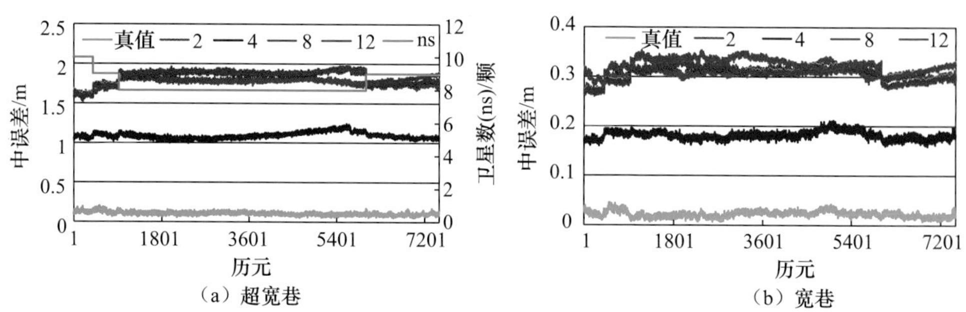

（a）超宽巷
（b）宽巷

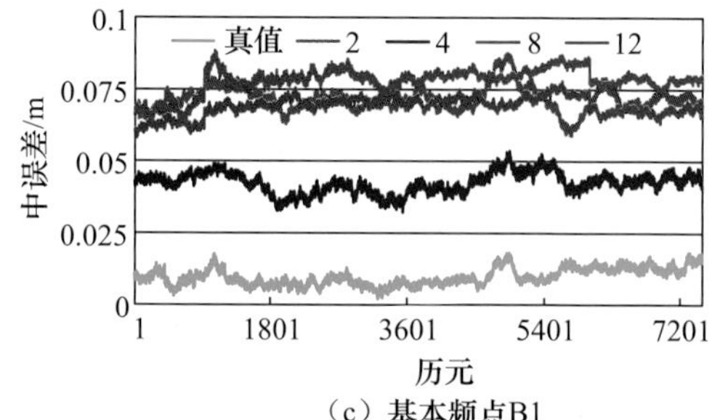

（c）基本频点B1

图 7.12　模糊度错 1 周引起的定位中误差变化

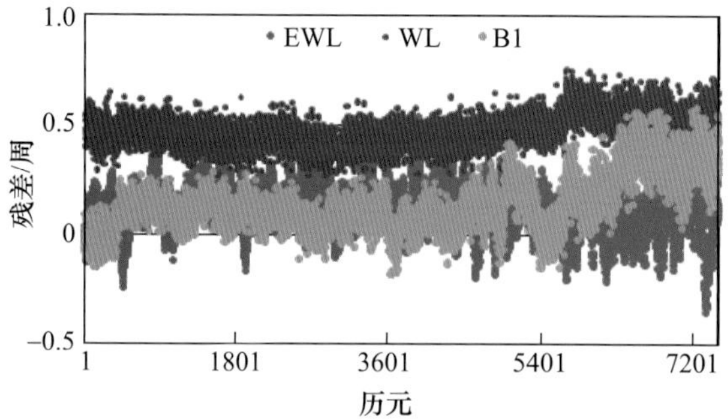

图 7.13　4 号 GEO 卫星超宽巷、宽巷、B1 浮点解

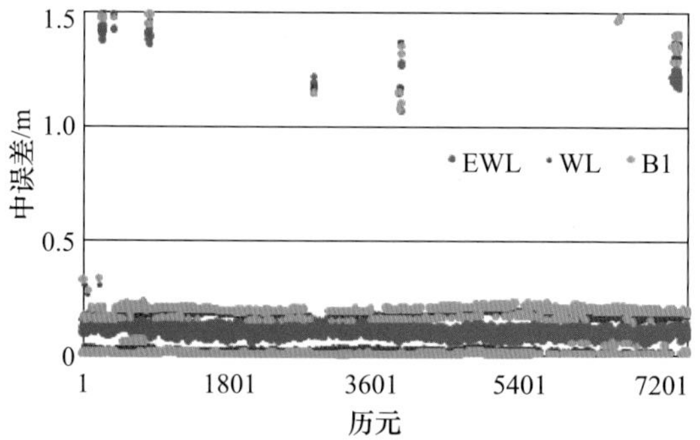

图 7.14　TCAR 方法中误差

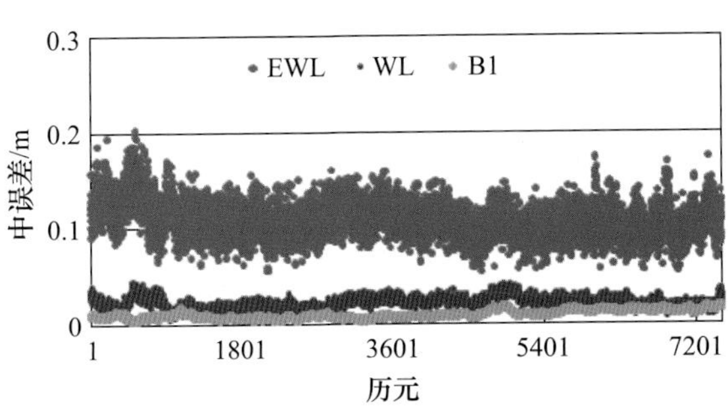

图 7.15　TCAR 搜索法的中误差

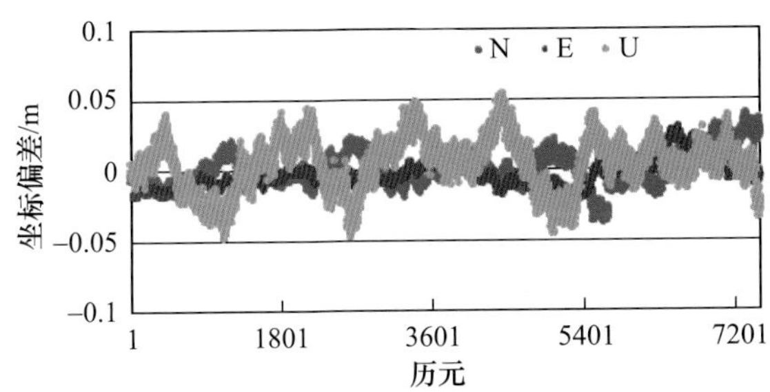

图 7.16　基本频点 B1 定位偏差

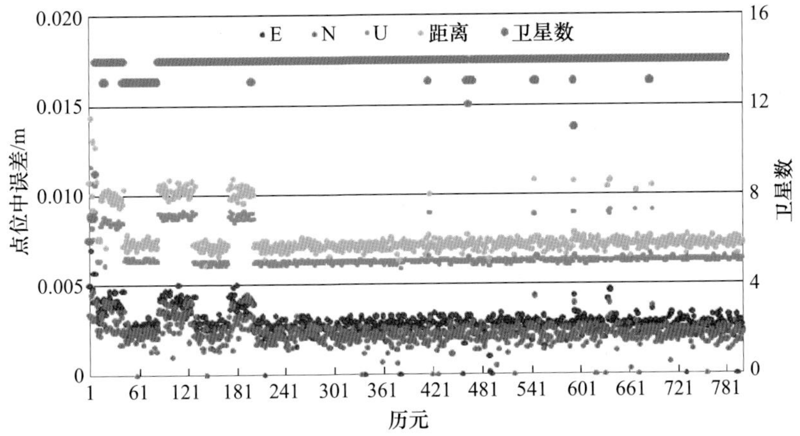

图 7.19　点位误差

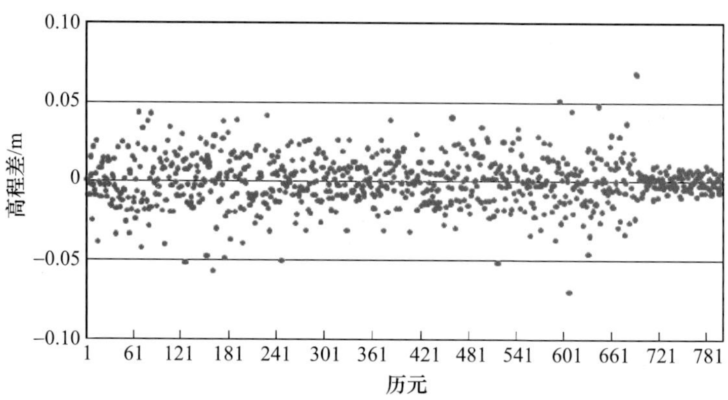

图 7.20　历元间高程差

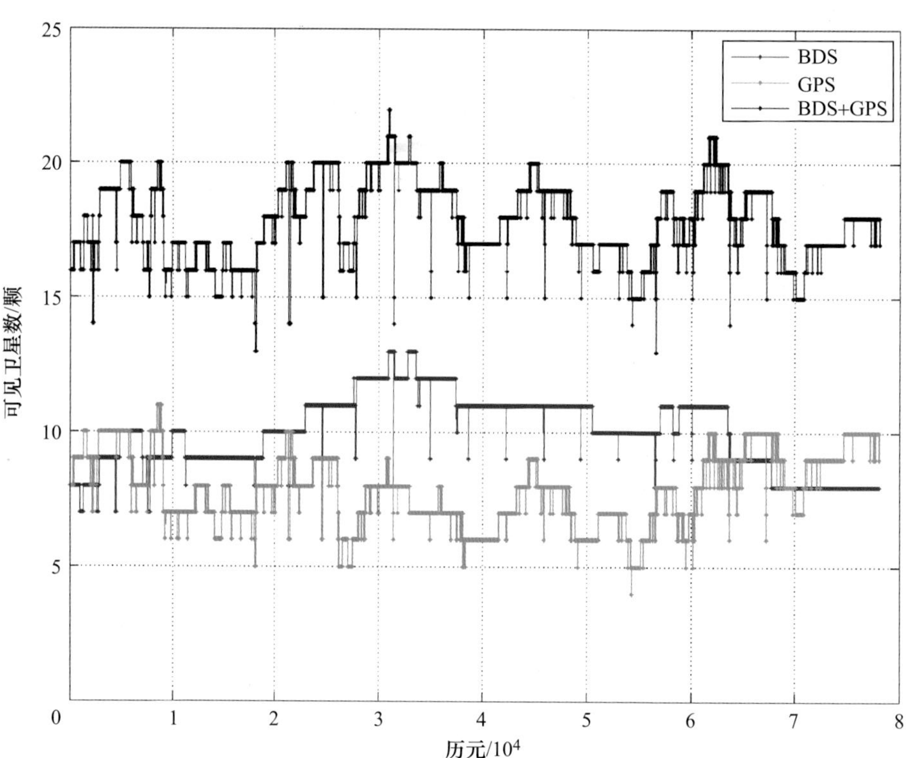

图 7.24　整个观测时段可见卫星数

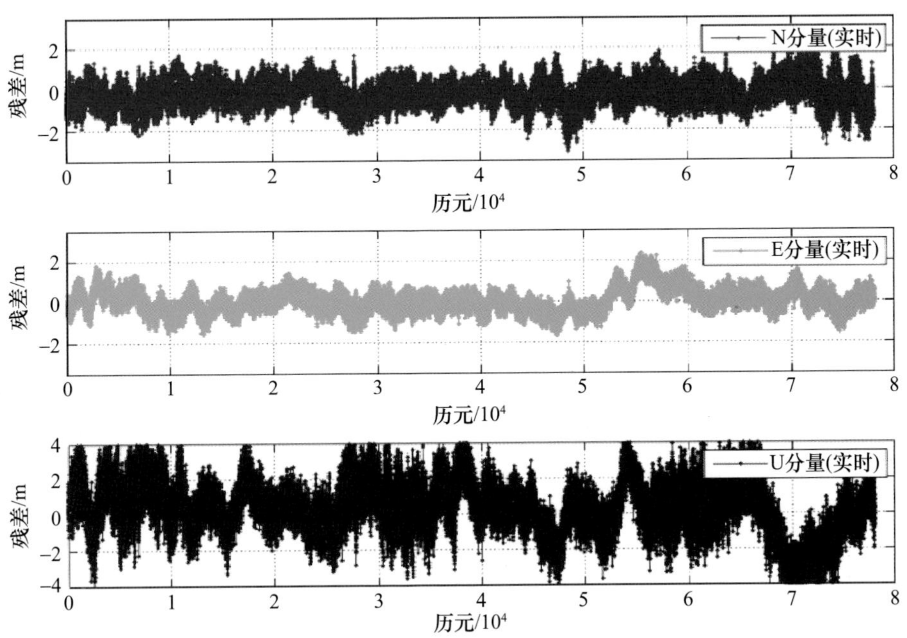

图 7.25　BDS(1s)定位 N、E、U 各分量残差

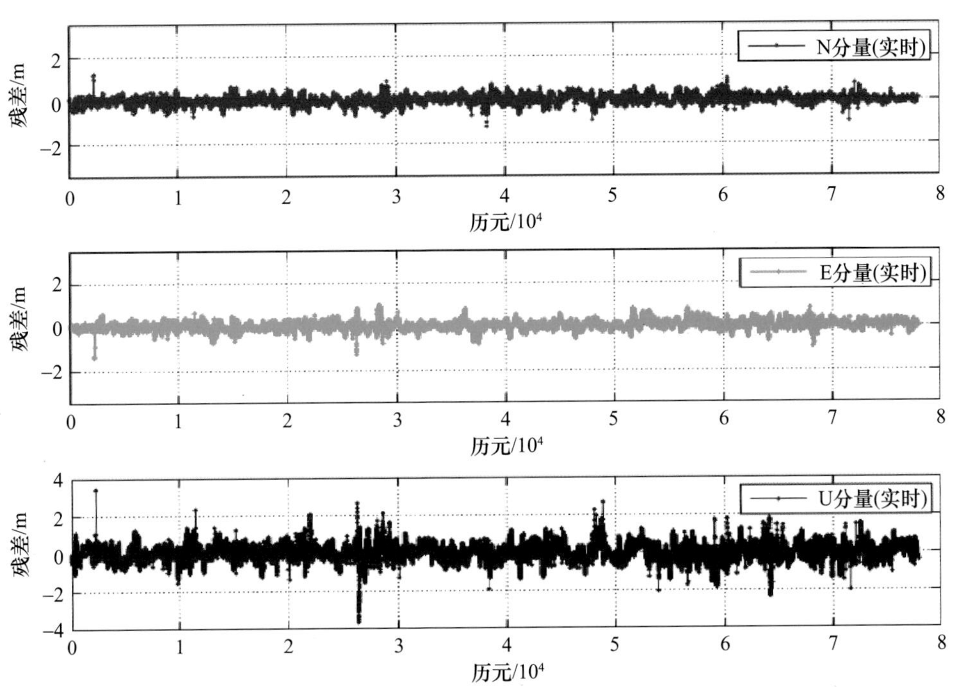

图 7.26　GPS(1s)定位 N、E、U 各分量残差

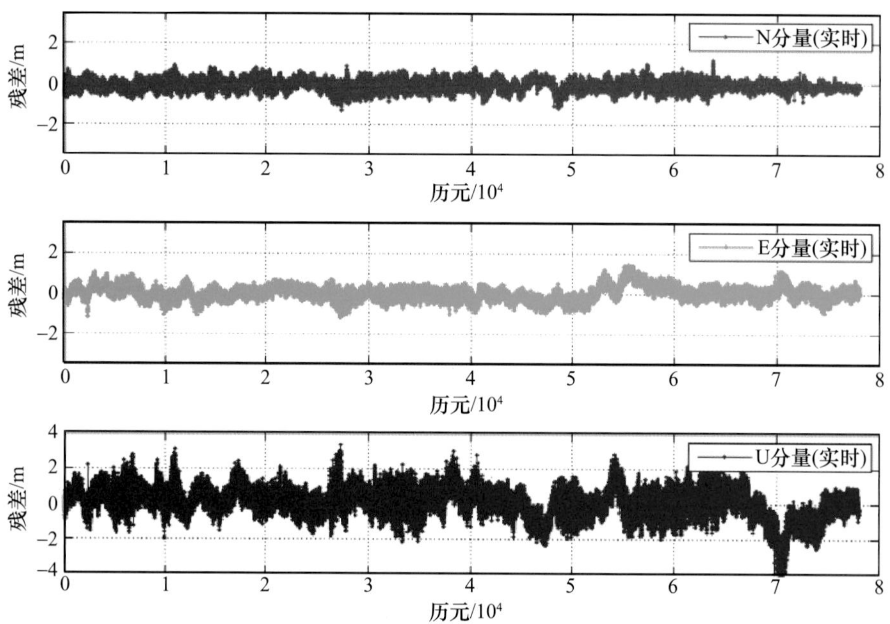

图 7.27　BDS/GPS(1s)定位 N、E、U 各分量残差

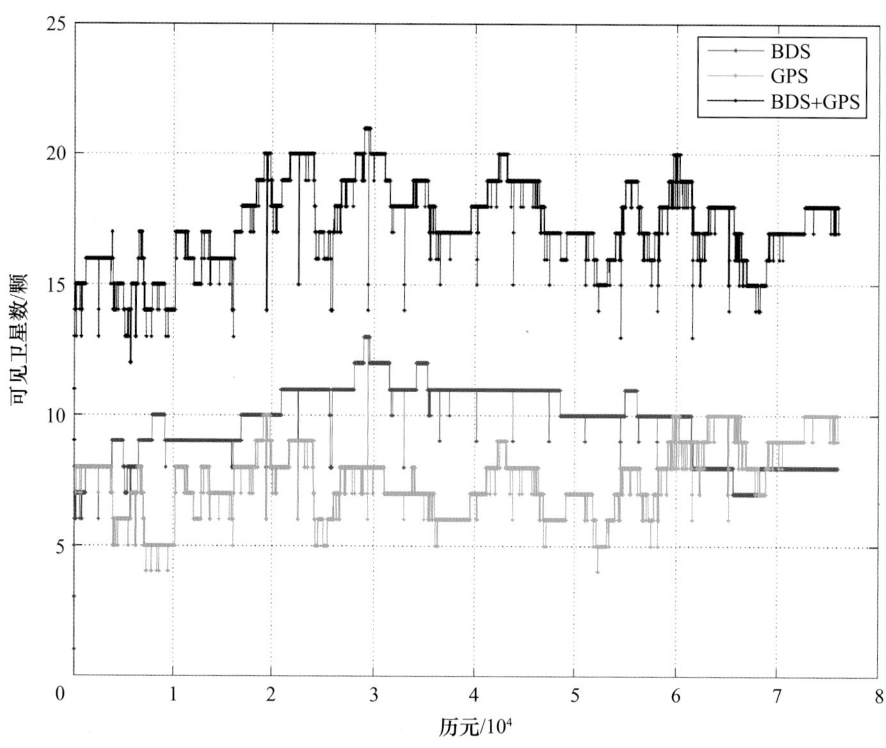

图 7.28　观测时段可见卫星数

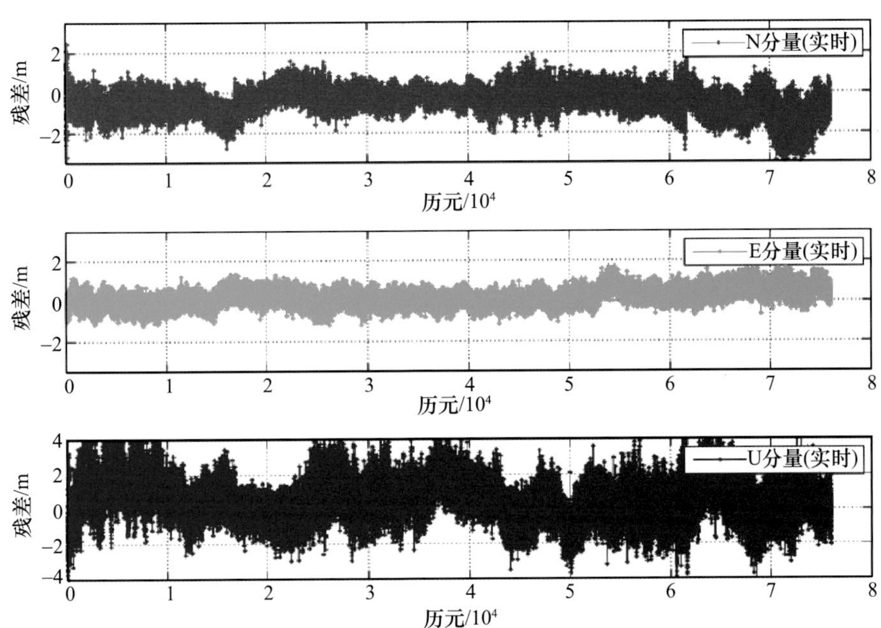

图 7.29　BDS 定位 N、E、U 分量偏差

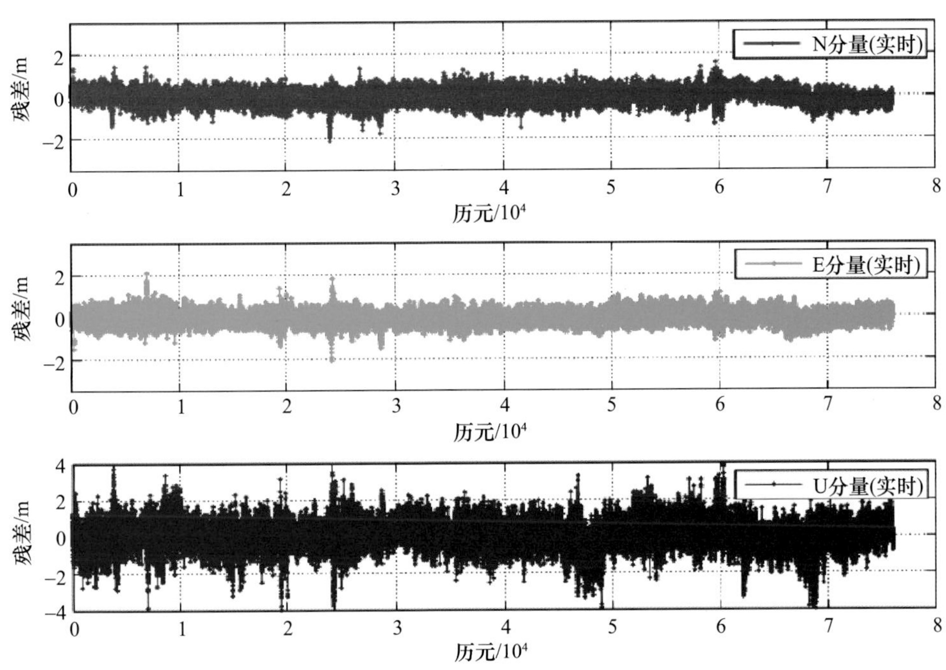

图 7.30　GPS 定位 N、E、U 各分量偏差

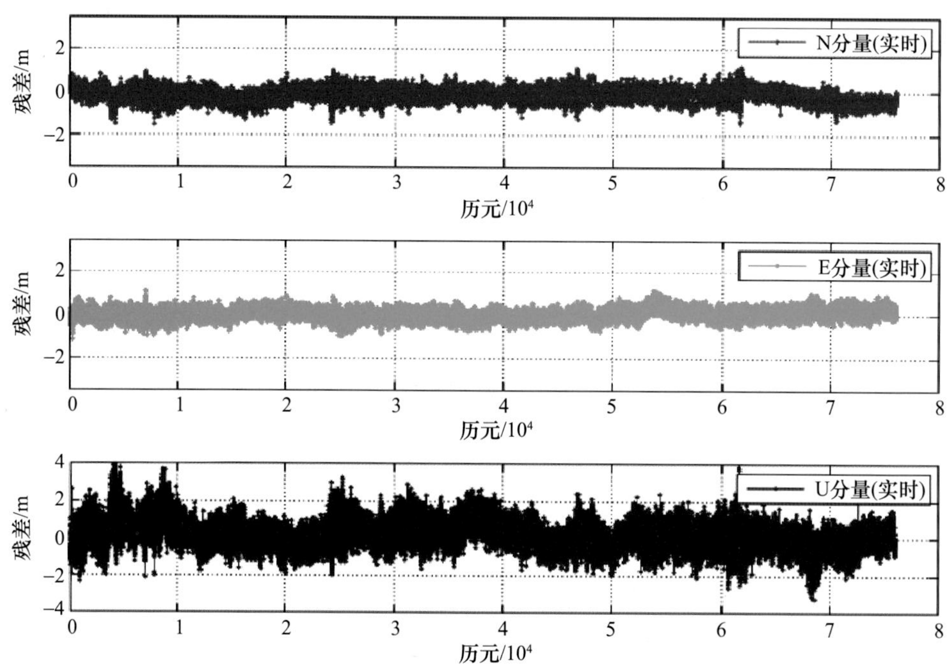

图 7.31　BDS/GPS 定位 N、E、U 分量偏差

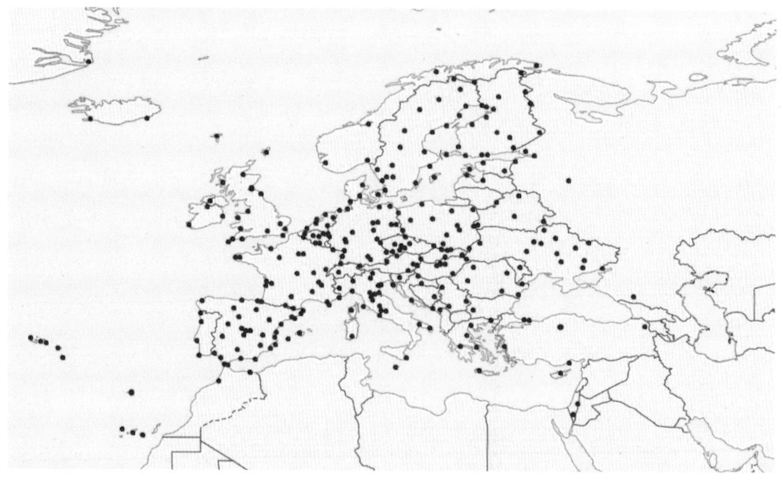

图 10.1　EPN 观测站

式中:系数 c_2 、c_3 、c_4 与频率无关,而只与传播路径上每立方米的电子含量(电子密度)N_e有关。忽略二次项后的高阶项,相折射率表示为

$$n_p = 1 - 40.28\frac{N_e}{f^2} \tag{3.47}$$

因此相位观测值的一阶项电离层延迟为

$$I_\varphi = \frac{40.28}{f^2}\int_s N_e \mathrm{d}s \tag{3.48}$$

相应的伪距观测值一阶项电离层延迟为

$$I_p = -\frac{40.28}{f^2}\int_s N_e \mathrm{d}s \tag{3.49}$$

3.4.1　Klobuchar 模型和单层投影函数

经典的 Klobuchar 模型[20]近似描述了天顶电离层折射,GNSS 导航电文中提供的就是此模型的参数,得到了最广泛的应用。使用 Klobuchar 标准模型在低纬度地区电离层折射影响可以削弱 50% 左右[21],在中纬度区域,电离层折射影响可以削弱 60% 左右,而天顶方向的非差电离层延迟最大可以达到 50m,水平方向最大可以达到 150m[22],因此 Klobuchar 模型不能满足高精度定位的需求,一般用于伪距的单点定位。

Klobuchar 模型表示为

$$\begin{cases} I_Z = A_1 + A_2\cos(2\pi(t - A_3)/A_4) \\ A_1 = 5\times 10^{-9}\mathrm{s} = 5\mathrm{ns} \\ A_2 = \alpha_1 + \alpha_2\phi_{\mathrm{IPP}}^{m} + \alpha_3\phi_{\mathrm{IPP}}^{m2} + \alpha_4\phi_{\mathrm{IPP}}^{m3} \\ A_3 = 14\mathrm{h}(\text{本地时间}) \\ A_4 = \beta_1 + \beta_2\phi_{\mathrm{IPP}}^{m} + \beta_3\phi_{\mathrm{IPP}}^{m2} + \beta_4\phi_{\mathrm{IPP}}^{m3} \end{cases} \tag{3.50}$$

式中:A_1 、A_3 为常数;系数 α_i 、β_i ($i = 1,2,\cdots,4$)可从导航电文中获取;t 为电离层穿刺点(IPP)的当地时间,由式 $t = \lambda_{\mathrm{IPP}}/15 + t_{\mathrm{UT}}$ 计算,λ_{IPP} 为 IPP 的地磁经度((°)),以东为正,t_{UT} 为采用世界时(UT)观测历元;ϕ_{IPP}^{m} 为地磁极与电离层穿刺点的球面距离。

若地磁极的坐标为 φ_P 、λ_P ,电离层点的坐标为 φ_{IPP} 、λ_{IPP} ,则

$$\cos\phi_{\mathrm{IPP}}^{m} = \sin\varphi_{\mathrm{IPP}}\sin\varphi_P + \cos\varphi_{\mathrm{IPP}}\cos\varphi_P\cos(\lambda_{\mathrm{IPP}} - \lambda_P) \tag{3.51}$$

式中:地磁极坐标 $\varphi_P = 78.3°(\mathrm{N})$;$\lambda_P = 291.0°(\mathrm{E})$ 。

综上所述,Klobuchar 模型计算的步骤如下:

(1) 计算 t_{UT} 历元的卫星方位角 a 和天顶角 z_0 ;

(2) 选择电离层平均高度,根据地心、测站、电离层穿刺点的三角关系计算测站至电离层穿刺点的距离;

（3）利用计算电离层点坐标 φ_{IPP} 、λ_{IPP} 和 $\varphi_{\mathrm{IPP}}^{m}$ ；

（4）根据卫星导航电文中的 α_i 、β_i（ $i = 1,2,\cdots,4$ ），计算 A_2 、A_4 ；

（5）由式(3.50)～式(3.51)计算垂直天顶延迟 I_Z ；

（6）应用公式 $I = I_Z/\cos z'$ 将垂直延迟转换为沿波传播路径的时间延迟，最后将以秒表示的时间延迟与光速相乘，转换为距离变化的观测量。

假设所有自由电子都集中在一个高 h_{m} 的无限薄的球面上，球面电离层穿刺点为IPP，则称为单层电离层模型，由图3.11推出如下关系：

$$\sin z' = \frac{R_{\mathrm{e}}}{R_{\mathrm{e}} + H_{\mathrm{m}}}\sin z_0 \tag{3.52}$$

式中：R_{e} 为地球平均半径；H_{m} 为电离层平均高度，典型值为300～400km，此范围值对低高度角卫星敏感；z' 和 z_0 分别为电离点和观测点的天顶角。

投影函数则为 $Mf_{\mathrm{I}}(\cdot) = 1/\cos z'$ 。

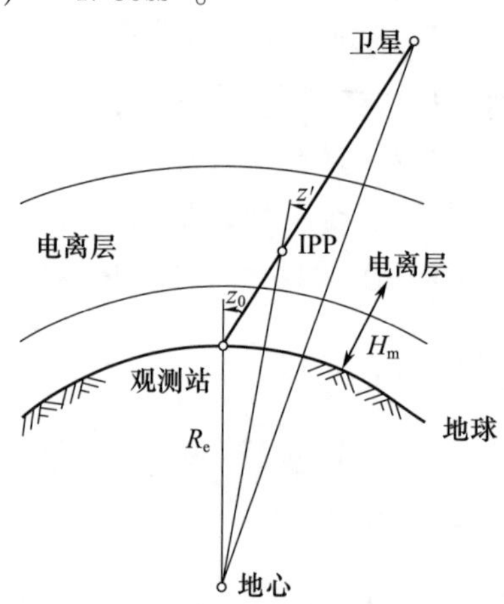

图3.11　电离层路径延迟几何示意图

3.4.2　双频组合消除电离层

最有效的方法就是利用两个不同频率的信号消除电离层折射，这也是GNSS卫星为何至少发射两种载波信号的原因之一[1]。

由测相伪距模型出发，考虑与频率相关的电离层折射，则有

$$\begin{cases}\lambda_1\varphi_1 = \rho + c\Delta\delta + \lambda_1 N_1 - \Delta_1^{\mathrm{Iono}}\\ \lambda_2\varphi_2 = \rho + c\Delta\delta + \lambda_2 N_2 - \Delta_2^{\mathrm{Iono}}\end{cases} \tag{3.53}$$

式中：下标1、2指两个不同频率载波。公式两边同除以相应波长，得

$$\begin{cases}\varphi_1 = \dfrac{1}{\lambda_1}\rho + \dfrac{c}{\lambda_1}\Delta\delta + N_1 - \dfrac{1}{\lambda_1}\Delta_1^{\mathrm{Iono}}\\ \varphi_2 = \dfrac{1}{\lambda_2}\rho + \dfrac{c}{\lambda_2}\Delta\delta + N_2 - \dfrac{1}{\lambda_2}\Delta_2^{\mathrm{Iono}}\end{cases} \tag{3.54}$$

又 $c = f\lambda$，则

$$
\begin{cases}
\varphi_1 = \dfrac{f_1}{c}\rho + f_1\Delta\delta + N_1 - \dfrac{f_1}{c}\Delta_1^{\text{Iono}} \\
\varphi_2 = \dfrac{f_2}{c}\rho + f_2\Delta\delta + N_2 - \dfrac{f_2}{c}\Delta_2^{\text{Iono}}
\end{cases}
\tag{3.55}
$$

即

$$
\begin{cases}
\varphi_1 = af_1 + N_1 - \dfrac{b}{f_1} \\
\varphi_2 = af_2 + N_2 - \dfrac{b}{f_2}
\end{cases}
\tag{3.56}
$$

式中

$$
\begin{cases}
a = \dfrac{\rho}{c} + \Delta\delta(\text{几何项}) \\
b = \dfrac{f_i^2}{c}\Delta^{\text{Iono}} = \dfrac{1}{c}\dfrac{40.3}{\cos z'}\text{VTEC}(\text{电离层项})
\end{cases}
\tag{3.57}
$$

式中：VTEC 为垂直电子总含量。

注意：a、b 与信号频率无关，因而无需标注频率的下标号，δ 为不同频点相同的误差。

利用以下线性组合可消除电离层项。对式(3.56)的两公式分别同乘以 f_1、f_2，并作差，得

$$
\varphi_1 f_1 - \varphi_2 f_2 = a(f_1^2 - f_2^2) + N_1 f_1 - N_2 f_2 \tag{3.58}
$$

将式(3.58)两边同乘以 $\dfrac{f_1}{f_1^2 - f_2^2}$，整理后得载波相位无电离层组合：

$$
\left[\varphi_1 - \frac{f_2}{f_1}\Phi_2\right]\frac{f_1^2}{f_1^2 - f_2^2} = af_1 + \left[N_1 - \frac{f_2}{f_1}N_2\right]\frac{f_1^2}{f_1^2 - f_2^2} \tag{3.59}
$$

再将式(3.57)的几何项 a 代入，得无电离层组合的结果：

$$
\left[\varphi_1 - \frac{f_2}{f_1}\Phi_2\right]\frac{f_1^2}{f_1^2 - f_2^2} = \frac{f_1}{c}\rho + f_1\Delta\delta + \left[N_1 - \frac{f_2}{f_1}N_2\right]\frac{f_1^2}{f_1^2 - f_2^2} \tag{3.60}
$$

该组合的主要缺点就是由于 f_2/f_1 不为整数，当前 GNSS 的频率组合丢失了整周模糊度的整数特性。注意公式左边几何残差可认为是弱化的无电离层影响信号。

码伪距无电离层影响组合的推导可以从如下方程开始：

$$
\begin{cases}
R_1 = \rho + c\Delta\delta + \Delta_1^{\text{Iono}} \\
R_2 = \rho + c\Delta\delta + \Delta_2^{\text{Iono}}
\end{cases}
\tag{3.61}
$$

式中：Δ^{Iono} 为卫星信号所受到的电离层延迟，与各载波频率的平方成反比。对式(3.61)中两公式分别乘以 f_1^2 和 f_2^2，并作差，得

$$R_1f_1^2 - R_2f_2^2 = (f_1^2 - f_2^2)(\rho + c\Delta\delta) \tag{3.62}$$

从而消除了电离层项。方程两边同除以 $(f_1^2 - f_2^2)$，整理后得码伪距无电离层影响组合为

$$\left[R_1 - \frac{f_2^2}{f_1^2}R_2\right]\frac{f_1^2}{f_1^2 - f_2^2} = \rho + c\Delta\delta \tag{3.63}$$

无电离层影响组合的优点就是消除了电离层影响(更准确地说是削弱了电离层影响)。回想推导过程就会明白,“无电离层”并没有完全改正,因为其中涉及了一些近似,TEC 积分并不是沿着真实的信号传播路径进行的。

3.4.3 非差电离层延迟分析

对高纬度区域的基准站 LJ 和 DX 24h 内的观测卫星电离层分析(图 3.12),电离层延迟受光照影响 24h 中的分布应该不均匀,从 GPS 时的 3:00—10:00 双差电离层延迟比较明显,抖动剧烈,主要因为 GPS 时 3:00—10:00 为当地 11:00—18:00,日照正强烈的时段,16:00—22:00 为当地时间的 0:00—06:00,凌晨时段没有日照,双差电离层延迟较小,基本为常值,变化缓慢。

高纬度区域由于日照相对比较弱,并且数据是 10 月份的避开了夏天时的电离层比较大的时段,电离层值最小时为 1m,最大达到了 6m,并且与卫星的高度角有明显的关系,卫星高度角大时,电离层延迟小,卫星高度角小时,电离层延迟较大。由于电离层延迟达到了米级甚至数十米,GNSS 伪距单点定位或者差分定位时也需要模型改正或者差分削弱其影响。

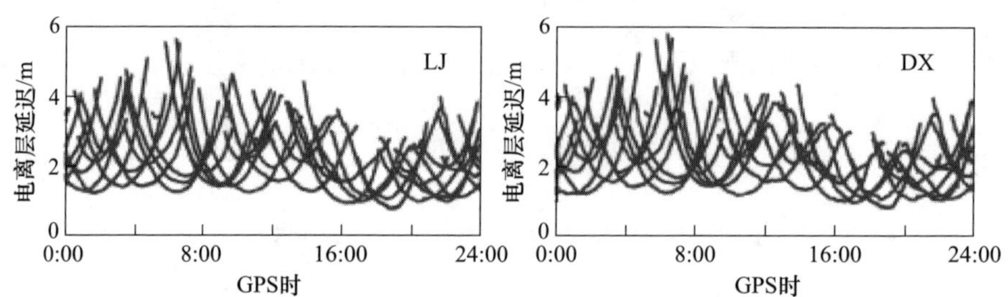

图 3.12 基准站 LJ 和 DX 24h 观测卫星的电离层延迟

3.4.4 双差电离层延迟分析

基准站模糊度固定后通过双频观测值无几何距离组合精确计算双差电离层延迟(除了基准卫星),此处的电离层延迟只考虑了一阶项,忽略了二阶项和高阶项值。以基线长约 75km 的 DX-LJ、JH-LJ 和 DX-JH 为例,数据处理中实时以最高的卫星为基准卫星,忽略多路径影响。从中可以分析双差电离层延迟的与观测时间的相关性。

从图 3.13 和图 3.14 可以看出,GPS 和 BDS 双差电离层延迟比较相似,未出现明显的周期性分布,主要因为试验数据采用我国最高纬度区域的基准站,因此电离层延迟比较小,24h 比较平缓,也未出现与高度角明显的相关性。双差电离层延迟达到了 20cm 时,超过了第一频点的整周波长,因此高精度定位需要削弱电离层延迟的影响。

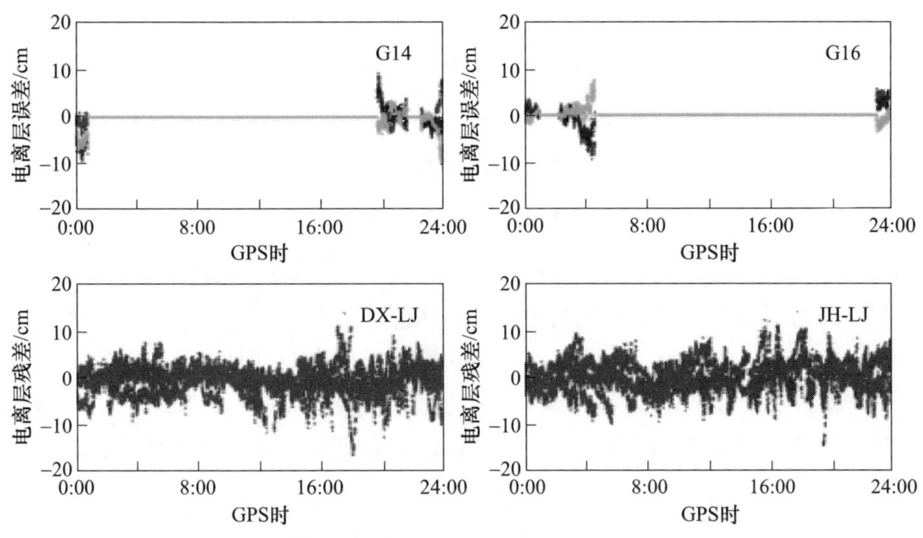

图 3.13　GPS 双差电离层延迟(见彩图)

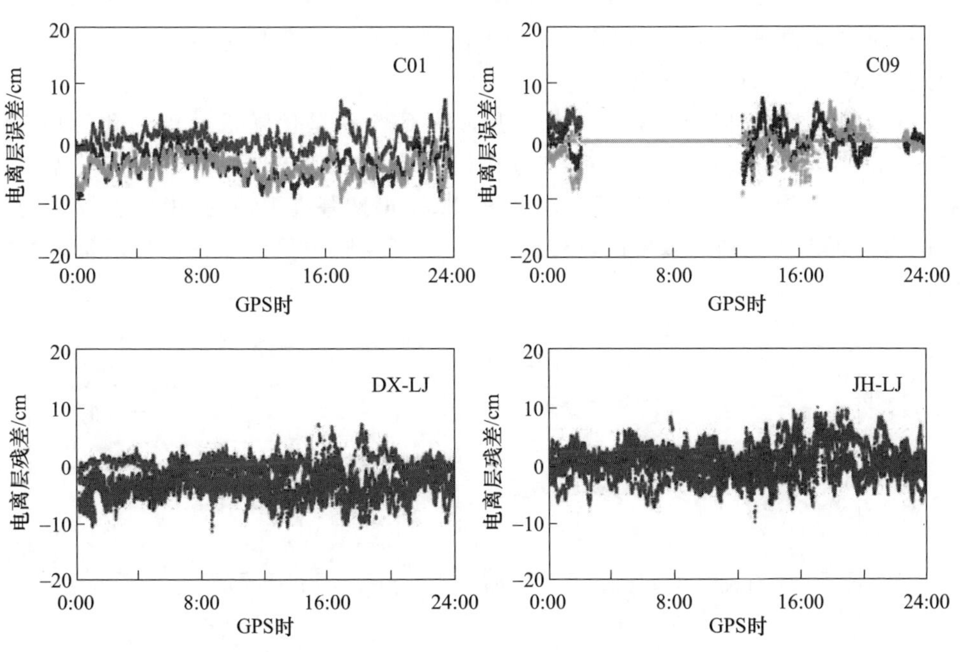

图 3.14　BDS 双差电离层延迟(见彩图)

3.4.5 相对电离层天顶延迟估计

采用非组合观测值进行高精度定位时需要对电离层延迟进行估计[23]，由于电离层延迟具有明显的时空性，认为每颗卫星的电离层延迟是不相关的，每颗卫星估计一个相对电离层天顶延迟，获取信号传播路径上双差电离层延迟，表示为

$$\begin{aligned}\Delta\nabla I_{\mathrm{br}}^{ji} = & [Mf_I(E_{\mathrm{r}}^i)I_{\mathrm{r}}^i - Mf_I(E_{\mathrm{b}}^i)I_{\mathrm{b}}^i] - \\ & [Mf_I(E_{\mathrm{r}}^j)I_{\mathrm{r}}^j - Mf_I(E_{\mathrm{b}}^j)I_{\mathrm{b}}^j]\end{aligned} \tag{3.64}$$

基准站 r、b 高度角相近，即

$$\begin{cases}Mf_I(\varepsilon_{\mathrm{r}}^i) \to Mf_I(\varepsilon_{\mathrm{b}}^i) \\ Mf_I(\varepsilon_{\mathrm{r}}^j) \to Mf_I(\varepsilon_{\mathrm{b}}^j)\end{cases} \tag{3.65}$$

$$\Delta\nabla I_{\mathrm{br}}^{ji} \approx Mf_I(\theta^i)[I_{Z,\mathrm{r}}^i - I_{Z,\mathrm{b}}^i] - Mf_I(\theta^j)[I_{Z,\mathrm{r}}^j - I_{Z,\mathrm{b}}^j] \tag{3.66}$$

定义相对电离层天顶延迟（RIZD）：$\mathrm{RIZD}^i = I_{Z,\mathrm{br}}^i = [I_{Z,\mathrm{r}}^i - I_{Z,\mathrm{b}}^i]$，则式(3.66)变为

$$\Delta\nabla I_{\mathrm{br}}^{ji} = Mf_I(\theta^i)\mathrm{RIZD}^i - Mf_I(\theta^j)\mathrm{RIZD}^j \tag{3.67}$$

假定双差电离层延迟为零均值，则其方差就为数学期望 $E[(\Delta\nabla I_{\mathrm{br}}^{ji})^2]$，考虑投影函数并且不同卫星 RIZD 相互独立[23]，则 $E[(\Delta\nabla I_{\mathrm{br}}^{ji})^2]$ 可以写成如下函数：

$$\begin{aligned}E[(\Delta\nabla I_{\mathrm{br}}^{ji})^2] = & Mf_I^2(\theta^i)\cdot E[(\mathrm{RIZD}^i)^2] + \\ & Mf_I^2(\theta^j)\cdot E[(\mathrm{RIZD}^j)^2]\end{aligned} \tag{3.68}$$

假定 RIZD 同样为零均值，则 $E[\mathrm{RIZD}^2]$ 为 RIZD 方差，由式(3.68)可知，双差电离层延迟的方差通过投影函数依赖相对电离层天顶延迟方差，由于 $Mf_I^2(\cdot)$ 大于 1，因此 $E[\Delta\nabla I^2] < E[\mathrm{RIZD}^2]$。

对上述试验数据中 DXLJ 基线上观测的 GPS 卫星伪随机噪声（PRN）PRN4、PRN8 和 PRN17、PRN28 进行了详细分析（图 3.15），卫星截止高度角 15°，先用最高卫星 PRN8 为基准卫星，然后换星为 PRN28，再换基准卫星为 PRN4。计算的双差电离层延迟滤波值与真实的比较分析，给出了 4 颗卫星的双差电离层延迟估计精度。

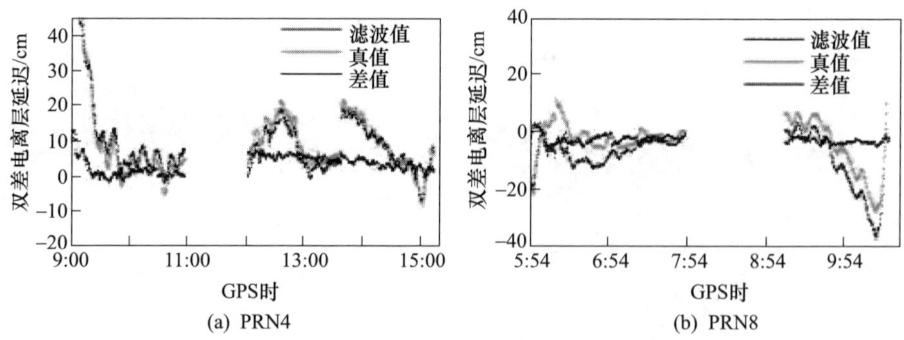

(a) PRN4 (b) PRN8

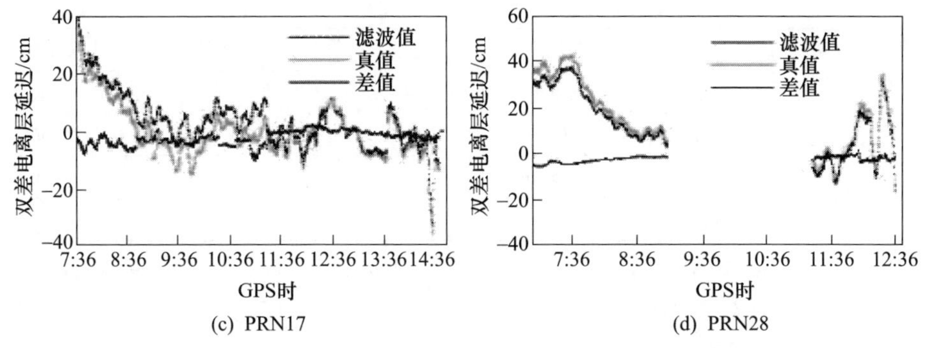

(c) PRN17　　(d) PRN28

图 3.15　不同 PRN 时的双差电离层延迟(见彩图)

通过 RIZD 估计成功地把双差电离层延迟影响控制在 5cm 内,约四分之一波长,PRN4、PRN8、PRN17、PRN28 的估计中误差分别为 4.46cm、2.07cm、4.35cm、3.74cm,而 $\sqrt{E[\mathrm{RIZD}^2]}$ 小于 $\sqrt{E[(\Delta\nabla I)^2]}$,因此将单颗卫星 RIZD 进行滤波是比较好的方法,有效地提高了模糊度解算成功率。

3.5　星历误差

星历误差是指卫星的实际位置和通过卫星星历计算的位置的差异。不同的星历产品精度不同,一般采用广播星历,目前精度为 1m,因此在基准站数据处理或者流动站定位中,必须考虑该项误差,尽可能地削弱其影响[24]。星历误差是空间相关误差。

表 3.2 显示不同类型的卫星星历精度是不一样的,GPS 星历分为 3 种,即预报历书、广播星历和精密星历。预报历书用来确定卫星的大概位置以帮助捕获卫星,其精度为千米级;广播星历是通过在全球分布的数个监测站确定的卫星轨道,接收机直接接收,每 2h 发送 1 次,其精度为 1m[25];精密星历分为快速星历、超快速星历和最终精密星历。最终精密星历是 IGS 用全球数百个跟踪站观测数据计算的卫星轨道,但一般延后 13d 左右;通过网络从欧洲定轨中心(CODE)得到 CODE 快速预报星历精度为 5cm[26],快速星历通过网络可以实时获取,用 11 阶拉格朗日多项式拟合。

表 3.2　GPS 星历产品质量指标

轨道/时钟		精度	延迟	更新周期	采样率
广播星历	轨道	100cm	实时	2h	
	时钟	约 25ns			
快速星历(半预报)	轨道	约 5cm	实时	6h	15min
	时钟	约 3ns			
超快速星历(半观测)	轨道	约 3cm	3h	6h	15min
	时钟	约 0.15ns			

（续）

轨道/时钟		精度	延迟	更新周期	采样率
快速星历	轨道	约 2.5cm	17h	24h	15min
	时钟	约 0.075ns			5min
最终精密星历	轨道	约 2.5cm	13d	7d	15min
	时钟	约 0.075ns			5min

IGS 站 MGEX 和国际 GNSS 监测评估系统(iGMAS)同样提供 BDS 的星历产品质量指标如表 3.3 所列。BDS 不同的轨道类型卫星对应不同精度，GEO 卫星由于相对地球静止，定位精度较低。

表 3.3 BDS 星历产品质量指标

轨道/钟差		精度	延迟	更新周期	采样率
超快速星历（预报部分）	MEO/IGSO	50cm	实时	6min	15min
	GEO	1000cm			
	卫星钟	10ns			
超快速星历（观测）	MEO/IGSO	25cm	3min	6min	15min
	GEO	700cm			
	卫星钟	1ns			
快速星历	MEO/IGSO	20cm	17min	d	15min
	GEO	500cm			
	卫星和测站钟	0.6ns			5min
最终精密星历	MEO/IGSO	15cm	12d	周	15min
	GEO	400cm			
	卫星和测站钟	0.5ns			5min

3.5.1 星历误差对单差几何距离影响分析

星历误差导致的单差测距误差可以表达为

$$\delta\Delta\rho_{br}^{s}=\frac{|\bar{\boldsymbol{O}}|\cdot|\bar{\boldsymbol{X}}_{br}|\cos\theta}{\rho} \tag{3.69}$$

式中：$|\bar{\boldsymbol{O}}|$ 为卫星坐标向量误差；$\bar{\boldsymbol{X}}_{br}$ 为基线向量；θ 为两个向量的夹角；ρ 为站星几何距离。BDS 由 GEO、IGSO 和 MEO 卫星组成，GPS 由 MEO 卫星组成，不同系统、不同类型卫星的卫星轨道高度不同。

$$\begin{cases}\rho_0=35786(\text{BDS GEO/IGSO})\\ \rho_0=21528(\text{BDS MEO})\\ \rho_0=20200(\text{GPS})\end{cases}$$

为了分析广播星历的误差大小，本节采用统计值和式(3.69)计算了不同长度 4 条基线上单差几何距离的误差，可以看出误差是随着基线长度的增加而增大的。如图 3.16 所示 4 条基线误差统计分析，误差均值为零。78km 基线上，中误差为 0.2cm，117km 基线上中误差为 0.26cm；166km 和 190km 基线上的中误差分别为 0.32cm 和 0.48cm。这也证明星历误差是空间相关的，基线越长，误差越大。

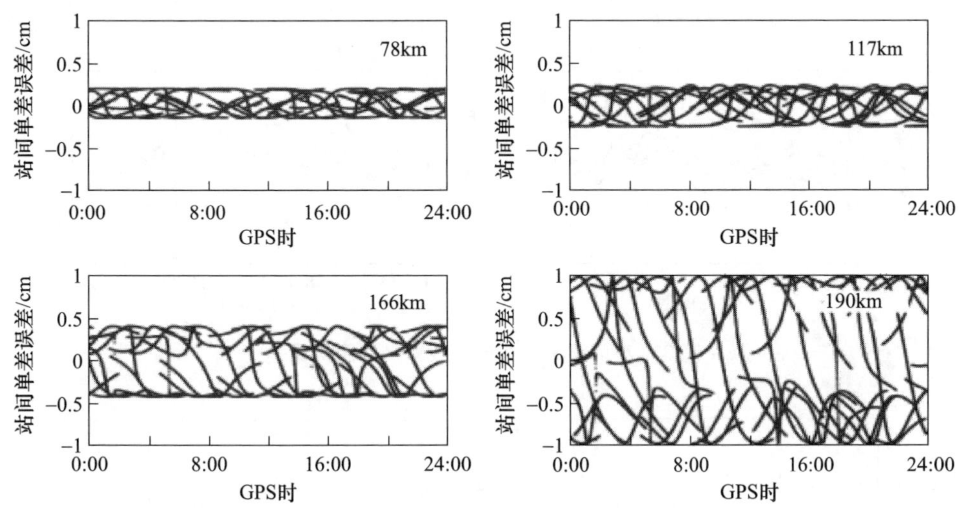

图 3.16　GPS 广播星历单差几何距离误差

3.5.2　星历误差对双差几何距离影响分析

为了定量分析广播星历和预报星历对双差数据的影响，以精密星历作为基准，计算了广播星历和预报星历对 4 条基线双差几何距离值误差。广播星历双差几何距离误差值 78km 基线上最大值为 0.5cm(忽略 7 号卫星，星历精度 10m)，117km 基线上最大值为 1cm，166km 和 190km 基线上最大值超过了 2.5cm，并且从整体可以看出，星历误差随基线距离的增加增大。从图 3.17 和图 3.18 可以看出，预报星历误差远远小于广播星历，对 166km 基线的双差几何距离误差小于 4mm，因此在中长基线数据处理中可以采用实时的快速预报星历，从而忽略星历误差的影响。

对比图 3.17 和图 3.18 分析可知，广播星历提供的某颗卫星出现粗差或整体精度较低时，超快预报星历也出现相应的情况。

基准站间双差模糊度正确固定以后，双差电离层延迟采用无电离层组合计算，与站星间几何距离无关，而双差对流层延迟采用无电离层组合需要站星间几何距离帮助解算，从而计算的双差对流层延迟中包含了星历误差。流动站一般采用广播星历实时定位，而基准站数据处理时，最好和流动站采用同步的广播星历，由于两项误差的拟合模型可以通用，因此拟合双差对流层延迟时也包括了星历误差。

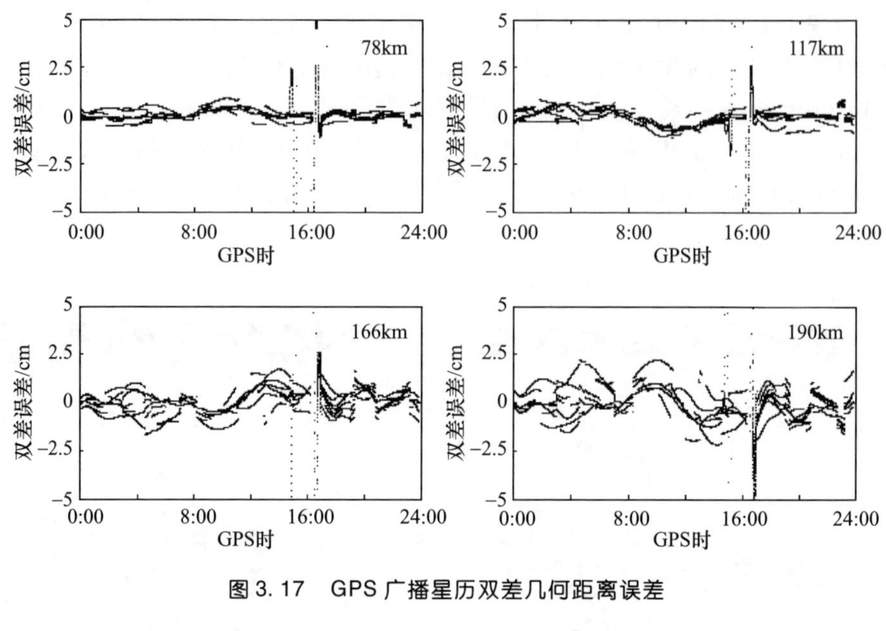

图 3.17　GPS 广播星历双差几何距离误差

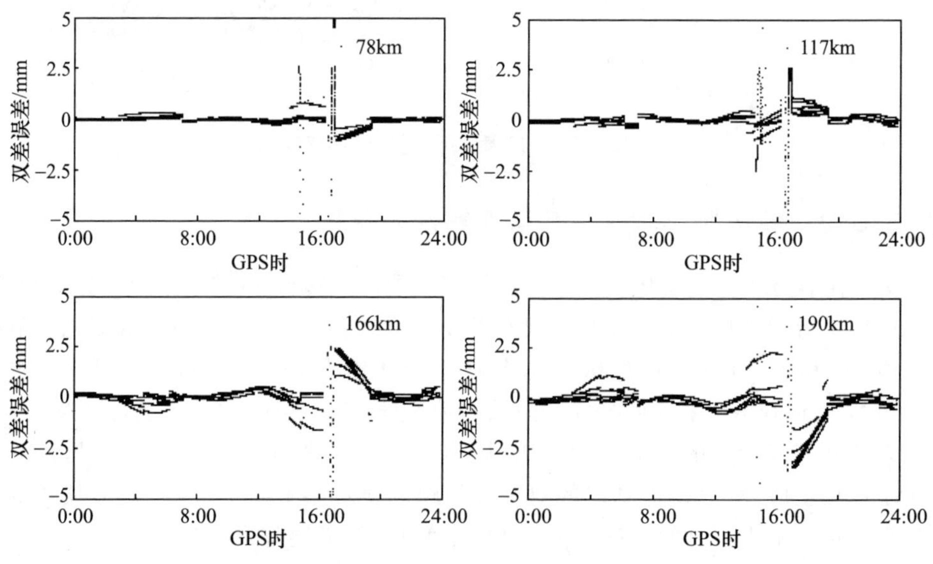

图 3.18　GPS 超快预报星历双差几何距离误差

3.6　地球自转的影响

GNSS 坐标基准是地心地固坐标系，随着地球的自转而发生相应的变化，即不同时刻对应的坐标系不同。由于 GNSS 卫星信号从卫星到接收机有一定的传输时间，即为相同信号发射时刻和接收时刻的差值[27]，因此信号发射时刻的卫星位置和接收

时刻的接收机位置对应不同时刻的坐标，即由地球自转带来的地固坐标系的差异。所以计算站星间几何距离时，必须考虑地球自转的影响。卫星坐标的改正公式为

$$\begin{pmatrix} X^{i'} \\ Y^{i'} \\ Z^{i'} \end{pmatrix} = \begin{bmatrix} \cos(\omega\tau) & \sin(\omega\tau) & 0 \\ -\sin(\omega\tau) & \cos(\omega\tau) & 0 \\ 0 & 0 & 1 \end{bmatrix} \begin{pmatrix} X^{i} \\ Y^{i} \\ Z^{i} \end{pmatrix} \tag{3.70}$$

由地球旋转引起的距离改正为

$$\Delta\rho_{\omega} = \frac{\omega}{C}[Y^{i}(X_{r} - X^{i}) - X^{i}(Y_{r} - Y^{i})] \tag{3.71}$$

式中：(X_r, Y_r, Z_r) 为测站坐标；(X^i, Y^i, Z^i) 为信号接收时刻卫星坐标；$(X^{i'}, Y^{i'}, Z^{i'})$ 为信号发射时刻卫星坐标；ω 为地球自转角速度；τ 为卫星信号传播时间。

从图 3.19 可以看出，地球自转对双差观测值的影响比较明显，达到了分米级，中长基线数据处理必须考虑地球自转的影响。而地球自转主要与测站的位置相关，当基准站间的纬度越接近时地球自转的影响越小，并且地球自转影响随着基线的增加逐渐变大，与卫星高度角关系不明显，与卫星的运行轨迹或者是运行方向有关。

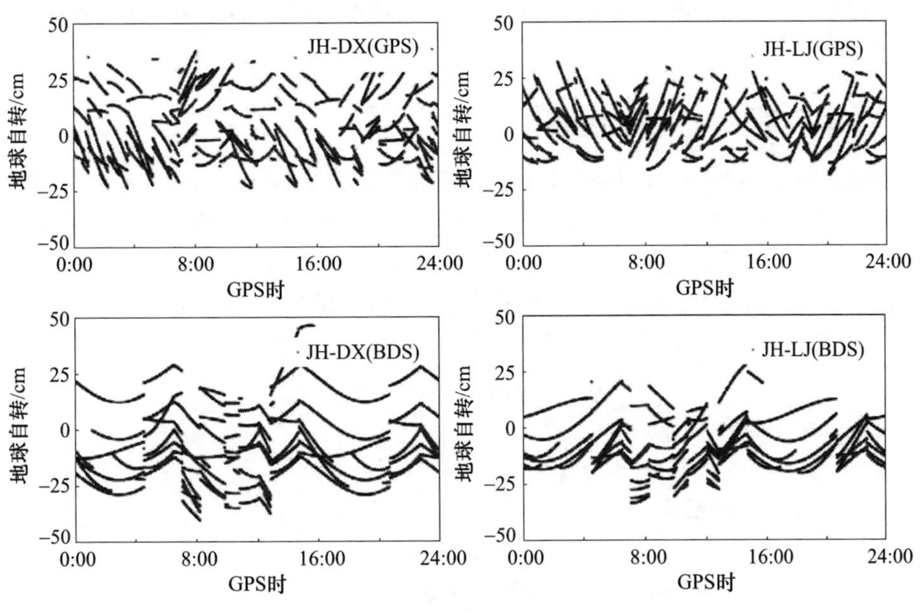

图 3.19　地球自转双差值误差

3.7　多路径效应

多路径效应指 GNSS 卫星信号可能会受到接收机天线附近的物体反射，然后与 GNSS 卫星直接到接收机天线的信号发生干涉而被接收机接收，从而影响信号和码伪距测量，这种偏差就是所谓的多路径效应。多路径效应是非空间相关误差。

Tranquilla 和 Carr[28]将伪距的多路径效应分为 3 类：

(1) 来自大范围区域分布的前向散射（例如：信号穿过杂乱的金属性质的环境）；

(2) 来自天线周围光滑物体或反射面的镜面反射；

(3) 超低频波动，经常与水面的反射有关。

从纯几何关系上来讲，多路径效应和信号入射角有关，低高度角卫星信号比高高度角卫星更易产生多路径效应。另外，码伪距比载波相位受到多路径效应的影响要大。单历元情况下，测码伪距多路径影响可达到 10～20m[29]。在特定的极端条件下，多路径误差会增加到 100m 左右[30]，如在建筑物的周围，接收机将会出现失锁。

短基线载波相位相对定位的多路径效应影响，一般不会超过 1cm（好的卫星几何构型和合理的长采样率）。即使在这种情况下，接收机高的微小改变就有可能会增加多路径效应，从而使结果变差。静态测量时，由于观测时间相对较长，断断续续的多路径影响就不是问题。例如接收机放置在公路中央，金属大卡车不断在天线旁经过，在这种情况下进行快速静态测量可能会受到更多的影响，采用较长的观测时间会更合理。

3.7.1 单反射源多路径效应

多路径效应的影响可以通过接收机捕获的直接信号 $\alpha\cos\varphi$ 和物体反射的间接信号 $\beta\alpha\cos(\varphi+\Delta\varphi)$ 的干涉来分析[31]，α 和 φ 分别为直接信号的振幅和相位，间接信号振幅受表面反射阻尼系数 β 的影响，取值一般为 $0\leqslant\beta\leqslant 1$，当 $\beta=0$ 时，没有反射；当 $\beta=1$ 时，间接信号和直接信号的强度相同，间接信号的相位由于相位平移而延迟 $\Delta\varphi$，将直接信号和间接信号叠加，得到

$$\alpha\cos\varphi+\beta\alpha\cos(\varphi+\Delta\varphi) \tag{3.72}$$

应用余弦定理分解，重新组合为

$$(1+\beta\cos\Delta\varphi)\alpha\cos\varphi-(\beta\sin\Delta\varphi)\alpha\sin\varphi$$

换一种形式可表示为

$$\beta_M\alpha\cos(\varphi+\Delta\varphi_M)$$

式中：下标 M 表示多路径效应。由余弦定理则，得

$$(\beta_M\cos\Delta\varphi_M)\alpha\cos\varphi-(\beta_M\sin\Delta\varphi_M)\alpha\sin\varphi \tag{3.73}$$

比较式(3.73) $\alpha\sin\varphi$ 和 $\alpha\cos\varphi$ 系数得到下列关系：

$$\begin{cases}\beta_M\sin\Delta\varphi_M=\beta\sin\Delta\varphi\\ \beta_M\cos\Delta\varphi_M=1+\beta\cos\Delta\varphi\end{cases} \tag{3.74}$$

式中：β_M 和 $\Delta\varphi_M$ 为多路径效应需要计算的两个量。将式(3.74)中两式分别平方相加和两式相除得

$$\beta_M=\sqrt{1+\beta^2+2\beta\cos\Delta\varphi} \tag{3.75}$$

$$\tan\Delta\varphi_{\mathrm{M}} = \frac{\beta\sin\Delta\varphi}{1+\beta\cos\Delta\varphi} \tag{3.76}$$

将 $\beta=0$ 代入式(3.73)和式(3.74),则 $\beta_{\mathrm{M}}=1$，$\Delta\varphi_{\mathrm{M}}=0$，即此时没有反射信号和多路径效应,合成信号完全等同于直接信号。将 $\beta=1$ 代入式(3.73)和式(3.74)得

$$\beta_{\mathrm{M}} = \sqrt{2(1+\cos\Delta\varphi)} = 2\cos\frac{\Delta\varphi}{2} \tag{3.77}$$

$$\tan\Delta\varphi_{\mathrm{M}} = \frac{\sin\Delta\varphi}{1+\cos\Delta\varphi} = \tan\frac{\Delta\varphi}{2} \tag{3.78}$$

β_{M} 和 $\Delta\varphi_{\mathrm{M}}$ 作为 $\Delta\varphi$ 的函数有如下数值关系(表3.4)。载波相位多路径效应的最大值发生在 $\Delta\varphi_{\mathrm{M}}=90°=1/4$ 周时,将这个载波相位偏移转化成 $\lambda/4$ 的长度,令 $\lambda=20\mathrm{cm}$，则最大的距离变化约5cm。

表3.4 β_{M}、$\Delta\varphi_{\mathrm{M}}$ 与 $\Delta\varphi$ 的数值关系

$\Delta\varphi$/(°)	β_{M}	$\Delta\varphi_{\mathrm{M}}$/(°)
0	2	0
90	$\sqrt{2}$	45
180	0	90

图3.20显示了振幅不同衰减因子下的单反射信号与直接信号的载波相位差,即多路径效应大小。

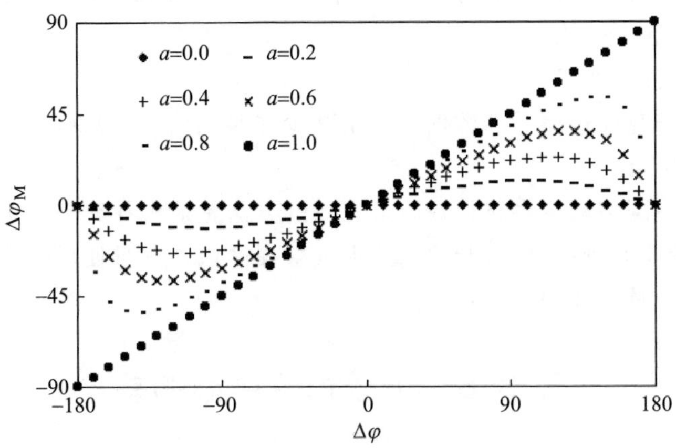

图3.20 单反射源多路径效应

水平反射面(地面)情况下,相位平移 $\Delta\varphi$ 可表示为多余路径 Δs 的函数:

$$\Delta\varphi = \frac{\Delta s}{\lambda} = \frac{2h}{\lambda}\sin E \tag{3.79}$$

式中:h 为天线至地面的垂直距离。由于 E 随时间变化,多路径效应也周期性变化。

多路径效应的频率为

$$f = \frac{\mathrm{d}(\Delta\varphi)}{\mathrm{d}t} = \frac{2h}{\lambda}\cos E\,\frac{\mathrm{d}E}{\mathrm{d}t} \tag{3.80}$$

代入典型值 $E = 45^{\circ}$，$\mathrm{d}E/\mathrm{d}t = 0.07\mathrm{mrad/s}$，则约 1.5GHz 的载波多路经效应频率近似为 $f = 0.521 \cdot 10^{-3}h$，当 h 单位为米(m)时，f 的单位为赫(Hz)。因此，2m 高的天线能引起多路径效应的周期约为 16min。

3.7.2 消除多路径效应

为了减少或估计多路径效应影响，产生了多种方法。Ray 等[32]将其分为 3 类：

1）基于天线的削弱方法

在基于天线的削弱方法中，通过扼流圈改进天线增益模式，制造特殊设计和排列的天线是非常有效的方法[33-34]。另外，选择利用信号极化特点的天线可以消除多路径信号。如果传播的 GNSS 信号为右旋圆极化信号，经反射后就变为左旋圆极化信号。在高度角很低或者为负高度角时，多路径误差常常会出现，可吸收信号的天线抑径板也能在这种情况下降低卫星信号的干扰。

2）改进接收机技术法

改进接收机技术来减少多路径效应包括窄相关间隔、增加消除多路径估计延迟锁相环路、增强抑制多路径选通相关器。例如减少多路径估计延迟锁定环(MEDLL)方法研究[35-36]。这种技术使用一组相关器和测量接收信号的相关性的函数值，将接收的信号分离为视线方向的直接信号和间接信号。MEDLL 的测试结果显示可以减少 90% 的多路径误差[37]。

3）信号和数据处理法

许多方法研究通过信号和数据处理来减少多路径效应：观察信噪比、载波相位平滑或使用数据组合。

因此基准站网络减少多路径效应最有效的方法是避免在容易产生多路径效应的地方建站，选择地势较高，比较开阔周边无反射面区域。并且使用扼流圈天线和性能较好的接收机以及合适的后处理方法。

3.8 天线相位中心偏差

通过卫星星历计算的卫星位置一般是卫星质量中心的空间位置，其与卫星发射天线的相位中心之差称为卫星天线相位中心偏差。卫星天线相位中心偏差不同单位给出的值不同，为了统一分析，IGS 从 1998 年 11 月 29 日起采用统一的天线相位中心偏差值，IGS 的分析表明，GPS 卫星的载波相位中心与质心的偏差达 1m 以上，如表 3.5所列。天线载波相位中心偏差最大可以对 200km 基线的单差卫地距离造成近 1cm 的误差影响。

表 3.5 卫星天线载波相位中心偏差

卫星型号	天线相位中心偏差值/m		
	X	Y	Z
Block II/IIA	0.279	0.000	1.023
Block IIR	0.000	0.000	0.000

接收机天线载波相位中心偏差指的是接收机天线几何中心与真实捕获载波相位中心的偏差。理论上 GNSS 信号观测值应以天线的电子相位中心为基准，但实际的电子天线相位中心会随着高度角、方位角、卫星信号的强度的变化而变化，同时还与频率相关，也就是说，每一个接收到的信号都有其自己的天线相位中心[38]。因此引入天线几何点作为天线参考点（ARP）（图 3.21）确定天线相位中心的平均位置，并且 IGS 定义 ARP 为对称的天线垂直轴与天线底部的交点，天线相位中心偏移（PCO）定义为 ARP 和平均相位中心的差距。

通常，天线 PCO 是以 ARP 为基准给出的天线电子相位中心的三维坐标，由天线制造商提供。否则，需要通过校准操作计算出这些坐标[39]。值得注意的是，天线 PCO 与频率相关，所以每一个频率需要给出对应的 PCO。

现在，如果将单个观测值的电子相位中心与平天线电子相位中心相比较，就会得到偏差，称为天线的相位中心变化（PCV）。PCV 与方位角和高度以及相位频率相关。

单个相位测量值的总天线相位中心改正包括 PCO 和 PCV 的影响。

记 PCO 的矢量为 $\boldsymbol{a}$（图 3.21），卫星与接收机间单位矢量为 $\boldsymbol{\rho}_0$，PCO 对相位测量值的影响 Δ_{PCO} 可通过 $\boldsymbol{a}$ 在单位矢量 $\boldsymbol{\rho}_0$ 的投影得到，即

$$\Delta_{\mathrm{PCO}} = \boldsymbol{a} \cdot \boldsymbol{\rho}_0 \tag{3.81}$$

记 PVC 对相位伪距的影响为 Δ_{PCV}，通过定义卫星方位角 α，天顶角 z 和载波频率 f 的函数，Δ_{PCV} 则可表示为

$$\Delta_{\mathrm{PCV}} = \Delta_{\mathrm{PCV}}(\alpha, z, f) \tag{3.82}$$

相位伪距 PCO 和 PCV 影响总改正就是 $\Delta_{\mathrm{PCO}} + \Delta_{\mathrm{PCV}}$。通过这个总改正数的改正，相位伪距就改正到 ARP 了，换句话说，通过对观测值进行正确的数据处理，得到

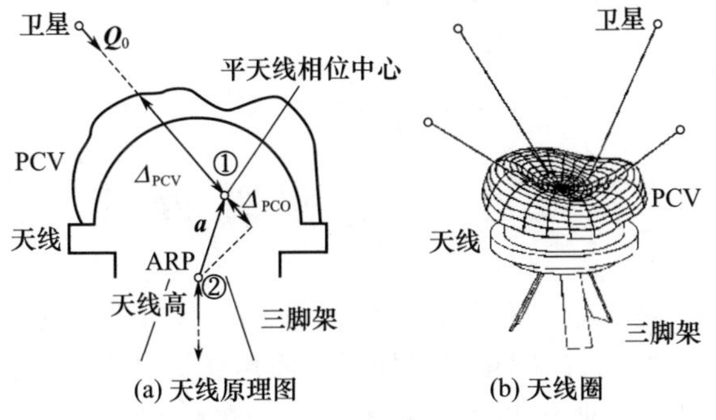

图 3.21 电子相位中心①和天线参考中心②

的结果是 ARP 的坐标。

PCV 是系统性的,可通过多次测量确定。水平变化在 1 ~ 2cm 间,垂直方向的变化可高达 10cm[40],但由于 PCV 不仅对每一个天线都不同而且对各种类型的天线都不同,所以对其模型化相当困难。Geiger[41]给出了通过方位角和高度角直接计算距离测量值的天线影响改正方法。静态天线和通过旋转及倾斜改变的 24h 观测数据天线半球覆盖如图 3.22 所示。Wübbena 等[42]中给出,天线的倾斜及旋转通过一个精确控制校准机器人自动进行,这一自动化过程能够通过上千个不同的天线方向彻底消除多路径效应,并能完全确定 PCV。要确定高分辨率的 PCV 模型,就需要大量的方向观测,用了 6000 ~ 8000 个不同的方向来确定一个校准过程,此外,PCV 值与“极洞”无关。

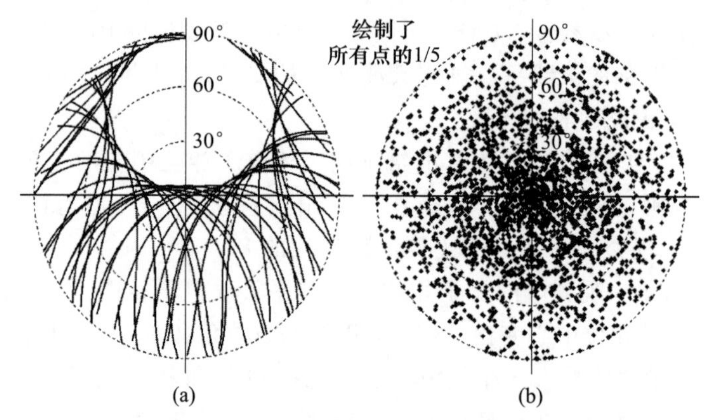

图 3.22 静态天线 24h 观测数据的天线半球覆盖(a)和通过旋转和倾斜改变的 24h 观测数据天线半球覆盖(b)

当前 IGS 或 NGS 网站提供详细的天线相位改正文件,格式如图 3.23 所示,文件包括水平及垂直方向的偏差值以及由与高度角和方向角相关的改正所求得的 PCV 值。

```
ANTENNA ID          DESCRIPTION                DATA SOURCE(# OF TESTS) YR/MO/DY
                                                              | AVE = # in average
[north]  [east]  [up]                                         | L1 Offset(mm)
[90]  [85]  [80]  [75]  [70]  [65]  [60]  [55]  [50]  [45]    | L1 Phase at
[40]  [35]  [30]  [25]  [20]  [15]  [10]  [5]   [0]           | Elevation(mm)
```

图 3.23 天线相位改正格式

3.9 观测噪声

接收机观测噪声是明显的零均值白噪声,不同接收机类型的观测噪声不同,厂家给定常数项 a_0、a_1、θ_0,高高度角卫星的观测噪声比低高度角卫星观测噪声小。通常使用零基线检测不同接收机和不同高度角卫星的观测噪声。

观测噪声的方差与接收机类型相关,也与卫星高度角相关,众多学者提出了比较

好的随机模型[43]：

$$\sigma_j^i = a \cdot \left(a_0 + a_1 \exp\left(-\frac{\theta^i}{\theta_0}\right)\right) \cdot \frac{\lambda_j}{\lambda_1} \tag{3.83}$$

式中：j 为观测值类型；a 为不同观测值的缩放因子。

参考文献

[1] HOFMANN-WELLENHOF B, LICHTENEGGER H, WASLE E. 全球卫星导航系统 GPS, GLONASS, Galileo 及其他系统[M]. 程鹏飞,蔡艳辉,文汉江,等译. 北京:测绘出版社,2009.

[2] 秦显平,杨元喜,焦文海,等. 利用 SLR 和伪距资料确定导航卫星钟差[J]. 测绘学报,2014,33(3):205-209.

[3] REMONDI BW. Using the global positioning system (GPS) phase observable for relative geodesy: modeling, processing, and results[D]. Austin: University of Texas at Austin, 1984:124-132.

[4] 王世进,秘金钟,李得海,等. GPS/BDS 的 RTK 定位算法研究[J]. 武汉大学学报(信息科学版),2014,39(5):621-625.

[5] HOPFIELD H S. Two-quartic tropospheric refractivity profile for correcting satellite data[J]. Journal of Geophysical Research, 1969, 74(17):4487-4499.

[6] 琚兴华. 网络 RTK 对流层拟合模型分析[J]. 测绘科学,2012,37(1):182-184.

[7] SAASTAMOINEN J. Contribution to the theory of atmospheric refraction[J]. Bulletin Geodesique, 1973, 107(1):13-34.

[8] JANES H W, LANGLEY R B, NEWBY S P. Analysis of tropospheric delay prediction models: comparisons with ray-tracing and implications for GPS relative positioning[J]. Bulletin Geodesique, 1991, 65(3):151-161.

[9] SPILKER J J. Global positioning system: theory and applications[M]. Reston: American Institute of Aeronautics and Astronautics, 1996.

[10] GASSNER G, BRUNNER F K. Monitoring eines rutschhanges mit GPS-messungen[J]. Vermessung, Photograrnmetrie, Kulturtechnik, 2003, 101(4):166-171.

[11] 李征航,黄劲松. GPS 测量与数据处理[M]. 武汉:武汉大学出版社,2005.

[12] NEILL AE. Global mapping functions for the atmosphere delay at radio wavelengths[J]. Journal of Geophysical Research, 1996, 101(B2):3227-3246.

[13] 张国利,杨开伟,时小飞,等. 2016. 对流层改正模型在双差 RTK 解算中的精度影响分析[J]. 测绘通报,2016(9):149-151.

[14] 周乐韬. 连续运行基准站网络实时动态定位理论算法和系统实现[D]. 成都:西南交通大学,2007.

[15] 李成钢. 网络 GPS/VRS 系统高精度差分改正信息生成与发布研究[D]. 成都:西南交通大学,2007.

[16] 葛茂荣,刘经南. GPS 定位中对流层折射估计研究[J]. 测绘学报,1996,25(4):285-291.

[17] 汪登辉,高成发,潘树国. 基于网络 RTK 的对流层延迟分析与建模[C]//第三届中国卫星导

航学术年会电子文集,广州,2012.

[18] ARBESSER-RASTBURG B. Propagation effects on satellite communications and navigation systems [C]// 2016 22nd International Conference on Applied Electromagnetics and Communications(ICECOM),IEEE,Montreal,QC,Canada,2016:1-4.

[19] 高星伟. GPS/GLONASS 网络 RTK 的算法研究与程序实现[D]. 武汉:武汉大学测绘学院,2002.

[20] KLOBUCHAR J A. Ionospheric time-delay algorithm for single-frequency GPS users[J]. IEEE Transactions on Aerospace and Electronic Systems,1987,AES-23(23):325-331.

[21] GAVRILOAIA G,HALUNGA S,NARITA R M. Coarse/acquisition GPS codes correlation properties and vulnerability to noise[C]//2007 8th International Conference on Telecommunications in Modern Satellite,Cable and Broadcasting Services,IEEE,Nis,Serbia,2007:554-557.

[22] 周忠谟,易杰军,周琪. GPS 卫星测量原理与应用[M]. 北京:测绘出版社,1997.

[23] 马国正,喻洋. 联合 GPS 相位观测值与全球电离层图提取区域电离层 TEC[J]. 大地测量与地球动力学,2015,35(3):499-502.

[24] 高星伟,刘经南,李毓麟. 网络 RTK 的轨道误差分析与消除[J]. 测绘科学,30(2):41-43.

[25] 郭斐,张小红,李星星,等. GPS 系列卫星广播星历轨道和钟的精度分析[J]. 武汉大学学报(信息科学版),2009,34(5):589-592.

[26] 李鹏,沈正康,王敏. IGS 精密星历的误差分析[J]. 大地测量与地球动力学,2006(3):40-45.

[27] 曹芬. 地球自转参数对同步卫星定轨的影响[C]//第二届中国卫星导航学术年会,上海,2011:401.

[28] TRANQUILLA J M,CARR J P. GPS multipath field observations at land and water sites [J]. Navigation,1990/91,37(4):393-414.

[29] WELLS D E,BECJ N,DELIKARAOGLOU D,et al. Guide to GPS positioning[M]. Frederiction:Canadian GPS Associates,1987.

[30] NEE R D. Multipath effects on GPS code phase measurements[J]. Navigation,1992,39(2):177-190.

[31] 刘畅,张鹏,孙福余,等. 双极性天线在多路径效应探测中的应用[J]. 测绘科学,2017,42(4):91-96.

[32] RAY J K,CANNON M E,FENTON P C. Mitigation of static carrier-phase multipath effects using multiple closely spaced antennas[J]. Navigation,1999,46(3):193-201.

[33] MOELKER D. Multiple antennas for advanced GNSS multipath mitigation and multipath direction finding[C]//Proceedings of ION GPS-97,10^{th} International Technical Meeting of the Satellite Division of the Institute of Navigation,Kansas City,Montana,1997:541-550.

[34] BARTONE C. Ranging airport pseudolites for local area augmentation using the global positioning system[C]//Proceedings of IEEE PLANS,California,April 20-23,1998:479-486.

[35] TOWNSEND B R,FENTON P C,van DIERENDONCK K J,et al. Performance evaluation of the multipath estimating delay lock loop[J]. Navigation,1995,42(3):502-514.

[36] TOWNSEND B,WIEBE J,JAKAB A. Results and analysis of using the MEDLL receiver as a multipath meter[C]//Proceedings of the National Technical Meeting. of the Institute of Navigation,Jan-

uary 26-29,2000.

[37] FENTON P C,TOWNSEND B R. What's new? [C]//Proceedings of the International Symposius on kinematic system in Geodesy,Geomatics and Navigation,Banff,Canada,August 30 through September,1994:2,25-29.

[38] 傅彦博,赵龙平,孙付平,等. 天线相位中心偏差对 GPS 周年性系统误差的影响分析[J/OL]. 测绘科学技术学报,2018(3):240-244,249[2018-10-25].

[39] GORES B,CAMPBELL J,BECKER M,et al. Absolute calibration of GPS antennas: laboratory results and comparison with field and robot techniques[J]. GPS Solutions,2006,10(2):136-145.

[40] MADER G L. GPS antenna calibration at the National Geodetic Survey[J]. GPS Solutions,1999,3(1):50-58.

[41] GEIGER A. Einfluss und bestimmung der variabilität des phasenzentrums von GPS- antennen,mitteilungen d[J]. Inst. F. Geodäsie und Photogrammetrie,ETH Zürich,1988(43):203-208.

[42] WÜBBENA G,SCHMITZ M,MENGE F,et al. Automated absolute field calibration of GPS antennas in real- time[C]//Proceedings of the International Technical Meeting,ION GPS- 00,Salt Lake City,Utah,USA,2000.

[43] 吴北平. GPS 网络 RTK 定位原理与数学模型研究[D]. 北京:中国地质大学,2003.

第 4 章　基准站模糊度的快速解算

网络 RTK 技术计算高精度的观测误差需要使用相位距离,相位中包含初始的整周模糊度,因此网络 RTK 技术的关键是基准站整周模糊度的固定,模糊度固定以后相当于获得了亚毫米级精度的观测值,可以精确地计算当前历元的误差值。由于 GNSS 观测误差是实时变化的,因此需要实时固定所有历元观测值的模糊度,特别是捕获刚升起的新卫星。

4.1　概　　述

基准站作为永久的 GNSS 观测设施,对站点地址和观测环境都有较高的要求,并且建设成本比较高,需要长期维护,因此点位设计需要科学合理,站间距一般在 70～80km。由于基线间距离较长,空间相关误差随着距离的增加相关性逐渐变弱[1],差分后的双差对流层延迟和双差电离层延迟远远大于半波长,尤其是低高度角卫星,使得基准站双差整周模糊度与误差难以分离,即使在使用双频观测数据和基准站坐标精确已知的情况下,也很难直接利用含有较大残余误差的观测值准确确定出整周模糊度。因此必须考虑空间相关误差的影响,与常规的相对定位算法不同,基准站坐标精确已知,观测方程中的待估参数为空间相关误差,可以通过参数估计削弱其影响,提高基准站间模糊度的搜索效率。

基准站整周模糊度算法经过广大学者的研究,目前基准站模糊度固定算法分为多历元滤波算法和单历元算法以及 BDS 三频模糊度固定算法[2-3]。

GNSS 观测值组合卡尔曼滤波算法,首先解算宽巷模糊度,当宽巷模糊度固定后再用无电离层(77, -60)组合的卡尔曼滤波解算 L1 模糊度。宽巷模糊度可通过无码宽巷组合法、双频双 P 码组合法和双频相位单码组合法(用 C 码)解算。双频相位单码组合法与电离层无关,引入了 C 码的观测误差和多路径效应的影响,并使用多路径效应的日周期性进行削弱[4-5]。

非组合卡尔曼滤波算法估计对流层延迟和电离层延迟,通过每个基准站估计一个天顶对流层延迟来估计双差对流层湿延迟;通过每颗卫星估计一个 RIZD 削弱双差电离层延迟的影响,实现模糊度的快速搜索,充分利用观测信息,实现了基准站网模糊度的解算,初始化速度快,有时初始历元即可搜索成功。

北斗卫星播发三频观测数据,三频观测值更利于基准站数据处理。三频基准站模糊度固定算法首先利用 B2、B3 频率的观测值及严格的模糊度固定标准确定超宽

巷整周模糊度,将固定的超宽巷整周模糊度与其他宽巷整周模糊度的线性关系作为约束条件,然后估计宽巷整周模糊度、相对天顶对流层延迟误差和电离层延迟误差,并搜索确定宽巷整周模糊度。利用固定的宽巷整周模糊度与三频载波相位整周模糊度的整数线性关系,将线性关系加入载波相位整周模糊度参数估计观测模型中,最后搜索并确定 BDS 原始频率双差载波相位整周模糊度[6-7]。

4.2 基准站模糊度多历元滤波算法

GNSS 观测值不同历元存在一定的关联性,若上下历元未发生周跳,则整周模糊度保持不变;基准站观测数据每秒甚至更高频率采集数据,上下历元采样时刻间隔很短,误差值变换很小,第 3 章介绍了各种误差的状态特征和高斯-马尔科夫过程估计[6]。双差对流层延迟和双差电离层延迟按一定的规律缓慢变化,基准站观测方程未知参数满足一定的变化规律,可以通过多个历元逐步估计[8]。

4.2.1 标准的卡尔曼滤波模型

卡尔曼滤波是一种线性最小方差估计,最早由卡尔曼应用于轨道的预测,从一组有限的、包含噪声的观察序列预测出物体的位置及速度。卡尔曼滤波引入了状态空间的概念,特别根据观测数据对动态随机量进行预测和估计,即用前一时刻的状态向量和状态方程预测当前时刻的状态向量,根据当前时刻的观测值修正状态向量预测值,从而得到当前时刻的状态估值[9]。

卡尔曼滤波具有以下特点:

(1) 预测—修正的递推过程,卡尔曼滤波引入状态空间法在时域内设计滤波器,能够用于对多维随机过程估计。

(2) 采用状态方程描述状态向量的动态变换规律,估计参数既可以是平稳的变化,如大气延迟残差的缓慢变化;也可以是非平稳的变化,如周跳的探测修复。

假设线性离散系统的状态方程和观测方程为

$$\begin{cases} \boldsymbol{X}_{k+1} = \boldsymbol{\phi}_{k+1,k}\boldsymbol{X}_k + \boldsymbol{\Gamma}_k \boldsymbol{w}_k \\ \boldsymbol{Z}_{k+1} = \boldsymbol{H}_{k+1}\boldsymbol{X}_{k+1} + \boldsymbol{v}_{k+1} \end{cases} \tag{4.1}$$

式中: $\boldsymbol{X}_{k+1}$ 为 n 维状态向量; $\boldsymbol{Z}_{k+1}$ 为 m 维观测向量; $\boldsymbol{H}_{k+1}$ 为 $n\times m$ 维观测矩阵; $\boldsymbol{v}_{k+1}$ 为 m 维观测值噪声; $\boldsymbol{\phi}_{k+1,k}$ 为 $n\times n$ 维的一步状态向量转移矩阵,是一个非奇异阵,并具有以下性质:

$\boldsymbol{\phi}_{k,k} = \boldsymbol{I}$ ($n\times n$ 维的单位矩阵);

$\boldsymbol{\phi}_{k+1,k} = \boldsymbol{\phi}_{k,k+1}^{-1}$;

$\boldsymbol{\phi}_{k+1,k}\boldsymbol{\phi}_{k,k-1} = \boldsymbol{\phi}_{k+1,k-1}^{-1}$;

$\boldsymbol{\Gamma}_k$ 为 $n\times p$ 维动态噪声驱动阵;

$\boldsymbol{w}_k$ 为动态系统零均值白噪声，且

$$E\{\boldsymbol{w}_k\} = 0 \tag{4.2}$$

$$E\{\boldsymbol{w}_k \cdot \boldsymbol{w}_l^{\mathrm{T}}\} = \boldsymbol{Q}_k \delta_{kl} \tag{4.3}$$

$$E\{\boldsymbol{v}_k\} = 0 \tag{4.4}$$

$$E\{\boldsymbol{v}_k \cdot \boldsymbol{v}_l^{\mathrm{T}}\} = \boldsymbol{Q}_k \delta_{kl} \tag{4.5}$$

$$E\{\boldsymbol{\omega}_k \cdot \boldsymbol{v}_l^{\mathrm{T}}\} = \boldsymbol{Q}_k \delta_{kl} \tag{4.6}$$

式中：$\boldsymbol{Q}_k$ 为已知的非负矩阵；δ_{kl} 为克罗内克 δ 函数。

4.2.1.1 滤波的递推过程

卡尔曼滤波计算过程可归纳为状态向量和相应方差阵的预测；滤波增益计算；状态向量预测值的修正[10-11]。卡尔曼滤波过程需要状态向量的状态方程和观测方程，过程如下：

根据上一时刻的滤波值 $\boldsymbol{X}_{k-1,k-1}$（或状态向量初值）计算当前时刻预测值：

$$\boldsymbol{X}_{k,k-1} = \boldsymbol{\phi}_{k,k-1}\boldsymbol{X}_{k-1,k-1} \tag{4.7}$$

根据上一时刻的误差方差阵 $\boldsymbol{P}_{k-1,k-1}$（或初值）及状态转移方差阵 $\boldsymbol{Q}_k$ 计算预测方差阵：

$$\boldsymbol{P}_{k,k-1} = \boldsymbol{\phi}_{k,k-1}\boldsymbol{P}_{k-1,k-1}\boldsymbol{\phi}_{k,k-1}^{\mathrm{T}} + \boldsymbol{\Gamma}_{k-1}\boldsymbol{Q}_{k-1}\boldsymbol{\Gamma}_{k-1}^{\mathrm{T}} \tag{4.8}$$

1）卡尔曼滤波增益的计算

滤波增益阵为

$$\boldsymbol{K}_k = \boldsymbol{P}_{k-1,k-1}\boldsymbol{H}_k^{\mathrm{T}}[\boldsymbol{H}_k\boldsymbol{P}_{k,k-1}\boldsymbol{H}_k^{\mathrm{T}} + \boldsymbol{R}_k]^{-1} \tag{4.9}$$

式中：$\boldsymbol{R}_k$ 为状态向量噪声阵，已知的非负矩阵。

根据新的观测值 $\boldsymbol{Z}_k$ 计算改正项：

$$\boldsymbol{v}_k = \boldsymbol{Z}_k - \boldsymbol{H}_k\boldsymbol{X}_{k,k-1} \tag{4.10}$$

式中：$\{\boldsymbol{v}_k\}$ 为与 $\{\boldsymbol{w}_k\}$ 不相关的零均值白噪声序列。

2）预测值的修正即状态向量计算

计算状态向量滤波估计值：

$$\boldsymbol{X}_{k,k} = \boldsymbol{X}_{k-1,k-1} + \boldsymbol{K}_k v_k \tag{4.11}$$

计算滤波误差方差阵：

$$\boldsymbol{P}_{k,k} = [\boldsymbol{I} - \boldsymbol{K}_k\boldsymbol{H}_k]\boldsymbol{P}_{k,k-1} \tag{4.12}$$

因此，卡尔曼滤波过程是基于时间序列的不断的“预测—修正”状态向量的递推方式。首先根据状态向量初值或上一时刻的滤波值预测当前时刻的状态向量；然后根据观测值通过最优估计得到的新信息和卡尔曼增益（加权项）；最后对状态向量预测值进行修正，得到当前历元滤波值，进而等待下一时刻观测信息进行下一时刻估计。

4.2.1.2 滤波的发散的原因

在卡尔曼滤波计算中，常会出现这样一种现象：当量测值数目 k 不断增大时，按滤波方程计算的估计均方误差阵趋于零或趋于某一稳态值，但估计值相对实际的被估计值的偏差却越来越大，使滤波器逐渐失去估计作用，这种现象称为滤波器的发

散[12-13]。引起滤波发散的主要原因有[14]：

1）因滤波所用计算机的字长不够导致计算中截尾、舍入误差较大

这种滤波在递推运算过程中不断积累，使滤波误差方差阵 $\boldsymbol{P}_{k,k}$ 和一步预报误差方差阵 $\boldsymbol{P}_{k,k-1}$ 明显失去对称性和正定性。这便造成两种方差阵的数值发散，进而使增益矩阵 $\boldsymbol{K}_k$ 随之发散，以致利用新信息 $\boldsymbol{V}_{k,k-1}$ 对于一步预报 $\boldsymbol{X}_{k,k-1}$ 进行的修正作用无法正确执行，滤波误差便愈来愈大（表现为出现计算机的最终数据溢出错误）。显然，防止这种发散现象的基本措施在于设法尽量减小方差阵计算过程中的误差。

2）因滤波所用系统模型不准而引起的各种误差较大

具体来说，就是滤波器设计中所依据的描述被估计信号生成机制的线性消息模型和观测系统模型结构参数不准（有时是因为对所遇到的系统运行机理不清楚或受试验建模的技术水平的限制，有时则是因为数学模型，虽然已知，但参数阶数过高而不得不屈从于实时性要求降维处理，有时是因为实际的模型结构是强非线性的、本来就难以近似成线性模型），或者所掌握的噪声一、二阶矩阵统计知识与实际相差过大等。

4.2.1.3　滤波发散的解决办法

对于卡尔曼滤波表现出的发散现象，按照其产生的原因分成两大类处理，一类是针对计算误差所致滤波发散的补偿技术[15]。另一类是对消息模型误差所致滤波发散的补偿技术。当采用双精度数计算时，可以不考虑计算发散，而主要考虑滤波模型误差。

当滤波模型不准确时，可以通过加大当前观测值的权，相应减小过老观测值的权来遏制滤波发散，基本思想是限制增益的减少，以避免滤波脱离量测序列[16]。基于此思想来抑制滤波发散的方法可以分为 3 类：

直接增加增益矩阵，可以对增益矩阵加以限制，不让它小于某个预先指定的量。还可以简单地对增益矩阵加一个固定量，或者在离散情形下，将增益矩阵进行改写。

限制误差的协方差，利用类似的方法，限制误差协方差矩阵。因为实际上由于问题不确定性，实际的误差协方差不可能为零。但是要精确地确定误差协方差的下限也是很困难的，只好用试验的办法确定。

人为地增加动态噪声方差。由于增益矩阵变得太小而造成发散，其原因是动态噪声比观测噪声小，因此很自然的一种办法是，人为地增大动态噪声的方差，动态噪声的方差增加，则滤波误差方差增大，从而滤波增益也随之增大，发散现象得到克服。动态噪声方差增加的量也是靠模拟试验来确定的。

4.2.2　双频观测值组合法模糊度算法

网络 RTK 技术基准站模糊度国内外相关文献出现较早的是 GPS 宽巷和无电离层组合模糊度固定法：首先利用宽巷组合观测值的长波特性在短时间内确定宽巷双差整周模糊度，如无码宽巷组合法等[17-18]；其次将固定的宽巷双差模糊度代入到无

电离层组合中,并利用动态卡尔曼估计 L1 载波相位的整周模糊度和相对对流层天顶延迟[8],得到模糊度浮点解和方差阵。

4.2.2.1 无码宽巷组合法估算宽巷模糊度

GPS 双频 1、2 频点宽巷组合观测值波长为 0.86m,由于波长较长相对受残差影响较弱,主要受组合噪声影响,容易固定。宽巷模糊度计算公式表示为[19]

$$\Delta\nabla N_{\mathrm{WL,float}} = \frac{1}{\lambda_{\mathrm{WL}}}\left(\Delta\nabla\varphi_{\mathrm{WL}} \cdot \lambda_{\mathrm{WL}} - \Delta\nabla\rho - \Delta\nabla O - \Delta\nabla T - \Delta\nabla M - \frac{f_1}{f_2}\Delta\nabla I - \Delta\nabla\varepsilon\right) \tag{4.13}$$

式中:λ_{WL} 为宽巷波长。

宽巷模糊度主要受电离层和对流层残差影响,忽略多路径效应和星历误差,考虑宽巷的长波特性和系统运行过程中预报的大气延迟,可以很快固定宽巷模糊度[20],但系统初始化过程中宽巷模糊度的固定需要一段时间,因为相较于 L1 频率的电离层延迟和观测噪声分别放大了 1.28 倍和 6 倍。

周乐韬博士针对中等距离基准站网络采用 C 码和双频载波相位组合法消除电离层延迟的影响[21],引入了 C 码的观测误差和多路径效应的影响。其中多路径效应的影响通过基准站的选址观测环境和使用扼流圈天线,以及使用多路径效应的日周期性进行削弱。宽巷模糊度浮点解残差遵循 t 分布,通过搜索方法固定宽巷整周模糊度。

4.2.2.2 无电离层组合估算 L1 模糊度

宽巷双差整周模糊度固定后,将宽巷模糊度代入无电离层组合中,此时双差观测方程只剩下 L1 的双差整周模糊度和对流层延迟残差[22]。其中对流层延迟可用模型消除对流层干分量延迟,湿分量(约占 10%)用相对对流层天顶延迟估计,为了保证模糊度的整周特性,无电离层组合采用(77, -60)比例,无电离层组合双差观测方程的卡尔曼滤波模型如下[8,22]:

$$\begin{cases} \boldsymbol{X}_k = \boldsymbol{\phi}_{k,k-1}\boldsymbol{X}_{k-1} + \boldsymbol{\Gamma}_k\boldsymbol{w}_k & \boldsymbol{w}_k \sim (0, Q_k) \\ \boldsymbol{Z}_k = \boldsymbol{H}_k\boldsymbol{X}_k + \boldsymbol{v}_k & \boldsymbol{v}_k \sim (0, R_k) \end{cases} \tag{4.14}$$

状态向量为

$$\boldsymbol{X}_k = [\,T_{Z,\mathrm{br}} \quad \Delta\nabla N_{1,\mathrm{br}}^{\mathrm{j1}} \quad \cdots \quad \Delta\nabla N_{1,\mathrm{br}}^{\mathrm{j}i} \quad \cdots \quad \Delta\nabla N_{1,\mathrm{br}}^{\mathrm{j}n}\,]^{\mathrm{T}} \tag{4.15}$$

观测值向量为

$$\boldsymbol{Z}_k = \begin{bmatrix} \lambda_{77,-60}\Delta\nabla\varphi_{77,-60}^{\mathrm{j1}} - \Delta\nabla\rho^{\mathrm{j1}} - \Delta\nabla N_{1,-1}^{\mathrm{j1}} \cdot (60\lambda_{77,-60}) \\ \vdots \\ \lambda_{77,-60}\Delta\nabla\varphi_{77,-60}^{\mathrm{j}i} - \Delta\nabla\rho^{\mathrm{j}i} - \Delta\nabla N_{1,-1}^{\mathrm{j}i} \cdot (60\lambda_{77,-60}) \\ \vdots \\ \lambda_{77,-60}\Delta\nabla\varphi_{77,-60}^{\mathrm{j}n} - \Delta\nabla\rho^{\mathrm{j}n} - \Delta\nabla N_{1,-1}^{\mathrm{j}n} \cdot (60\lambda_{77,-60}) \end{bmatrix} \tag{4.16}$$

系数矩阵为

$$
\boldsymbol{H}_k = \begin{bmatrix} Mf(E^j) - Mf(E^1) & 17\lambda_{77,-60} & \cdots & 0 & \cdots & 0 \\ \vdots & \vdots & & \vdots & & \vdots \\ Mf(E^j) - Mf(E^i) & 0 & \cdots & 17\lambda_{77,-60} & \cdots & 0 \\ \vdots & \vdots & & \vdots & & \vdots \\ Mf(E^j) - Mf(E^n) & 0 & \cdots & 0 & \cdots & 17\lambda_{77,-60} \end{bmatrix} \tag{4.17}
$$

状态转移矩阵为

$$
\boldsymbol{\phi}_{k,k-1} = \begin{bmatrix} e^{-\Delta t/\tau} & 0 & \cdots & 0 \\ 0 & 1 & \cdots & 0 \\ \vdots & \vdots & & \vdots \\ 0 & 0 & \cdots & 1 \end{bmatrix} \tag{4.18}
$$

动态噪声转移矩阵为

$$
\boldsymbol{\Gamma}_k = \begin{pmatrix} \Delta t & 0 \\ 0 & \boldsymbol{I} \end{pmatrix} \tag{4.19}
$$

动态噪声矩阵为

$$
\boldsymbol{Q}_k = \begin{bmatrix} \frac{\tau}{2}(1 - \mathrm{e}^{-2\Delta t/\tau})q & 0 & \cdots & 0 \\ 0 & 1 \times 10^{-16} & \cdots & 0 \\ \vdots & \vdots & & \vdots \\ 0 & 0 & \cdots & 1 \times 10^{-16} \end{bmatrix} \tag{4.20}
$$

以上 L1 相位模糊度卡尔曼滤波算法观测方程秩亏，需要根据先验信息提供精确的观测噪声和过程噪声阵，由于很难获得精确的观测值和系统噪声的统计信息，所以通过搜索模糊度时加约束条件处理：

$$
\sigma_{\Delta\nabla N} < C_1 \&\& \Delta\nabla N - |\Delta\nabla N| < C_2 \tag{4.21}
$$

式中：C_1 和 C_2 为常数值；$|\cdot|$为取整运算。

文献[23]提出使用 Sage 自适应滤波，通过固定数量历元的改正数计算观测噪声和过程噪声阵：

$$
\begin{cases} \boldsymbol{R}_k = \boldsymbol{S}_{vk} + \boldsymbol{H}_k \boldsymbol{P}_{k,k} \boldsymbol{H}_k^{\mathrm{T}} \\ \boldsymbol{Q}_k = \boldsymbol{H}_k \boldsymbol{S}_{vk} \mathrm{H}_k^{\mathrm{T}} \\ \boldsymbol{S}_{vk} = \dfrac{1}{N_0} \sum\limits_{i=k-N_0}^{k} \boldsymbol{v}_i \cdot \boldsymbol{v}_i^{\mathrm{T}} \end{cases} \tag{4.22}
$$

式中：N_0 为移动的窗口宽度，或是历元数（一般为 25）。

4.2.2.3　并行滤波

以上模糊度解算分步进行的即宽巷模糊度固定以后再解算 L1 模糊度，为了缩短系统的初始化时间，一般采用并行滤波技术，即宽巷模糊度和无电离层组合模糊度并行进行卡尔曼滤波[24]。由于宽巷波长较长，必然先固定成功，将宽巷模糊度值代入无电离层组合,则有效波长从 0.006m 扩大到 0.107m(窄巷),称为扩波技术。宽巷模糊度的固定以单基线单卫星解算,一旦固定成功就作为已知值代入方程,解算 L1 模糊度[8]。

若宽巷模糊度没有固定,直接对无电离层组合模糊度进行搜索,搜索结果基本都是错误或者搜索失败,因为波长 0.006m 太短,易受误差影响,搜索空间太大。一旦宽巷模糊度值固定代入无电离层组合,则模糊波长增长为原来的 17 倍,有效波长 10.7cm,中误差不变,方差不变,有效地提高了模糊度搜索效率。但当电离层活跃或者卫星高度角较低时,某些卫星宽巷模糊度短时间不能正确固定,为了提高并行滤波的效率,采用部分卫星模糊度的降维处理方法,先固定容易固定的卫星,再对其余卫星进行模糊度搜索[25-27]。

4.2.3 估计大气延迟的非组合模糊度算法

由于基准站静止、观测环境好,并且现在接收机技术以及扼流圈天线可使伪距观测精度提高,引入伪距观测值参与模糊度解算。而且随着 GNSS 现代化的推进,多频信号的播发,观测值越来越多,因此著者提出了非组合观测值伪距与载波并行滤波算法,不采用组合法削弱误差影响,而采用估计误差削弱其影响的算法。此算法适用于所有卫星系统容易实现多系统联合解算,并且不受频点限制,当 GPS 和 BDS 组合解算时,GPS 和 BDS 每个系统各选一个基准卫星,滤波过程中实时以最高卫星为基准卫星[28-29]。

非组合观测信息比组合观测值多一倍,无组合噪声,但大气延迟没有消除,因此将每个测站的对流层天顶延迟和每颗卫星的 RIZD 组成观测方程进行卡尔曼滤波估计(由于公式重复,只考虑 GPS 的 L1 和 C),离散系统的卡尔曼滤波方程表示为[30]

$$\begin{cases} \boldsymbol{X}_k = \boldsymbol{X}_{k-1} + \boldsymbol{w}_k & \boldsymbol{w}_k \sim N(0,\boldsymbol{Q}_k) \\ \boldsymbol{Z}_k = \boldsymbol{H}_k\boldsymbol{X}_k + \boldsymbol{w}_k & \boldsymbol{v}_k \sim N(0,\boldsymbol{R}_k) \end{cases} \tag{4.23}$$

观测值向量为

$$\boldsymbol{Z}_k = \begin{bmatrix} \Delta\nabla\varphi_{1,\mathrm{br}}^{\mathrm{j1}} - \Delta\nabla\rho_{\mathrm{br}}^{\mathrm{j1}} \\ \vdots \\ \Delta\nabla\varphi_{1,\mathrm{br}}^{\mathrm{j}i} - \Delta\nabla\rho_{\mathrm{br}}^{\mathrm{j}i} \\ \vdots \\ \Delta\nabla\varphi_{1,\mathrm{br}}^{\mathrm{j}n} - \Delta\nabla\rho_{\mathrm{br}}^{\mathrm{j}n} \\ \Delta\nabla C_{1,\mathrm{br}}^{\mathrm{j1}} - \Delta\nabla\rho_{\mathrm{br}}^{\mathrm{j1}} \\ \vdots \\ \Delta\nabla C_{1,\mathrm{br}}^{\mathrm{j}i} - \Delta\nabla\rho_{\mathrm{br}}^{\mathrm{j}i} \\ \vdots \\ \Delta\nabla C_{1,\mathrm{br}}^{\mathrm{j}n} - \Delta\nabla\rho_{\mathrm{br}}^{\mathrm{j}n} \end{bmatrix} \tag{4.24}$$

状态向量为

$$
\begin{aligned}
\boldsymbol{X}_n = [& T_{Z,\mathrm{b}} \quad T_{Z,\mathrm{r}} \quad I_{Z,\mathrm{br}}^1 \quad \cdots \quad I_{Z,\mathrm{br}}^i \quad I_{Z,\mathrm{br}}^{\mathrm{j}} \quad \cdots \quad I_{Z,\mathrm{br}}^n \\
& \Delta\nabla N_{\mathrm{br}}^{\mathrm{j}1} \quad \cdots \quad \Delta\nabla N_{\mathrm{br}}^{\mathrm{j}i} \quad \cdots \quad \Delta\nabla N_{\mathrm{br}}^{\mathrm{j}n}]^{\mathrm{T}}
\end{aligned} \tag{4.25}
$$

观测方程系数阵为

$$
\boldsymbol{H}_k = \begin{bmatrix}
Mf_T(E_\mathrm{b}^1) - Mf_T(E_\mathrm{b}^\mathrm{j}) & Mf_T(E_\mathrm{r}^1) - Mf_T(E_\mathrm{r}^\mathrm{j}) & Mf_I(\theta^1) & \cdots & 0 & -Mf_I(\theta^\mathrm{j}) & \cdots & 0 & \lambda_1 & 0 & 0 \\
\vdots & \vdots & \vdots & & 0 & \vdots & & \vdots & & & \\
Mf_T(E_\mathrm{b}^i) - Mf_T(E_\mathrm{b}^\mathrm{j}) & Mf_T(E_\mathrm{r}^i) - Mf_T(E_\mathrm{r}^\mathrm{j}) & 0 & \cdots & Mf_I(\theta^i) & -Mf_I(\theta^\mathrm{j}) & \cdots & 0 & 0 & \lambda_1 & 0 \\
\vdots & \vdots & \vdots & & 0 & \vdots & & \vdots & & & \\
Mf_T(E_\mathrm{b}^n) - Mf_T(E_\mathrm{b}^\mathrm{j}) & Mf_T(E_\mathrm{r}^n) - Mf_T(E_\mathrm{r}^\mathrm{j}) & 0 & \cdots & 0 & -Mf_I(\theta^\mathrm{j}) & \cdots & Mf_I(\theta^n) & 0 & 0 & \lambda_1 \\
Mf_T(E_\mathrm{b}^1) - Mf_T(E_\mathrm{b}^\mathrm{j}) & Mf_T(E_\mathrm{r}^1) - Mf_T(E_\mathrm{r}^\mathrm{j}) & Mf_I(\theta^1) & \cdots & 0 & Mf_I(\theta^\mathrm{j}) & \cdots & 0 & 0 & 0 & 0 \\
\vdots & \vdots & \vdots & & 0 & \vdots & & \vdots & & & \\
Mf_T(E_\mathrm{b}^i) - Mf_T(E_\mathrm{b}^\mathrm{j}) & Mf_T(E_\mathrm{r}^i) - Mf_T(E_\mathrm{r}^\mathrm{j}) & 0 & \cdots & -Mf_I(\theta^i) & Mf_I(\theta^\mathrm{j}) & \cdots & 0 & 0 & 0 & 0 \\
\vdots & \vdots & \vdots & & 0 & \vdots & & \vdots & & & \\
Mf_T(E_\mathrm{b}^n) - Mf_T(E_\mathrm{b}^\mathrm{j}) & Mf_T(E_\mathrm{r}^n) - Mf_T(E_\mathrm{r}^\mathrm{j}) & 0 & \cdots & 0 & Mf_I(\theta^\mathrm{j}) & \cdots & -Mf_I(\theta^n) & 0 & 0 & 0
\end{bmatrix} \tag{4.26}
$$

滤波得到模糊度浮点解及其方差阵,结合改进的 LAMBDA(MLAMBDA)方法实时搜索模糊度。利用基准站网络闭合多边形相同卫星的双差模糊度代数和为零作为判断标准之一,提高了搜索效率并且缩短了初始化时间[31]。

随着卫星的起落,$\boldsymbol{X}_k$ 状态向量的个数也随之发生变化,特别是新升起卫星时,因此在滤波过程中必须动态地更新 $\boldsymbol{P}_k$、$\boldsymbol{R}_k$、$\boldsymbol{Q}_k$。卫星降到低高度角很容易发生周跳,或者丢失数据,此时需重新初始化模糊度,大气延迟参数不变,一个历元重新固定模糊度[32]。

4.2.3.1 初始值和方差阵

对流层天顶延迟和相对电离层天顶延迟初始值通过模型计算,初始方差给定为经验值。L1 和 L2 双差模糊度初始值通过误差改正后的几何距离和载波相位计算,初始方差为经验值。

$$\Delta\nabla N = (\Delta\nabla\varphi \cdot \lambda - \Delta\nabla\rho)/\lambda \tag{4.27}$$

4.2.3.2 噪声方差阵

相位观测值精度与测量技术和卫星高度角有关，而站间单差观测值精度还和基线长度以及卫星钟的稳定性相关[33]，因此定义站间单差载波相位观测方差为

$$\sigma^2 = (a^2 + b^2/\sin^2\theta + C^2 \cdot \mathrm{bl}) + c \cdot \mathrm{sclk} \cdot \Delta t \tag{4.28}$$

式中：a 为相位观测误差；b 为投影误差因子；C 为基线单位长度比例因子；bl 为基线长度；sclk 为卫星钟稳定性。

观测噪声阵为

$$\boldsymbol{R}_k = \begin{bmatrix} \sigma^{2,1}+\sigma^{2,j} & \cdots & \sigma^{2,j} & & & \\ \vdots & & \vdots & & 0 & \\ \sigma^{2,j} & \cdots & \sigma^{2,n}+\sigma^{2,j} & & & \\ & & & \gamma\cdot(\sigma^{2,1}+\sigma^{2,j}) & \cdots & \gamma\cdot\sigma^{2,j} \\ & 0 & & \vdots & & \vdots \\ & & & \gamma\cdot\sigma^{2,j} & \cdots & \gamma\cdot(\sigma^{2,n}+\sigma^{2,j}) \end{bmatrix} \tag{4.29}$$

式中：γ 为伪距与相位观测精度比值 C 码为 1，L1 和 L2 分别为 153 和 108。

对流层天顶延迟、RIZD 和 $\nabla\Delta N$ 的过程噪声阵为

$$\boldsymbol{Q}_k = \begin{bmatrix} \frac{\tau}{2}(1-e^{-2\Delta t/\tau})q_T & 0 & & & & & & \\ 0 & \frac{\tau}{2}(1-e^{-2\Delta t/\tau})q_T & & 0 & & & 0 & \\ & & bl\cdot\Delta t\cdot q_I & \cdots & 0 & & & \\ & 0 & \vdots & & \vdots & & 0 & \\ & & 0 & \cdots & bl\cdot\Delta t\cdot q_I & & & \\ & & & & & 1\times10^{-16} & \cdots & 0 \\ & 0 & & 0 & & \vdots & & \vdots \\ & & & & & 0 & \cdots & 1\times10^{-16} \end{bmatrix} \tag{4.30}$$

式中：q_T 为对应于相关时间 τ 和采样间隔 Δt 的对流层延迟状态转移噪声方差；q_I 为对应于单位长度（km）和 Δt 的 RIZD 状态转移噪声方差。$\nabla\Delta N$ 假定为零均值白噪声，状态转移方差很小，给定为 1×10^{-16}。

4.2.4 实例分析

为了验证基准站模糊度快速解算算法，分析相对电离层天顶延迟估计的有效性，

采用我国纬度较高的某省级7个基准站网数据，基准站分布如图4.1所示。观测时间为2018年10月8日，全天数据试验分析，采样间隔15s。以下对双差模糊度滤波值、模糊度搜索成功率与高度角的关系以及初始历元数进行分析，从RIZD通过投影计算的双差电离层延迟和固定模糊度后给出的真值比较分析，验证了RIZD估计的有效性。

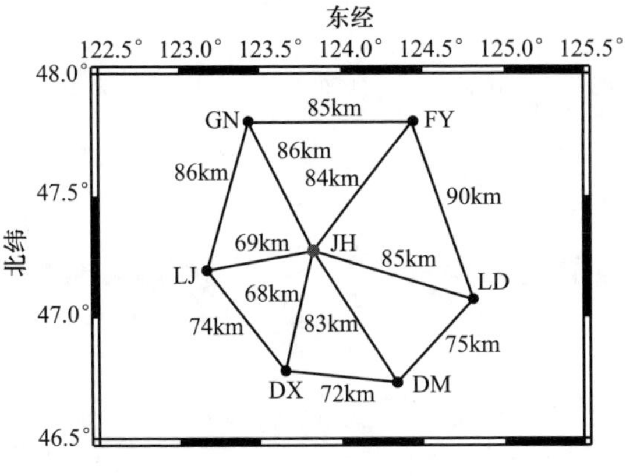

图4.1　基准站分布图

4.2.4.1　双差模糊度浮点解分析

图4.2显示了4条基线GPS和BDS所有卫星的双差模糊度滤波解偏差。系统初始化过程或者新升卫星双差模糊度浮点解偏差较大，并且随着基线距离增加，最大达到3周，主要由于空间相关误差特别是电离层延迟初始估计偏差较大引起的。滤波稳定后或者新升卫星经过几个历元的滤波，空间相关误差估计逐渐准确，双差模糊度滤波值保持在0.5周内可以直接取整固定模糊度（用MLAMBDA法），说明差分后的大气残差通过估计得到有效削弱。

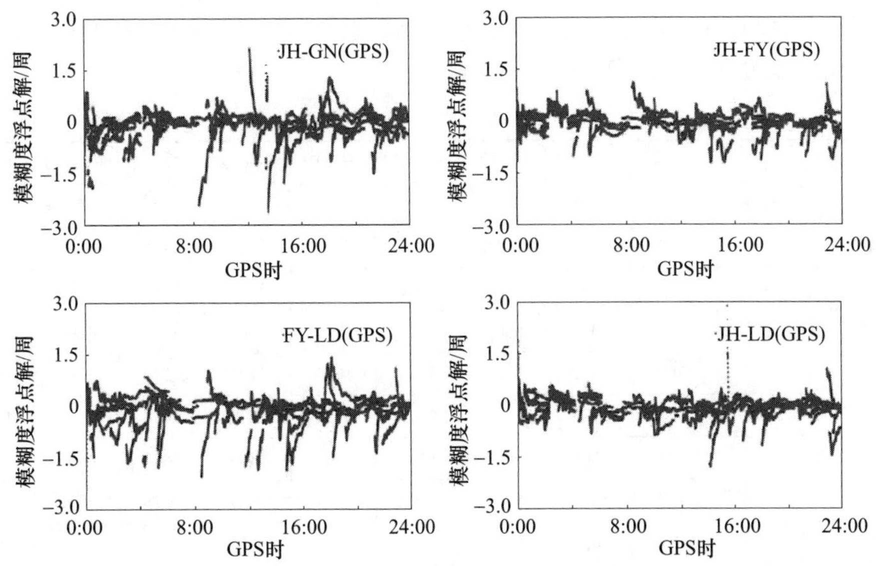

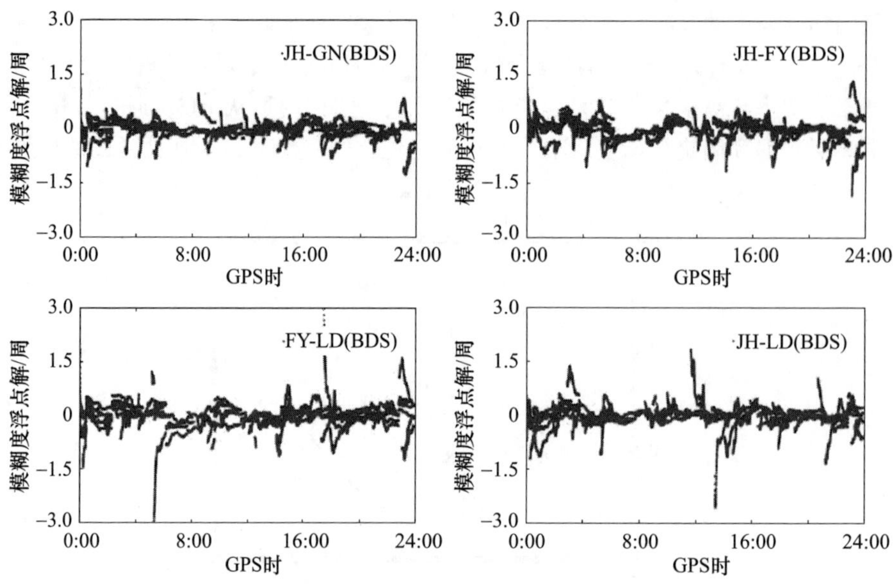

图 4.2　4 条基线双差模糊度浮点解

4.2.4.2　搜索成功率与高度角的关系

对 10 条基线 24 时观测数据处理，逐历元滤波搜索，高度角阈值分别设为 15°、16°、17°、18°、19°、20°、21°、22°、23°，统计分析高度角与模糊度搜索成功率的关系，高度角阈值内固定历元数如表 4.1 所列。滤波过程中 GPS 最多卫星数为 10 颗，最少 5 颗，BDS 最多 11 颗，最少 7 颗。如果发生周跳或数据中断，一般一个历元就可以搜索成功。高度角阈值越大模糊度搜索成功率越高，高度角大于 20°时搜索成功率高于 92%。同样用河北网数据验证效果更优，高度角大于 20°时搜索成功率高于 97%，南方某省网数据验证此算法结果相当。以上模糊度固定标准为 Ratio 和 OVT，若添加双差模糊度多边形和为零，则成功率更高。

表 4.1　高度角阈值内固定历元数

高度角/(°)	JH-LJ	JH-GN	JH-FY	JH-FY	JH-LD	JH-DM	JH-DX	GN-FY	FY-LD	LD-DM
15	4738	4478	4818	4498	4279	4270	3254	3350	3531	3068
16	4797	4761	5054	4858	4591	4532	3449	3498	3699	3319
17	5160	4958	5243	5150	4808	4719	3739	3783	3973	3557
18	5343	5102	5379	5342	4983	4895	4040	4087	4204	3780
19	5430	5293	5472	5456	5149	5035	4291	4270	4389	4014
20	5525	5399	5533	5558	5265	5151	4509	4453	4614	4210
21	5617	5545	5608	5699	5405	5322	4803	4820	4965	4570
22	5656	5592	5637	5730	5464	5421	4969	4978	5092	4745
23	5693	5637	5653	5730	5506	5504	5116	5142	5244	4895

模糊度搜索失败主要是新升卫星误差项较大引起的,造成模糊度浮点解偏差较大,并且相关性较强,容易搜索失败,而且随着基线的增长,低高度角的卫星数增加,因此固定越来越困难。

4.2.4.3　初始化历元数分析

通过对 10 条基线每隔 2h 重新初始化,统计系统初始化固定整周模糊度需要的历元数,如表 4.2 所列。可以看出:观测条件好时,一般一个历元就可以初始化成功,观测状况较差时需要几个历元即一两分钟观测值;随着基线的增加需要的历元数逐渐增加,而且需要历元数较多的时刻基本相同,主要是卫星观测条件引起的,如可视卫星数少并且卫星高度角较低,尤其是连续的卫星升起的时刻,低高度角卫星引入了较大误差项;基线越长,低高度角卫星数增加,相对短基线卫星的升降周期缩短,不同卫星的升降时刻比较接近,尤其是连续的卫星升起时,空间相关误差项估计偏差较大,模糊度的固定就比较困难。

表 4.2　初始化历元数

基线 / GPS 时	JH-LJ	JH-GN	JH-FY	JH-FY	JH-LD	JH-DM	JH-DX	GN-FY	FY-LD	LD-DM
0:00	2	5	1	6	1	1	7	1	2	1
2:00	3	4	2	2	20	7	40	8	5	42
4:00	2	1	5	10	9	8	2	12	60	72
6:00	4	20	2	1	3	3	1	21	8	3
8:00	5	6	1	7	1	1	1	9	5	4
10:00	2	8	9	1	7	5	40	1	3	12
12:00	6	3	6	6	5	9	1	1	1	2
14:00	8	4	4	1	6	10	24	4	30	22
16:00	7	12	1	20	32	10	1	20	30	16
18:00	11	1	8	11	1	7	32	11	22	48
20:00	1	1	7	21	1	4	46	19	2	120
22:00	28	3	3	3	18	1	1	30	36	4

4.2.4.4　RIZD 估计有效性分析

要证明 RIZD 估计能够有效地削弱电离层延迟的影响,则需要将电离层延迟削弱到对整周模糊度解算无影响的程度,最好是半波长以内,3.4.5 节已经证明了每颗卫星估计一个 RIZD 的必要性。通过 RIZD 计算的双差电离层延迟和真值比较分析,说明 RIZD 估计能够有效地削弱电离层延迟,提高模糊度的解算效率。以下对 4 条基线 24h RIZD 滤波值投影到传播路径的双差电离层延迟与真值的差值进行分析。

图 4.3 显示了 RIZD 计算的滤波值有效地削弱了双差电离层延迟影响,从 24h 的估计偏差可以看出,RIZD 估计没有电离层周期性现象出现,与电离层是否活跃无关,

无论中午太阳照射剧烈时段还是晚上空间电离、离子较弱时，RIZD 都能有效地削弱双差电离层延迟影响，将其削弱到半周波长内，一般小于 5cm。新升卫星初始化的过程误差较大，给模糊度正确固定带来困难。注意短基线不建议进行 RIZD 估计，因为短基线双差电离层延迟很小。

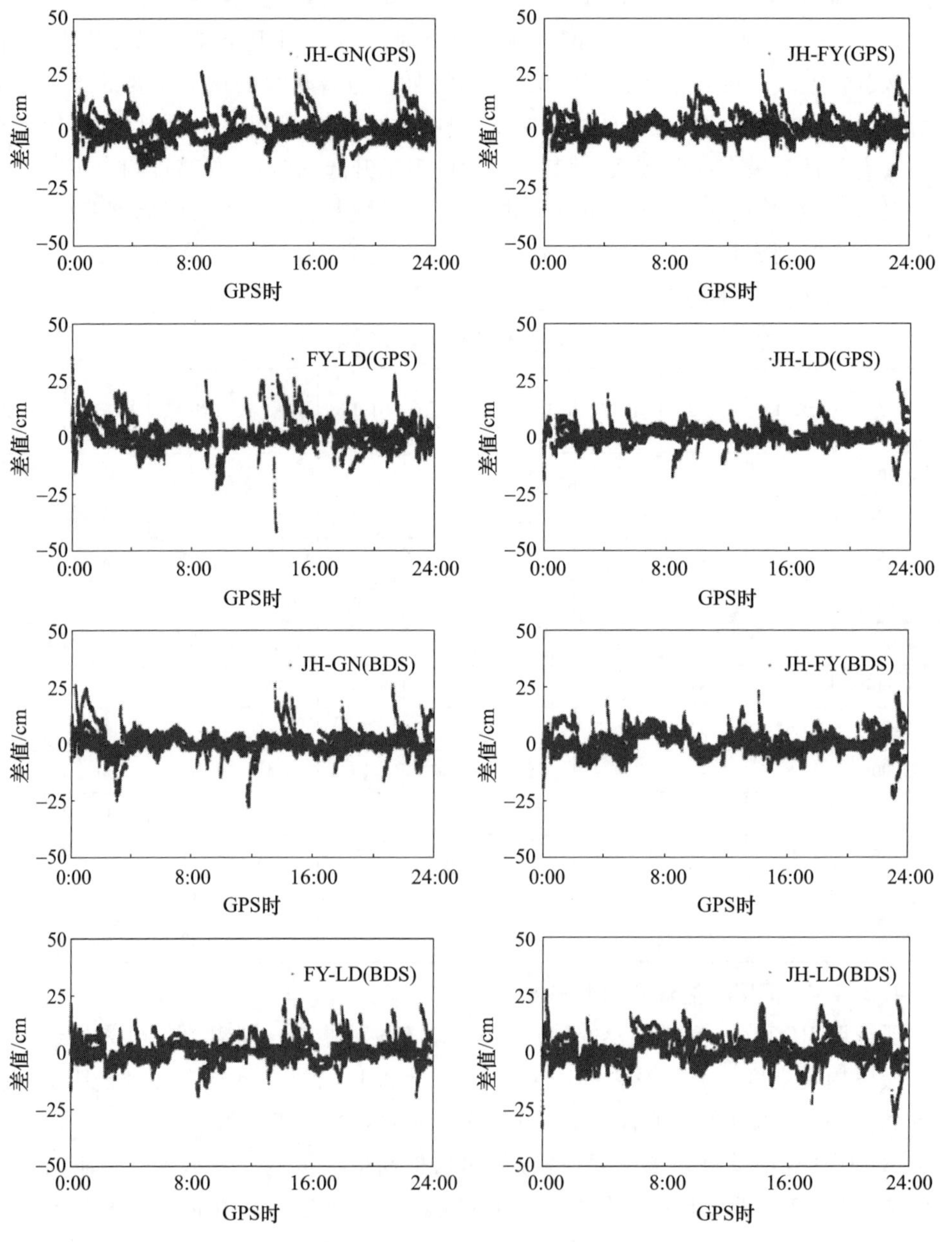

图 4.3　双差电离层滤波差值

4.3　基准站 BDS 三频模糊度解算

BDS 是唯一全系统播发三频信号的 GNSS,GPS 处于现代化过程中部分卫星播发三频信号。三频信号观测值可以组合成多种利于数据处理的特性观测值,BDS 三频超宽巷波长达到了 5m。在三频载波相位整周模糊度之间的整数线性关系的条件下,采用三频组合观测值不同波长的特性,先固定波长较长的观测值模糊度,再以长波长观测值为已知值计算短波长模糊度,依次固定超宽巷、宽巷和基本频点观测值 3 种不同波长的观测值[34]。

首先利用 B2、B3 频率的观测值及严格的模糊度固定标准确定超宽巷整周模糊度,将固定的超宽巷整周模糊度与其他宽巷整周模糊度的线性关系作为约束条件,然后估计宽巷整周模糊度、相对天顶对流层延迟误差和电离层延迟误差,并搜索确定宽巷整周模糊度[35-36]。利用固定的宽巷整周模糊度与三频载波相位整周模糊度的整数线性关系,将线性关系加入载波相位整周模糊度参数估计观测模型中,最后搜索并确定 BDS 原始频率双差载波相位整周模糊度[37-38]。

BDS 三个频率的载波相位观测值可以得到多组宽巷和超宽巷组合载波相位观测值,其中 B2、B3 频率的超宽巷组合观测值对应的波长约为 4.884m,其电离层延迟误差的影响是 B1 频率电离层延迟误差的 1.6 倍;B1、B2 和 B1、B3 频率的宽巷组合观测值对应的波长约为 0.847m 和 1.025m,二者的电离层延迟误差影响较接近,其载波相位和伪距组合观测值的观测噪声小于 B2、B3 超宽巷组合观测值的观测噪声[39-40]。

4.3.1　基准站间 B2、B3 超宽巷整周模糊度解算

利用 MW 组合计算基准站间 B2、B3 双差超宽巷整周模糊度。如果基准站 A、B 同步观测卫星 p、q,得到伪距和载波相位观测值的 MW 组合观测值,如式(4.31)所示,则计算 B2、B3 双差超宽巷整周模糊度,如式(4.32)所示。

$$\Delta\nabla \mathrm{MW}_{\mathrm{AB}}^{pq} = \frac{(c\cdot\Delta\nabla\varphi_{3,\mathrm{AB}}^{pq} - c\cdot\Delta\nabla\varphi_{2,\mathrm{AB}}^{pq})}{f_3 - f_2} - \frac{(f_3\cdot\Delta\nabla P_{3,\mathrm{AB}}^{pq} + f_2\cdot\Delta\nabla P_{2,\mathrm{AB}}^{pq})}{f_3 + f_2} \tag{4.31}$$

$$\Delta\nabla N_{32,\mathrm{AB}}^{pq} = \frac{(f_3 - f_2)\cdot\Delta\nabla \mathrm{MW}_{\mathrm{AB}}^{pq}}{c} \tag{4.32}$$

式中:$\mathrm{MW}_{\mathrm{AB}}^{pq}$为 MW 组合观测值;$N_{32,\mathrm{AB}}^{pq}$为 B2、B3 超宽巷整周模糊度;$\Delta\nabla\varphi_{\mathrm{AB}}^{pq}$、$\Delta\nabla P_{\mathrm{AB}}^{pq}$分别为载波相位观测值和伪距观测值。双差 MW 组合观测值消除了卫星和接收机钟差、星历误差和大气延迟误差等误差[41]。从式(4.31)和式(4.32)可以看出,MW 组合模型求解 B2、B3 超宽巷整周模糊度仅受伪距和载波相位观测值噪声的影响,与基准站间距离无关。

为了保证式(4.31)、式(4.32)的计算为连续弧段的观测数据,利用 MW 组合观测值对 BDS 观测数据进行粗差和周跳探测。由于 MW 组合观测值主要受伪距观测值的观测噪声影响,通过取平均值的方法削弱观测值噪声的影响[42-43],相应的 B2、B3 双差超宽巷整周模糊度和方差分别为

$$\Delta\nabla\hat{N}_{32,\mathrm{AB}}^{pq} = <\Delta\nabla N_{32,\mathrm{AB}}^{pq}> \tag{4.33}$$

$$\sigma_{\Delta\nabla\hat{N}_{32,\mathrm{AB}}^{pq}} = \sqrt{\frac{<(\Delta\nabla N_{32\,\mathrm{AB}}^{pq} - \Delta\nabla\hat{N}_{32\,\mathrm{AB}}^{pq})^2>}{num}} \tag{4.34}$$

式中:<·> 为多历元求均值;$\Delta\nabla\hat{N}_{32,\mathrm{AB}}^{pq}$ 为 B2、B3 双差超宽巷整周模糊度的平均值;num 为观测历元个数;$\sigma_{\Delta\nabla\hat{N}_{32,\mathrm{AB}}^{pq}}$ 为 B2、B3 双差超宽巷整周模糊度平均值的中误差。为了保证固定的 B2、B3 双差超宽巷整周模糊度的准确性,采用下式来计算其取整成功率,阈值设为 0.999,即

$$\begin{cases} \mathrm{prob}_0 = 1 - \sum_{i=0}^{\infty}\left[\mathrm{erfc}\left(\dfrac{i - |b - b_{\mathrm{round}}|}{\sqrt{2}\sigma}\right) - \mathrm{erfc}\left(\dfrac{i + |b - b_{\mathrm{round}}|}{\sqrt{2}\sigma}\right)\right] \\ \mathrm{erfc}(x) = \dfrac{2}{\sqrt{\pi}}\int_x^{\infty} \mathrm{e}^{-t^2}\mathrm{d}t \end{cases} \tag{4.35}$$

式中:prob_0 为 B2、B3 双差超宽巷整周模糊度固定为最近整数的概率;b 为 B2、B3 双差超宽巷实数模糊度;b_{round} 为 B2、B3 双差超宽巷实数模糊度的就近整数;σ 为 B2、B3 双差超宽巷整周模糊度的中误差;erfc(·) 为误差函数。

利用严格的模糊度固定标准确定 B2、B3 双差超宽巷整周模糊度,若双差超宽巷模糊度满足准则条件,则双差超宽巷模糊度为正确值。B2、B3 双差超宽巷整周模糊度固定为整数的准则为[44]:

实数双差超宽巷模糊度与其最近整数之差的绝对值小于 0.25 周。

实数双差超宽巷模糊度就近取整成功率大于 0.99,保证固定双差超宽巷模糊度的可靠性。

双差超宽巷模糊度平均值的中误差小于等于 0.15。

对于任意 2 个以上的基准站,双差超宽巷模糊度的代数和在理论上为零。一般 BDS 网络 RTK 用于计算区域误差的基准站数量大于 3,以基准站 A、B 和 C 为例,则

$$\Delta\nabla N_{32,\mathrm{AB}}^{pq} + \Delta\nabla N_{32,\mathrm{BC}}^{pq} + \Delta\nabla N_{32,\mathrm{CA}}^{pq} = 0 \tag{4.36}$$

4.3.2 基准站间宽巷整周模糊度解算

基准站间的 B1、B2 和 B1、B3 双差宽巷组合载波相位观测方程为

$$\Delta\nabla\phi_{12} = \Delta\nabla\rho + \Delta\nabla O - \lambda_{12}\cdot\Delta\nabla N_{12} - \Delta\nabla\kappa/f_{12}^2 + \Delta\nabla T + \Delta\nabla\varepsilon_{\phi,12} \tag{4.37}$$

$$\Delta\nabla\phi_{13} = \Delta\nabla\rho + \Delta\nabla O - \lambda_{13}\cdot\Delta\nabla N_{13} - \Delta\nabla\kappa/f_{13}^2 + \Delta\nabla T + \Delta\nabla\varepsilon_{\phi,13} \tag{4.38}$$

式中:ϕ 为以米为单位的载波相位观测值;ρ 为站星距;O 为卫星轨道误差;κ/f^2 为电

离层一阶项延迟误差；T 为对流层延迟误差；λ 为载波相位的波长；N 为整周模糊度；ε_{ϕ} 为以米为单位的载波相位观测噪声。

当基准站间的 B2、B3 双差超宽巷整周模糊度 $\Delta\nabla N_{32}$ 被准确确定之后，则 B1、B2 双差宽巷整周模糊度 $\Delta\nabla N_{12}$ 和 B1、B3 双差宽巷整周模糊度 $\Delta\nabla N_{13}$ 具有以下唯一的关系：

$$\Delta\nabla N_{32} = \Delta\nabla N_{12} + \Delta\nabla N_{13} \tag{4.39}$$

由于基准站坐标精确已知，式(4.37)和式(4.38)中包含 B1、B2 和 B1、B3 双差宽巷整周模糊度和双差对流层延迟误差及双差电离层延迟误差。影响双差宽巷整周模糊度固定的主要误差源是双差对流层延迟误差和双差电离层延迟误差。将每对双差卫星对应的双差电离层延迟误差作为参数进行估计，双差对流层延迟误差使用 Sasstamonion 模型改正其干延迟 $\Delta\nabla T_{\mathrm{dry}}$，残余的湿延迟 $\Delta\nabla T_{\mathrm{wet}}$ 采用分段常数进行估计，并使用 Neill 映射函数(NMF)将天顶对流层延迟投影到传播路径上，采用一个相对天顶对流层湿延迟(RZTD)参数估计所有可视卫星的双差对流层湿延迟误差[45]。

假定历元 i，基准站 A、B 同步观测到 $s+1$ 颗卫星，联合式(4.37)、式(4.38)、式(4.39)可得到 B1、B2 和 B1、B3 双差宽巷组合载波相位观测值的观测方程：

$$\boldsymbol{L}_{\mathrm{C,w}}(i) = \boldsymbol{H}_{\mathrm{C,w}}(i)\boldsymbol{X}_{\mathrm{C,w}}(i) \tag{4.40}$$

式中

$$\boldsymbol{H}_{\mathrm{C,w}}(i) = (\boldsymbol{A}_{\mathrm{C,w}}(i) \quad \boldsymbol{B}_{\mathrm{C,w}}(i))^{\mathrm{T}}$$

$$\boldsymbol{X}_{\mathrm{C,w}}(i) = (\mathrm{RZTD}_{\mathrm{wet\,AB}} \quad \Delta\nabla\boldsymbol{\kappa}_{\mathrm{AB}}^{1} \quad \cdots \quad \Delta\nabla\boldsymbol{\kappa}_{\mathrm{AB}}^{s} \quad \Delta\nabla N_{12,\mathrm{AB}} \quad \Delta\nabla N_{13,\mathrm{AB}})^{\mathrm{T}}$$

$$\boldsymbol{L}_{\mathrm{C,w}}(i) = (l_{12}^{1} \quad \cdots \quad l_{12}^{s} \quad l_{13}^{1} \quad \cdots \quad l_{13}^{s} \quad \Delta\nabla N_{32}^{1} \quad \cdots \quad \Delta\nabla N_{32}^{s})^{\mathrm{T}}$$

其中

$$\boldsymbol{A}_{\mathrm{C,w}}(i) = (\boldsymbol{e}_n \otimes \boldsymbol{G}_{\mathrm{C}}(i) \quad \boldsymbol{\Gamma}_{\mathrm{C,w}} \otimes \boldsymbol{I}_m \quad \boldsymbol{\Lambda}_{\mathrm{C,w}} \otimes \boldsymbol{I}_s)$$

$$\boldsymbol{G}_{\mathrm{C}}(i) = (Mf_{\mathrm{A}}^{1} \quad Mf_{\mathrm{A}}^{2} \quad \cdots \quad Mf_{\mathrm{A}}^{s})^{\mathrm{T}}$$

$$\begin{cases}\Delta\nabla N_{12,\mathrm{AB}} = (\Delta\nabla N_{12,\mathrm{AB}}^{1} \quad \cdots \quad \Delta\nabla N_{12,\mathrm{AB}}^{s})^{\mathrm{T}} \\ \Delta\nabla N_{13,\mathrm{AB}} = (\Delta\nabla N_{13,\mathrm{AB}}^{1} \quad \cdots \quad \Delta\nabla N_{13,\mathrm{AB}}^{s})^{\mathrm{T}}\end{cases}$$

$$\begin{cases}l_{12}^{s} = \Delta\nabla\phi_{12,\mathrm{AB}}^{s} - \Delta\nabla\rho_{\mathrm{AB}}^{s} - \Delta\nabla T_{\mathrm{AB,dry}}^{s} \\ l_{13}^{s} = \Delta\nabla\phi_{13,\mathrm{AB}}^{s} - \Delta\nabla\rho_{\mathrm{AB}}^{s} - \Delta\nabla T_{\mathrm{AB,dry}}^{s}\end{cases}$$

式中：$\otimes$、$\boldsymbol{I}_m$ 和 $\boldsymbol{e}_n$ 分别表示克罗内克积、m 维单位矩阵及各元素均为 1 的 n 维列向量；上标表示双差卫星，在此省略了基准卫星，下标 C 和 w 分别表示 BDS 宽巷和超宽巷；$\boldsymbol{A}_{\mathrm{C,w}}(i)$ 中子矩阵(从左到右)分别是对应于 $\boldsymbol{X}_{\mathrm{C,w}}(i)$ 中相对天顶对流层湿延迟误差、双差电离层延迟误差及双差宽巷整周模糊度的系数矩阵；$\boldsymbol{B}_{\mathrm{C,w}}(i)$ 为式(4.39)对应的每对双差卫星的超宽巷整周模糊度与宽巷整周模糊度的线性关系的系数矩阵；$\boldsymbol{L}_{\mathrm{C,w}}(i)$ 为式(4.37)、式(4.38)、式(4.39)中双差宽巷载波相位观测方程对应的常数项向量；$\boldsymbol{G}_{\mathrm{C}}(i)$ 为对应的每对 BDS 双差卫星的星间投影函数之差；$\boldsymbol{\Gamma}_{\mathrm{C,w}} = [-1/f_{12}^{2} \quad -1/f_{13}^{2}]^{\mathrm{T}}$ 为双差宽巷观测值对应的电离层延迟误差系数；$\boldsymbol{\Lambda}_{\mathrm{C,w}} = \mathrm{diag}(-\lambda_{12}, -\lambda_{13})$ 为二维对角阵，其对角线元素为双差宽巷整周模糊度对应的波长；其他符号的含义与式(4.37)和式(4.38)的含义相同。

式(4.40)在多历元数据处理中将双差电离层延迟误差作为历元参数,相对天顶对流层湿延迟误差作为分段常数,每个历元利用固定的宽巷模糊度计算得到的双差电离层延迟误差仅作为下一历元的初值,采用参数消去法消掉法方程中与双差电离层延迟误差相关的信息,法方程中不进行电离层延迟误差信息的叠加,只进行可被连续跟踪时段内所有卫星的宽巷整周模糊度和相对天顶对流层湿延迟误差的法方程叠加。在参数估计中,采用卫星高度角定权法对双差宽巷组合载波相位观测值进行定权,并将正确固定的超宽巷整周模糊度与宽巷整周模糊度的线性关系作为强约束条件,各双差卫星对应式(4.39)的权给予比卫星高度角最高的宽巷载波相位观测值的权稍大的权值。根据最小二乘计算原理,可估计双差电离层延迟误差、相对天顶对流层湿延迟误差及双差宽巷整周模糊度[46],之后利用 LAMBDA 法搜索并确定双差宽巷整周模糊度,并利用类似于式(4.36)的准则进行整周模糊度闭合条件检验。

4.3.3 基准站间 B1、B2 和 B3 整周模糊度解算

基准站间的双差宽巷整周模糊度确定之后,其与 B1、B2 及 B3 双差整周模糊度具有以下整数线性关系:

$$\begin{cases}\Delta\nabla N_2 = \Delta\nabla N_1 - \Delta\nabla N_{12} \\ \Delta\nabla N_3 = \Delta\nabla N_1 - \Delta\nabla N_{13}\end{cases} \tag{4.41}$$

将式(4.41)代入下式得到 B1、B2 及 B3 双差载波相位观测方程:

$$\begin{cases}\Delta\nabla\phi_1 = \Delta\nabla\rho + \Delta\nabla o - \lambda_1\cdot\Delta\nabla N_1 - \Delta\nabla\boldsymbol{\kappa}/f_1^2 + \Delta\nabla T + \Delta\nabla\varepsilon_{\phi,1} \\ \Delta\nabla\phi_2 = \Delta\nabla\rho + \Delta\nabla o - \lambda_2\cdot\Delta\nabla N_1 + \lambda_2\cdot\Delta\nabla N_{12} - \Delta\nabla\boldsymbol{\kappa}/f_2^2 + \Delta\nabla T + \Delta\nabla\varepsilon_{\phi,2} \\ \Delta\nabla\phi_3 = \Delta\nabla\rho + \Delta\nabla o - \lambda_3\cdot\Delta\nabla N_1 + \lambda_3\cdot\Delta\nabla N_{13} - \Delta\nabla\boldsymbol{\kappa}/f_3^2 + \Delta\nabla T + \Delta\nabla\varepsilon_{\phi,3}\end{cases} \tag{4.42}$$

假定历元 i,基准站 A、B 同步观测到 $s+1$ 颗卫星,由式(4.42)可得 B1、B2 和 B3 双差载波相位观测方程:

$$\boldsymbol{L}_{\mathrm{C}}(i) = \boldsymbol{A}_{\mathrm{C}}(i)\boldsymbol{X}_{\mathrm{C}}(i) \tag{4.43}$$

式中

$$\boldsymbol{A}_{\mathrm{C}}(i) = (\boldsymbol{e}_3\otimes\boldsymbol{G}_{\mathrm{C}}(i) \quad \boldsymbol{\Gamma}_{\mathrm{C}}\otimes\boldsymbol{I}_s \quad \boldsymbol{\Lambda}_{\mathrm{C}}\otimes\boldsymbol{I}_s)$$

$$\boldsymbol{X}_{\mathrm{C}}(i) = (\mathrm{RZTD}_{\mathrm{wet\,AB}} \quad \Delta\nabla\boldsymbol{\kappa}_{\mathrm{AB}}^1 \quad \cdots \quad \Delta\nabla\boldsymbol{\kappa}_{\mathrm{AB}}^s \quad \Delta\nabla N_{1,\mathrm{AB}}^{-1} \quad \cdots \quad \Delta\nabla N_{1,\mathrm{AB}}^s)^{\mathrm{T}}$$

$$\boldsymbol{L}_{\mathrm{C}}(i) = (l_1^1 \quad \cdots \quad l_1^s \quad l_2^1 \quad \cdots \quad l_2^s \quad l_3^1 \quad \cdots \quad l_3^s)^{\mathrm{T}}$$

$$\begin{cases}l_1^s = \Delta\nabla\phi_{1,\mathrm{AB}}^s - \Delta\nabla\rho_{\mathrm{AB}}^s - \Delta\nabla T_{\mathrm{AB,dry}}^s \\ l_2^s = \Delta\nabla\phi_{2,\mathrm{AB}}^s - \Delta\nabla\rho_{\mathrm{AB}}^s - \Delta\nabla T_{\mathrm{AB,dry}}^s - \lambda_2\cdot\Delta\nabla N_{12,\mathrm{AB}}^s \\ l_3^s = \Delta\nabla\phi_{3,\mathrm{AB}}^s - \Delta\nabla\rho_{\mathrm{AB}}^s - \Delta\nabla T_{\mathrm{AB,dry}}^s - \lambda_3\cdot\Delta\nabla N_{13,\mathrm{AB}}^s\end{cases}$$

式中:$\boldsymbol{\Gamma}_{\mathrm{C}} = [-1/f_1^2 \quad -1/f_2^2 \quad -1/f_3^2]^{\mathrm{T}}$ 和 $\boldsymbol{\Lambda}_{\mathrm{C}} = [-\lambda_1 \quad -\lambda_2 \quad -\lambda_3]^{\mathrm{T}}$ 分别为 B1、B2 和 B3 双差载波相位观测值对应的电离层延迟误差系数和波长;$\boldsymbol{X}_{\mathrm{C}}(i)$ 中待估的模糊度参数为 B1 双差整周模糊度;$\boldsymbol{L}_{\mathrm{C}}(i)$ 为式(4.42)中 B1、B2 和 B3 双差载波相位

观测方程对应的常数项向量。其他符号的含义与式(4.40)的含义相同。采用卫星高度角定权法对双差载波相位观测值进行定权,并按照式(4.40)中对宽巷整周模糊度和大气延迟误差的处理方法对式(4.43)中的B1双差整周模糊度、电离层延迟误差和相对天顶对流层延迟误差进行参数估计,然后确定B1双差整周模糊度,并利用类似于式(4.36)的准则进行整周模糊度闭合条件检验。利用式(4.41)可进一步得到B2、B3双差整周模糊度。

GPS现代化过程中部分卫星播发三频信号,但多数仍是双频信号,可以采用类似的算法进行模糊度处理,当观测值为双频时,利用4.3.1节先固定宽巷模糊,再用4.3.3节固定基本频点的模糊度。

4.3.4　实例分析

采用图4.1中JH、FY和LD基准站,对BDS和GPS基准站模糊度实例分析。按照B2、B3双差超宽巷整周模糊度和L1、L2双差宽巷整周模糊度的确定,首先利用MW组合计算B2、B3双差超宽巷整周模糊度和L1、L2双差宽巷整周模糊度,并通过取平均值的方法削弱观测值噪声的影响,最终采用严格的模糊度固定标准确定B2、B3双差超宽巷整周模糊度。图4.4为BDS卫星在JH-FY、FY-LD、JH-LD基准站间

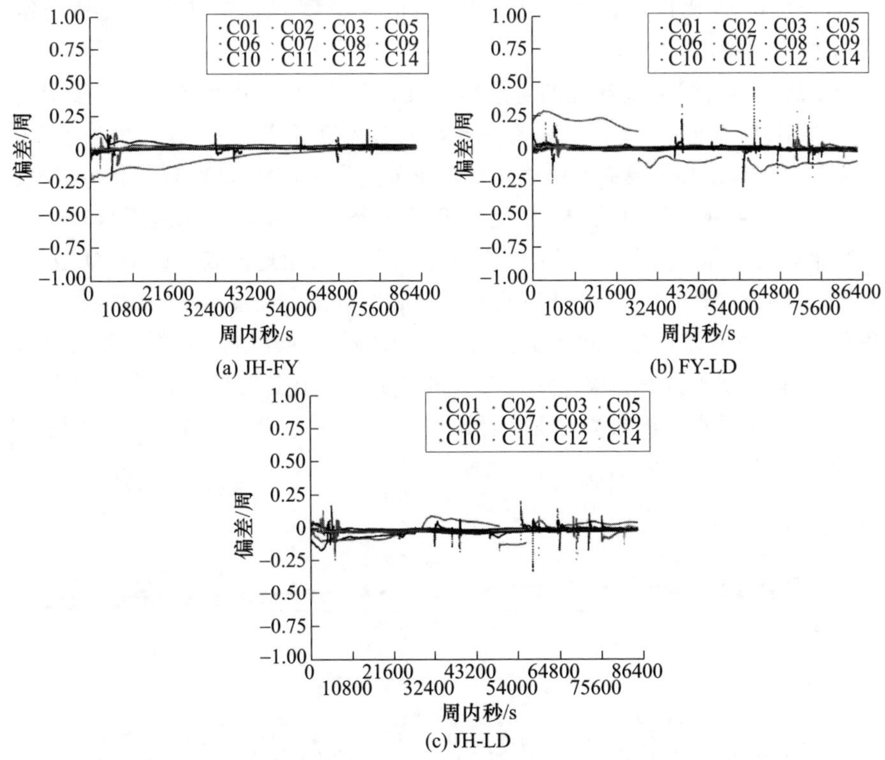

(a) JH-FY
(b) FY-LD
(c) JH-LD

图4.4　BDS的B2、B3双差超宽巷整周模糊度的偏差(见彩图)

的 B2、B3 双差超宽巷整周模糊度和准确值的差值。

图 4.4 中,24h 的观测时段内,双差组合过程中仅进行了两次基准卫星的变换,第一时段中基准卫星为 C06,第二时段中基准卫星为 C10,第三时段中基准卫星为 C08。这是由于 BDS 独特的星座结构造成的,BDS 的 GEO 和 IGSO 卫星均为高轨卫星,卫星运行角速度较慢,特别是 GEO 卫星,其相对基准站的运行角速度几乎为零,卫星高度角几乎无变化,IGSO 卫星的运动周期约为 24h,相比于 GEO 和IGSO卫星,BDS 的 MEO 卫星运行角速度较快,运动周期约为 12h,其高度角变化较大。

由于 BDS 的 B2、B3 频率的超宽巷组合观测值对应的波长约为 4.884m,远远大于 B1、B2 频率的宽巷组合观测值对应的波长,BDS 的 B2、B3 双差超宽巷整周模糊度经过取平均值的方法很大程度上削弱了观测值噪声的影响。BDS 各卫星的整周模糊度与其准确值的差值变化较为平缓,其差值的绝对值远远小于 0.25 周,几乎大部分在 0.15 周以内,利用超宽巷波长较长的优势和双差超宽巷整周模糊度固定为整数的准则可快速确定 BDS 的 B2、B3 超宽巷整周模糊度。

BDS 的 B2、B3 双差超宽巷整周模糊度确定之后,进一步对 BDS 基准站间 B1、B2 和 B1、B3 双差宽巷整周模糊度进行解算,从图 4.4 中可以发现,BDS 各卫星的双差宽巷整周模糊度与其准确值的差值变化较为平缓,其差值的绝对值远远小于 0.5 周,几乎大部分在 0.25 周以内,进一步采用严格的模糊度固定标准可准确地确定 BDS 双差宽巷整周模糊度。

3 条基线的 B2、B3 双差超宽巷整周模糊度,B1、B2 双差宽巷整周模糊度具有较高的固定成功率,均为 99.99% 。在双差宽巷整周模糊度固定之后,进一步确定 B1 双差整周模糊度,B1 双差整周模糊度的固定成功率分别为 98.43% 、98.47% 和 98.56% 。

图 4.5 中,24h 的观测时段内,相比于 BDS,GPS 各卫星进行双差组合过程中基准卫星的变换较为频繁,原因是 GPS 的所有卫星均为运行角速度较快的 MEO 卫星,高度角变化较快,因此要比 BDS 重新选择基准卫星的次数多。经过取平均值的方法处理的 GPS 各双差卫星的双差宽巷整周模糊度在完整观测弧段的开始较大,随着观测历元的增加,GPS 各卫星的双差宽巷整周模糊度与其准确值的差值变化变得平缓,大部分在 0.25 周以内,进一步采用严格的模糊度固定标准可准确地确定 GPS 双差宽巷整周模糊度。

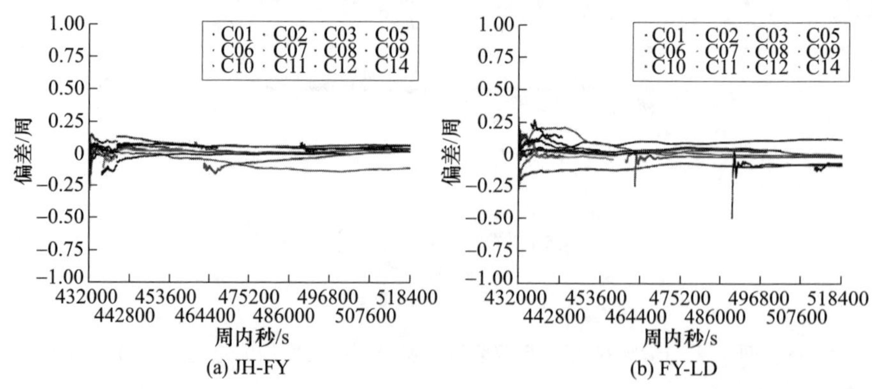

(a) JH-FY (b) FY-LD

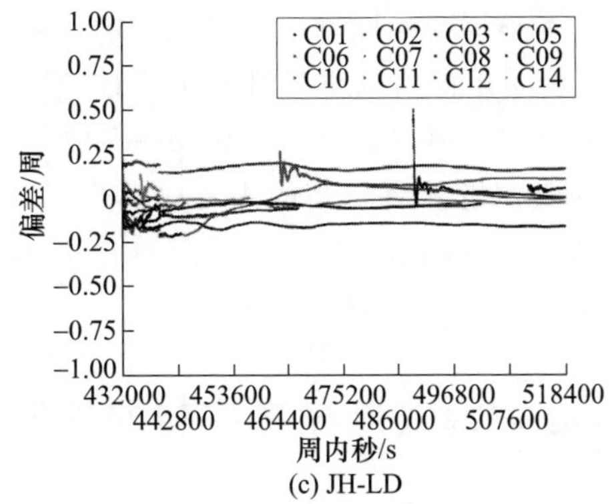

(c) JH-LD

图 4.5　BDS 双差宽巷整周模糊度的偏差(见彩图)

通过对比图 4.5 和图 4.6 中 BDS 和 GPS 各卫星基准站间的双差宽巷整周模糊度与其准确值的差值可以看出,由于解算宽巷整周模糊度的数学模型与站间距离无关,利用宽巷波长较长的优势和双差宽巷整周模糊度固定为整数的准则可快速确定宽巷整周模糊度。

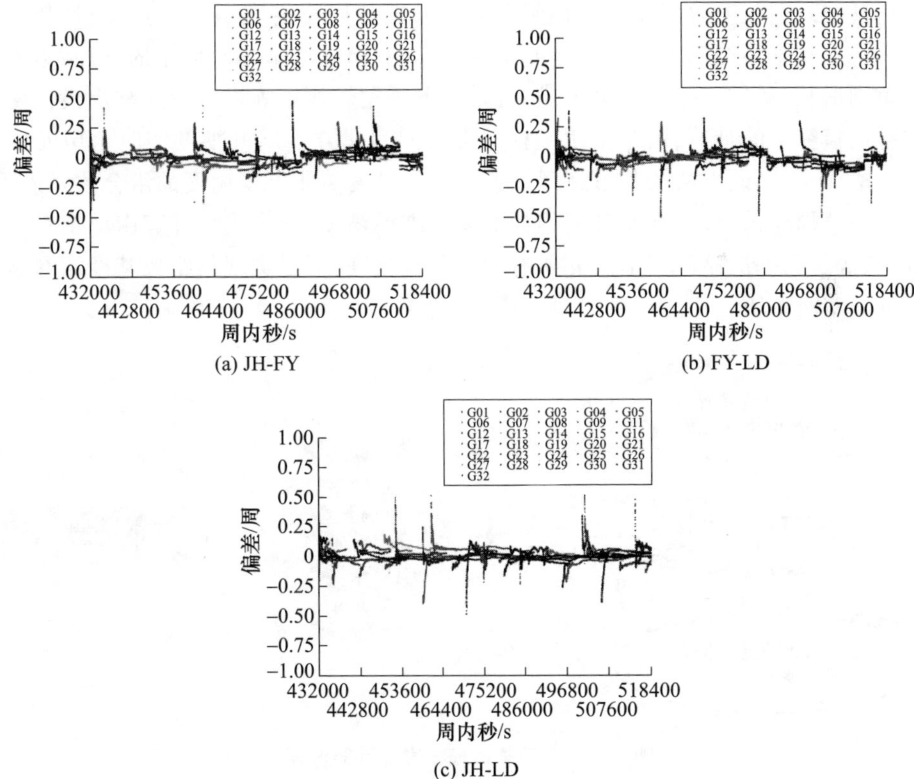

(a) JH-FY

(b) FY-LD

(c) JH-LD

图 4.6　GPS 双差宽巷整周模糊度的偏差(见彩图)

GPS 的 L1、L2 双差宽巷整周模糊度确定之后,对 GPS 基准站间双频整周模糊度进行解算。L1 和 L2 双差整周模糊度的正确性和可靠性,可通过双差载波相位观测方程线性组合计算得到的双差电离层延迟误差和双差对流层延迟误差评估。3 条基线的 L1、L2 双差宽巷整周模糊度具有较高的固定成功率,均为 99.99% 。在双差宽巷整周模糊度固定之后,进一步确定 L1 双差整周模糊度,L1 双差整周模糊度的固定成功率分别为 99.52% 、99.72% 和 99.76% 。

4.4 基准站网双差模糊度转非差整周模糊度

基于非差误差改正模型的 GNSS 网络 RTK 方法是在双差网络 RTK 的基础上发展起来的,由于采用的非差误差改正数具有测站独立性,使非差网络 RTK 方法突破了基准站个数的限制。实时建立非差误差改正模型的关键是实时确定基准站网的非差模糊度,在目前的技术条件下,实时快速确定基准站网的双差整周模糊度是可行的。因此,在基准站网双差载波相位整周模糊度确定之后,需要进行基准站网非差载波相位整周模糊度的瞬时计算。

由基准站网双差整周模糊度得到所需的非差整周模糊度,现有的方法是利用转换矩阵将双差整周模糊度转化为非差整周模糊度,但随着基准站数量的增加,矩阵维数会急剧增长,使转换矩阵运算困难。因此,不采用转换矩阵进行双差整周模糊度到非差整周模糊度的计算,而是使用一种基准站网间非差整周模糊度实时单历元快速计算方法[47-48]。该方法从基准站网双差整周模糊度与非差模糊度的组合关系入手,利用双差整周模糊度、基准站和卫星的非差基准模糊度,通过线性计算由单个双差模糊度,依次得到基准站网当前历元所有的非差模糊度,可以实现长距离基准站网非差模糊度的实时单历元快速计算,实现过程如图 4.7 所示。

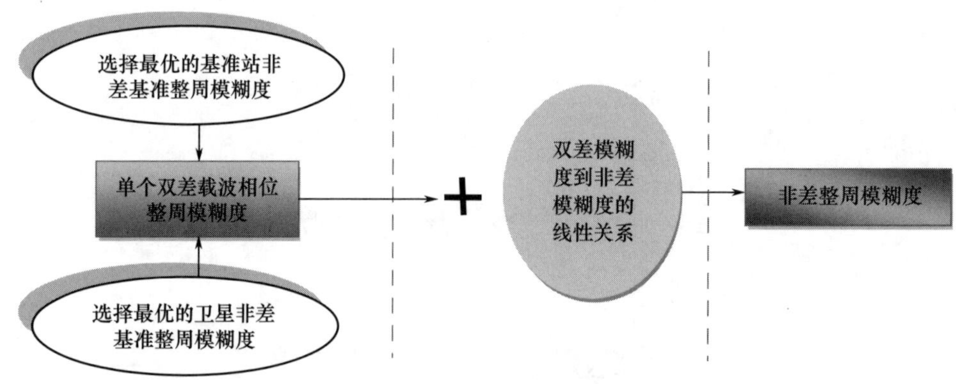

图 4.7 非差整周模糊度的计算流程

以 B1 双差载波相位整周模糊度为例,可以得到卫星 p、k、q 在基准站 A、B、C 上的 B1 双差载波相位整周模糊度:

$$\begin{cases}\Delta\nabla N_{1,\mathrm{AB}}^{pq} = N_{1,\mathrm{A}}^{p} - N_{1,\mathrm{A}}^{q} + N_{1,\mathrm{B}}^{q} - N_{1,\mathrm{B}}^{p} \\ \Delta\nabla N_{1,\mathrm{BC}}^{pq} = N_{1,\mathrm{B}}^{p} - N_{1,\mathrm{B}}^{q} + N_{1,\mathrm{C}}^{q} - N_{1,\mathrm{C}}^{p} \\ \Delta\nabla N_{1,\mathrm{CA}}^{pq} = N_{1,\mathrm{C}}^{p} - N_{1,\mathrm{C}}^{q} + N_{1,\mathrm{A}}^{q} - N_{1,\mathrm{A}}^{p}\end{cases} \tag{4.44}$$

$$\begin{cases}\Delta\nabla N_{1,\mathrm{AB}}^{kq} = N_{1,\mathrm{A}}^{k} - N_{1,\mathrm{A}}^{q} + N_{1,\mathrm{B}}^{q} - N_{1,\mathrm{B}}^{k} \\ \Delta\nabla N_{1,\mathrm{BC}}^{kq} = N_{1,\mathrm{B}}^{k} - N_{1,\mathrm{B}}^{q} + N_{1,\mathrm{C}}^{q} - N_{1,\mathrm{C}}^{k} \\ \Delta\nabla N_{1,\mathrm{CA}}^{kq} = N_{1,\mathrm{C}}^{k} - N_{1,\mathrm{C}}^{q} + N_{1,\mathrm{A}}^{q} - N_{1,\mathrm{A}}^{k}\end{cases} \tag{4.45}$$

式(4.44)和式(4.45)中左端为双差整周模糊度，右端为非差整周模糊度，且两个公式中各只有两个线性独立的双差整周模糊度。为了快速得到基准站网中所有的非差整周模糊度，可以定义非差基准模糊度，若以基准站 A 和卫星 q 为基准，即与基准站 A 和卫星 q 有关的非差整周模糊度的可以预先给出，并且其值可设定为任何整数值。

利用双差整周模糊度、基准站和卫星的非差基准模糊度，可由式(4.44)和式(4.45)得到基准站网 A、B、C 中的所有非差整周模糊度：

$$\begin{cases}N_{1,\mathrm{B}}^{p} = N_{1,\mathrm{A}}^{p} - N_{1,\mathrm{A}}^{q} + N_{1,\mathrm{B}}^{q} - \Delta\nabla N_{1,AB}^{pq} \\ N_{1,\mathrm{C}}^{p} = N_{1,\mathrm{B}}^{p} - N_{1,\mathrm{B}}^{q} + N_{1,\mathrm{C}}^{q} - \Delta\nabla N_{1,\mathrm{BC}}^{pq}\end{cases} \tag{4.46}$$

$$\begin{cases}N_{1,\mathrm{B}}^{k} = N_{1,\mathrm{A}}^{k} - N_{1,\mathrm{A}}^{q} + N_{1,\mathrm{B}}^{q} - \Delta\nabla N_{1,AB}^{kq} \\ N_{1,\mathrm{C}}^{k} = N_{1,\mathrm{B}}^{k} - N_{1,\mathrm{B}}^{q} + N_{1,\mathrm{C}}^{q} - \Delta\nabla N_{1,\mathrm{BC}}^{kq}\end{cases} \tag{4.47}$$

式中：$N_{1,\mathrm{A}}^{p}$、$N_{1,\mathrm{A}}^{k}$、$N_{1,\mathrm{A}}^{q}$、$N_{1,\mathrm{B}}^{q}$ 和 $N_{1,\mathrm{C}}^{q}$ 为非差基准模糊度；$\Delta\nabla N_{1,\mathrm{AB}}^{pq}$、$\Delta\nabla N_{1,\mathrm{BC}}^{pq}$、$\Delta\nabla N_{1,\mathrm{AB}}^{kq}$ 和 $\Delta\nabla N_{1,\mathrm{BC}}^{kq}$ 为双差整周模糊度。

采用图中 JH、FY 和 LD 基准站准确固定基准站网间的双差载波相位整周模糊度，之后利用基准站网间非差整周模糊度实时单历元快速计算方法可以进一步得到基准站网中所有的非差整周模糊度。表 4.3 和表 4.4 分别给出了 BDS 和 GPS 各频率首个连续观测弧段内 JH、FY、LD 基准站上所有卫星的非差整周模糊度，非差基准整周模糊度取为 0。表 4.5 和表 4.6 分别给出了 BDS 和 GPS 各频率首个连续观测弧段内 JH、FY、LD 基准站上所有卫星的非差整周模糊度，非差基准整周模糊度取为非 0。BDS 首个连续观测弧段内非差基准卫星取为 C06，GPS 首个连续观测弧段内非差基准卫星取为 G05。

表 4.3　BDS 非差整周模糊度（非差基准模糊度取 0）

测站 / PRN	JH			FY			LD		
	B1	B2	B3	B1	B2	B3	B1	B2	B3
C06	0	0	0	0	0	0	0	0	0
C01	0	0	0	-85	-92	-92	-43	-101	-106
C02	0	0	0	-6	9	10	-116	-39	-38
C03	0	0	0	-14	-12	-12	-103	-153	-138

（续）

测站 PRN	JH			FY			LD		
	B1	B2	B3	B1	B2	B3	B1	B2	B3
C05	0	0	0	-34	-60	-67	8	-19	-30
C07	0	0	0	-2	8	4	-24	-54	-34
C08	0	0	0	400	524	501	24	34	28
C09	0	0	0	-127	-210	-210	-166	-292	-273
C10	0	0	0	-30	-38	-37	-58	-82	-84
C13	0	0	0	-10	-9	-11	-93	-108	-110

表 4.3 中的非差基准整周模糊度取为 0，即 JH 基准站上卫星各频率的非差整周模糊度为 0，FY 和 LD 基准站上基准卫星 C06 各频率的非差整周模糊度为 0。以卫星 C01 和卫星 C06 为例，JH-FY 和 FY-LD 基准站间 C01-C06 的 B1、B2 和 B3 频率的双差载波相位整周模糊度分别为（85，92，92）和（-42，9，14）。利用式（4.46）、式（4.47）可以计算得到 FY 和 LD 基准站上卫星 C01 的 B1 频率的非差整周模糊度分别为 0-0+0-85=-85 和 -85-0+0+42=-43，BASE_B 和 BASE_C 基准站上卫星 C01 的 B2 频率的非差整周模糊度分别为 0-0+0-92=-92 和 -92-0+0-9=-101，FY 和 LD 基准站上卫星 C01 的 B3 频率的非差整周模糊度分别为 0-0+0-92=-92 和 -92-0+0-14=-106。表 4.4 中的其他卫星的非差整周模糊度确定过程与上述处理过程相同。

表 4.4　GPS 非差整周模糊度（非差基准模糊度取 0）

测站 PRN	JH		FY		LD	
	L1	L2	L1	L2	L1	L2
G05	0	0	0	0	0	0
G02	0	0	-29	-25	-27	3
G15	0	0	3	14	13	18
G18	0	0	-14	-14	20	37
G21	0	0	11	-13	38	41
G24	0	0	13	8	6	20
G26	0	0	-2	-19	14	50
G29	0	0	0	-7	7	20

表 4.4 中的非差基准整周模糊度取为 0，即 JH 基准站上卫星各频率的非差整周模糊度为 0，FY 和 LD 基准站上基准卫星 G05 各频率的非差整周模糊度为 0。以卫星 G02 和卫星 G05 为例，JH-FY 和 FY-LD 基准站间 G02-G05 的 L1 和 L2 频率的双差载波相位整周模糊度分别为（29，25）和（-2，-28）。利用式（4.46）可以计算得到 FY 和 LD 基准站上卫星 G02 的 L1 频率的非差整周模糊度分别为 0-0+0-29=-29

和 -29 -0 +0 +2 = -27,FY 和 LD 基准站上卫星 G02 的 L2 频率的非差整周模糊度分别为 0 -0 +0 -25 = -25 和 -25 -0 +0 +28 =3。

表 4.5 BDS 非差整周模糊度(非差基准模糊度取非 0)

测站 / PRN	JH			FY			LD		
	B1	B2	B3	B1	B2	B3	B1	B2	B3
C06	25160	25164	25165	25162	25166	25168	25166	25163	25166
C01	452	432	456	369	342	367	415	330	351
C02	234	254	222	230	265	235	124	214	185
C03	498	416	444	486	406	435	401	262	307
C05	673	663	666	641	605	602	687	643	637
C07	876	888	812	876	898	819	858	833	779
C08	112	143	214	514	669	718	142	176	243
C09	543	447	339	418	239	132	383	154	67
C10	871	554	721	843	518	687	819	471	638
C13	924	889	936	916	882	928	837	780	827

表 4.5 中的非差基准整周模糊度取为非 0,即 JH 基准站上卫星 B1、B2 和 B3 频率的非差整周模糊度可以任意取值,具体数值如表中所示;FY 和 LD 基准站上基准卫星 C06 的 B1、B2 和 B3 频率非差整周模糊度可以任意取值,此处取值分别为(25162,25166)、(25166,25163)和(25168,25166)。以卫星 C01 和卫星 C06 为例,JH-FY 和FY-LD基准站间 C01-C06 的 B1、B2 和 B3 频率的双差载波相位整周模糊度分别为(85,92,92)和(-42,9,14)。利用式(4.46)可以计算得到 FY 和 LD 基准站上卫星 C01 的 B1 频率的非差整周模糊度分别为 452 -25160 +25162 -85 =369 和 369 -25162 +25166 +42 =415,FY 和 LD 基准站上卫星 C01 的 B2 频率的非差整周模糊度分别为 432 -25164 +25166 -92 =342 和 342 -25166 +25163 -9 =330,FY 和 LD 基准站上卫星 C01 的 B3 频率的非差整周模糊度分别为 456 -25165 +25168 -92 =367 和 367 -25168 +25166 -14 =351。

表 4.6 中的非差基准整周模糊度取为非 0,即 JH 基准站上卫星 L1 频率和 L2 频率的非差整周模糊度可以任意取值,具体数值如表中所示;FY 和 LD 基准站上基准卫星 G05 的 L1 和 L2 频率非差整周模糊度可以任意取值,此处取值分别为(31213,31215)和(31214,31216)。以卫星 G02 和卫星 G05 为例,JH-FY 和 FY-LD 基准站间 G02-G05 的 L1 和 L2 频率的双差载波相位整周模糊度分别为(29,25)和(-2,-28)。利用式(4.46)可以计算得到 FY 和 LD 基准站上卫星 G02 的 L1 频率的非差整周模糊度分别为 432 -31210 +31213 -29 =406 和 406 -31213 +31215 +2 =410,FY 和 LD 基准站上卫星 G02 的 L2 频率的非差整周模糊度分别为 444 -31212 +31214 -25 =421 和 421 -31214 +31216 +28 =451。

表 4.6　GPS 非差整周模糊度(非差基准模糊度取非 0)

测站 PRN	JH		FY		LD	
	L1	L2	L1	L2	L1	L2
G05	31210	31212	31213	31214	31215	31216
G02	432	444	406	421	410	451
G15	346	365	352	381	364	387
G18	876	889	865	877	901	930
G21	765	777	779	766	808	822
G24	541	524	557	534	552	548
G26	142	119	143	102	161	173
G29	671	631	674	626	683	655

参考文献

[1] HOFMANN- WELLENHOF B,LICHTENEGGER H,WASLE E. 全球卫星导航系统 GPS,GLONASS,Galileo 及其他系统[M]. 程鹏飞,蔡艳辉,文汉江,等译. 北京:测绘出版社,2009.

[2] 李博,徐爱功,祝会忠,等. 一种 BDS 单历元整周模糊度固定的解算方法[J]. 导航定位学报,2018,6(2):77-81.

[3] 吴波,高成发,高旺,等. 北斗系统三频基准站间宽巷模糊度解算方法[J]. 导航定位学报,2015,3(1):36-40.

[4] 王艺希,秘金钟,徐彦田,等. 卡尔曼滤波方法的 BDS/GLONASSRTK 定位算法[J]. 测绘科学,2017,42(12):112-117.

[5] 范红平,周志峰,王永泉. 多系统 GNSS RTK 的改进卡尔曼滤波算法[J]. 测绘通报,2018(4):92-95.

[6] WANG L,FENG Y,GUO J. Reliability control of single- epoch RTK ambiguity resolution[J]. Gps Solutions,2016,21(2):1-14.

[7] ZINAS N,PARKINS A,ZIEBART M. Improved network- based single- epoch ambiguity resolution using;centralized GNSS network processing[J]. Gps Solutions,2013,17(1):17-27.

[8] 徐彦田. 基于长距离参考站网络的 B/S 模式动态定位服务理论研究[D]. 阜新:辽宁工程技术大学,2013.

[9] 李晓琳. 基于联合卡尔曼滤波的 GPS/DR 融合仿真研究[D]. 沈阳:沈阳建筑大学,2013.

[10] 赵奇. 卡尔曼滤波在 GPS 定位中的研究与实现[D]. 成都:电子科技大学,2013.

[11] 刘星,李川,石明旺,等. 卡尔曼滤波算法的 GPS 双差观测值周跳探测与修复[J]. 测绘科学,2018,43(1):1-5,19.

[12] 王建敏,黄佳鹏,刘梓然,等. 自适应卡尔曼滤波的电离层 TEC 预测模型改进[J]. 导航定位学报,2018,6(2):121-127.

[13] 冉娜,乔雪. 交互式多模型七阶容积卡尔曼滤波算法[J]. 电子测量与仪器学报,2018,32

(06):167-172.

[14] 李永明,归庆明,顾勇为,等. 有偏卡尔曼滤波及其算法[J]. 武汉大学学报(信息科学版),2016,41(07):946-951.

[15] 李相平,陆志毅,陈麒,等. 基于自适应卡尔曼滤波的捷联去耦算法[J]. 信号处理,2018,34(09):1026-1032.

[16] 徐彦田,程鹏飞,蔡艳辉,等. 单频 RTK 动态解算的卡尔曼你滤波算法研究[J]. 测绘科学,2012(2):43-44.

[17] 刘硕,张磊,李健,等. 一种改进的宽巷引导整周模糊度固定算法[J]. 武汉大学学报(信息科学版),2018,43(4):637-642.

[18] 吕伟才,高井祥,张书毕,等. 宽巷约束的网络 RTK 基准站间模糊度固定方法[J]. 中国矿业大学学报,2014,43(5):933-937.

[19] 宋福成. GNSS 整周模糊度估计方法研究[D]. 北京:中国矿业大学,2016.

[20] HU G,ABBEY D A,et al. An approach for instantaneous ambiguity resolution for medium- to long-range multiple reference station networks[J]. GPS Solution,2005,9:1-11.

[21] 周乐韬,黄丁发,袁林果,等. 网络 RTK 参考站间模糊度动态解算的卡尔曼滤波算法研究[J]. 测绘学报,2007,36(1):37-42.

[22] 祝会忠,刘经南,唐卫明,等. 长距离网络 RTK 参考站间双差模糊度快速解算算法[J]. 武汉大学学报(信息科学版),2012,37(6):688-692.

[23] 刘广军,吴晓平,郭晶. 基于 SPRT 检验的并行递推次优 Sage 滤波器[J]. 武汉大学学报(信息科学版),2002(02):158-164.

[24] 刘天阳,徐卫明,殷晓冬,等. 多波束测深数据并行滤波算法[J]. 测绘科学,2016,41(10):30-34.

[25] 许扬胤,杨元喜,何海波,等. 北斗星上多径对宽巷模糊度解算的影响分析[J]. 测绘科学技术学报,2017,34(1):24-30.

[26] WANG J,FENG Y. Reliability of partial ambiguity fixing with multiple GNSS constellations [J]. Journal of Geodesy,2013,87(1):1-14.

[27] CAO W,O'KEEFE K,CANNON M. Partial ambiguity fixing within multiple frequencies and systems[C]//Proc. of ION GNSS,2007:312-323.

[28] 周乐韬,黄丁发,袁林果,等. 网络 RTK 参考站间模糊度动态解算的卡尔曼滤波算法研究[J]. 测绘学报,2007,36(1):37-42.

[29] 祝会忠,刘经南,唐卫明,等. 长距离网络 RTK 参考站间双差模糊度快速解算算法[J]. 武汉大学学报(信息科学版),2012,37(6):688-692.

[30] 郑福. 北斗/GNSS 实时广域高精度大气延迟建模与增强 PPP 应用研究[D]. 武汉:武汉大学,2017

[31] 王建敏,马天明,祝会忠. 改进 LAMBDA 算法实现 BDS 双频整周模糊度快速解算[J]. 系统工程理论与实践,2017,37(3):768-772.

[32] 刘经南,邓辰龙,唐卫明. GNSS 整周模糊度确认理论方法研究进展[J]. 武汉大学学报(信息科学版),2014,39(9):1009-1016.

[33] 胡楠楠. 网络 RTK 参考站间模糊度多基线解算方法研究[D]. 武汉:武汉大学,2018.

[34] CHEN D,YE S,XIA J,et al. A geometry-free and ionosphere-free multipath mitigation method for BDS three-frequency ambiguity resolution[J]. Journal of Geodesy,2016,90(8):703-714.

[35] TIAN Y,ZHAN D,CHAI H,et al. BDS ambiguity resolution with the modified TCAR method for medium-long baseline[J]. Advances in Space Research,2017,59(2):670-681.

[36] FORSSEL B,MARTIN-NEIRA M,HARRIS R A. Carrier phase ambiguity resolution in GNSS-2 [C]//10th Int. Tech. Meeting of the Satellite Division of the U. S. Inst. of Navigation,Kansas City, September 17-20,1997:1727-1736.

[37] TANG W,DENG C,SHI C,et al. Triple-frequency carrier ambiguity resolution for BeiDou navigation satellite system[J]. GPS Solutions,2014,18(3):335-344.

[38] 庄文泉. 北斗三频长基线模糊度固定算法及其应用研究[D]. 西安:长安大学,2016.

[39] 祝会忠,徐爱功,高猛,等. BDS 网络 RTK 中距离参考站整周模糊度单历元解算方法[J]. 测绘学报,2016,45(1):50-57.

[40] 张超,闻道秋,潘树国,等. 基于北斗三频宽巷组合的 RTK 单历元定位方法[J]. 测绘工程,2015,24(6):28-32.

[41] 谢建涛,郝金明,刘伟平,等. 一种基于多频模糊度快速解算方法的 BDS/GPS 中长基线 RTK 定位模型[J]. 武汉大学学报(信息科学版),2017,42(9):1216-1222.

[42] 高旺,高成发,潘树国,等. 北斗三频宽巷组合网络 RTK 单历元定位方法[J]. 测绘学报,2015,44(6):641-648.

[43] 何锡扬. BeiDou 三频观测值的中/长基线精密定位方法与模糊度快速确定技术[D]. 武汉:武汉大学,2016.

[44] TANG W,DENG C,SHL C,et al. Triple-frequency carrier ambiguity resolution for Beidou navigation satellite system[J]. GPS Solutions,2014,18(3):335-344.

[45] ZHANG M,LIU H,BAI Z,et al. Fast ambiguity resolution for long-range reference station networks with ionospheric model constraint method[J]. Gps Solutions,2017,21(2):617-626.

[46] 冯超,田蔚风,金志华. GPS 载波相位双差整周模糊度在航求解[J]. 中国惯性技术学报,2004(5):28-32.

[47] 祝会忠. 基于非差误差改正数的长距离单历元 GNSS 网络 RTK 算法研究[D]. 武汉:武汉大学,2012.

[48] 汪登辉. GNSS 地基增强系统非差数据处理方法及应用[D]. 南京:东南大学,2017.

第5章　基准站网空间相关误差建模

基准站网络模糊度固定后，可以估算基准站间的大气延迟等空间相关误差，通过区域建模内插流动站的误差改正，用以削弱流动站的空间相关误差项的影响。区域建模模型内插精度的好坏直接影响网络 RTK 作业范围和定位精度以及模糊度解算难易程度，内插精度较好时，在流动站模糊度算法复杂度相同的前提下，能明显改善模糊度的解算效率，提高搜索成功率。

由于网络 RTK 虚拟参考站技术在国内应用最广泛，本章主要基于 VRS 技术原理针对双差空间相关误差计算和内插算法进行模型精度分析。

5.1　基准站空间相关误差计算

基准站网络数据处理最终需要的是空间相关误差值，从而可以通过区域建模内插流动站的改正数。模糊度正确固定以后就可以准确地计算基准站间的双差对流层延迟、星历误差、双差电离层延迟。

5.1.1　双差电离层延迟

由于电离层属于弥散介质，不同频点载波相位观测值的电离层延迟不同，和频率的平方成反比[1]，其对流层延迟和星历误差影响相同，因此根据观测方程，L1 和 L2 相减得双差电离层延迟的计算公式(5.1)。

由于观测方程忽略了电离层高阶项的影响，式(5.2)计算的是各基线上的一阶电离层双差延迟误差，而高阶电离层延迟误差影响远小于一阶项的 0.1%，研究表明，对于 200km 内的基线而言，其高阶差分项的影响小于 5cm[2]。因此忽略观测噪声和高阶项的影响，双差电离层延迟影响可达厘米级[3]。

$$\lambda_1 \Delta\nabla\varphi_1 - \lambda_2 \Delta\nabla\varphi_2 = \frac{f_2^2 - f_1^2}{f_2^2}\Delta\nabla I + \Delta\nabla N_1\lambda_1 - \Delta\nabla N_2\lambda_2 \tag{5.1}$$

式中：φ_m 为载波相位观测值，m 为频率编号；f_m 为频率；λ_m 为波长；I 为电离层延迟误差；N_m 为模糊度。

计算双差电离层延迟得

$$\Delta\nabla I = \frac{f_2^2}{f_2^2 - f_1^2}(\lambda_1 \Delta\nabla\varphi_1 - \lambda_2 \Delta\nabla\varphi_2 - \Delta\nabla N_1\lambda_1 + \Delta\nabla N_2\lambda_2) \tag{5.2}$$

第 3 章内容中给出了相应的分析，大量数据综合分析得出，电离层延迟随着距离的增加残差逐渐增大[3]，尤其当地日照剧烈的时刻，进行精密定位必须削弱其影响，尤其卫星较低的中午时刻双差电离层延迟很大，当基线长度达到 200km 时，某些低高度角卫星的双差电离层延迟达到了 2.2m，因此低高度角卫星模糊度固定比较困难[4]。

5.1.2 双差对流层延迟和星历误差

由于对流层属于非弥散介质，不同频点载波相位观测值的对流层延迟和星历误差相同，计算对流层延迟需要消除电离层延迟项，采用无电离层组合观测值的站星间双差观测方程：

$$\Delta\nabla\varphi_{\mathrm{IF}}\lambda_{\mathrm{IF}} = \frac{f_1^2}{f_1^2 - f_2^2}\Delta\nabla\varphi_1\lambda_1 - \frac{f_2^2}{f_1^2 - f_2^2}\Delta\nabla\varphi_2\lambda_2 = \Delta\nabla\rho + \Delta\nabla O + \Delta\nabla T + \Delta\nabla M + \frac{f_1^2}{f_1^2 - f_2^2}\lambda_1\Delta\nabla N_1 - \frac{f_2^2}{f_1^2 - f_2^2}\lambda_2\Delta\nabla N_2 + \varepsilon_{\Delta\nabla\varphi_{\mathrm{IF}}} \tag{5.3}$$

式中：φ_{IF}为无电离层组合观测值；λ_{IF}为无电离层波长；f 为星地距；O 为星历误差；T 为对流层延迟误差；M 为多路径效应；ε 为观测噪声；其余符号同式(5.1)。

若采用超快速预报星历，则星历误差项影响可以忽略，采用广播星历则星历误差包含在双差对流层延迟中，通过相同的区域建模生成流动站改正数(此用广播星历)；多路径效应通过选址和硬件避免，因此忽略多路径效应，双差对流层延迟改正表达为

$$\Delta\nabla T = \left(\frac{f_1^2}{f_1^2 - f_2^2}\right)\lambda_1(\Delta\nabla\phi_1 - \Delta\nabla N_1) - \left(\frac{f_2^2}{f_1^2 - f_2^2}\right)\lambda_2(\Delta\nabla\phi_2 - \Delta\nabla N_2 - \varepsilon_{\Delta\nabla\phi 2}) - \Delta\nabla\rho \tag{5.4}$$

第 3 章给出了双差对流层延迟的分析，大量的数据分析表明，双差对流层延迟随着距离的增加明显地增大，最大值超过了 2m，并且双差对流层延迟整体影响大于双差电离层延迟[5-6]。双差对流层延迟与卫星高度角有明显的相关性，尤其是长基线，随着卫星高度的逐渐降低，双差对流层延迟迅速增大，和对流层投影函数趋势相仿，历元间变化较大，因此低高度角卫星的双差对流层延迟内插比较困难[7]。

5.2 空间相关误差区域建模模型

当前，国内外许多专家学者提出了多种空间相关误差区域建模方法，主要有线性组合法(LCA)、距离线性内插法(DIA)、线性内插法(LIA)、低阶曲面法(LSA)和平差配置法(LSC)等。这 5 种方法都可以根据基准站空间相关误差生成流动站的误差改正数，但其基本原理不同，需要流动站周边的基准站数也不同，都至少需要 3 个。以下对各种模型的原理以及实例进行分析。

5.2.1　线性组合法

Han 和 Rizos[8]提出的单差观测量的线性组合，用于空间相关误差（星历误差、对流层延迟和电离层延迟等）的区域建模，能够有效地削弱多路径效应以及观测噪声的影响[9]，单差观测值可以用下式来表示：

$$\sum_{i=1}^{n} a_i \cdot \Delta\varphi_i\lambda = \sum_{i=1}^{n} a_i \cdot \Delta\rho_i + \sum_{i=1}^{n} a_i \Delta O_i + \sum_{i=1}^{n} a_i \cdot \Delta T_i - \sum_{i=1}^{n} a_i \cdot \Delta I_i - c \cdot \sum_{i=1}^{n} a_i \cdot \Delta dt_i + \lambda \sum_{i=1}^{n} a_i \cdot \Delta N_i + \sum_{i=1}^{n} a_i \cdot \Delta M + \varepsilon \tag{5.5}$$

式中：c 为光速；dt 为接收机钟差；其余符号同式(5.1)和式(5.3)；a_i 为线性组合系数，需要估计，必须满足以下条件：

$$\begin{cases} \sum_{i=1}^{n} a_i = 1 \\ \sum_{i=1}^{n} a_i(\boldsymbol{X}_r - \boldsymbol{X}_i) = 0 \\ \sum_{i=1}^{n} a_i^2 = \text{Min} \end{cases} \tag{5.6}$$

式中：n 为基准站个数；i 为基准站标示；$\boldsymbol{X}_r$、$\boldsymbol{X}_i$ 为流动站及第 i 个基准站的平面坐标矢量。

从式(5.5)和式(5.6)可以看出，星历误差可以被消除，电离层、对流层、多路径等可以被明显地削弱，当基准站网络双差模糊度正确固定以后，可以组成双差观测值：

$$\lambda\Delta\nabla\varphi_{rn} - [a_1 V_{1n} + \cdots + a_i V_{in} + \cdots + a_{n-1} V_n] = \Delta\nabla\rho_{rn} + \Delta\nabla N_{rn} + \varepsilon \tag{5.7}$$

改正项 V_{in} 通过 i 和 n 间的双差观测值计算如下：

$$V_{in} = \lambda\Delta\nabla\varphi_i - \Delta\nabla\rho - \lambda\Delta\nabla N_i \qquad i = 1,2,\cdots,n-1 \tag{5.8}$$

5.2.2　距离线性内插法

Gao 等[10]提出的距离线性内插法，用于电离层区域建模。以流动站和辅基准站间的基线距离的倒数为系数，模型描述如下：

$$\begin{cases} \Delta\nabla V = \sum_{i=1}^{n-1} \frac{w_i}{w}\Delta\nabla V_i \\ w_i = \frac{1}{d_i} \\ w = \sum_{i=1}^{n-1} w_i \end{cases} \tag{5.9}$$

式中：d_i 为基准站 i 和流动站距离；$\Delta\nabla V_i$ 为基准站 i 与主基准站间的空间相关误

差项。

1998 年 Gao 和 Li[11] 为了提高精度进行了两项修改：一是用单层电离层模型 350km 处的距离替换地面距离；二是将高度角引入模型中进行加权考虑。

5.2.3 线性内插法

Wanninger[12] 提出的线性内插法用于双差电离层延迟区域建模，根据基准站坐标以及流动站概略坐标生成空间相关误差改正数，要求流动站周围至少存在 3 个可用的基准站，Wübbena [13] 等应用此模型到所有空间相关误差区域建模（电离层延迟、对流层延迟以及星历误差等），模型描述如下：

$$\begin{bmatrix} V_{1n} \\ V_{2n} \\ \vdots \\ V_{n-1n} \end{bmatrix} = \begin{bmatrix} \Delta x_{1n} & \Delta y_{1n} \\ \Delta x_{2n} & \Delta y_{1n} \\ \vdots & \vdots \\ \Delta x_{1n} & \Delta y_{1n} \end{bmatrix} \cdot \begin{bmatrix} a \\ b \end{bmatrix} \tag{5.10}$$

式中：Δx 和 Δy 为辅基准站与主基准站的平面坐标差；a、b 为坐标 Δx 和 Δy 方向的空间相关误差改正系数。当基准站数大于 3 个时，每颗卫星可以通过最小二乘解算，网络覆盖范围内的流动站用户可以利用二维线性模型内插改正数：

$$V_{rn} = a \cdot \Delta x_{rn} + b \cdot \Delta y_{rn} \tag{5.11}$$

5.2.4 低阶曲面法

Wübbena 等[14] 和 Fotopoulos[15] 提出了低阶曲面法，用低阶曲面模拟空间相关误差项的主要变化趋势，称为趋势面，趋势可以只是水平方向的，也可以是水平和高程两个方向的。曲面阶数可以是 1、2 或者更高，低阶曲面的拟合系数通过最小二乘解算：

$$\begin{cases} V = a \cdot \Delta x + b \cdot \Delta y + c \\ V = a \cdot \Delta x + b \cdot \Delta y + c \cdot \Delta x^2 + d \cdot \Delta y^2 + e \cdot \Delta x \Delta y + f \\ V = a \cdot \Delta x + b \cdot \Delta y + c \cdot \Delta h + d \end{cases} \tag{5.12}$$

水平方向的趋势面（第一式）可用于拟合电离层延迟，水平和高程方向的趋势面（第三式）可用于拟合对流层延迟。

从式（5.12）可以看出，低阶曲面的拟合系数至少 3 个，也就是说至少需要 4 个基准站才可以解算，如果采用最小二乘解算至少需要 5 个基准站。

5.2.5 平差配置法

平差配置法在重力场区域内插已经应用很多年了[16]，Raquet[17] 将此模型应用到空间相关误差的区域建模。模型描述如下：

$$\hat{\boldsymbol{U}} = \boldsymbol{D}_{UV} \cdot \boldsymbol{D}_V^{-1} \cdot \boldsymbol{V} \tag{5.13}$$

式中：D_V 为观测值矢量 V 的方差阵；D_{UV} 为内插计算的矢量 U 和观测矢量的协方差阵，若观测值满足零均值的正态分布并且方差阵能够准确估算，则式(5.13)给出了最优估计[7]。

此模型的主要难点是方差和协方差阵的准确计算，Raquet[17]建议用下式进行计算：

$$D_{ab}^{x} = \mu^{2}(\varepsilon)\cdot[\delta_{D_z}^{2}(P_a,P_0)+\delta_{D_z}^{2}(P_b,P_0)-\delta_{D_z}^{2}(P_a,P_b)] \tag{5.14}$$

式中：$\mu(\varepsilon)$ 是相关和非相关的天顶误差映射到卫星高度角方向的投影函数；δ_{D_z} 是天顶方向的空间相关误差的区域相关性函数。

式(5.14)通过两部分计算，一是天顶方向的空间相关误差的区域相关性函数 $\delta_{D_z}^{2}(P_n,P_m)$，二是将相关和非相关的天顶误差映射到卫星高度角方向的投影函数 $\mu(\varepsilon)$：

$$\begin{cases}\delta_{D_z}^{2}(P_n,P_m)=k_1 d+k_2 d^2\\ \mu(\varepsilon)=\dfrac{1}{\sin\varepsilon}+\mu_k\left(0.53-\dfrac{\varepsilon}{180}\right)^3\end{cases} \tag{5.15}$$

式中：d 为基准站 n、m 的平面距离；$k_1=1.1204\times10^{-4}$；$k_2=4.8766\times10^{-7}$；$\mu_k=3.9393$。

因此，基于平差配置原理，Marel[18]提出了以下的空间相关误差改正数计算公式：

$$\boldsymbol{V}_{1u}^{1s}=[D_{r1}^{s}\quad D_{r2}^{s}\quad\cdots\quad D_{rn}^{s}]\cdot\begin{bmatrix}D_0 & D_{12}^{s} & \cdots & D_{1n}^{s}\\ D_{21}^{s} & D_0 & \cdots & D_{2n}^{s}\\ \vdots & \vdots & & \vdots\\ D_{n1}^{s} & D_{n2}^{s} & \cdots & D_0\end{bmatrix}\cdot\begin{bmatrix}V_{12}^{1s}\\ V_{13}^{1s}\\ \vdots\\ V_{1n}^{1s}\end{bmatrix} \tag{5.16}$$

基准站1和 n 间的相对卫星 s 的方差 D_{1n}^{s} 与站间的距离有关，若用于电离层，则基准站对应的距离为穿刺点间的距离。

$$D_{1n}^{s}=l_{\max}-l_{1n}^{s} \tag{5.17}$$

式中：$l_{\max}=300\text{km}>l_{1n}^{s}$，因此点间的距离越大时，改正越小。

5.3 空间相关误差区域建模比较分析

假设网络基准站数为 n，基准站双差模糊度固定后，则可以实时估算 n-1 个双差空间相关误差项，进而用上述区域建模算法生成流动站改正数。以上模型的共同特点是都需要 n-1 个加权系数 α(式5.18)，对应着 n-1 个辅基准站，加权系数实际是各个辅基准站生成流动站改正数时的权重[19]，其大小主要由模型以及基准站和流动站的位置确定，下面以图5.1分布的7个辅基准站和1个主基准站为例，分析上述模型的加权系数，详述各模型的差异，各个模型都可以用生成流动站改正的线性组合表示为

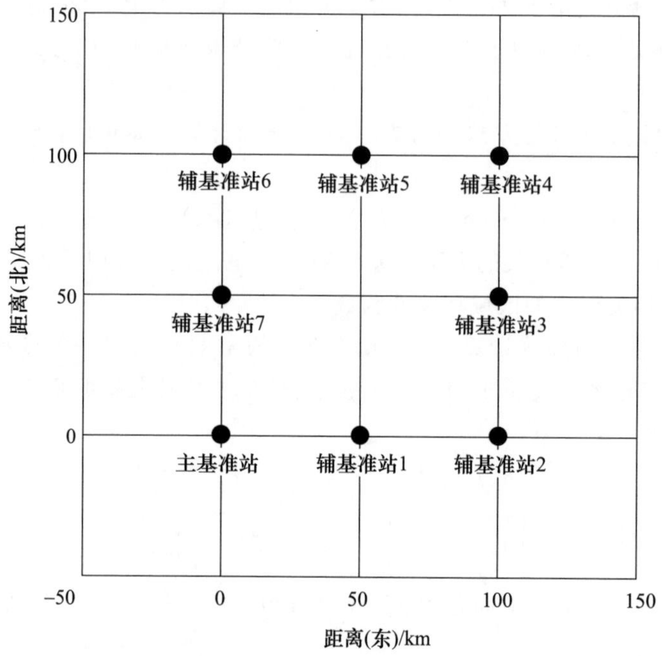

图 5.1　基准站网络模拟图

$$V_r = \alpha_1 \cdot V_{1n} + \alpha_2 \cdot V_{2n} + \cdots + \alpha_{n-1} \cdot V_{(n-1)n} \tag{5.18}$$

5.3.1　线性组合法

式(5.5)和式(5.6)可以重新写为

$$\boldsymbol{B} \cdot \boldsymbol{a} = \boldsymbol{W} \tag{5.19}$$

若基准站大于等于 3 个,用最小二乘计算网络改正系数:

$$\boldsymbol{a} = \boldsymbol{B}^{\mathrm{T}} (\boldsymbol{B}\boldsymbol{B}^{\mathrm{T}})^{-1} \boldsymbol{W} \tag{5.20}$$

式中

$$\boldsymbol{B} = \begin{bmatrix} 1 & 1 & \cdots & 1 & 1 \\ \Delta X_{1n} & \Delta X_{2n} & \cdots & \Delta X_{n-1n} & 0 \\ \Delta Y_{1n} & \Delta Y_{2n} & \cdots & \Delta Y_{n-1n} & 0 \end{bmatrix}, \quad \boldsymbol{a} = \begin{bmatrix} \alpha_1 \\ \alpha_1 \\ \vdots \\ \alpha_n \end{bmatrix}, \quad \boldsymbol{W} = \begin{bmatrix} 1 \\ \Delta X_{rn} \\ \Delta Y_{rn} \end{bmatrix}$$

由式(5.20)计算得到 n 个加权系数,但只有 $n-1$ 个用于计算流动站改正数(图 5.2),因为 α_n 对应主基准站。从图 5.2 可以看出,LCA 模型各个辅基准站的加权系数分为东方向和北方向,并与距离成反比。

此方法是以流动站和两个或者两个以上的基准站间的单差观测方程为基础的,其优点是消除了星历误差的影响;流动站在网络内部时,多路径和观测噪声也可以削弱;通过逐历元逐星内插改正数将大气延迟项缩小到一定的范围内。

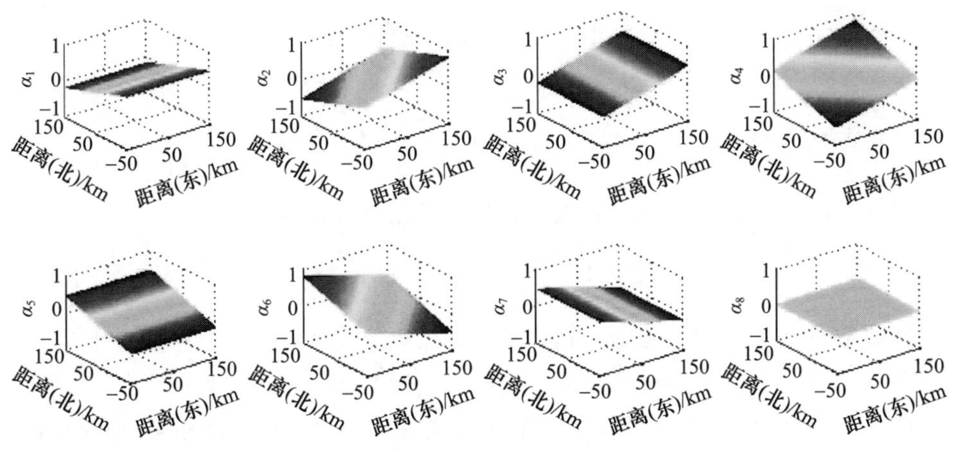

图 5.2　LCA 加权系数(见彩图)

5.3.2　距离线性内插法

加权系数由流动站到辅基准站间的距离决定,根据式(5.9)可以得到 n-1 个加权系数式(5.21),图 5.3 显示辅基准站加权系数只与流动站和辅基准站间距离相关,辅基准站覆盖的一定距离区域内加权系数很大,并且随着距离增加迅速变小,当流动站距离辅基准站超出一定距离后,加权系数很小[20]。

$$\bar{\boldsymbol{\alpha}} = \begin{bmatrix} \frac{w_1}{w} & \frac{w_2}{w} & \cdots & \frac{w_{n-1}}{w} \end{bmatrix} \tag{5.21}$$

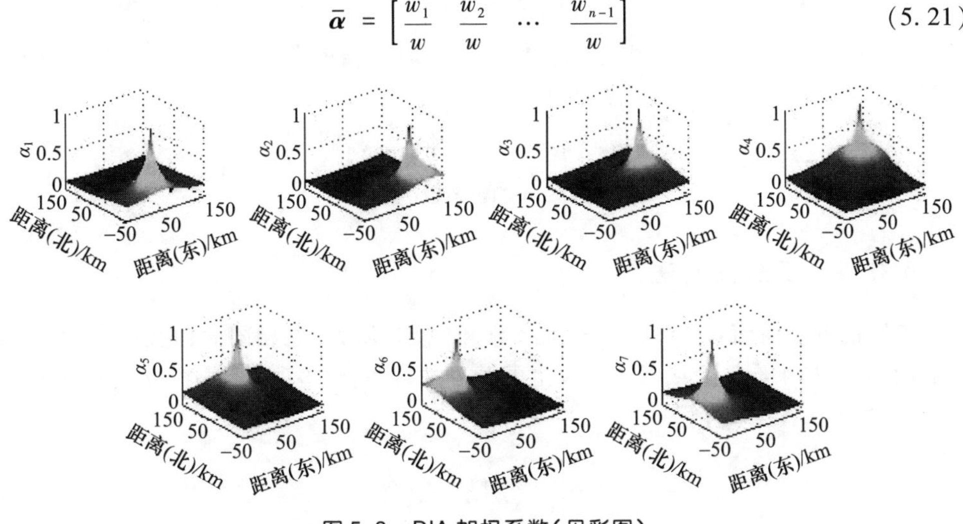

图 5.3　DIA 加权系数(见彩图)

5.3.3　线性内插法

当网络覆盖范围内基准站数大于或等于 3 个,根据式(5.10)用最小二乘逐历元逐星估计辅基准站加权系数 a、b:

$$\begin{bmatrix} a \\ b \end{bmatrix} = (\boldsymbol{A}^{\mathrm{T}}\boldsymbol{A})^{-1}\boldsymbol{A}^{\mathrm{T}}\boldsymbol{V} \tag{5.22}$$

式中

$$\boldsymbol{V} = [V_{1n} \quad V_{2n} \quad \cdots \quad V_{(n-1)n}]^{\mathrm{T}}, \quad \boldsymbol{A} = \begin{bmatrix} \Delta X_{1n} & \Delta X_{2n} & \cdots & \Delta X_{(n-1)n} \\ \Delta Y_{1n} & \Delta Y_{2n} & \cdots & \Delta Y_{(n-1)n} \end{bmatrix}^{\mathrm{T}}$$

加权系数 a、b 得到后,用二维线性模型内插用户改正数:

$$\boldsymbol{V}_{rn} = [\Delta X_{rn} \quad \Delta Y_{rn}] \cdot \begin{bmatrix} a \\ b \end{bmatrix} = [\Delta X_{rn} \quad \Delta Y_{rn}] \cdot (\boldsymbol{A}^{\mathrm{T}}\boldsymbol{A})^{-1}\boldsymbol{A}^{\mathrm{T}}\boldsymbol{V} \tag{5.23}$$

则辅基准站的 $n-1$ 个加权系数可以通过流动站以及基准站间的坐标差值计算:

$$\boldsymbol{\alpha} = [\Delta X_{rn} \quad \Delta Y_{rn}] \cdot (\boldsymbol{A}^{\mathrm{T}}\boldsymbol{A})^{-1}\boldsymbol{A}^{\mathrm{T}} \tag{5.24}$$

图 5.4 显示 LIA 同样分为 x 方向和 y 方向并认为空间相关性相同,加权系数与坐标差值成线性相关。

显然,当基准站个数为 3 个时,LIA 和 LCA 的加权系数是相同的,因此生成的改正数相同,但基准站个数大于 3 个时,加权系数不同,因为 LCA 削弱了星历误差。

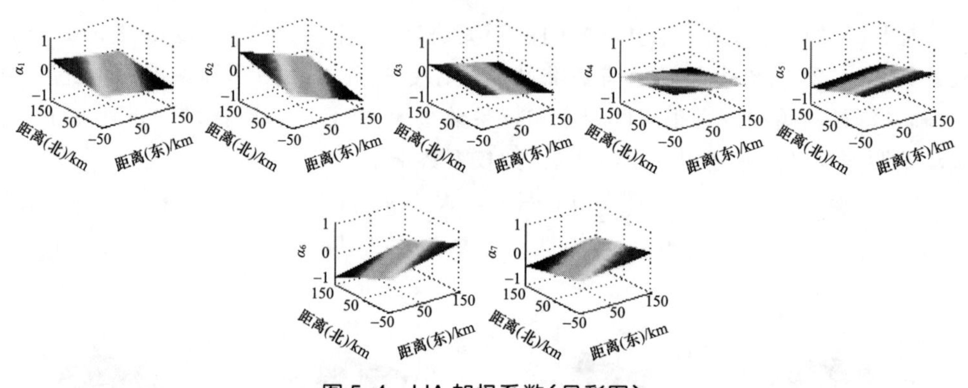

图 5.4 LIA 加权系数(见彩图)

5.3.4 低阶曲面法

不同的低阶曲面对应不同的改正系数,但是计算过程是相同的,此处只给出一阶平面的例子,如果有 4 个或者 4 个以上的基准站可用,则多项系数 a、b、c 可以根据式(5.12)通过最小二乘计算:

$$\begin{bmatrix} a \\ b \\ c \end{bmatrix} = (\boldsymbol{A}^{\mathrm{T}}\boldsymbol{A})^{-1}\boldsymbol{A}^{\mathrm{T}}\boldsymbol{V} \tag{5.25}$$

式中

$$\boldsymbol{V} = [V_{1n} \quad V_{2n} \quad \cdots \quad V_{(n-1)n}], \quad \boldsymbol{A} = \begin{bmatrix} \Delta X_{1n} & \Delta Y_{1n} & 1 \\ \Delta X_{2n} & \Delta Y_{2n} & 1 \\ \vdots & \vdots & \vdots \\ \Delta X_{(n-1)n} & \Delta Y_{(n-1)n} & 1 \end{bmatrix}$$

多项系数 a、b、c 计算得到以后可以通过式(5.12)生成流动站改正数：

$$V_{rn} = [\Delta x_{rn} \quad \Delta y_{rn} \quad 1] \cdot (\boldsymbol{A}^{\mathrm{T}}\boldsymbol{A})^{-1}\boldsymbol{A}^{\mathrm{T}}\boldsymbol{V} \tag{5.26}$$

因此基准站网络的 n-1 个加权系数表示为

$$\boldsymbol{\alpha} = [\Delta x_{rn} \quad \Delta y_{rn} \quad 1] \cdot (\boldsymbol{A}^{\mathrm{T}}\boldsymbol{A})^{-1}\boldsymbol{A}^{\mathrm{T}} \tag{5.27}$$

LSA 模型不同的曲面模型需要的基准站个数不同，平面模型时需要的基准站数最少为4个，并且可以看出 LIA 为常数项为零的一种特殊情况的平面模型。LSA 加权系数如图5.5所示。

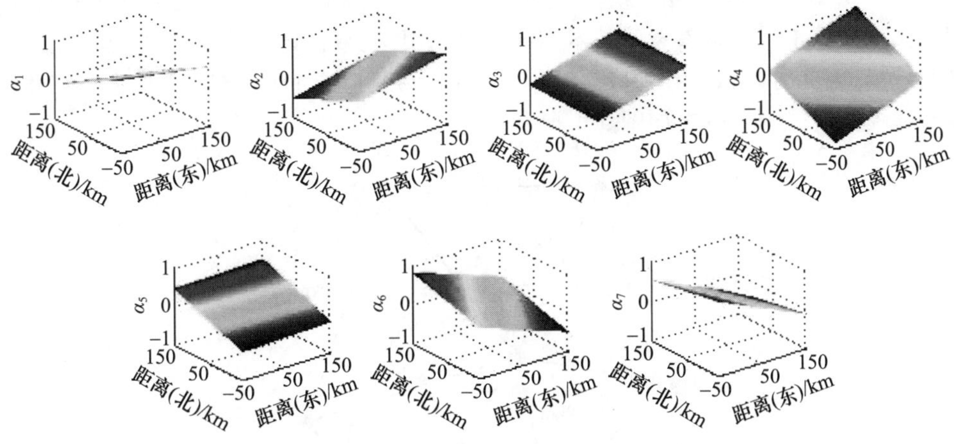

图5.5　LSA 加权系数(见彩图)

5.3.5　平差配置法

根据式(5.15)可以得出平差配置法的 n-1 个加权系数如下：

$$\boldsymbol{\alpha} = \boldsymbol{D}_{\mathrm{UV}} \cdot \boldsymbol{D}_{\mathrm{V}}^{-1} \tag{5.28}$$

LSC 加权系数如图5.6所示。

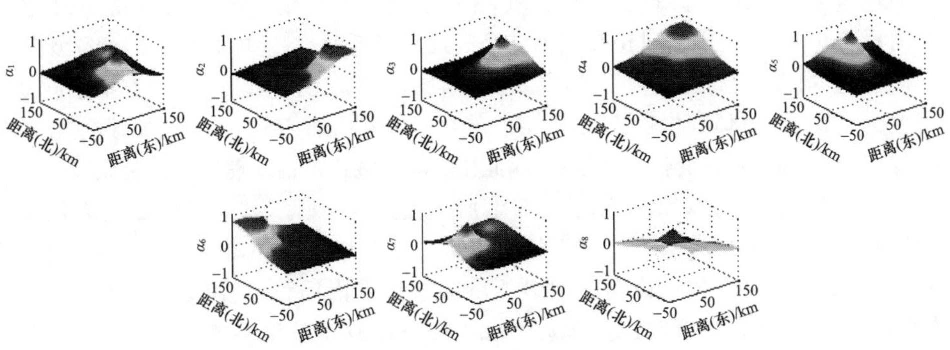

图5.6　LSC 加权系数(见彩图)

平差配置法的内插精度依赖于方差-协方差阵的准确度[17]，但在现实观测中，很难获得准确的方差-协方差信息。通常通过长时间的观测试验,得到符合区域的近似值,尽可能地做到流动站和各基准站间的空间相关误差残差和最小。

5.4 区域建模实例分析

采用第 4 章模糊度解算相同的算例,以 LJ 为主基准站、JH 为流动站、用 GN、FY、LD、DM、DX 和 LJ 为辅基准站,用多基准站随机的多边形对 LJJH 的双差延迟空间建模,并与 LJ -JH 已知的双差延迟误差进行比较分析,统计空间误差内插算法的精度。相关文献介绍常规虚拟参考站技术空间建模采用流动站周围最近的 3 个基准站进行空间建模,因此再以 JH 为主基准站、RO 为流动站、用 FY、LD 为辅基准站进行三角形空间建模分析。测站分布如图 5.7 所示。

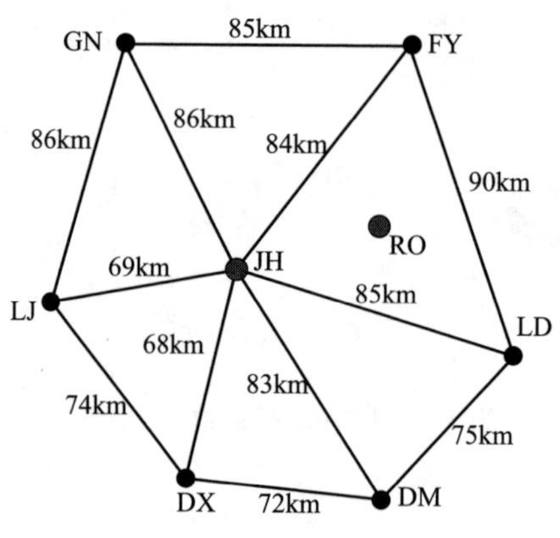

图 5.7　各测站分布图

5.4.1　双差电离层内插精度分析

双差电离层延迟与基线长度以及高度角的关系并不明显,与观测时间密切相关,当观测时段为晌午,即太阳照射比较强烈并且高度角较低时,双差电离层延迟变化比较明显,其值明显增大,但高高度角卫星的双差电离层延迟值比较平缓。相同卫星不同基线的双差电离层延迟整体变化趋势比较一致,符合区域性内插的要求。但太阳照射比较强烈时段,双差电离层延迟变化比较复杂,因此该时段区域建模精度理论上讲应该较差。

图 5.8 和图 5.9 直观地显示了 5.3 节所述模型的一阶双差电离层延迟大尺度区域内插精度,表 5.1 统计了内插模型精度指标。由于三基准站时 LCA 和 LIA 内插结果相同,以下只给一个实例说明。明显看出多基准站内插稳定性和精度优于三基准站,尤其是低高度角时精度较好。其中 LIA 和 LSA 改正精度基本相当,一般都在 ±4cm 内;卫星高度角较大时,改正精度一般在 ±2cm 内;卫星高度角较小时,尤其是低于 15°时,改正精度较差,超出 ±4cm 范围;并且电离层活跃时期,改正精度较低,尤其基准站站间距离较大(如内插 JH)时。

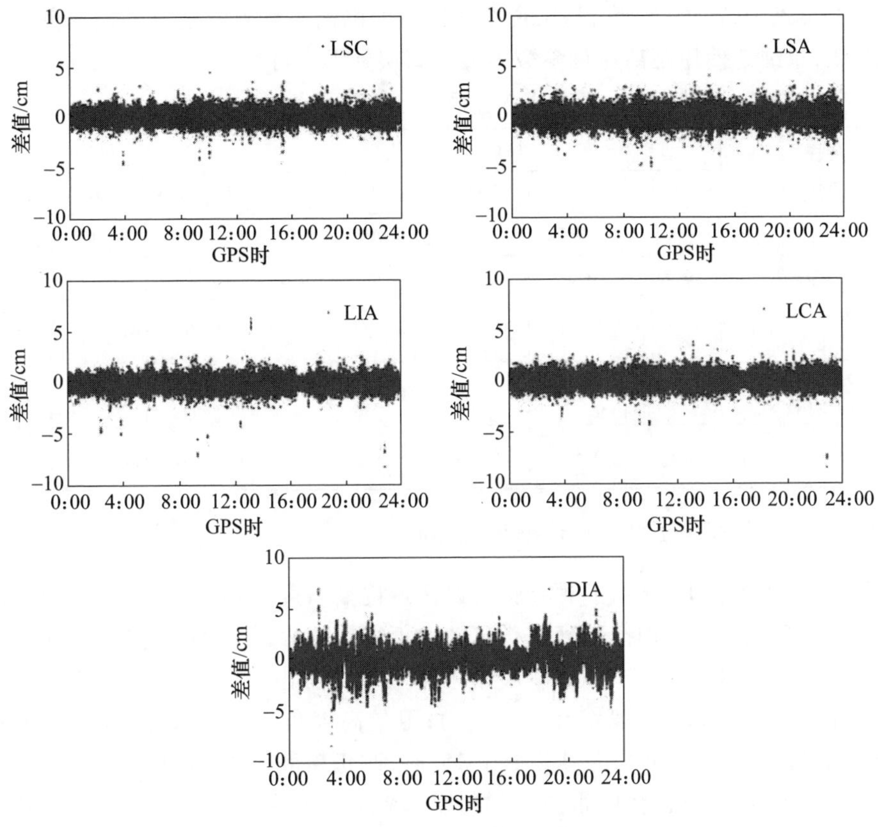

图 5.8　JH 多基准站内插精度

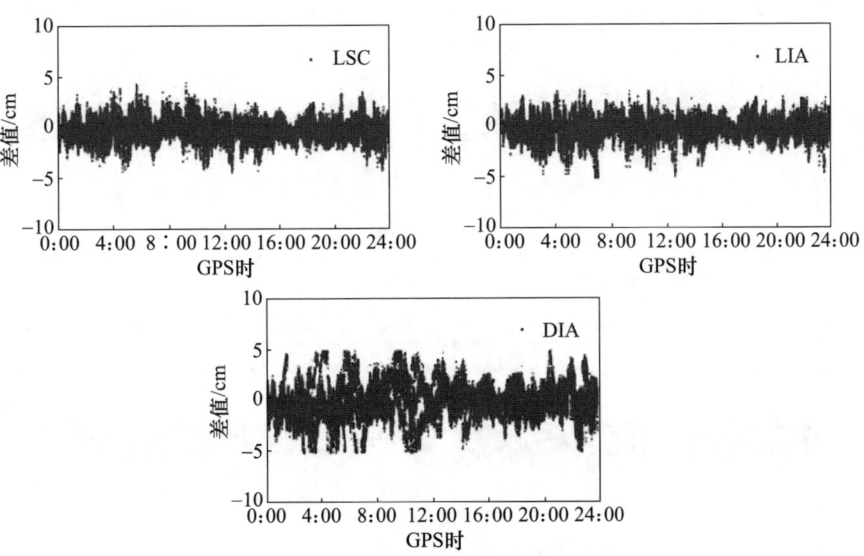

图 5.9　RO 三基准站内插精度

三基准站 DIA 改正精度很差，说明此区域的电离层延迟大区域的内插并不符合 DIA 模型，单纯地使用距离比例参数内插电离层延迟不可行。

表 5.1　内插模型精度指标

统计指标	JA(SV17)					RO(SV17)		
	LCA	LIA	DIA	LSA	LSC	LCA/LIA	DIA	LSC
平均值/cm	-0.11	-0.12	0.70	0.70	0.235	0.14	0.18	0.12
中误差/cm	0.71	0.61	1.25	0.85	0.81	1.23	1.72	1.24
精度为 -1 ~ 1cm 的比例	76.5%	76.5%	58.0%	88.0%	83.8%	88.0%	75.8%	88.5%
精度为 -3 ~ 3cm 的比例	93%	92%	69.4%	90.4%	90.1%	12.0%	22.0%	11.5%
精度小于 -4cm 或大于 4cm 的比例	0.5%	0.5%	14.6%	1.6%	1.1%	2.0%	22.2%	3.0%

5.4.2　双差对流层内插精度分析

图 5.10 和图 5.11 显示了对流层延迟区域内插精度，而表 5.2 统计了内插模型精度指标。显然多基站内插精度和稳定性优于三基准站，分析可知，通过多个基准站可以将对流层延迟误差改正在 RTK 定位接收阈值范围内，误差建模时应采用多基准站误差建模。其中 LIA 一般都在 ±3cm 内；卫星高度角较大时，改正精度一般在 ±1cm 内；卫星高度角较小时，尤其是低于 15°时，改正精度较差，超出 ±4cm 范围；LSC 改正精度较差，DIA 改正精度很差，同样此区域的对流层延迟内插并不符合 DIA 模型，单纯地使用距离比例参数内插不可行。

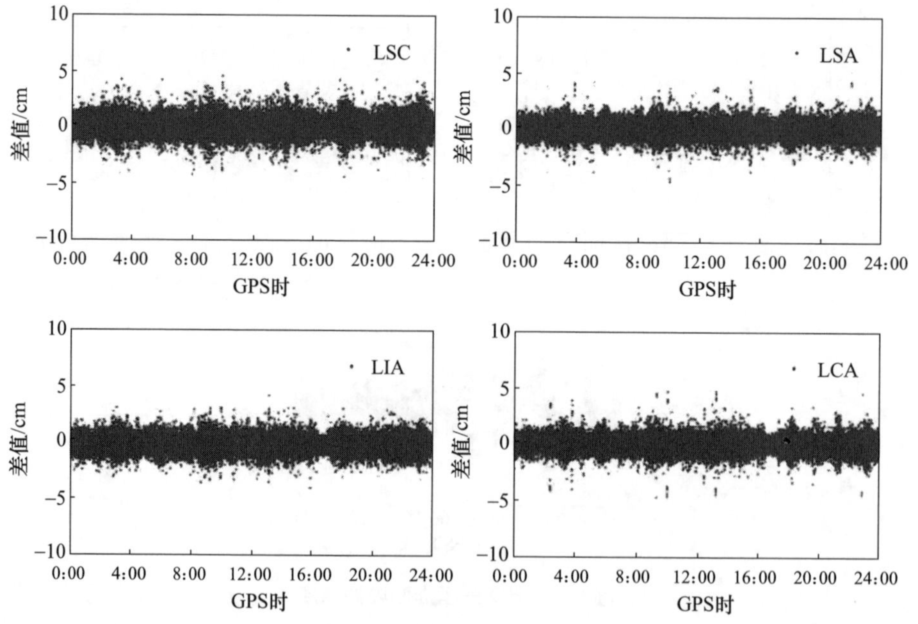

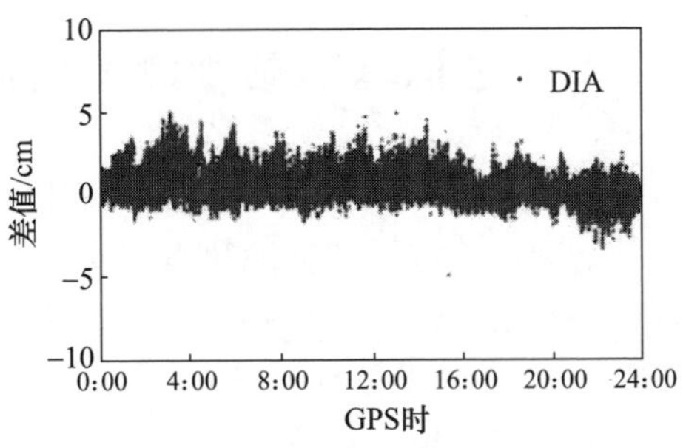

图 5.10　JH 多基准站内插精度

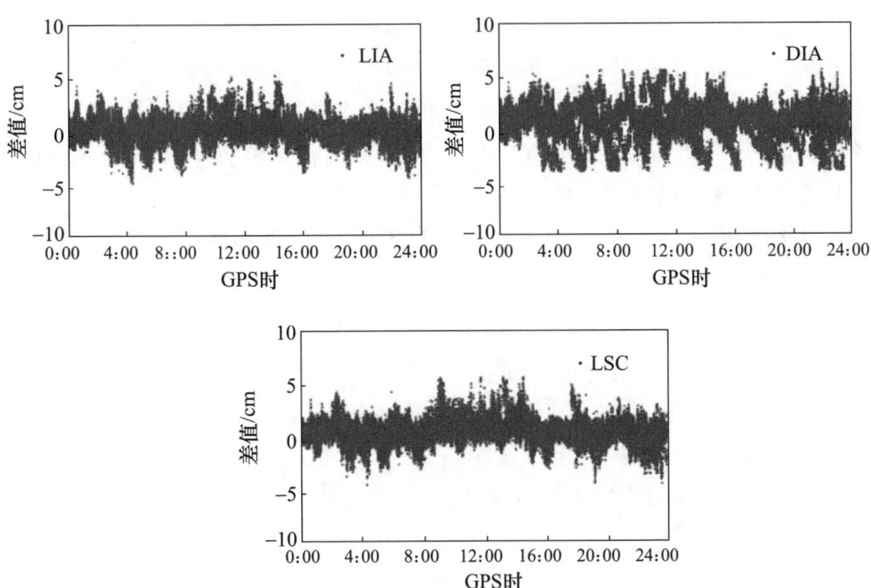

图 5.11　RO 三基准站内插精度

表 5.2　内插模型精度统计

统计指标/cm	JH(SV17)					RO(SV17)		
	LCA	LIA	DIA	LSA	LSC	LCA/LIA	DIA	LSA
平均值/cm	-0.10	0.16	0.96	-0.06	-0.08	0.22	1.36	0.67
中误差/cm	0.77	0.69	1.89	0.82	0.86	0.97	2.88	1.82
精度为 -1 ~ 1cm 的比例/%	70.3	75.0	32.0	67.7	87.7	64.1	45.2	84.0
精度为 -3 ~ 3cm 的比例/%	90.6	95.8	77.8	92.1	90.1	85.6	67.2	9.4
精度小于 -4cm 或大于 4cm 的比例/%	0.1	0.2	8.2	0.2	0.5	0.6	17.6	6.6

5.5 虚拟基准站观测值生成

以区域建模模型内插虚拟参考站(VRS)处(流动站的概略位置)的空间相关误差作为改正数,对主基准站的观测值进行几何距离调整与改正数相加或者相减即为VRS的虚拟观测值。值得注意的是地球自转项的影响,3.6节分析了地球自转对双差观测值的影响,由于VRS采用主基准站观测值进行几何距离调整生成,主基准站和流动站间距离较远,因此需要加上地球自转改正项[21-22]。

我国很多区域采用西安80或者北京54坐标系,目前推出了CGCS2000。CGCS2000是空间直角坐标系,参考基准和WGS-84的基本相同,但起算历元为2000历元,97框架,因此,流动站需要将解算位置转换到相应的当地坐标系中,此时数据处理中心可以直接将VRS的位置转换到相应的坐标系中,再进行虚拟观测值的生成。流动站与VRS进行相对定位时,由于VRS和流动站位置距离很近,所以认为流动站的位置相应地转换到当地的坐标系中。

VRS上的虚拟观测值可以由主基准站的观测值通过几何距离调整并加上改正数得到,表示为

$$\begin{cases} P_{\mathrm{vrs}} = P_{\mathrm{mr}} - \rho_{\mathrm{mr}} + \rho_{\mathrm{vrs}} + \Delta\nabla I + \Delta\nabla T + \Delta\nabla O + \Delta\nabla R \\ \varphi_{\mathrm{vrs}} = \varphi_{\mathrm{mr}} - \rho_{\mathrm{mr}} + \rho_{\mathrm{vrs}} + \Delta\nabla I + \Delta\nabla T + \Delta\nabla O + \Delta\nabla R \end{cases} \tag{5.29}$$

式中:ρ_{mr}、ρ_{vrs}分别为主基准站和VRS的站星几何距离。

若基准站接收机未做接收机钟差调整,则VRS虚拟观测数据播发前需要进行接收机钟差调整,尽可能与GNSS时间保持一致,RTCM标准中对应给出了接收机钟差修正公式如下:

$$\begin{cases} R_T = R - t_r\dot{\varphi} - t_r c \\ \varphi_T = \varphi - t_r\dot{\varphi} - t_r c \end{cases} \tag{5.30}$$

式中:R_T为修正钟差t_{r}后发送的伪距观测值;φ_T为修正钟差后发送的相位观测值;$\dot{\varphi}$为相位速率,其他符号同前。

需要注意的是,基准卫星改正数为零,并且选择任意卫星做基准卫星都不影响流动站相对定位,流动站和基准站可以选择不同的基准卫星,空间相关误差和模糊度可以通过卫星间的相减互相转换[23]。

此外有文献提出采用VRS位置和卫星位置计算的几何距离加上改正数作为虚拟观测值,这种算法我们认为不妥。接收机钟差、卫星钟差、星历误差等虽然可以消除,但差分技术消除的空间相关误差项不包含在虚拟观测值中,因此造成虚拟观测值和流动站差分只削弱了改正数部分,而正常的通过差分削弱的部分依然存在于双差观测值中。

参考文献

[1] HOFMANN-WELLENHOF B, LICHTENEGGER H, WASLE E. 全球卫星导航系统 GPS, GLONASS, Galileo 及其他系统[M]. 程鹏飞,蔡艳辉,文汉江,等译. 北京:测绘出版社. 2009.

[2] MORTON Y T, GREAS F, ZHOU Q, et al. Assessment of the higher order ionosphere error on position solutions[J]. Navigation, 2009, 56(3):185-193.

[3] 袁宏超,秘金钟,张洪文,等. 顾及大气延迟误差的中长基线 RTK 算法[J]. 测绘科学,2017, 42(1):33-47.

[4] 高猛,徐爱功,祝会忠,等. GPS 长距离参考站间低高度角模糊度快速解算方法[J]. 中国矿业大学学报,2017,46(03):664-671.

[5] 祝会忠,徐爱功,高猛,等. 长距离网络实时动态对流层延迟误差改正[J]. 2015,测绘科学. 40(6):30-35.

[6] ZHANG J, LACHAPELLE G. Precise estimation of residual tropospheric delays using a regional GPS network for real-time kinematic applications[J]. Journal of Geodesy, 2001, 75:255-266.

[7] 汪登辉,高成发,潘树国. 基于网络 RTK 的对流层延迟分析与建模[C]//第三届中国卫星导航学术年会电子文集,2012.

[8] HAN S, RIZOS C. Integrated method for instantaneous ambiguity resolution using new generation GPS receivers[C] //Proceedings of Position, Location and Navigation Symposium - PLANS' 96. IEEE, 1996:254-261.

[9] 吴北平,李征航. GPS 网络 RTK 线性组合法与内插法关系的讨论[J]. 测绘信息与工程,2003, 05:27-28.

[10] GAO Y, SHEN K. Improving ambiguity convergence in carrier phase-based precise point positioning [C]//Proceedings of ION GPS, Salt Lake City, September 11-14, 1997, 1532-1539.

[11] GAO Y, LI Z. Ionosphere effect and modeling for regional area differential GPS network[C]//11th Int. Tech. Meeting of the Satellite Div. of U. S. Institute of Navigation, Nashville, Tennessee, September 15-18, 1998:91-97.

[12] WANNINGER L. Enhancing differential GPS using regional ionospheric error models[J]. Bulletin Géodésique, 1995, 69(4):283-291.

[13] WÜBBENA G, BAGGE A, SCHMITZ M. Network-based techniques for RTK applications[C]//GPS JIN 2001 GPS Society, Tokyo Japan, November 14 – 16, 2001.

[14] WÜBBENA G, MENGE F, SCHMITZ M, et al. A new approach for field calibration of absolute antenna phase center variations[J]. Navigation, 1997, 44(2):247-255.

[15] FOTOPOULOS G, CANNON M E. An overview of multi-reference station methods for cm-Level positioning[J]. GPS Solutions, 2001, 4(3):1-10.

[16] SCHWARTZ K P. On the application of least-squares collocation models to physical geodesy [J]. Approximation Methods in Geodesy, 1978:89-116.

[17] RAQUET J, LACHAPELLE G, FORTES L P S. Use of a covariance analysis technique for predicting performance of regional area differential code and carrier-Phase[C]//Proceedings of the 11th In-

ternational Technical Meeting of the Satellite Division of the Institute of Navigation (ION GPS 1998). 1998:1345-1354.

[18] MAREL H V D. Active GPS control stations[M] // GPS for Geodesy. Springer Berlin Heidelberg, 1998.

[19] 林瑜滢. 主副站技术定位原理及算法研究[D]. 郑州:解放军信息工程大学,2010.

[20] LU C,LI X,NILSSON T,et al. Real-time retrieval of perceptible water vapor from GPS and BeiDou observations [J]. Journal of Geodesy,2015,89(6):607-635.

[21] 徐彦田,程鹏飞,蔡艳辉,等. 中长距离参考站网络 RTK 虚拟参考站算法研究[C]//第三届中国卫星导航学术年会(CSNC),2010.

[22] 沈雪峰,高成发,潘树国. 基于星型结构的虚拟参考站网络试试动态测量关键算法研究[J]. 测绘学报,2012,41(1):33-39.

[23] 吴北平. GPS 网络 RTK 定位原理与数学模型研究[D]. 北京:中国地质大学,2003.

第 6 章　非差网络 RTK 误差改正方法

基准站网覆盖范围内的非差误差改正模型是基于非差观测值建立的，直接利用基准站间的非差载波相位整周模糊度、载波相位观测值及已知的基准站坐标建立区域范围内的误差改正模型；流动站使用的是基准站网提供的非差误差改正信息，可以任意进行星间单差组合。此方法不仅实现了不同基准站网之间的融合，而且也使网络 RTK 的作业方式更加灵活。

6.1　区域误差的非差改正方法

网络 RTK 中播发观测值的非差误差改正数，流动站用户不需要选择主基准站来进行双差观测值的组合，所有基准站都一样，没有主辅之分。一个基准站上一颗卫星的改正数包含所有的误差和整数模糊度信息。各基准站的改正数是独立的，可以方便地通过网络播发和接收。网络 RTK 的非差误差改正方法主要包括基准站和流动站伪距观测值的非差误差改正数值计算，基准站和流动站载波相位观测值的非差误差改正数值计算及流动站的误差消除[1-2]。区域误差非差改正方法如图 6.1 所示，其中测站 A、B、C 为区域基准站，U 为用户流动站，通过基准站非差误差生成流动站的改正数。

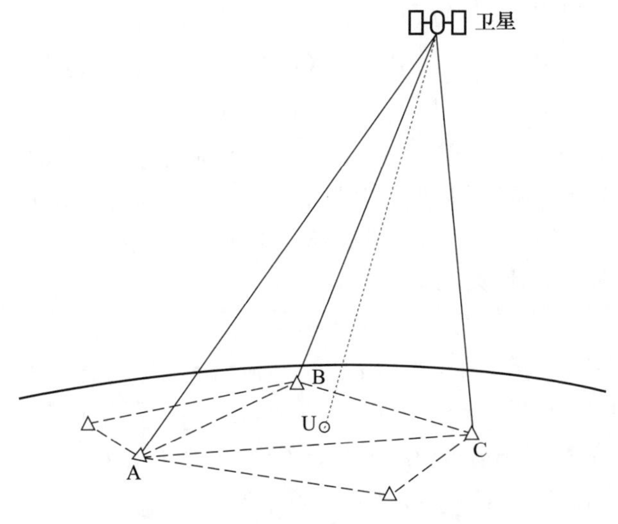

图 6.1　区域误差非差改正示意图

6.1.1 伪距观测值的非差误差改正方法

伪距观测值的非差误差改正数计算和流动站改正的实现过程(以 P1 伪距观测值为例)主要包括:首先计算基准站伪距观测值的非差误差改正数,基准站一般设置在比较开阔的地方,假设可以先忽略多路径效应的影响,则基准站 A、B、C 上的 P1 伪距观测值的非差观测方程为

$$\begin{cases} P_{1\mathrm{A}}^{S} = \rho_{\mathrm{A}}^{S} + I_{1\mathrm{A}}^{S} + T_{\mathrm{A}}^{S} - c \cdot t^{S} + c \cdot t_{\mathrm{A}} + \varepsilon_{1\mathrm{A}}^{S} \\ P_{1\mathrm{B}}^{S} = \rho_{\mathrm{B}}^{S} + I_{1\mathrm{B}}^{S} + T_{\mathrm{B}}^{S} - c \cdot t^{S} + c \cdot t_{\mathrm{B}} + \varepsilon_{1\mathrm{B}}^{S} \\ P_{1\mathrm{C}}^{S} = \rho_{\mathrm{C}}^{S} + I_{1\mathrm{C}}^{S} + T_{\mathrm{C}}^{S} - c \cdot t^{S} + c \cdot t_{\mathrm{C}} + \varepsilon_{1\mathrm{C}}^{S} \end{cases} \tag{6.1}$$

流动站的 P1 伪距观测值的非差观测方程与上述基准站伪距观测值的非差观测方程类似,为

$$P_{1\mathrm{U}}^{S} = \boldsymbol{H}^{S} \cdot \delta \boldsymbol{X} + \rho_{0\mathrm{U}}^{S} + I_{1\mathrm{U}}^{S} + T_{\mathrm{U}}^{S} - c \cdot t^{S} + c \cdot t_{\mathrm{U}} + \varepsilon_{1\mathrm{U}}^{S} \tag{6.2}$$

式(6.1)、式(6.2)中:P 为伪距观测值;ρ 为站星间几何距离;I 为电离层延迟误差;下标 1 表示 L1 载波的观测值;T 是对流层延迟误差和卫星轨道误差等;t^{S} 为卫星钟差及卫星其他硬件延迟,上标 S 表示卫星号;t 为接收机钟差及其他硬件延迟;下标 A、B、C 表示基准站;ε 为伪距观测噪声;$\boldsymbol{H}^{S} = [l^{S} \quad m^{S} \quad n^{S}]$ 为流动站上卫星的方向余弦;$\delta \boldsymbol{X}$ 为流动站的位置坐标改正量。

以 3 颗卫星 $S = p, k, q$ 为例进行公式推导,基准站 A 观测卫星 p 的 P1 伪距观测值的非差误差改正数 $\mathrm{Cor}_{1\mathrm{A}}^{p}$ 为

$$\mathrm{Cor}_{1\mathrm{A}}^{p} = P_{1\mathrm{A}}^{p} - \rho_{\mathrm{A}}^{p} = I_{1\mathrm{A}}^{p} + T_{A}^{p} - c \cdot t^{p} + c \cdot t_{\mathrm{A}} + \varepsilon_{1\mathrm{A}}^{p} \tag{6.3}$$

类似地可以得到卫星 p、k、q 在基准站 A、B、C 上的改正数,并通过内插得到流动站上 3 颗卫星 p、k、q 的非差误差改正数:

$$\begin{bmatrix} \mathrm{Cor}_{1\mathrm{U}}^{p} \\ \mathrm{Cor}_{1\mathrm{U}}^{k} \\ \mathrm{Cor}_{1\mathrm{U}}^{q} \end{bmatrix} = \left(\begin{bmatrix} \mathrm{Cor}_{1\mathrm{A}}^{p} & \mathrm{Cor}_{1\mathrm{B}}^{p} & \mathrm{Cor}_{1\mathrm{C}}^{p} \\ \mathrm{Cor}_{1\mathrm{A}}^{k} & \mathrm{Cor}_{1\mathrm{B}}^{k} & \mathrm{Cor}_{1\mathrm{C}}^{k} \\ \mathrm{Cor}_{1\mathrm{A}}^{q} & \mathrm{Cor}_{1\mathrm{B}}^{q} & \mathrm{Cor}_{1\mathrm{C}}^{q} \end{bmatrix} \right) \cdot \begin{bmatrix} a_1 \\ a_2 \\ a_3 \end{bmatrix} \tag{6.4}$$

式中:内插系数的关系为 $a_1 + a_2 + a_3 = 1$,可由基准站与流动站的位置得到,可以采用第 5 章介绍的线性内插法,和为 1 主要是保证接收机钟差的消除。此处推导采用 3 个基准站,实际中可采用多个基准站建模。流动站卫星 p、q 的 P1 伪距观测值的非差误差改正数的详细表达形式为

$$\begin{aligned} \mathrm{Cor}_{1\mathrm{U}}^{p} = {} & a_1 \cdot \mathrm{Cor}_{1\mathrm{A}}^{p} + a_2 \cdot \mathrm{Cor}_{1\mathrm{B}}^{p} + a_3 \cdot \mathrm{Cor}_{1\mathrm{C}}^{p} = \\ & a_1 \cdot (P_{1\mathrm{A}}^{p} - \rho_{\mathrm{A}}^{p}) + a_2 \cdot (P_{1\mathrm{B}}^{p} - \rho_{\mathrm{B}}^{p}) + a_3 \cdot (P_{1\mathrm{C}}^{p} - \rho_{\mathrm{C}}^{p}) = \\ & a_1 \cdot (I_{1\mathrm{A}}^{p} + T_{\mathrm{A}}^{p} - c \cdot t^{p} + c \cdot t_{\mathrm{A}} + \varepsilon_{1\mathrm{A}}^{p}) + a_2 \cdot (I_{1\mathrm{B}}^{p} + T_{\mathrm{B}}^{p} - c \cdot t^{p} + \\ & c \cdot t_{\mathrm{B}} + \varepsilon_{1\mathrm{B}}^{p}) + a_3 \cdot (I_{1\mathrm{C}}^{p} + T_{\mathrm{C}}^{p} - c \cdot t^{p} + c \cdot t_{\mathrm{C}} + \varepsilon_{1\mathrm{C}}^{p}) = \\ & a_1 \cdot (I_{1\mathrm{A}}^{p} + T_{\mathrm{A}}^{p} + c \cdot t_{\mathrm{A}}) + a_2 \cdot (I_{1\mathrm{B}}^{p} + T_{\mathrm{B}}^{p} + c \cdot t_{\mathrm{B}}) + \\ & a_3 \cdot (I_{1\mathrm{C}}^{p} + T_{\mathrm{C}}^{p} + c \cdot t_{\mathrm{C}}) - c \cdot t^{p} + \varepsilon_{\mathrm{P1}}^{p} \end{aligned} \tag{6.5}$$

$$
\begin{aligned}
\mathrm{Cor}_{1\mathrm{U}}^{q} = {} & a_1 \cdot \mathrm{Cor}_{1\mathrm{A}}^{q} + a_2 \cdot \mathrm{Cor}_{1\mathrm{B}}^{q} + a_3 \cdot \mathrm{Cor}_{1\mathrm{C}}^{q} = \\
& a_1 \cdot (P_{1\mathrm{A}}^{q} - \rho_{\mathrm{A}}^{q}) + a_2 \cdot (P_{1\mathrm{B}}^{q} - \rho_{\mathrm{B}}^{q}) + a_3 \cdot (P_{1\mathrm{C}}^{q} - \rho_{\mathrm{C}}^{q}) = \\
& a_1 \cdot (I_{1\mathrm{A}}^{q} + T_{\mathrm{A}}^{q} - c \cdot t^{q} + c \cdot t_{\mathrm{A}} + \varepsilon_{1\mathrm{A}}^{q}) + a_2 \cdot (I_{1\mathrm{B}}^{q} + T_{\mathrm{B}}^{q} - c \cdot t^{q} + \\
& c \cdot t_{\mathrm{B}} + \varepsilon_{1\mathrm{B}}^{q}) + a_3 \cdot (I_{1\mathrm{C}}^{q} + T_{\mathrm{C}}^{q} - c \cdot t^{q} + c \cdot t_{\mathrm{C}} + \varepsilon_{1\mathrm{C}}^{q}) = \\
& a_1 \cdot (I_{1\mathrm{A}}^{q} + T_{\mathrm{A}}^{q} + c \cdot t_{\mathrm{A}}) + a_2 \cdot (I_{1\mathrm{B}}^{q} + T_{\mathrm{B}}^{q} + c \cdot t_{\mathrm{B}}) + \\
& a_3 \cdot (I_{1\mathrm{C}}^{q} + T_{\mathrm{C}}^{q} + c \cdot t_{\mathrm{C}}) - c \cdot t^{q} + \varepsilon_{\mathrm{P1}}^{q}
\end{aligned} \tag{6.6}
$$

式中：噪声 $\varepsilon_{\mathrm{P1}}^{p} = a_1 \cdot \varepsilon_{1\mathrm{A}}^{p} + a_2 \cdot \varepsilon_{1\mathrm{B}}^{p} + a_3 \cdot \varepsilon_{1\mathrm{C}}^{p}$；$\varepsilon_{\mathrm{P1}}^{q} = a_1 \cdot \varepsilon_{1\mathrm{A}}^{q} + a_2 \cdot \varepsilon_{1\mathrm{B}}^{q} + a_3 \cdot \varepsilon_{1\mathrm{C}}^{q}$。

流动站卫星 p、q 的 P1 伪距观测值经非差误差改正数改正后的非差观测方程为

$$
P_{1\mathrm{U}}^{p} - \mathrm{Cor}_{1\mathrm{U}}^{p} = \boldsymbol{H}^{p} \cdot \delta\boldsymbol{X} + \rho_{0\mathrm{U}}^{p} + I_{1\mathrm{U}}^{p} + T_{\mathrm{U}}^{p} - c \cdot t^{p} + c \cdot t_{\mathrm{U}} + \varepsilon_{1\mathrm{U}}^{p} - \mathrm{Cor}_{1\mathrm{U}}^{p} \tag{6.7}
$$

$$
P_{1\mathrm{U}}^{q} - \mathrm{Cor}_{1\mathrm{U}}^{q} = H^{q} \cdot \delta\boldsymbol{X} + \rho_{0\mathrm{U}}^{q} + I_{1\mathrm{U}}^{q} + T_{\mathrm{U}}^{q} - c \cdot t^{q} + c \cdot t_{\mathrm{U}} + \varepsilon_{1\mathrm{U}}^{q} - \mathrm{Cor}_{1\mathrm{U}}^{q} \tag{6.8}
$$

基准站网计算出来的非差误差改正数如式(6.5)、式(6.6)所示，代入流动站观测方程式(6.7)、式(6.8)，其详细表达式为

$$
\begin{aligned}
P_{1\mathrm{U}}^{p} - \mathrm{Cor}_{1\mathrm{U}}^{p} = {} & \boldsymbol{H}^{p} \cdot \delta\boldsymbol{X} + \rho_{0\mathrm{U}}^{p} + I_{1\mathrm{U}}^{p} + T_{\mathrm{U}}^{p} + c \cdot t_{\mathrm{U}} + \varepsilon_{1\mathrm{U}}^{p} - (a_1 \cdot (I_{1\mathrm{A}}^{p} + T_{\mathrm{A}}^{p} + c \cdot t_{\mathrm{A}}) + \\
& a_2 \cdot (I_{1\mathrm{B}}^{p} + T_{\mathrm{B}}^{p} + c \cdot t_{\mathrm{B}}) + a_3 \cdot (I_{1\mathrm{C}}^{p} + T_{\mathrm{C}}^{p} + c \cdot t_{\mathrm{C}}) + \varepsilon_{\mathrm{P1}}^{p})
\end{aligned} \tag{6.9}
$$

$$
\begin{aligned}
P_{1\mathrm{U}}^{q} - \mathrm{Cor}_{1\mathrm{U}}^{q} = {} & \boldsymbol{H}^{q} \cdot \delta\boldsymbol{X} + \rho_{0\mathrm{U}}^{q} + I_{1\mathrm{U}}^{q} + T_{\mathrm{U}}^{q} + c \cdot t_{\mathrm{U}} + \varepsilon_{1\mathrm{U}}^{q} - (a_1 \cdot (I_{1\mathrm{A}}^{q} + T_{\mathrm{A}}^{q} + c \cdot t_{\mathrm{A}}) + \\
& a_2 \cdot (I_{1\mathrm{B}}^{q} + T_{\mathrm{B}}^{q} + c \cdot t_{\mathrm{B}}) + a_3 \cdot (I_{1\mathrm{C}}^{q} + T_{\mathrm{C}}^{q} + c \cdot t_{\mathrm{C}}) + \varepsilon_{\mathrm{P1}}^{q})
\end{aligned} \tag{6.10}
$$

将式(6.9)、式(6.10)相减，可消除流动站接收机钟差 t_u 和基准站接收机钟差 t_{A}、t_{B}、t_{C}，得到式(6.11)。

$$
\begin{aligned}
& P_{1\mathrm{U}}^{p} - P_{1\mathrm{U}}^{q} - (\mathrm{Cor}_{1\mathrm{U}}^{p} - \mathrm{Cor}_{1\mathrm{U}}^{q}) = (\boldsymbol{H}^{p} - \boldsymbol{H}^{q}) \cdot \delta\boldsymbol{X} + (\rho_{0\mathrm{U}}^{p} - \rho_{0\mathrm{U}}^{q}) + (I_{1\mathrm{U}}^{p} - I_{1\mathrm{U}}^{q}) + \\
& (T_{\mathrm{U}}^{p} - T_{\mathrm{U}}^{q}) - \left(\begin{pmatrix} a_1 \cdot (I_{1\mathrm{A}}^{p} + T_{\mathrm{A}}^{p} + c \cdot t_{\mathrm{A}}) + a_2 \cdot (I_{1\mathrm{B}}^{p} + T_{\mathrm{B}}^{p} + c \cdot t_{\mathrm{B}}) + \\ a_3 \cdot (I_{1\mathrm{C}}^{p} + T_{\mathrm{C}}^{p} + c \cdot t_{\mathrm{C}}) + \varepsilon_{\mathrm{P1}}^{p} \end{pmatrix} - \begin{pmatrix} a_1 \cdot (I_{1\mathrm{A}}^{q} + T_{\mathrm{A}}^{q} + c \cdot t_{\mathrm{A}}) + a_2 \cdot (I_{1\mathrm{B}}^{q} + T_{\mathrm{B}}^{q} + c \cdot t_{\mathrm{B}}) + \\ a_3 \cdot (I_{1\mathrm{C}}^{q} + T_{\mathrm{C}}^{q} + c \cdot t_{\mathrm{C}}) + \varepsilon_{\mathrm{P1}}^{q} \end{pmatrix} \right) + (\varepsilon_{1\mathrm{U}}^{p} - \varepsilon_{1\mathrm{U}}^{q}) = \\
& (\boldsymbol{H}^{p} - \boldsymbol{H}^{q}) \cdot \delta\boldsymbol{X} + (\rho_{0\mathrm{U}}^{p} - \rho_{0\mathrm{U}}^{q}) + (I_{1\mathrm{U}}^{p} - I_{1\mathrm{U}}^{q}) + (T_{\mathrm{U}}^{p} - T_{\mathrm{U}}^{q}) - \\
& \begin{pmatrix} (a_1 \cdot T_{\mathrm{A}}^{p} + a_2 \cdot T_{\mathrm{B}}^{p} + a_3 \cdot T_{\mathrm{C}}^{p}) - (a_1 \cdot T_{\mathrm{A}}^{q} + a_2 \cdot T_{\mathrm{B}}^{q} + a_3 \cdot T_{\mathrm{C}}^{q}) + \\ (a_1 \cdot I_{1\mathrm{A}}^{p} + a_2 \cdot I_{1\mathrm{B}}^{p} + a_3 \cdot I_{1\mathrm{C}}^{p}) - (a_1 \cdot I_{1\mathrm{A}}^{q} + a_2 \cdot I_{1\mathrm{B}}^{q} + a_3 \cdot I_{1\mathrm{C}}^{q}) \end{pmatrix} + (\varepsilon_{1\mathrm{U}}^{p} - \varepsilon_{1\mathrm{U}}^{q}) - \varepsilon_{\mathrm{P1}}^{p} - \varepsilon_{\mathrm{P1}}^{q}
\end{aligned} \tag{6.11}
$$

$(a_1 \cdot I_{1\mathrm{A}}^{p} + a_2 \cdot I_{1\mathrm{B}}^{p} + a_3 \cdot I_{1\mathrm{C}}^{p})$、$(a_1 \cdot I_{1\mathrm{A}}^{q} + a_2 \cdot I_{1\mathrm{B}}^{q} + a_3 \cdot I_{1\mathrm{C}}^{q})$ 为内插计算出的流动站卫星 p、q 的 P1 伪距观测值的非差电离层延迟改正数，$(a_1 \cdot T_{\mathrm{A}}^{p} + a_2 \cdot T_{\mathrm{B}}^{p} + a_3 \cdot T_{\mathrm{C}}^{p})$、$(a_1 \cdot T_{\mathrm{A}}^{q} + a_2 \cdot T_{\mathrm{B}}^{q} + a_3 \cdot T_{\mathrm{C}}^{q})$ 为内插计算得到的流动站卫星 p、q 的非差对流层延迟和卫星轨道等误差改正数。经过内插的流动站 P1 伪距观测值的误差改正数改正后，观测方程式(6.11)中的电离层延迟误差项 $(I_{1\mathrm{U}}^{p} - I_{1\mathrm{U}}^{q})$ 和对流层延迟误差及卫星轨道误差项 $(T_{\mathrm{U}}^{p} - T_{\mathrm{U}}^{q})$ 可以被消除或大大削弱。即式(6.7)、式(6.8)相减得到

流动站卫星 p、q 的单差 P1 伪距观测方程式(6.12),可消除卫星钟差、接收机钟差,基本消除或大大削弱了对流层延迟误差,电离层延迟误差和卫星轨道误差等误差[3]。

$$P_{1U}^{p} - P_{1U}^{q} - (\mathrm{Cor}_{1U}^{p} - \mathrm{Cor}_{1U}^{q}) = (\boldsymbol{H}^{p} - \boldsymbol{H}^{q}) \cdot \delta\boldsymbol{X} + (\rho_{0U}^{p} - \rho_{0U}^{q}) + (I_{1U}^{p} - I_{1U}^{q}) + (T_{U}^{p} - T_{U}^{q}) - c \cdot (t^{p} - t^{q}) - (\mathrm{Cor}_{1U}^{p} - \mathrm{Cor}_{1U}^{q}) + \Delta\varepsilon_{1U}^{pq} \tag{6.12}$$

误差拟合的精度是由 3 个系数决定的,如果误差计算的精度足够高,则式(6.12)中不受 $(I_{1U}^{p} - I_{1U}^{q})$ 和 $(T_{U}^{p} - T_{U}^{q})$ 的影响。按照上述伪距观测值的非差误差改正数计算及改正方法,可以得到卫星 k 与 q 的单差伪距观测方程,并依次得到当前历元所有观测卫星在消除误差后的伪距观测方程,然后可进行流动站的定位,计算出相对于伪距单点定位精度较高的流动站坐标。利用上述非差误差改正方法,也可对流动站的 P2 伪距观测值进行误差改正,其过程与 P1 伪距观测值的非差误差改正相同[4-5]。使用这种非差误差改正方法进行流动站定位,可以取得与双差网络差分定位等效的结果。

6.1.2 载波相位观测值的非差误差改正方法

载波相位观测值的非差误差改正数计算和流动站误差改正过程[1](以 L1 载波相位观测值为例)如下:首先计算基准站 L1 载波相位观测值的非差误差改正数,因为基准站的多路径效应影响可以忽略,所以基准站 A、B、C 上的 L1 载波相位的非差观测方程可表示为

$$\begin{cases} \lambda_1 \cdot \Phi_{1A}^{S} = \rho_{A}^{S} - \lambda_1 \cdot N_{1A}^{S} - I_{1A}^{S} + T_{A}^{S} - c \cdot t^{S} + c \cdot t_{A} + \varepsilon_{1A}^{S} \\ \lambda_1 \cdot \Phi_{1B}^{S} = \rho_{B}^{S} - \lambda_1 \cdot N_{1B}^{S} - I_{1B}^{S} + T_{B}^{S} - c \cdot t^{S} + c \cdot t_{B} + \varepsilon_{1B}^{S} \\ \lambda_1 \cdot \Phi_{1C}^{S} = \rho_{C}^{S} - \lambda_1 \cdot N_{1C}^{S} - I_{1C}^{S} + T_{C}^{S} - c \cdot t^{S} + c \cdot t_{C} + \varepsilon_{1C}^{S} \end{cases} \tag{6.13}$$

流动站的 L1 载波相位的非差观测方程为

$$\lambda_1 \cdot \Phi_{1U}^{S} = \boldsymbol{H}^{S} \cdot \delta\boldsymbol{X} + \rho_{0U}^{S} - \lambda_1 \cdot N_{1U}^{S} - I_{1U}^{S} + T_{U}^{S} - c \cdot t^{S} + c \cdot t_{U} + \varepsilon_{1U}^{S} \tag{6.14}$$

式(6.13)、式(6.14)中:Φ 为载波相位观测值;$\lambda_1 = c/f_1$,为 L1 载波相位的波长;f 为载波相位的频率;N 为模糊度;下标 1 表示 L1 载波上的观测值;ε 为载波相位的观测噪声;其他符号含义与式(6.1)、式(6.2)中相同。

以 3 颗卫星 $S = p,k,q$ 为例进行公式推导,以基准站 A 为例,卫星 p 的非差(观测值减计算值) OMC_{A}^{p} 为

$$\mathrm{OMC}_{A}^{p} = \lambda_1 \cdot \Phi_{1A}^{p} - \rho_{A}^{p} = -\lambda_1 \cdot N_{1A}^{p} - I_{1A}^{p} + T_{A}^{p} - c \cdot t^{p} + c \cdot t_{A} + \varepsilon_{1A}^{p} \tag{6.15}$$

在非差模糊度确定的情况下,以米为单位的非差误差改正数为

$$\mathrm{Cor}_{1A}^{p} = \mathrm{OMC}_{A}^{p} + \lambda_1 \cdot N_{1A}^{p} = -I_{1A}^{p} + T_{A}^{p} - c \cdot t^{p} + c \cdot t_{A} + \varepsilon_{1A}^{p} \tag{6.16}$$

类似地可以得到卫星 p、k、q 在基准站 A、B、C 上的 L1 载波相位观测值的非差误差改正数,并通过内插计算得到流动站上 3 颗卫星 p、k、q 的 L1 载波相位观测值

的非差误差改正数为

$$
\begin{bmatrix} \mathrm{Cor}_{1\mathrm{U}}^{p} \\ \mathrm{Cor}_{1\mathrm{U}}^{k} \\ \mathrm{Cor}_{1\mathrm{U}}^{q} \end{bmatrix} = \left(\begin{bmatrix} \mathrm{Cor}_{1\mathrm{A}}^{p} & \mathrm{Cor}_{1\mathrm{B}}^{p} & \mathrm{Cor}_{1\mathrm{C}}^{p} \\ \mathrm{Cor}_{1\mathrm{A}}^{k} & \mathrm{Cor}_{1\mathrm{B}}^{k} & \mathrm{Cor}_{1\mathrm{C}}^{k} \\ \mathrm{Cor}_{1\mathrm{A}}^{q} & \mathrm{Cor}_{1\mathrm{B}}^{q} & \mathrm{Cor}_{1\mathrm{C}}^{q} \end{bmatrix} \right) \cdot \begin{bmatrix} a_1 \\ a_2 \\ a_3 \end{bmatrix} =
$$

$$
\left(\begin{bmatrix} \mathrm{OMC}_{\mathrm{A}}^{p} + \lambda_1 \cdot N_{1\mathrm{A}}^{p} & \mathrm{OMC}_{\mathrm{B}}^{p} + \lambda_1 \cdot N_{1\mathrm{B}}^{p} & \mathrm{OMC}_{\mathrm{C}}^{p} + \lambda_1 \cdot N_{1\mathrm{C}}^{p} \\ \mathrm{OMC}_{\mathrm{A}}^{k} + \lambda_1 \cdot N_{1\mathrm{A}}^{k} & \mathrm{OMC}_{\mathrm{B}}^{k} + \lambda_1 \cdot N_{1\mathrm{B}}^{k} & \mathrm{OMC}_{\mathrm{C}}^{k} + \lambda_1 \cdot N_{1\mathrm{C}}^{k} \\ \mathrm{OMC}_{\mathrm{A}}^{q} + \lambda_1 \cdot N_{1\mathrm{A}}^{q} & \mathrm{OMC}_{\mathrm{B}}^{q} + \lambda_1 \cdot N_{1\mathrm{B}}^{q} & \mathrm{OMC}_{\mathrm{C}}^{q} + \lambda_1 \cdot N_{1\mathrm{C}}^{q} \end{bmatrix} \right) \cdot \begin{bmatrix} a_1 \\ a_2 \\ a_3 \end{bmatrix} =
$$

$$
\left(\begin{bmatrix} \mathrm{OMC}_{\mathrm{A}}^{p} & \mathrm{OMC}_{\mathrm{B}}^{p} & \mathrm{OMC}_{\mathrm{C}}^{p} \\ \mathrm{OMC}_{\mathrm{A}}^{k} & \mathrm{OMC}_{\mathrm{B}}^{k} & \mathrm{OMC}_{\mathrm{C}}^{k} \\ \mathrm{OMC}_{\mathrm{A}}^{q} & \mathrm{OMC}_{\mathrm{B}}^{q} & \mathrm{OMC}_{\mathrm{C}}^{q} \end{bmatrix} + \lambda_1 \cdot \begin{bmatrix} N_{1\mathrm{A}}^{p} & N_{1\mathrm{B}}^{p} & N_{1\mathrm{C}}^{p} \\ N_{1\mathrm{A}}^{k} & N_{1\mathrm{B}}^{k} & N_{1\mathrm{C}}^{k} \\ N_{1\mathrm{A}}^{q} & N_{1\mathrm{B}}^{q} & N_{1\mathrm{C}}^{q} \end{bmatrix} \right) \cdot \begin{bmatrix} a_1 \\ a_2 \\ a_3 \end{bmatrix} \tag{6.17}
$$

式中

$$
N_{1\mathrm{B}}^{p} = N_{1\mathrm{A}}^{p} - N_{1\mathrm{A}}^{q} + N_{1\mathrm{B}}^{q} - N_{1\mathrm{AB}}^{pq}, \quad N_{1\mathrm{C}}^{p} = N_{1\mathrm{A}}^{p} - N_{1\mathrm{A}}^{q} + N_{1\mathrm{C}}^{q} - N_{1\mathrm{AC}}^{pq}
$$

$$
N_{1\mathrm{B}}^{k} = N_{1\mathrm{A}}^{k} - N_{1\mathrm{A}}^{q} + N_{1\mathrm{B}}^{q} - N_{1\mathrm{AB}}^{kq}, \quad N_{1\mathrm{C}}^{k} = N_{1\mathrm{A}}^{k} - N_{1\mathrm{A}}^{q} + N_{1\mathrm{C}}^{q} - N_{1\mathrm{AC}}^{kq}
$$

$N_{1\mathrm{AB}}^{pq}$、$N_{1\mathrm{AC}}^{pq}$、$N_{1\mathrm{AB}}^{kq}$、$N_{1\mathrm{AC}}^{kq}$ 为双差整周模糊度，上标表示卫星号，下标表示基准站。流动站非差内插系数 a_1、a_2、a_3 与式(6.4)中的内插系数相同。

流动站 L1 载波相位观测值的非差误差改正数可以表示为

$$
\begin{cases} \mathrm{Cor}_{\mathrm{U}}^{p} = a_1 \cdot \mathrm{OMC}_{\mathrm{A}}^{p} + a_2 \cdot \mathrm{OMC}_{\mathrm{B}}^{p} + a_3 \cdot \mathrm{OMC}_{\mathrm{C}}^{p} + \lambda_1 \cdot (a_1 \cdot N_{1\mathrm{A}}^{p} + a_2 \cdot N_{1\mathrm{B}}^{p} + a_3 \cdot N_{1\mathrm{C}}^{p}) \\ \mathrm{Cor}_{\mathrm{U}}^{k} = a_1 \cdot \mathrm{OMC}_{\mathrm{A}}^{k} + a_2 \cdot \mathrm{OMC}_{\mathrm{B}}^{k} + a_3 \cdot \mathrm{OMC}_{\mathrm{C}}^{k} + \lambda_1 \cdot (a_1 \cdot N_{1\mathrm{A}}^{k} + a_2 \cdot N_{1\mathrm{B}}^{k} + a_3 \cdot N_{1\mathrm{C}}^{k}) \\ \mathrm{Cor}_{\mathrm{U}}^{q} = a_1 \cdot \mathrm{OMC}_{\mathrm{A}}^{q} + a_2 \cdot \mathrm{OMC}_{\mathrm{B}}^{q} + a_3 \cdot \mathrm{OMC}_{\mathrm{C}}^{q} + \lambda_1 \cdot (a_1 \cdot N_{1\mathrm{A}}^{q} + a_2 \cdot N_{1\mathrm{B}}^{q} + a_3 \cdot N_{1\mathrm{C}}^{q}) \end{cases} \tag{6.18}
$$

忽略了基准站观测噪声后，流动站卫星p、q的 L1 载波相位观测值的非差误差改正数的详细表达式为

$$
\begin{aligned} \mathrm{Cor}_{1\mathrm{U}}^{p} = {} & a_1 \cdot \mathrm{OMC}_{\mathrm{A}}^{p} + a_2 \cdot \mathrm{OMC}_{\mathrm{B}}^{p} + a_3 \cdot \mathrm{OMC}_{\mathrm{C}}^{p} + \lambda_1 \cdot (a_1 \cdot N_{1\mathrm{A}}^{p} + a_2 \cdot N_{1\mathrm{B}}^{p} + a_3 \cdot N_{1\mathrm{C}}^{p}) = \\ & a_1 \cdot (-\lambda_1 \cdot N_{1\mathrm{A}}^{p} - I_{1\mathrm{A}}^{p} + T_{\mathrm{A}}^{p} - c \cdot t^{p} + c \cdot t_{\mathrm{A}}) + a_2 \cdot (-\lambda_1 \cdot N_{1\mathrm{B}}^{p} - I_{1\mathrm{B}}^{p} + \\ & T_{\mathrm{B}}^{p} - c \cdot t^{p} + c \cdot t_{\mathrm{B}}) + a_3 \cdot (-\lambda_1 \cdot N_{1\mathrm{C}}^{p} - I_{1\mathrm{C}}^{p} + T_{\mathrm{C}}^{p} - c \cdot t^{p} + c \cdot t_{\mathrm{C}}) + \lambda_1 \cdot \\ & (a_1 \cdot N_{1\mathrm{A}}^{p} + a_2 \cdot N_{1\mathrm{B}}^{p} + a_3 \cdot N_{1\mathrm{C}}^{p}) = \\ & a_1 \cdot (-I_{1\mathrm{A}}^{p} + T_{\mathrm{A}}^{p} + c \cdot t_{\mathrm{A}}) + a_2 \cdot (-I_{1\mathrm{B}}^{p} + T_{\mathrm{B}}^{p} + c \cdot t_{\mathrm{B}}) + a_3 \cdot (-I_{1\mathrm{C}}^{p} + T_{\mathrm{C}}^{p} + \\ & c \cdot t_{\mathrm{C}}) - c \cdot t^{p} \end{aligned} \tag{6.19}
$$

$$
\begin{aligned} \mathrm{Cor}_{1\mathrm{U}}^{q} = {} & a_1 \cdot \mathrm{OMC}_{\mathrm{A}}^{q} + a_2 \cdot \mathrm{OMC}_{\mathrm{B}}^{q} + a_3 \cdot \mathrm{OMC}_{\mathrm{C}}^{q} + \lambda_1 \cdot (a_1 \cdot N_{1\mathrm{A}}^{q} + a_2 \cdot N_{1\mathrm{B}}^{q} + a_3 \cdot N_{1\mathrm{C}}^{q}) = \\ & a_1 \cdot (-\lambda_1 \cdot N_{1\mathrm{A}}^{q} - I_{1\mathrm{A}}^{q} + T_{\mathrm{A}}^{q} - c \cdot t^{q} + c \cdot t_{\mathrm{A}}) + a_2 \cdot (-\lambda_1 \cdot N_{1\mathrm{B}}^{q} - I_{1\mathrm{B}}^{q} + T_{\mathrm{B}}^{q} - \\ & c \cdot t^{q} + c \cdot t_{\mathrm{B}}) + a_3 \cdot (-\lambda_1 \cdot N_{1\mathrm{C}}^{q} - I_{1\mathrm{C}}^{q} + T_{\mathrm{C}}^{q} - c \cdot t^{q} + c \cdot t_{\mathrm{C}}) + \lambda_1 \cdot (a_1 \cdot N_{1\mathrm{A}}^{q} + \\ & a_2 \cdot N_{1\mathrm{B}}^{q} + a_3 \cdot N_{1\mathrm{C}}^{q}) = \\ & a_1 \cdot (-I_{1\mathrm{A}}^{q} + T_{\mathrm{A}}^{q} + c \cdot t_{\mathrm{A}}) + a_2 \cdot (-I_{1\mathrm{B}}^{q} + T_{\mathrm{B}}^{q} + c \cdot t_{\mathrm{B}}) + a_3 \cdot (-I_{1\mathrm{C}}^{q} + T_{\mathrm{C}}^{q} + \\ & t_{\mathrm{C}}) - c \cdot t^{q} \end{aligned} \tag{6.20}
$$

流动站卫星 p、q 的 L1 载波相位观测值经非差误差改正数改正后的非差观测方程为

$$\lambda_1 \cdot \Phi_{1\mathrm{U}}^{p} - \mathrm{Cor}_{1\mathrm{U}}^{p} = \boldsymbol{H}^{p} \cdot \delta\boldsymbol{X} + \rho_{0\mathrm{U}}^{p} - \lambda_1 \cdot N_{1\mathrm{U}}^{p} - I_{1\mathrm{U}}^{p} + T_{\mathrm{U}}^{p} - c \cdot t^{p} + c \cdot t_{\mathrm{U}} + \varepsilon_{1\mathrm{U}}^{p} - \mathrm{Cor}_{1\mathrm{U}}^{p} \tag{6.21}$$

$$\lambda_1 \cdot \Phi_{1\mathrm{U}}^{q} - \mathrm{Cor}_{1\mathrm{U}}^{q} = \boldsymbol{H}^{q} \cdot \delta\boldsymbol{X} + \rho_{0\mathrm{U}}^{q} - \lambda_1 \cdot N_{1\mathrm{U}}^{q} - I_{1\mathrm{U}}^{q} + T_{\mathrm{U}}^{q} - c \cdot t^{q} + c \cdot t_{\mathrm{U}} + \varepsilon_{1\mathrm{U}}^{q} - \mathrm{Cor}_{1\mathrm{U}}^{q} \tag{6.22}$$

将非差误差改正数式(6.19)和式(6.20)代入流动站 L1 载波相位观测方程式(6.21)、式(6.22),则卫星 p、q 的 L1 载波相位观测方程为

$$\begin{aligned}\lambda_1 \cdot \Phi_{1\mathrm{U}}^{p} - \mathrm{Cor}_{1\mathrm{U}}^{p} &= \boldsymbol{H}^{p} \cdot \delta\boldsymbol{X} + \rho_{0\mathrm{U}}^{p} - \lambda_1 \cdot N_{1\mathrm{U}}^{p} - I_{1\mathrm{U}}^{p} + T_{\mathrm{U}}^{p} - c \cdot t^{p} + c \cdot t_{\mathrm{U}} - \\ &\quad \begin{pmatrix} a_1 \cdot (-I_{1\mathrm{A}}^{p} + T_{\mathrm{A}}^{p} + c \cdot t_{\mathrm{A}}) + a_2 \cdot (-I_{1\mathrm{B}}^{p} + T_{\mathrm{B}}^{p} + c \cdot t_{\mathrm{B}}) + \\ a_3 \cdot (-I_{1\mathrm{C}}^{p} + T_{\mathrm{C}}^{p} + c \cdot t_{\mathrm{C}}) - c \cdot t^{p} \end{pmatrix} = \\ &\quad \boldsymbol{H}^{p} \cdot \delta\boldsymbol{X} + \rho_{0\mathrm{U}}^{p} - \lambda_1 \cdot N_{1\mathrm{U}}^{p} - I_{1\mathrm{U}}^{p} + T_{\mathrm{U}}^{p} + c \cdot t_{\mathrm{U}} - \\ &\quad \begin{pmatrix} a_1 \cdot (-I_{1\mathrm{A}}^{p} + T_{\mathrm{A}}^{p} + c \cdot t_{\mathrm{A}}) + a_2 \cdot (-I_{1\mathrm{B}}^{p} + T_{\mathrm{B}}^{p} + c \cdot t_{\mathrm{B}}) + \\ a_3 \cdot (-I_{1\mathrm{C}}^{p} + T_{\mathrm{C}}^{p} + c \cdot t_{\mathrm{C}}) \end{pmatrix}\end{aligned} \tag{6.23}$$

$$\begin{aligned}\lambda_1 \cdot \Phi_{1\mathrm{U}}^{q} - \mathrm{Cor}_{1\mathrm{U}}^{q} &= \boldsymbol{H}^{q} \cdot \delta\boldsymbol{X} + \rho_{0\mathrm{U}}^{q} - \lambda_1 \cdot N_{1\mathrm{U}}^{q} - I_{1\mathrm{U}}^{q} + T_{\mathrm{U}}^{q} - c \cdot t^{q} + c \cdot t_{\mathrm{U}} - \\ &\quad \begin{pmatrix} a_1 \cdot (-I_{1\mathrm{A}}^{q} + T_{\mathrm{A}}^{q} + c \cdot t_{\mathrm{A}}) + a_2 \cdot (-I_{1\mathrm{B}}^{q} + T_{\mathrm{B}}^{q} + c \cdot t_{\mathrm{B}}) + \\ a_3 \cdot (-I_{1\mathrm{C}}^{q} + T_{\mathrm{C}}^{q} + c \cdot t_{\mathrm{C}}) - c \cdot t^{q} \end{pmatrix} = \\ &\quad \boldsymbol{H}^{q} \cdot \delta\boldsymbol{X} + \rho_{0\mathrm{U}}^{q} - \lambda_1 \cdot N_{1\mathrm{U}}^{q} - I_{1\mathrm{U}}^{q} + T_{\mathrm{U}}^{q} + c \cdot t_{\mathrm{U}} - \\ &\quad \begin{pmatrix} a_1 \cdot (-I_{1\mathrm{A}}^{q} + T_{\mathrm{A}}^{q} + c \cdot t_{\mathrm{A}}) + a_2 \cdot (-I_{1\mathrm{B}}^{q} + T_{\mathrm{B}}^{q} + c \cdot t_{\mathrm{B}}) + \\ a_3 \cdot (-I_{1\mathrm{C}}^{q} + T_{\mathrm{C}}^{q} + c \cdot t_{\mathrm{C}}) \end{pmatrix}\end{aligned} \tag{6.24}$$

将式(6.23)、式(6.24)相减得

$$\begin{aligned}&\lambda_1 \cdot \Phi_{1\mathrm{U}}^{p} - \lambda_1 \cdot \Phi_{1\mathrm{U}}^{q} - (\mathrm{Cor}_{1\mathrm{U}}^{p} - \mathrm{Cor}_{1\mathrm{U}}^{q}) = (\boldsymbol{H}^{p} - \boldsymbol{H}^{q}) \cdot \delta\boldsymbol{X} + (\rho_{0\mathrm{U}}^{p} - \rho_{0\mathrm{U}}^{q}) - \\ &\quad \lambda_1 \cdot (N_{1\mathrm{U}}^{p} - N_{1\mathrm{U}}^{q}) - (I_{1\mathrm{U}}^{p} - I_{1\mathrm{U}}^{q}) + (T_{\mathrm{U}}^{p} - T_{\mathrm{U}}^{q}) - \\ &\quad \left(\begin{pmatrix} a_1 \cdot (-I_{1\mathrm{A}}^{p} + T_{\mathrm{A}}^{p} + c \cdot t_{\mathrm{A}}) + a_2 \cdot (-I_{1\mathrm{B}}^{p} + T_{\mathrm{B}}^{p} + c \cdot t_{\mathrm{B}}) + \\ a_3 \cdot (-I_{1\mathrm{C}}^{p} + T_{\mathrm{C}}^{p} + c \cdot t_{\mathrm{C}}) \end{pmatrix} - \begin{pmatrix} a_1 \cdot (-I_{1\mathrm{A}}^{q} + T_{\mathrm{A}}^{q} + c \cdot t_{\mathrm{A}}) + a_2 \cdot (-I_{1\mathrm{B}}^{q} + T_{\mathrm{B}}^{q} + c \cdot t_{\mathrm{B}}) + \\ a_3 \cdot (-I_{1\mathrm{C}}^{q} + T_{\mathrm{C}}^{q} + c \cdot t_{\mathrm{C}}) \end{pmatrix} \right)\end{aligned} \tag{6.25}$$

两式相减后,消除了流动站钟差 t_{U} 和基准站钟差 t_{A}、t_{B}、t_{C},得

$$\begin{aligned}&\lambda_1 \cdot \Phi_{1\mathrm{U}}^{p} - \lambda_1 \cdot \Phi_{1\mathrm{U}}^{q} - (\mathrm{Cor}_{1\mathrm{U}}^{p} - \mathrm{Cor}_{1\mathrm{U}}^{q}) = (\boldsymbol{H}^{p} - \boldsymbol{H}^{q}) \cdot \delta\boldsymbol{X} + (\rho_{0\mathrm{U}}^{p} - \rho_{0\mathrm{U}}^{q}) - \\ &\quad \lambda_1 \cdot (N_{1\mathrm{U}}^{p} - N_{1\mathrm{U}}^{q}) - (I_{1\mathrm{U}}^{p} - I_{1\mathrm{U}}^{q}) + (T_{\mathrm{U}}^{p} - T_{\mathrm{U}}^{q}) - \\ &\quad \begin{pmatrix} (a_1 \cdot (-I_{1\mathrm{A}}^{p} + T_{\mathrm{A}}^{p}) + a_2 \cdot (-I_{1\mathrm{B}}^{p} + T_{\mathrm{B}}^{p}) + a_3 \cdot (-I_{1\mathrm{C}}^{p} + T_{\mathrm{C}}^{p})) - \\ (a_1 \cdot (-I_{1\mathrm{A}}^{q} + T_{\mathrm{A}}^{q}) + a_2 \cdot (-I_{1\mathrm{B}}^{q} + T_{\mathrm{B}}^{q}) + a_3 \cdot (-I_{1\mathrm{C}}^{q} + T_{\mathrm{C}}^{q})) \end{pmatrix} =\end{aligned}$$

$$(\boldsymbol{H}^p-\boldsymbol{H}^q)\cdot\delta\boldsymbol{X}+(\rho_{0\mathrm{U}}^{\ p}-\rho_{0\mathrm{U}}^{\ q})-\lambda_1\cdot(N_{1\mathrm{U}}^{\ p}-N_{1\mathrm{U}}^{\ q})-(I_{1\mathrm{U}}^{\ p}-I_{1\mathrm{U}}^{\ q})+(T_{\mathrm{U}}^p-T_{\mathrm{U}}^q)+((a_1\cdot I_{1\mathrm{A}}^{\ p}+a_2\cdot I_{1\mathrm{B}}^{\ p}+a_3\cdot I_{1\mathrm{C}}^{\ p})-(a_1\cdot I_{1\mathrm{A}}^{\ q}+a_2\cdot I_{1\mathrm{B}}^{\ q}+a_3\cdot I_{1\mathrm{C}}^{\ q}))-((a_1\cdot T_{\mathrm{A}}^p+a_2\cdot T_{\mathrm{B}}^p+a_3\cdot T_{\mathrm{C}}^p)-(a_1\cdot T_{\mathrm{A}}^q+a_2\cdot T_{\mathrm{B}}^q+a_3\cdot T_{\mathrm{C}}^q))\tag{6.26}$$

$(a_1\cdot I_{1\mathrm{A}}^{\ p}+a_2\cdot I_{1\mathrm{B}}^{\ p}+a_3\cdot I_{1\mathrm{C}}^{\ p})$、$(a_1\cdot I_{1\mathrm{A}}^{\ q}+a_2\cdot I_{1\mathrm{B}}^{\ q}+a_3\cdot I_{1\mathrm{C}}^{\ q})$ 为内插计算出的流动站 L1 载波相位观测值的非差电离层延迟误差改正数，$(a_1\cdot T_{\mathrm{A}}^p+a_2\cdot T_{\mathrm{B}}^p+a_3\cdot T_{\mathrm{C}}^p)$、$(a_1\cdot T_{\mathrm{A}}^q+a_2\cdot T_{\mathrm{B}}^q+a_3\cdot T_{\mathrm{C}}^q)$ 为内插得到的流动站非差对流层延迟误差和卫星轨道误差改正数。经过内插出的流动站 L1 载波相位观测值的非差误差改正数改正后，观测方程式(6.26)中的电离层延迟误差项 $(I_{1\mathrm{U}}^{\ p}-I_{1\mathrm{U}}^{\ q})$ 和对流层延迟误差及卫星轨道误差项 $(T_{\mathrm{U}}^p-T_{\mathrm{U}}^q)$ 可以被大大削弱或消除。也就是将式(6.21)、式(6.22)相减得到流动站卫星 p、q 的单差 L1 载波相位观测方程式(6.27)，可消除卫星钟差、接收机钟差，基本消除或大大削弱对流层延迟误差，电离层延迟误差和卫星轨道误差等误差。

$$\lambda_1\cdot\Phi_{1\mathrm{U}}^{\ p}-\lambda_1\cdot\Phi_{1\mathrm{U}}^{\ q}-(\mathrm{Cor}_{1\mathrm{U}}^{\ p}-\mathrm{Cor}_{1\mathrm{U}}^{\ q})=(\boldsymbol{H}^p-\boldsymbol{H}^q)\cdot\delta\boldsymbol{X}+(\rho_{0\mathrm{U}}^{\ p}-\rho_{0\mathrm{U}}^{\ q})-\lambda_1\cdot(N_{1\mathrm{U}}^{\ p}-N_{1\mathrm{U}}^{\ q})-(I_{1\mathrm{U}}^{\ p}+I_{1\mathrm{U}}^{\ q})+(T_{\mathrm{U}}^p-T_{\mathrm{U}}^q)+c(t^p-t^q)-(\mathrm{Cor}_{1\mathrm{U}}^{\ p}-\mathrm{Cor}_{1\mathrm{U}}^{\ q})+\Delta\boldsymbol{\varepsilon}_1^{pq}\tag{6.27}$$

按照上述载波观测值非差误差改正数的计算及流动站改正方法，可得到形如式(6.27)的另一颗卫星 k 与 q 的单差 L1 载波相位观测方程。并可以依次推导出流动站上当前历元所有观测卫星在消除误差后的 L1 载波相位观测方程。利用上述非差误差改正方法，可对流动站各观测卫星的 L2 载波相位观测值进行非差误差改正，其过程与 L1 载波相位观测值的非差误差改正相同。

6.2 分类区域误差的非差改正方法

在网络 RTK 的各种定位误差中，对 GNSS 卫星信号具有色散性影响的电离层延迟误差和其他定位误差的误差特性不同[6-7]。根据色散性误差和非差色散性误差的不同特性，区域内非差电离层延迟误差和非色散性误差的内插计算可分开进行，也就是使用非差区域误差的分类误差改正方法[8-9]。分类区域误差的非差改正方法将电离层延迟误差和非色散性误差分离开，分别建立误差改正模型，不仅能够更好地描述电离层延迟误差，还能够为流动站用户提供多种误差改正数[10]。分类区域误差的非差改正过程如图 6.2 所示。

图中测站 A、B、C 为区域基准站，U 为用户流动站，误差内插面 1 为基准站和流动站所在的地球表面，误差内插面 2 的高度为中心电离层高度。在内插面 2 上进行流动站非差电离层延迟误差的内插计算，可取 350km 的中心电离层高度，误差内插面 2 上 I 点为流动站用户 U 观测到该颗 GNSS 卫星的电离层穿刺点。

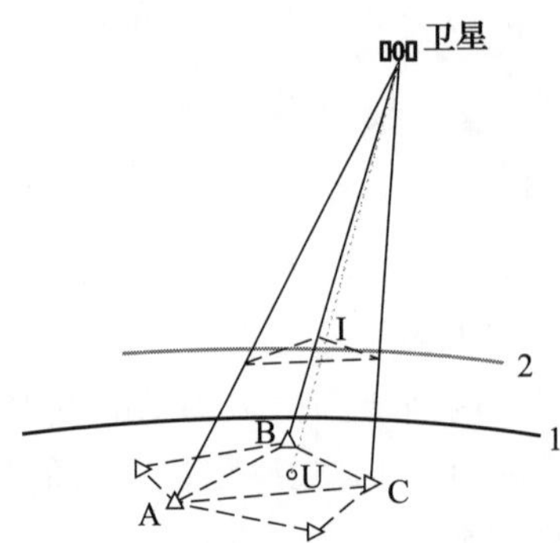

图 6.2　分类区域误差的非差改正示意图

6.2.1　非差伪距观测值分类误差改正方法

基准站 A、B、C 上的 P1 伪距观测值的非差观测方程已在 6.1.1 节中由式(6.1)给出。P2 伪距观测值的非差观测方程与 P1 伪距观测值类似,设基准站的多路径效应影响可以忽略,则基准站 A、B、C 上的 P2 伪距观测值的非差观测方程为

$$\begin{cases} P_{2\mathrm{A}}^{S} = \rho_{\mathrm{A}}^{S} + \dfrac{f_1^2}{f_2^2} \cdot I_{1\mathrm{A}}^{S} + T_{\mathrm{A}}^{S} - c \cdot t^{S} + c \cdot t_{\mathrm{A}} + \varepsilon_{2\mathrm{A}}^{S} \\ P_{2\mathrm{B}}^{S} = \rho_{\mathrm{B}}^{S} + \dfrac{f_1^2}{f_2^2} \cdot I_{1\mathrm{B}}^{S} + T_{\mathrm{B}}^{S} - c \cdot t^{S} + c \cdot t_{\mathrm{B}} + \varepsilon_{2\mathrm{B}}^{S} \\ P_{2\mathrm{C}}^{S} = \rho_{\mathrm{C}}^{S} + \dfrac{f_1^2}{f_2^2} \cdot I_{1\mathrm{C}}^{S} + T_{\mathrm{C}}^{S} - c \cdot t^{S} + c \cdot t_{\mathrm{C}} + \varepsilon_{2\mathrm{C}}^{S} \end{cases} \tag{6.28}$$

流动站的 P1 伪距观测值的非差观测方程如 6.1.1 节中式(6.2)所示,P2 伪距观测值的非差观测方程为

$$P_{2\mathrm{U}}^{S} = \boldsymbol{H}^{S} \cdot \delta \boldsymbol{X} + \rho_{0\mathrm{U}}^{S} + \frac{f_1^2}{f_2^2} \cdot I_{1\mathrm{U}}^{S} + T_{\mathrm{U}}^{S} - c \cdot t^{S} + c \cdot t_{\mathrm{U}} + \varepsilon_{2\mathrm{U}}^{S} \tag{6.29}$$

式(6.28)、式(6.29)中:各符号与 P1 伪距观测值观测方程式(6.1)、式(6.2)中的符号含义相同;f 为信号频率;下标 2 表示 L2 载波上的观测值。以 3 颗卫星为例进行公式推导,取 $S = p,k,q$。

在 GNSS 卫星定位中,电离层延迟误差是与卫星信号频率有关的,即色散性误差[11]。由于 L1 和 L2 载波的频率不同,所以 P1 和 P2 伪距观测值的电离层延迟误差不同。对流层延迟误差、卫星轨道误差、接收机钟差及接收机硬件误差、卫星钟差及卫星硬件误差等误差都是与频率无关的,即非色散性误差,这些误差在两个频率的伪距观测值中是相同的[12]。

以基准站 A 上卫星 p 为例,将卫星 p 的 P1 和 P2 伪距观测方程相减后,整理可得 P1 伪距观测值的非差电离层延迟误差为

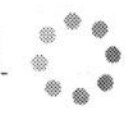

$$I_{1\mathrm{A}}^{\ p} = \frac{f_2^2}{f_2^2 - f_1^2} \cdot (P_{1\mathrm{A}}^{\ p} - P_{2\mathrm{A}}^{\ p} + \varepsilon_{1\mathrm{A}}^{\ p}) \tag{6.30}$$

而除电离层延迟误差以外的与频率无关的非差误差设为 B_{A}^{p}，可通过 P1 和 P2 伪距观测方程组合得到 B_{A}^{p} 的表达式为

$$B_{\mathrm{A}}^{p} = T_{\mathrm{A}}^{p} - c \cdot t^{p} + c \cdot t_{\mathrm{A}} = \frac{f_2^2}{f_2^2 - f_1^2} \cdot (P_{2\mathrm{A}}^{\ p} - \rho_{\mathrm{A}}^{p}) - \frac{f_1^2}{f_2^2 - f_1^2} \cdot (P_{1\mathrm{A}}^{\ p} - \rho_{\mathrm{A}}^{p}) + \varepsilon_{\mathrm{A}}^{p} \tag{6.31}$$

类似地可以得到卫星 p, q, k 在基准站 A、B、C 上的 P1 伪距观测值的非差电离层延迟误差改正数，及与频率无关的非色散性误差改正数，并通过内插计算得到流动站上非色散性误差的改正数和 P1 伪距观测值的非差电离层延迟误差改正数：

流动站非差误差内插系数的关系为 $a_{\mathrm{A}}^{\mathrm{I}} + a_{\mathrm{B}}^{\mathrm{I}} + a_{\mathrm{C}}^{\mathrm{I}} = 1$，$a_{\mathrm{A}} + a_{\mathrm{B}} + a_{\mathrm{C}} = 1$ [1]。$a_{\mathrm{A}}^{\mathrm{I}}$、$a_{\mathrm{B}}^{\mathrm{I}}$、$a_{\mathrm{C}}^{\mathrm{I}}$ 为非差电离层延迟误差的内插系数，利用各测站上每颗卫星的穿刺点坐标计算得到。a_{A}、a_{B}、a_{C} 为非差非色散性误差内插的系数，可以根据流动站与基准站网各站间的相对位置计算得到，a_{A}、a_{B}、a_{C} 可使用与 7.1.1 节中相同的误差内插系数。

$$\begin{cases} I_{1\ \mathrm{U}}^{\mathrm{Cor}\,p} = a_{\mathrm{A}}^{\mathrm{I}} \cdot I_{1\mathrm{A}}^{\ p} + a_{\mathrm{B}}^{\mathrm{I}} \cdot I_{1\mathrm{B}}^{\ p} + a_{\mathrm{C}}^{\mathrm{I}} \cdot I_{1\mathrm{C}}^{\ p} \\ B_{\ \mathrm{U}}^{\mathrm{Cor}\,p} = a_{\mathrm{A}} \cdot B_{\mathrm{A}}^{p} + a_{\mathrm{B}} \cdot B_{\mathrm{B}}^{p} + a_{\mathrm{C}} \cdot B_{\mathrm{C}}^{p} \\ I_{1\ \mathrm{U}}^{\mathrm{Cor}\,k} = a_{\mathrm{A}}^{\mathrm{I}} \cdot I_{1\mathrm{A}}^{\ k} + a_{\mathrm{B}}^{\mathrm{I}} \cdot I_{1\mathrm{B}}^{\ k} + a_{\mathrm{C}}^{\mathrm{I}} \cdot I_{1\mathrm{C}}^{\ k} \\ B_{\ \mathrm{U}}^{\mathrm{Cor}\,k} = a_{\mathrm{A}} \cdot B_{\mathrm{A}}^{k} + a_{\mathrm{B}} \cdot B_{\mathrm{B}}^{k} + a_{\mathrm{C}} \cdot B_{\mathrm{C}}^{k} \\ I_{1\ \mathrm{U}}^{\mathrm{Cor}\,q} = a_{\mathrm{A}}^{\mathrm{I}} \cdot I_{1\mathrm{A}}^{\ q} + a_{\mathrm{B}}^{\mathrm{I}} \cdot I_{1\mathrm{B}}^{\ q} + a_{\mathrm{C}}^{\mathrm{I}} \cdot I_{1\mathrm{C}}^{\ q} \\ B_{\ \mathrm{U}}^{\mathrm{Cor}\,q} = a_{\mathrm{A}} \cdot B_{\mathrm{A}}^{q} + a_{\mathrm{B}} \cdot B_{\mathrm{B}}^{q} + a_{\mathrm{C}} \cdot B_{\mathrm{C}}^{q} \end{cases} \tag{6.32}$$

利用内插出的流动站非差误差改正数改正流动站卫星 p、q 的 P1 伪距观测方程：

$$P_{1\mathrm{U}}^{\ p} - I_{1\ \mathrm{U}}^{\mathrm{Cor}\,p} - B_{\ \mathrm{U}}^{\mathrm{Cor}\,p} = \boldsymbol{H}^{p} \cdot \delta\boldsymbol{X} + \rho_{0\mathrm{U}}^{\ p} + I_{1\mathrm{U}}^{\ p} + T_{\mathrm{U}}^{p} - c \cdot t^{p} + c \cdot t_{\mathrm{U}} + \varepsilon_{1\mathrm{U}}^{\ p} - I_{1\ \mathrm{U}}^{\mathrm{Cor}\,p} - B_{\ \mathrm{U}}^{\mathrm{Cor}\,p} \tag{6.33}$$

$$P_{1\mathrm{U}}^{\ q} - I_{1\ \mathrm{U}}^{\mathrm{Cor}\,q} - B_{\ \mathrm{U}}^{\mathrm{Cor}\,q} = \boldsymbol{H}^{q} \cdot \delta\boldsymbol{X} + \rho_{0\mathrm{U}}^{\ q} + I_{1\mathrm{U}}^{\ q} + T_{\mathrm{U}}^{q} - c \cdot t^{q} + c \cdot t_{\mathrm{U}} + \varepsilon_{1\mathrm{U}}^{\ q} - I_{1\ \mathrm{U}}^{\mathrm{Cor}\,q} - B_{\ \mathrm{U}}^{\mathrm{Cor}\,q} \tag{6.34}$$

流动站卫星 p 的 P1 伪距观测值误差改正后的观测方程为

$$\begin{aligned} P_{1\mathrm{U}}^{\ p} - I_{1\ \mathrm{U}}^{\mathrm{Cor}\,p} - B_{\ \mathrm{U}}^{\mathrm{Cor}\,p} = {} & \boldsymbol{H}^{p} \cdot \delta\boldsymbol{X} + \rho_{0\mathrm{U}}^{\ p} + I_{1\mathrm{U}}^{\ p} + T_{\mathrm{U}}^{p} - c \cdot t^{p} + c \cdot t_{\mathrm{U}} + \\ & \varepsilon_{1\mathrm{U}}^{\ p} - I_{1\ \mathrm{U}}^{\mathrm{Cor}\,p} - (a_{\mathrm{A}} \cdot B_{\mathrm{A}}^{p} + a_{\mathrm{B}} \cdot B_{\mathrm{B}}^{p} + a_{\mathrm{C}} \cdot B_{\mathrm{C}}^{p}) \end{aligned} \tag{6.35}$$

进一步推导为

$$\begin{aligned} P_{1\mathrm{U}}^{\ p} - I_{1\ \mathrm{U}}^{\mathrm{Cor}\,p} - B_{\ \mathrm{U}}^{\mathrm{Cor}\,p} = {} & \boldsymbol{H}^{p} \cdot \delta\boldsymbol{X} + \rho_{0\mathrm{U}}^{\ p} + I_{1\mathrm{U}}^{\ p} + T_{\mathrm{U}}^{p} - c \cdot t^{p} + c \cdot t_{\mathrm{U}} + \varepsilon_{1\mathrm{U}}^{\ p} - I_{1\ \mathrm{U}}^{\mathrm{Cor}\,p} - \\ & \begin{pmatrix} a_{\mathrm{A}} \cdot (T_{\mathrm{A}}^{p} - c \cdot t^{p} + c \cdot t_{\mathrm{A}}) + a_{\mathrm{B}} \cdot (T_{\mathrm{B}}^{p} - c \cdot t^{p} + c \cdot t_{\mathrm{B}}) + \\ a_{\mathrm{C}} \cdot (T_{\mathrm{C}}^{p} - c \cdot t^{p} + c \cdot t_{\mathrm{C}}) \end{pmatrix} \end{aligned} \tag{6.36}$$

因为内插系数之和为 1，所以有

$$P_{1\,\mathrm{U}}^{\,p} - I_{1\ \mathrm{U}}^{\mathrm{Cor}p} - B_{\ \ \mathrm{U}}^{\mathrm{Cor}p} = \boldsymbol{H}^{p} \cdot \delta\boldsymbol{X} + \rho_{0\,\mathrm{U}}^{\,p} + I_{1\,\mathrm{U}}^{\,p} + T_{\mathrm{U}}^{p} - c \cdot t^{p} + c \cdot t_{\mathrm{U}} + \varepsilon_{1\,\mathrm{U}}^{\,p} - I_{1\ \mathrm{U}}^{\mathrm{Cor}p} - \begin{pmatrix} a_{\mathrm{A}} \cdot T_{\mathrm{A}}^{p} + a_{\mathrm{B}} \cdot T_{\mathrm{B}}^{p} + a_{\mathrm{C}} \cdot T_{\mathrm{C}}^{p} + \\ a_{\mathrm{A}} \cdot c \cdot t_{\mathrm{A}} + a_{\mathrm{B}} \cdot c \cdot t_{\mathrm{B}} + a_{\mathrm{C}} \cdot c \cdot t_{\mathrm{C}} - c \cdot t^{p} \end{pmatrix} \tag{6.37}$$

$$P_{1\,\mathrm{U}}^{\,p} - I_{1\ \mathrm{U}}^{\mathrm{Cor}p} - B_{\ \ \mathrm{U}}^{\mathrm{Cor}p} = \boldsymbol{H}^{p} \cdot \delta\boldsymbol{X} + \rho_{0\,\mathrm{U}}^{\,p} + I_{1\,\mathrm{U}}^{\,p} + T_{\mathrm{U}}^{p} + c \cdot t_{\mathrm{U}} + \varepsilon_{1\,\mathrm{U}}^{\,p} - I_{1\ \mathrm{U}}^{\mathrm{Cor}p} - \begin{pmatrix} a_{\mathrm{A}} \cdot T_{\mathrm{A}}^{p} + a_{\mathrm{B}} \cdot T_{\mathrm{B}}^{p} + a_{\mathrm{C}} \cdot T_{\mathrm{C}}^{p} + \\ a_{\mathrm{A}} \cdot c \cdot t_{\mathrm{A}} + a_{\mathrm{B}} \cdot c \cdot t_{\mathrm{B}} + a_{\mathrm{C}} \cdot c \cdot t_{\mathrm{C}} \end{pmatrix} \tag{6.38}$$

可以消除卫星 p 的卫星钟差及硬件延迟误差，内插出的电离层延迟改正数 $I_{1\ \mathrm{U}}^{\mathrm{Cor}p}$ 能够改正式(6.38)中的非差电离层延迟 $I_{1\,\mathrm{U}}^{\,p}$，$(a_{\mathrm{A}} \cdot T_{\mathrm{A}}^{p} + a_{\mathrm{B}} \cdot T_{\mathrm{B}}^{p} + a_{\mathrm{C}} \cdot T_{\mathrm{C}}^{p})$ 是内插出的对流层延迟误差和卫星轨道误差，可以改正式(6.38)中的对流层延迟误差和卫星轨道误差项 T_{U}^{p}，因此式(6.38)可以表示为

$$P_{1\,\mathrm{U}}^{\,p} - I_{1\ \mathrm{U}}^{\mathrm{Cor}p} - B_{\ \ \mathrm{U}}^{\mathrm{Cor}p} = \boldsymbol{H}^{p} \cdot \delta\boldsymbol{X} + \rho_{0\,\mathrm{U}}^{\,p} + c \cdot t_{\mathrm{U}} - (a_{\mathrm{A}} \cdot c \cdot t_{\mathrm{A}} + a_{\mathrm{B}} \cdot c \cdot t_{\mathrm{B}} + a_{\mathrm{C}} \cdot c \cdot t_{\mathrm{C}}) + \xi_{\mathrm{U}}^{p} + \varepsilon_{1\,\mathrm{U}}^{\,p} \tag{6.39}$$

式中，ξ_{U}^{p} 为误差改正的残差。与卫星和信号传播有关的误差均已消除或削弱，但式(6.39)中仍含有流动站接收机钟差及接收机硬件延迟、基准站的接收机钟差及硬件延迟。

流动站卫星 p 的 P1 伪距观测值误差改正后的观测方程为

$$P_{1\,\mathrm{U}}^{\,q} - I_{1\ \mathrm{U}}^{\mathrm{Cor}q} - B_{\ \ \mathrm{U}}^{\mathrm{Cor}q} = H^{q} \cdot \delta\boldsymbol{X} + \rho_{0\,\mathrm{U}}^{\,q} + I_{1\,\mathrm{U}}^{\,q} + T_{\mathrm{U}}^{q} - c \cdot t^{q} + c \cdot t_{\mathrm{U}} + \varepsilon_{1\,\mathrm{U}}^{\,q} - I_{1\ \mathrm{U}}^{\mathrm{Cor}q} - (a_{\mathrm{A}} \cdot B_{\mathrm{A}}^{q} + a_{\mathrm{B}} \cdot B_{\mathrm{B}}^{q} + a_{\mathrm{C}} \cdot B_{\mathrm{C}}^{q}) \tag{6.40}$$

进一步推导为

$$P_{1\,\mathrm{U}}^{\,q} - I_{1\ \mathrm{U}}^{\mathrm{Cor}q} - B_{\ \ \mathrm{U}}^{\mathrm{Cor}q} = \boldsymbol{H}^{q} \cdot \delta\boldsymbol{X} + \rho_{0\,\mathrm{U}}^{\,q} + I_{1\,\mathrm{U}}^{\,q} + T_{\mathrm{U}}^{q} - c \cdot t^{q} + c \cdot t_{\mathrm{U}} + \varepsilon_{1\,\mathrm{U}}^{\,q} - I_{1\ \mathrm{U}}^{\mathrm{Cor}q} - \begin{pmatrix} a_{\mathrm{A}} \cdot (T_{\mathrm{A}}^{q} - c \cdot t^{q} + c \cdot t_{\mathrm{A}}) + a_{\mathrm{B}} \cdot (T_{\mathrm{B}}^{q} - c \cdot t^{q} + \\ c \cdot t_{\mathrm{B}}) + a_{\mathrm{C}} \cdot (T_{\mathrm{C}}^{q} - c \cdot t^{q} + c \cdot t_{\mathrm{C}}) \end{pmatrix} \tag{6.41}$$

因为内插系数之和为 1，所以有

$$P_{1\,\mathrm{U}}^{\,q} - I_{1\ \mathrm{U}}^{\mathrm{Cor}q} - B_{\ \ \mathrm{U}}^{\mathrm{Cor}q} = \boldsymbol{H}^{q} \cdot \delta\boldsymbol{X} + \rho_{0\,\mathrm{U}}^{\,q} + I_{1\,\mathrm{U}}^{\,q} + T_{\mathrm{U}}^{q} - c \cdot t^{q} + c \cdot t_{\mathrm{U}} + \varepsilon_{1\,\mathrm{U}}^{\,q} - I_{1\ \mathrm{U}}^{\mathrm{Cor}q} - \begin{pmatrix} a_{\mathrm{A}} \cdot T_{\mathrm{A}}^{q} + a_{\mathrm{B}} \cdot T_{\mathrm{B}}^{q} + a_{\mathrm{C}} \cdot T_{\mathrm{C}}^{q} + \\ a_{\mathrm{A}} \cdot t_{\mathrm{A}} + a_{\mathrm{B}} \cdot t_{\mathrm{B}} + a_{\mathrm{C}} \cdot t_{\mathrm{C}} - c \cdot t^{q} \end{pmatrix} \tag{6.42}$$

可简化为

$$P_{1\,\mathrm{U}}^{\,q} - I_{1\ \mathrm{U}}^{\mathrm{Cor}q} - B_{\ \ \mathrm{U}}^{\mathrm{Cor}q} = \boldsymbol{H}^{q} \cdot \delta\boldsymbol{X} + \rho_{0\,\mathrm{U}}^{\,q} + I_{1\,\mathrm{U}}^{\,q} + T_{\mathrm{U}}^{q} + c \cdot t_{\mathrm{U}} + \varepsilon_{1\,\mathrm{U}}^{\,q} - I_{1\ \mathrm{U}}^{\mathrm{Cor}q} - \begin{pmatrix} a_{\mathrm{A}} \cdot T_{\mathrm{A}}^{q} + a_{\mathrm{B}} \cdot T_{\mathrm{B}}^{q} + a_{\mathrm{C}} \cdot T_{\mathrm{C}}^{q} + \\ a_{\mathrm{A}} \cdot c \cdot t_{\mathrm{A}} + a_{\mathrm{B}} \cdot c \cdot t_{\mathrm{B}} + a_{\mathrm{C}} \cdot c \cdot t_{\mathrm{C}} \end{pmatrix} \tag{6.43}$$

经过非差误差改正数的改正可以消除卫星 q 的卫星钟差及硬件延迟，内插出的非差电离层延迟改正数 $I_{1\ \mathrm{U}}^{\mathrm{Cor}q}$ 可以改正式(6.43)中的非差电离层延迟 $I_{1\,\mathrm{U}}^{\,q}$，$(a_{\mathrm{A}} \cdot T_{\mathrm{A}}^{q} + a_{\mathrm{B}} \cdot T_{\mathrm{B}}^{q} + a_{\mathrm{C}} \cdot T_{\mathrm{C}}^{q})$ 是内插计算出的对流层延迟误差和卫星轨道误差改正数，能够改正对流层延迟误差和卫星轨道误差 T_{U}^{q}，因此式(6.43)又可表示为

$$P_{1\mathrm{U}}^{\ q} - I_{1\ \mathrm{U}}^{\mathrm{Cor}q} - B_{\ \mathrm{U}}^{\mathrm{Cor}q} = \boldsymbol{H}^q \cdot \delta\boldsymbol{X} + \rho_{0\mathrm{U}}^{\ q} + c \cdot t_{\mathrm{U}} - (a_{\mathrm{A}} \cdot c \cdot t_{\mathrm{A}} + a_{\mathrm{B}} \cdot c \cdot t_{\mathrm{B}} + a_{\mathrm{C}} \cdot c \cdot t_{\mathrm{C}}) + \xi_{\mathrm{U}}^q + \varepsilon_{1\mathrm{U}}^{\ q} \tag{6.44}$$

式中：ξ_{U}^q 为卫星 q 非差误差改正的残差，同卫星 p 的改正一样，与卫星和信号传播有关的误差均已消除或削弱。而式(6.44)中也含有流动站和基准站的接收机钟差及硬件延迟。对于卫星 p 和 q 而言，同一个测站上的非差伪距观测值中包含的接收机钟差及硬件延迟是相同的[2,4]，因此，由流动站卫星 p 和 q 的非差伪距观测方程可得

$$P_{1\mathrm{U}}^{\ p} - P_{1\mathrm{U}}^{\ q} - (I_{1\ \mathrm{U}}^{\mathrm{Cor}p} + B_{\ \mathrm{U}}^{\mathrm{Cor}p} - I_{1\ \mathrm{U}}^{\mathrm{Cor}q} - B_{\ \mathrm{U}}^{\mathrm{Cor}q}) = (\boldsymbol{H}^p - \boldsymbol{H}^q) \cdot \delta\boldsymbol{X} + \rho_{0\mathrm{U}}^{\ p} - \rho_{0\mathrm{U}}^{\ q} + \xi_{\mathrm{U}}^{pq} + \varepsilon_{1\mathrm{U}}^{\ pq} \tag{6.45}$$

式(6.45)中消除了卫星钟差及硬件延迟、接收机钟差及硬件延迟，消除或大大削弱了电离层延迟误差、对流层延迟误差、卫星轨道误差等误差。也就是将流动站卫星 p 和 q 的 P1 伪距观测方程式(6.33)、式(6.34)进行组合，即可消除卫星钟差及硬件延迟，接收机钟差及硬件延迟，消除或大大削弱了电离层延迟误差、对流层延迟误差、卫星轨道误差。利用上述误差改正过程，可对 P2 伪距观测值进行非差误差改正，并得到类似式(6.45)的观测方程。经过非差误差改正之后，就可以进行流动站伪距定位。需要说明的是，若伪距观测噪声越大，则分类误差改正数中含有基准站伪距观测值的观测噪声越大。

6.2.2　非差载波相位观测值分类误差改正方法

基准站 A、B、C 上的 L1 载波相位观测值的非差观测方程在 6.1.2 节中由式(6.13)给出。L2 载波相位的非差观测方程与 L1 载波相位观测方程类似，忽略多路径效应的影响，基准站 A、B、C 上的 L2 载波相位的非差观测方程为

$$\begin{cases} \lambda_2 \cdot \Phi_{2\mathrm{A}}^{\ S} = \rho_{\mathrm{A}}^S - \lambda_2 \cdot N_{2\mathrm{A}}^{\ S} - \dfrac{f_1^2}{f_2^2} \cdot I_{1\mathrm{A}}^{\ S} + T_{\mathrm{A}}^S - c \cdot t^S + c \cdot t_{\mathrm{A}} + \varepsilon_{2\mathrm{A}}^{\ S} \\ \lambda_2 \cdot \Phi_{2\mathrm{B}}^{\ S} = \rho_{\mathrm{B}}^S - \lambda_2 \cdot N_{2\mathrm{B}}^{\ S} - \dfrac{f_1^2}{f_2^2} \cdot I_{1\mathrm{B}}^{\ S} + T_{\mathrm{B}}^S - c \cdot t^S + c \cdot t_{\mathrm{B}} + \varepsilon_{2\mathrm{B}}^{\ S} \\ \lambda_2 \cdot \Phi_{2\mathrm{C}}^{\ S} = \rho_{\mathrm{C}}^S - \lambda_2 \cdot N_{2\mathrm{C}}^{\ S} - \dfrac{f_1^2}{f_2^2} \cdot I_{1\mathrm{C}}^{\ S} + T_{\mathrm{C}}^S - c \cdot t^S + c \cdot t_{\mathrm{C}} + \varepsilon_{2\mathrm{C}}^{\ S} \end{cases} \tag{6.46}$$

流动站的 L1 载波相位的非差观测方程在 6.1.2 节中已经给出，其 L2 载波相位的非差观测方程为

$$\lambda_2 \cdot \Phi_{2\mathrm{U}}^{\ S} = H^S \cdot \delta X + \rho_{0\mathrm{U}}^{\ S} - \lambda_2 \cdot N_{2\mathrm{U}}^{\ S} - \frac{f_1^2}{f_2^2} \cdot I_{1\mathrm{U}}^{\ S} + T_{\mathrm{U}}^S - c \cdot t^S + c \cdot t_{\mathrm{U}} + \varepsilon_{2\mathrm{U}}^{\ S} \tag{6.47}$$

式(6.46)、式(6.47)中，各符号与 6.1.2 节中的式(6.13)、式(6.14)的各符号含义相同；$\lambda_2 = c/f_2$ 为 L2 载波相位的波长；f 为信号频率；下标 2 表示 L2 载波相位观测值。以 3 颗卫星为例进行方法的推导，取 $S = p, k, q$。

非差电离层延迟误差与卫星信号频率有关，由于 L1 和 L2 载波相位观测值的频

率不同,所以二者的电离层延迟误差不同[13]。而对流层延迟误差、卫星轨道误差、接收机钟差及接收机硬件延迟,卫星钟差及卫星硬件延迟等误差与卫星信号频率无关,为非色散性误差。严格来讲,硬件延迟的特性与频率有关,但其相关性较小,对于网络 RTK 定位来说可以忽略这种相关性,将硬件延迟归入非色散性误差,因此,L1 和 L2 载波相位观测值的非色散性误差是相同的。

以基准站 A 上卫星 p 为例,L2 载波相位的非差为 $\mathrm{OMC}_{2\mathrm{A}}^{p}$。

$$\begin{aligned}\mathrm{OMC}_{2\mathrm{A}}^{p} &= \lambda_2 \cdot \Phi_{2\mathrm{A}}^{p} - \rho_{\mathrm{A}}^{p} = \\ &-\lambda_2 \cdot N_{2\mathrm{A}}^{p} - \frac{f_1^2}{f_2^2} \cdot I_{1\mathrm{A}}^{p} + T_{\mathrm{A}}^{p} - c \cdot t^{p} + c \cdot t_{\mathrm{A}} + \varepsilon_{2\mathrm{A}}^{p}\end{aligned} \tag{6.48}$$

在非差模糊度确定的情况下,卫星 p 的 L2 载波相位观测值的非差误差改正数为

$$\mathrm{Cor}_{2\mathrm{A}}^{p} = \mathrm{OMC}_{2\mathrm{A}}^{p} + \lambda_2 \cdot N_{2\mathrm{A}}^{p} = -\frac{f_1^2}{f_2^2} \cdot I_{1\mathrm{A}}^{p} + T_{\mathrm{A}}^{p} - c \cdot t^{p} + c \cdot t_{\mathrm{A}} + \varepsilon_{2\mathrm{A}}^{p} \tag{6.49}$$

由卫星 p 的 L1 和 L2 非差载波相位观测值的误差改正数式(6.16)和式(6.49),整理后可以得到 L1 载波相位观测值的非差电离层延迟误差:

$$I_{1\mathrm{A}}^{p} = \frac{f_2^2}{f_2^2 - f_1^2} \cdot (\lambda_2 \cdot \Phi_{2\mathrm{A}}^{p} + \lambda_2 \cdot N_{2\mathrm{A}}^{p} - \lambda_1 \cdot \Phi_{1\mathrm{A}}^{p} - \lambda_1 \cdot N_{1\mathrm{A}}^{p} + \varepsilon_{I\mathrm{A}}^{p}) \tag{6.50}$$

除电离层延迟误差以外的与频率无关的非差误差可设为 B_{A}^{p},也可通过 L1 和 L2 非差载波相位观测值的误差改正数式(6.16)和式(6.49)得到 B_{A}^{p} 的计算表达式为

$$\begin{aligned}B_{\mathrm{A}}^{p} &= T_{\mathrm{A}}^{p} - c \cdot t^{p} + c \cdot t_{\mathrm{A}} = \\ &\frac{f_1^2}{f_2^2 - f_1^2} \cdot (\rho_{\mathrm{A}}^{p} - \lambda_1 \cdot \Phi_{1\mathrm{A}}^{p} - \lambda_1 \cdot N_{1\mathrm{A}}^{p}) - \\ &\frac{f_2^2}{f_2^2 - f_1^2} \cdot (\rho_{\mathrm{A}}^{p} - \lambda_2 \cdot \Phi_{2\mathrm{A}}^{p} - \lambda_2 \cdot N_{2\mathrm{A}}^{p}) + \varepsilon_{\mathrm{A}}^{p}\end{aligned} \tag{6.51}$$

类似地,可以得到卫星 p、k、q 在基准站 A、B、C 上的 L1 载波相位观测值的非差电离层延迟误差改正数,及频率无关的非色散性误差的改正数。并通过内插计算得到流动站上卫星 p、k、q 的 L1 载波相位观测值的非差电离层延迟误差和非色散性误差的改正数:

$$\begin{cases} I_{1\ \mathrm{U}}^{\mathrm{Cor}\,p} = a_{\mathrm{A}}^{I} \cdot I_{1\mathrm{A}}^{p} + a_{\mathrm{B}}^{I} \cdot I_{1\mathrm{B}}^{p} + a_{\mathrm{C}}^{I} \cdot I_{1\mathrm{C}}^{p} \\ B_{\ \mathrm{U}}^{\mathrm{Cor}\,p} = a_{\mathrm{A}} \cdot B_{\mathrm{A}}^{p} + a_{\mathrm{B}} \cdot B_{\mathrm{B}}^{p} + a_{\mathrm{C}} \cdot B_{\mathrm{C}}^{p} \\ I_{1\ \mathrm{U}}^{\mathrm{Cor}\,k} = a_{\mathrm{A}}^{I} \cdot I_{1\mathrm{A}}^{k} + a_{\mathrm{B}}^{I} \cdot I_{1\mathrm{B}}^{k} + a_{\mathrm{C}}^{I} \cdot I_{1\mathrm{C}}^{k} \\ B_{\ \mathrm{U}}^{\mathrm{Cor}\,k} = a_{\mathrm{A}} \cdot B_{\mathrm{A}}^{k} + a_{\mathrm{B}} \cdot B_{\mathrm{B}}^{k} + a_{\mathrm{C}} \cdot B_{\mathrm{C}}^{k} \\ I_{1\ \mathrm{U}}^{\mathrm{Cor}\,q} = a_{\mathrm{A}}^{I} \cdot I_{1\mathrm{A}}^{q} + a_{\mathrm{B}}^{I} \cdot I_{1\mathrm{B}}^{q} + a_{\mathrm{C}}^{I} \cdot I_{1\mathrm{C}}^{q} \\ B_{\ \mathrm{U}}^{\mathrm{Cor}\,q} = a_{\mathrm{A}} \cdot B_{\mathrm{A}}^{q} + a_{\mathrm{B}} \cdot B_{\mathrm{B}}^{q} + a_{\mathrm{C}} \cdot B_{\mathrm{C}}^{q} \end{cases} \tag{6.52}$$

L1 载波相位的非差模糊度可通过 6.1.2 节中介绍的计算公式得到,而 L2 载波相位的非差模糊度通过式(6.53)计算:

$$\begin{cases} N_{2\,\mathrm{B}}^{\,p} = N_{2\,\mathrm{A}}^{\,p} - N_{2\,\mathrm{A}}^{\,q} + N_{2\,\mathrm{B}}^{\,q} - N_{2\,\mathrm{AB}}^{\,pq} \\ N_{2\,\mathrm{C}}^{\,p} = N_{2\,\mathrm{A}}^{\,p} - N_{2\,\mathrm{A}}^{\,q} + N_{2\,\mathrm{C}}^{\,q} - N_{2\,\mathrm{AC}}^{\,pq} \\ N_{2\,\mathrm{B}}^{\,k} = N_{2\,\mathrm{A}}^{\,k} - N_{2\,\mathrm{A}}^{\,q} + N_{2\,\mathrm{B}}^{\,q} - N_{2\,\mathrm{AB}}^{\,kq} \\ N_{2\,\mathrm{C}}^{\,k} = N_{2\,\mathrm{A}}^{\,k} - N_{2\,\mathrm{A}}^{\,q} + N_{2\,\mathrm{C}}^{\,q} - N_{2\,\mathrm{AC}}^{\,kq} \end{cases} \tag{6.53}$$

式中：$N_{2\,\mathrm{AB}}^{\,pq}$、$N_{2\,\mathrm{AC}}^{\,pq}$、$N_{2\,\mathrm{AB}}^{\,kq}$、$N_{2\,\mathrm{AC}}^{\,kq}$ 为双差整周模糊度；上标表示卫星编号；下标表示基准站编号。流动站非差内插系数的关系为 $a_{\mathrm{A}}^{\mathrm{I}} + a_{\mathrm{B}}^{\mathrm{I}} + a_{\mathrm{C}}^{\mathrm{I}} = 1$，$a_{\mathrm{A}} + a_{\mathrm{B}} + a_{\mathrm{C}} = 1$。$a_{\mathrm{A}}^{\mathrm{I}}$、$a_{\mathrm{B}}^{\mathrm{I}}$、$a_{\mathrm{C}}^{\mathrm{I}}$ 为非差电离层延迟误差的内插系数，a_{A}、a_{B}、a_{C} 为非色散性误差的内插系数。也就是伪距观测值和载波相位观测值的非差分类误差改正数内插系数相同。

利用内插出的非差误差改正数改正流动站卫星 p、q 的非差 L1 载波相位观测方程：

$$\begin{aligned} \lambda_1 \cdot \boldsymbol{\Phi}_{1\,\mathrm{U}}^{\,p} + I_{1\ \ \mathrm{U}}^{\mathrm{Cor}\,p} - B_{\ \ \mathrm{U}}^{\mathrm{Cor}\,p} = {} & \boldsymbol{H}^p \cdot \delta\boldsymbol{X} + \rho_{0\,\mathrm{U}}^{\,p} - \lambda_1 \cdot N_{1\,\mathrm{U}}^{\,p} - I_{1\,\mathrm{U}}^{\,p} + T_{\mathrm{U}}^{p} - \\ & c \cdot t^p + c \cdot t_{\mathrm{U}} + \varepsilon_{1\,\mathrm{U}}^{\,p} + I_{1\ \ \mathrm{U}}^{\mathrm{Cor}\,p} - B_{\ \ \mathrm{U}}^{\mathrm{Cor}\,p} \end{aligned} \tag{6.54}$$

$$\begin{aligned} \lambda_1 \cdot \boldsymbol{\Phi}_{1\,\mathrm{U}}^{\,q} + I_{1\ \ \mathrm{U}}^{\mathrm{Cor}\,q} - B_{\ \ \mathrm{U}}^{\mathrm{Cor}\,q} = {} & \boldsymbol{H}^q \cdot \delta\boldsymbol{X} + \rho_{0\,\mathrm{U}}^{\,q} - \lambda_1 \cdot N_{1\,\mathrm{U}}^{\,q} - I_{1\,\mathrm{U}}^{\,q} + T_{\mathrm{U}}^{q} - \\ & c \cdot t^q + c \cdot t_{\mathrm{U}} + \varepsilon_{1\,\mathrm{U}}^{\,q} + I_{1\ \ \mathrm{U}}^{\mathrm{Cor}\,q} - B_{\ \ \mathrm{U}}^{\mathrm{Cor}\,q} \end{aligned} \tag{6.55}$$

流动站卫星 p 的 L1 载波相位观测方程经非差误差改正数改正之后的详细表达式为

$$\begin{aligned} \lambda_1 \cdot \boldsymbol{\Phi}_{1\,\mathrm{U}}^{\,p} + I_{1\ \ \mathrm{U}}^{\mathrm{Cor}\,p} - B_{\ \ \mathrm{U}}^{\mathrm{Cor}\,p} = {} & \boldsymbol{H}^p \cdot \delta\boldsymbol{X} + \rho_{0\,\mathrm{U}}^{\,p} - \lambda_1 \cdot N_{1\,\mathrm{U}}^{\,p} - I_{1\,\mathrm{U}}^{\,p} + T_{\mathrm{U}}^{p} - c \cdot t^p + c \cdot t_{\mathrm{U}} + \\ & \varepsilon_{1\,\mathrm{U}}^{\,p} + I_{1\ \ \mathrm{U}}^{\mathrm{Cor}\,p} - (a_{\mathrm{A}} \cdot B_{\mathrm{A}}^{p} + a_{\mathrm{B}} \cdot B_{\mathrm{B}}^{p} + a_{\mathrm{C}} \cdot B_{\mathrm{C}}^{p}) \end{aligned} \tag{6.56}$$

进一步推导为

$$\begin{aligned} \lambda_1 \cdot \boldsymbol{\Phi}_{1\,\mathrm{U}}^{\,p} + I_{1\ \ \mathrm{U}}^{\mathrm{Cor}\,p} - B_{\ \ \mathrm{U}}^{\mathrm{Cor}\,p} = {} & \boldsymbol{H}^p \cdot \delta\boldsymbol{X} + \rho_{0\,\mathrm{U}}^{\,p} - \lambda_1 \cdot N_{1\,\mathrm{U}}^{\,p} - I_{1\,\mathrm{U}}^{\,p} + T_{\mathrm{U}}^{p} - c \cdot t^p + c \cdot t_{\mathrm{U}} + \varepsilon_{1\,\mathrm{U}}^{\,p} + I_{1\ \ \mathrm{U}}^{\mathrm{Cor}\,p} - \\ & \begin{pmatrix} a_{\mathrm{A}} \cdot (T_{\mathrm{A}}^{p} - c \cdot t^p + c \cdot t_{\mathrm{A}}) + a_{\mathrm{B}} \cdot (T_{\mathrm{B}}^{p} - c \cdot t^p + c \cdot t_{\mathrm{B}}) + \\ a_{\mathrm{C}} \cdot (T_{\mathrm{C}}^{p} - c \cdot t^p + c \cdot t_{\mathrm{C}}) \end{pmatrix} \end{aligned} \tag{6.57}$$

因为两类误差的非差误差改正数的内插系数之和为 1，所以有

$$\begin{aligned} \lambda_1 \cdot \boldsymbol{\Phi}_{1\,\mathrm{U}}^{\,p} + I_{1\ \ \mathrm{U}}^{\mathrm{Cor}\,p} - B_{\ \ \mathrm{U}}^{\mathrm{Cor}\,p} = {} & \boldsymbol{H}^p \cdot \delta\boldsymbol{X} + \rho_{0\,\mathrm{U}}^{\,p} - \lambda_1 \cdot N_{1\,\mathrm{U}}^{\,p} - I_{1\,\mathrm{U}}^{\,p} + T_{\mathrm{U}}^{p} - c \cdot t^p + c \cdot t_{\mathrm{U}} + \varepsilon_{1\,\mathrm{U}}^{\,p} + I_{1\ \ \mathrm{U}}^{\mathrm{Cor}\,p} - \\ & \begin{pmatrix} a_{\mathrm{A}} \cdot T_{\mathrm{A}}^{p} + a_{\mathrm{B}} \cdot T_{\mathrm{B}}^{p} + a_{\mathrm{C}} \cdot T_{\mathrm{C}}^{p} + a_{\mathrm{A}} \cdot c \cdot t_{\mathrm{A}} + \\ a_{\mathrm{B}} \cdot c \cdot t_{\mathrm{B}} + a_{\mathrm{C}} \cdot c \cdot t_{\mathrm{C}} - c \cdot t^p \end{pmatrix} \end{aligned} \tag{6.58}$$

可简化为

$$\begin{aligned} \lambda_1 \cdot \boldsymbol{\Phi}_{1\,\mathrm{U}}^{\,p} + I_{1\ \ \mathrm{U}}^{\mathrm{Cor}\,p} - B_{\ \ \mathrm{U}}^{\mathrm{Cor}\,p} = {} & \boldsymbol{H}^p \cdot \delta\boldsymbol{X} + \rho_{0\,\mathrm{U}}^{\,p} - \lambda_1 \cdot N_{1\,\mathrm{U}}^{\,p} - I_{1\,\mathrm{U}}^{\,p} + T_{\mathrm{U}}^{p} + c \cdot t_{\mathrm{U}} + \varepsilon_{1\,\mathrm{U}}^{\,p} + \\ & I_{1\ \ \mathrm{U}}^{\mathrm{Cor}\,p} - \begin{pmatrix} a_{\mathrm{A}} \cdot T_{\mathrm{A}}^{p} + a_{\mathrm{B}} \cdot T_{\mathrm{B}}^{p} + a_{\mathrm{C}} \cdot T_{\mathrm{C}}^{p} + \\ a_{\mathrm{A}} \cdot c \cdot t_{\mathrm{A}} + a_{\mathrm{B}} \cdot c \cdot t_{\mathrm{B}} + a_{\mathrm{C}} \cdot c \cdot t_{\mathrm{C}} \end{pmatrix} \end{aligned} \tag{6.59}$$

式(6.59)可以消除卫星 p 的卫星钟差及卫星硬件延迟，内插计算出的非差电离层延迟改正数 $I_{1\ \ \mathrm{U}}^{\mathrm{Cor}\,p}$ 可以消除或大大削弱式中的非差电离层延迟误差项 $I_{1\,\mathrm{U}}^{\,p}$，内插出的对流层延迟误差和卫星轨道误差（$a_{\mathrm{A}} \cdot T_{\mathrm{A}}^{p} + a_{\mathrm{B}} \cdot T_{\mathrm{B}}^{p} + a_{\mathrm{C}} \cdot T_{\mathrm{C}}^{p}$），可以改正对流层延

迟误差和卫星轨道误差 T_U^p，因此式(6.59)可以表示为

$$\lambda_1 \cdot \Phi_{1U}^{\ p} + I_{1\ \ U}^{\mathrm{Cor}p} - B_{\ \ U}^{\mathrm{Cor}p} = \boldsymbol{H}^p \cdot \delta \boldsymbol{X} + \rho_{0U}^{\ p} - \lambda_1 \cdot N_{1U}^{\ p} + c \cdot t_U - (a_A \cdot c \cdot t_A + a_B \cdot c \cdot t_B + a_C \cdot c \cdot t_C) + \xi_U^p + \varepsilon_{1U}^{\ p} \tag{6.60}$$

式中：ξ_U^p 为卫星 p 非差误差改正后的残差。与卫星有关和与信号传播有关的误差均已消除或大大削弱，但式(6.60)中仍含有流动站接收机钟差及接收机硬件延迟、基准站的接收机钟差及硬件延迟的影响。

流动站卫星 q 的 L1 非差载波相位观测方程经误差改正后有详细表达式为

$$\lambda_1 \cdot \Phi_{1U}^{\ q} + I_{1\ \ U}^{\mathrm{Cor}q} - B_{\ \ U}^{\mathrm{Cor}q} = \boldsymbol{H}^q \cdot \delta \boldsymbol{X} + \rho_{0U}^{\ q} - \lambda_1 \cdot N_{1U}^{\ q} - I_{1U}^{\ q} + T_U^q - c \cdot t^q + c \cdot t_U + \varepsilon_{1U}^{\ q} + I_{1\ \ U}^{\mathrm{Cor}q} - (a_A \cdot B_A^q + a_B \cdot B_B^q + a_C \cdot B_C^q) \tag{6.61}$$

进一步推导为

$$\lambda_1 \cdot \Phi_{1U}^{\ q} + I_{1\ \ U}^{\mathrm{Cor}q} - B_{\ \ U}^{\mathrm{Cor}q} = \boldsymbol{H}^q \cdot \delta \boldsymbol{X} + \rho_{0U}^{\ q} - \lambda_1 \cdot N_{1U}^{\ q} - I_{1U}^{\ q} + T_U^q - c \cdot t^q + c \cdot t_U + \varepsilon_{1U}^{\ q} + I_{1\ \ U}^{\mathrm{Cor}q} - \begin{pmatrix} a_A \cdot (T_A^q - c \cdot t^q + c \cdot t_A) + a_B \cdot (T_B^q - c \cdot t^q + c \cdot t_B) + \\ a_C \cdot (T_C^q - c \cdot t^q + c \cdot t_C) \end{pmatrix} \tag{6.62}$$

由于流动站卫星 q 非色散性误差的内插系数之和为 1，所以有

$$\lambda_1 \cdot \Phi_{1U}^{\ q} + I_{1\ \ U}^{\mathrm{Cor}q} - B_{\ \ U}^{\mathrm{Cor}q} = \boldsymbol{H}^q \cdot \delta \boldsymbol{X} + \rho_{0U}^{\ q} - \lambda_1 \cdot N_{1U}^{\ q} - I_{1U}^{\ q} + T_U^q - c \cdot t^q + c \cdot t_U + \varepsilon_{1U}^{\ q} + I_{1\ \ U}^{\mathrm{Cor}q} - \begin{pmatrix} a_A \cdot T_A^q + a_B \cdot T_B^q + a_C \cdot T_C^q + \\ a_A \cdot c \cdot t_A + a_B \cdot c \cdot t_B + a_C \cdot c \cdot t_C - c \cdot t^q \end{pmatrix} \tag{6.63}$$

可简化为

$$\lambda_1 \cdot \Phi_{1U}^{\ q} + I_{1\ \ U}^{\mathrm{Cor}q} - B_{\ \ U}^{\mathrm{Cor}q} = \boldsymbol{H}^q \cdot \delta \boldsymbol{X} + \rho_{0U}^{\ q} - \lambda_1 \cdot N_{1U}^{\ q} - I_{1U}^{\ q} + T_U^q + c \cdot t_U + \varepsilon_{1U}^{\ q} + I_{1\ \ U}^{\mathrm{Cor}q} - \begin{pmatrix} a_A \cdot T_A^q + a_B \cdot T_B^q + a_C \cdot T_C^q + a_A \cdot c \cdot t_A + \\ a_B \cdot c \cdot t_B + a_C \cdot c \cdot t_C \end{pmatrix} \tag{6.64}$$

经过非差误差改正数的改正后，式(6.64)可以消除卫星 q 的卫星钟差及硬件延迟影响，内插计算出的非差电离层延迟误差改正数 $I_{1\ \ U}^{\mathrm{Cor}q}$ 可以改正非差电离层延迟误差项 $I_{1U}^{\ q}$，$(a_A \cdot T_A^q + a_B \cdot T_B^q + a_C \cdot T_C^q)$ 是内插出的对流层延迟误差和卫星轨道误差，可以改正对流层延迟误差和卫星轨道误差项 T_U^q，因此式(6.64)可以表示为

$$\lambda_1 \cdot \Phi_{1U}^{\ q} + I_{1\ \ U}^{\mathrm{Cor}q} - B_{\ \ U}^{\mathrm{Cor}q} = \boldsymbol{H}^q \cdot \delta \boldsymbol{X} + \rho_{0U}^{\ q} - \lambda_1 \cdot N_{1U}^{\ q} + c \cdot t_U - (a_A \cdot c \cdot t_A + a_B \cdot c \cdot t_B + a_C \cdot c \cdot t_C) + \xi_U^q + \varepsilon_{1U}^{\ q} \tag{6.65}$$

式中：ξ_U^q 为卫星 q 非差误差改正后的残差。同卫星 p 的误差改正一样，与卫星和信号传播有关的误差均已消除或被大大削弱。式(6.65)中也只含有流动站接收机钟差及接收机硬件延迟、基准站的接收机钟差及接收机硬件延迟的影响。对于卫星 p 和 q 而言，同一个测站上的非差 L1 载波相位观测值中包含的接收机钟差及接收机硬件延迟是相同的，因此将卫星 p 和 q 的非差观测方程进行组合，即由式(6.60)、式(6.65)可得

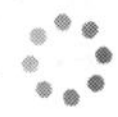

$$\lambda_1 \cdot \Phi_{1U}^{p} - \lambda_1 \cdot \Phi_{1U}^{q} + (I_{1\ U}^{\mathrm{Cor}p} - B_{\ U}^{\mathrm{Cor}p} - I_{1\ U}^{\mathrm{Cor}q} + B_{\ U}^{\mathrm{Cor}q}) =$$
$$(\boldsymbol{H}^p - \boldsymbol{H}^q) \cdot \delta \boldsymbol{X} + \rho_{0U}^{p} - \rho_{0U}^{q} - \lambda_1 \cdot (N_{1U}^{p} - N_{1U}^{q}) + \xi_{U}^{pq} + \varepsilon_{1U}^{pq} \tag{6.66}$$

式(6.66)中消除了卫星钟差及硬件延迟,接收机钟差及接收机硬件延迟,消除或大大削弱了电离层延迟误差、对流层延迟误差、卫星轨道误差等误差。也就是将非差误差改正数改正后的流动站卫星 p、q 的 L1 载波相位观测方程式(6.54)、式(6.55)相减,即可消除或大大削弱各种定位误差的影响。大气延迟误差和卫星轨道误差消除的精度由内插系数决定,内插系数选择得越好误差计算的精度就越高[14-16]。非差误差改正后的残差 ξ_{U}^{pq} 为厘米级,可解算出式(6.66)中的整周模糊度。

同卫星 p、q 的非差误差改正过程类似,流动站上卫星 k 经非差误差改正数改正后的 L1 载波相位观测值,消除了卫星钟差及硬件延迟,消除或大大削弱了电离层延迟误差、对流层延迟误差、卫星轨道误差等误差,并通过卫星 k 与卫星 p 的非差 L1 载波相位观测方程式(6.54)相减,可消除与接收机硬件有关误差的影响,同样也可以将卫星 k 的非差 L1 载波相位观测方程同卫星 q 的观测方程式(6.55)相减,不管选择与哪颗卫星的非差观测方程进行组合,都能很好地对各卫星观测值的误差进行改正。利用上面所介绍的 L1 载波相位观测值的非差分类误差改正方法,也可以对各卫星 L2 载波相位观测值的分类误差进行非差改正。

非差误差改正方法是以单颗卫星为对象进行误差改正,能够更好地对 GNSS 卫星的各种观测误差进行模型化[17];流动站用户也不需要选择主基准站及利用主基准站的观测数据来进行双差观测值的组合,所有基准站都一样,没有主辅之分;各基准站的非差误差改正数是独立的,可以方便地通过网络播发,使网络 RTK 的作业方式更加灵活,并且兼容性好。分类误差非差改正方法能够更真实的描述电离层延迟误差和非色散性误差的影响,完善非差观测误差的改正模型,还能够为流动站用户提供多种类型的误差改正数[18]。

非差误差改正方法将各种误差改正数都包含在同一个误差改正数内,即各种误差改正数的计算模型相同,因此是一种非差综合误差内插改正方法。分类误差的非差改正方法是将电离层延迟误差和非发散性误差分离,分别对两种误差进行内插计算,所以这种误差改正方法为非差分类误差内插改正算法。在进行非发散性误差改正数的计算时,卫星钟差和卫星硬件延迟误差、卫星轨道误差和对流层延迟误差等误差没有被分离开,仍然作为一个整体进行误差改正数的内插计算。因此,6.1 节、6.2 节中的方法与目前已有的利用基准站网的 PPP 误差改正方法是不相同的。其最大的不同之处是 PPP 中卫星轨道误差和卫星钟差使用基准站网实时估计的改正,并在基准站上估计卫星硬件延迟用于 PPP 用户的卫星硬件延迟误差改正[19-20]。而非差网络 RTK 方法是在使用广播星历的情况下,将卫星轨道误差表示为距离误差,同卫星钟差和卫星硬件延迟误差一起,以非差误差内插方法进行计算,使误差改正方法变得简单有效,在一定区域范围内能够很好地实时消除流动站用户的卫星钟差和卫星硬件延迟误差,改正流动站用户的卫星轨道误差[21-22]。

6.3 基准站非差误差实例分析

6.3.1 伪距非差误差分析

采用 JH、LJ 和 DX 基准站对 BDS 和 GPS 基准站伪距非差误差实例分析。图 6.3 给出了 BDS 卫星 C02、C06 和 C14 的伪距非差误差改正信息。图 6.4 给出了 GPS 卫星 G02、G16 和 G29 的伪距非差误差改正信息。

由于基准站进行了接收机钟差的修正,非差误差改正信息中仅包含接收机钟差残差部分,计算改正值过程中用广播星历中的卫星钟差参数修正了卫星钟差,因此改正数主要包括电离层和对流层延迟误差。可以看出非差改正数和卫星高度角强相关,改正值大小随着高度角大小变化,并与第 3 章中介绍的电离层和对流层延迟变化规律一致。

伪距非差改正数约为几十米,相同卫星在 3 个基准站上的非差改正变化规律一致,并且由于 3 个基准站距离较近,非差改正值大小基本相等,因此具有很好的相关性,利于区域建模改正。其中 GEO 卫星高度角不变,非差误差改正值变化缓慢,24h 未出现周期性变化,主要由于高纬度地区光照相对不够强烈,气候比较干燥,IGSO 卫星非差误差随着高度角缓慢变化,MEO 卫星周期短,非差误差改正变化较快,但 MEO 和 IGSO非差误差改正数值大小基本相等,并且 GPS 和 BDS 卫星非差误差基本一致。

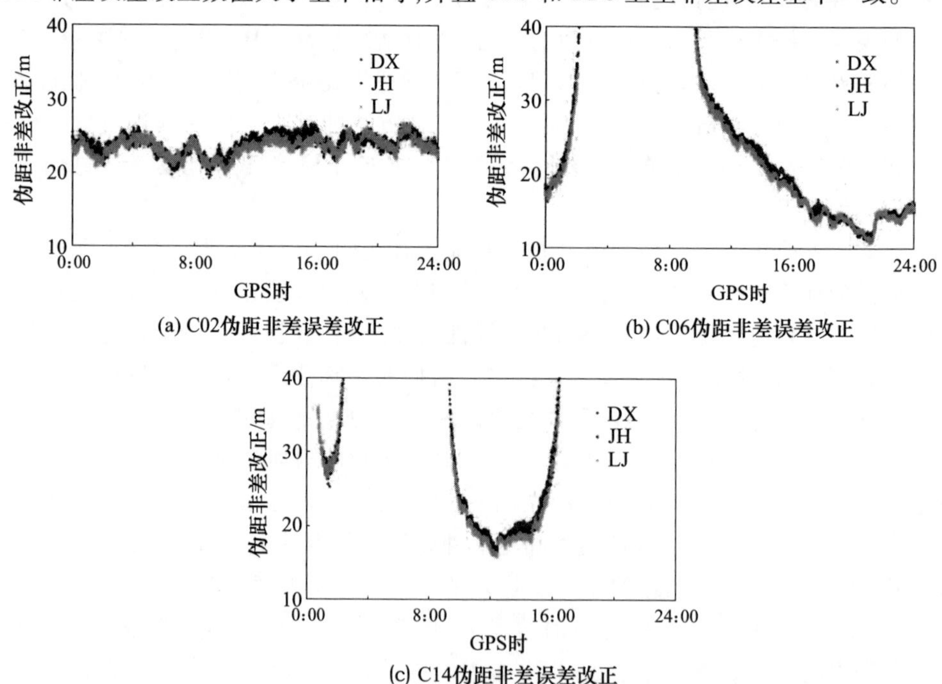

(a) C02伪距非差误差改正

(b) C06伪距非差误差改正

(c) C14伪距非差误差改正

图 6.3 BDS 伪距非差误差改正(见彩图)

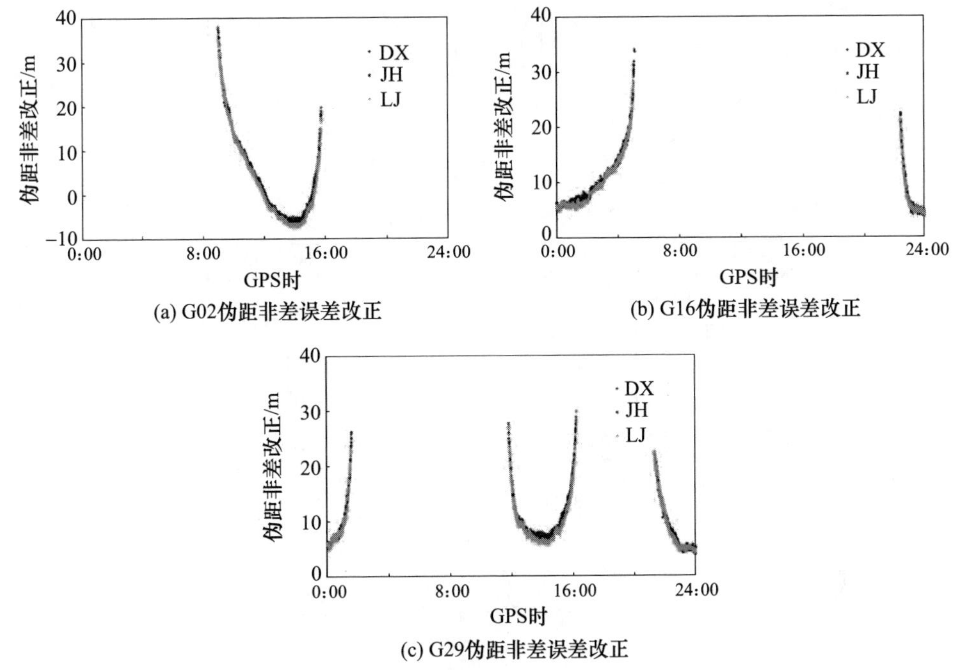

图 6.4　GPS 伪距非差误差改正(见彩图)

6.3.2　载波相位非差误差分析

采用 JH、FY 和 LD 基准站对 BDS 和 GPS 基准站非差误差值进行实例分析。图 6.5至图 6.7 给出了不同站点卫星 C02、C06 和 C14 的 B1、B2 和 B3 非差误差改正信息。图 6.8、图 6.9 给出了卫星 G16 和 G29 的 L1 和 L2 非差误差改正信息。非差模糊度由于包含钟差并且值是基于设定基准模糊度解算的,因此图 6.5 至图 6.9 显示值与真实误差值不同。

相位非差误差的计算采用第 4 章中的双差模糊度转非差模糊度方法,由于转换方程秩亏,因此假定一基准站和一基准卫星的单差模糊度为已知值,进而计算其余所有卫星相对的非差模糊度,因此基准站网中所有非差误差是基于设定基准站模糊度初值的相对改正值,不是绝对改正值。

从图中可以看出,相同卫星在不同基准站上的非差误差改正值趋势线和变化是一致的,因此相位非差误差也有较好的相关性,可以进行区域建模。其中 GEO 卫星 24h 存在,并且趋势一致未出现周期性变化;IGSO 和 MEO 卫星出现了升降周期,但非差改正值未出现随高度角变化情况,主要因为非差误差是相对值引起的。

非差基准模糊度的选取不同,相应的非差误差改正信息是互异的,原因是非差误差改正信息吸收了不同非差基准模糊度之间的差异。虽然选择了不同的非差基准模糊度,但这种差异可以被流动站的整周模糊度度吸收,不会影响流动站的误差处理。

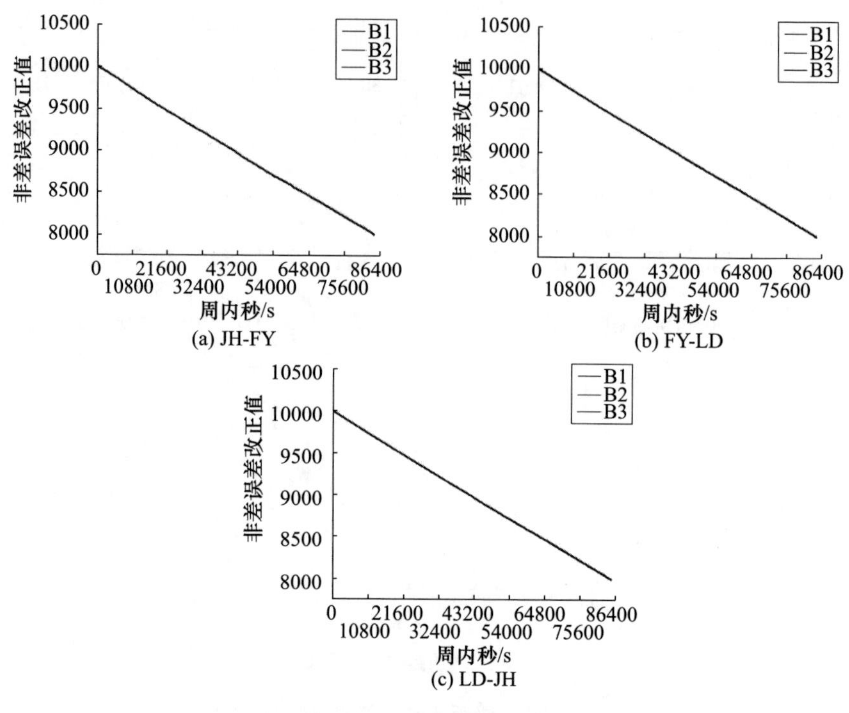

图 6.5 C02 的 B1、B2、B3 非差误差改正信息

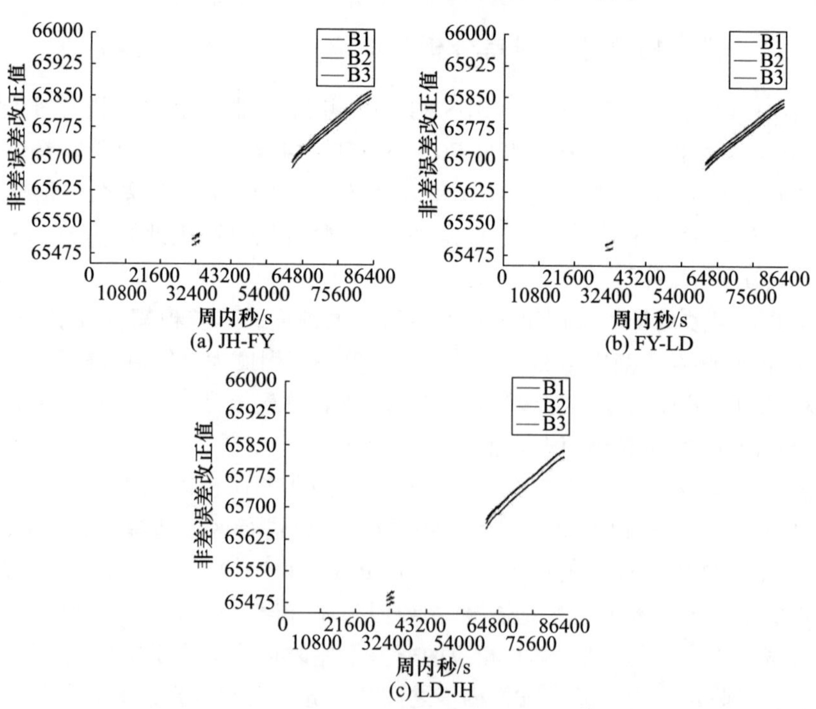

图 6.6 C06 的 B1、B2、B3 非差误差改正信息(见彩图)

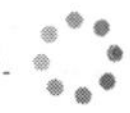

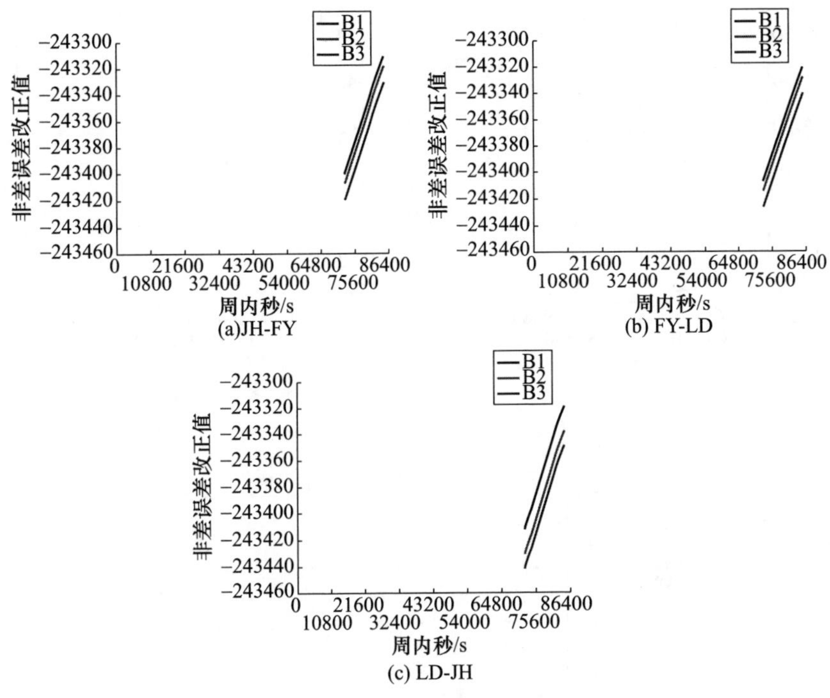

图 6.7　C14 的 B1、B2、B3 非差误差改正信息(见彩图)

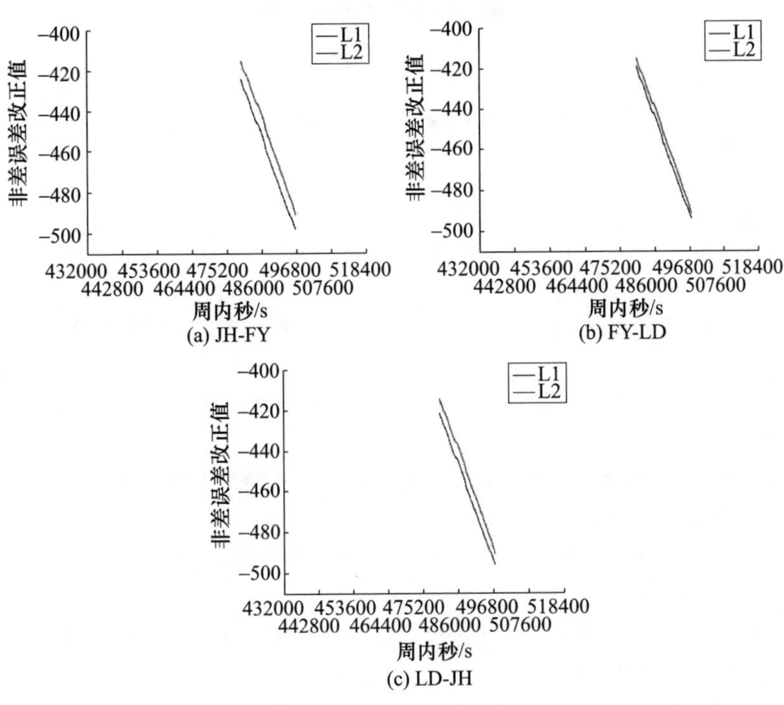

图 6.8　G16 的 L1、L2 非差误差改正信息(见彩图)

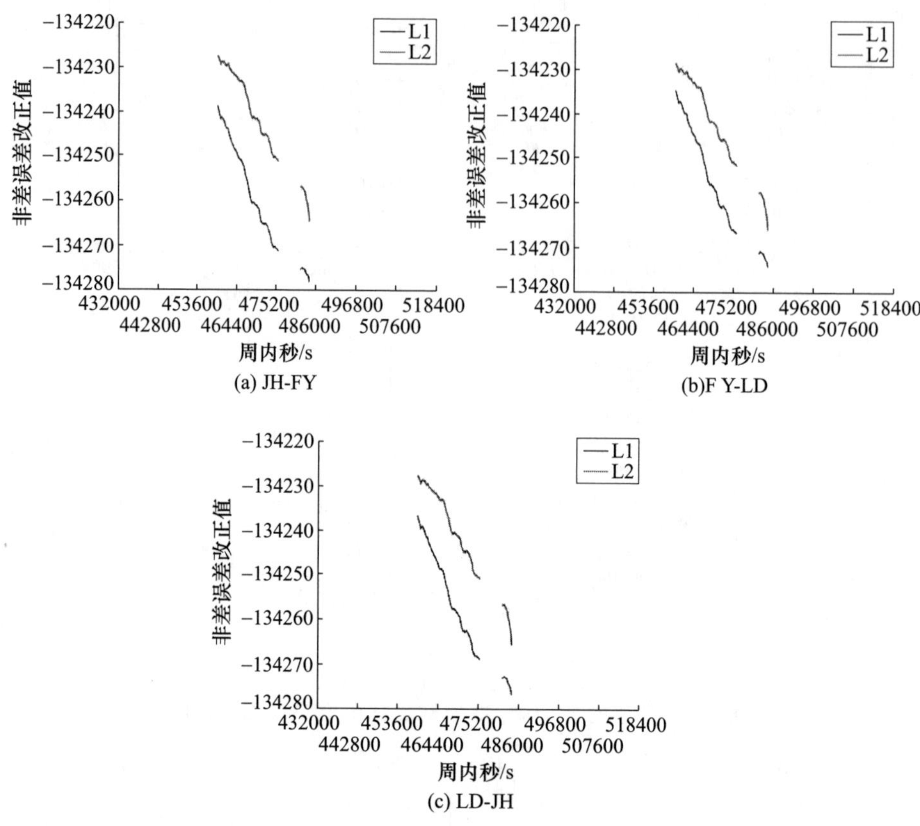

(a) JH-FY (b)F Y-LD (c) LD-JH

图 6.9 G29 的 L1、L2 非差误差改正信息(见彩图)

参考文献

[1] 祝会忠．基于非差误差改正数的长距离单历元 GNSS 网络 RTK 算法研究[D]．武汉:武汉大学,2012.

[2] 祝会忠．基于非差误差改正数的长距离单历元 GNSS 网络 RTK 算法研究[J]．测绘学报,2015,44(1):116-119.

[3] 邹璇,李宗楠,唐卫明,等．一种适用于大规模用户的非差网络 RTK 服务新方法[J]．武汉大学学报(信息科学版),2015,40(9):1242-1246.

[4] 高星伟,陈锐志,李夕银．中性大气对非差伪距定位的影响及其模型改正分析[J]．测绘学报,2007,36(2):134-140.

[5] 李金龙,杨元喜,徐君毅,等．基于伪距相位组合实时探测与修复 GNSS 三频非差观测数据周跳[J]．测绘学报,2011,40(6):717-729.

[6] 李滢,陈明剑,左宗,等．网络 RTK 内插模型抗差性分析[J]．全球定位系统,2017,43(2):1-6.

[7] 杜文选,严超,徐炜,等．基于 GPS/北斗网络 RTK 算法实现与结果分析[J]．全球定位系统,

2017,42(6):42-47.

[8] ZOU X,G E M R,TANG W M. URTK:undifferenced network RTK positioning[J]. GPS Solutions, 2013,17(3):283-293.

[9] ZOU X,WANG Y,DENG C,et al. Instantaneous BDS + GPS undifferenced NRTK positioning with dynamic atmospheric constraints[J]. GPS Solutions. 2018,22(1):17-27.

[10] YANG C Y,WU D W,LU Y,et al. Research on network RTK positioning algorithm aided by quantum ranging[J]. Science in China Series F (Information Science),2010,53(2):248-257.

[11] HOFMANN-WELLENHOF B,LICHTENEGGER H,WASLE E. 程鹏飞,蔡艳辉,文汉江,等译. 全球卫星导航系统 GPS,GLONASS,Galileo 及其他系统[M]. 北京:测绘出版社,2009.

[12] 秦显平,杨元喜,焦文海,等. 利用 SLR 和伪距资料确定导航卫星钟差[J]. 测绘学报,2014, 33(3):205-209.

[13] 刘扬,程鹏飞,徐彦田. BDS/GPS 非差多频实时动态定位算法研究[J]. 测绘科学:2018,43 (12):1-6.

[14] 胡明贤. GPS/BDS/GLONASS 多系统网络 RTK 算法实现及定位性能分析[D]. 武汉:武汉大学,2017.

[15] 祝会忠,刘经南,唐卫明,等. 长距离网络 RTK 参考站间双差模糊度快速解算算法[J]. 武汉大学学报(信息科学版),2012,37(6):689-692.

[16] 祝会忠,刘经南,唐卫明,等. 长距离网络 RTK 基准站间整周模糊度单历元确定方法[J]. 测绘学报,2012,41(3):360-364.

[17] 吕伟才,高井祥,张书毕,等. 宽巷约束的网络 RTK 基准站间模糊度固定方法[J]. 中国矿业大学学报,2014,43(5):933-937.

[18] KHODABANDEH A,TEUNISSEN P J G. PPP-RTK and inter-system biases:the ISB look-up table as a means to support multi-system PPP-RTK[J]. Journal of Geodesy,2016,90(9):837-851.

[19] LI X,ZHANG X,GE M. Regional reference network augmented precise point positioning for instantaneous ambiguity resolution[J]. Journal of Geodesy 2011,85(3):151-158.

[20] LAURICHESSE D,LI T,WANG J. Modeling and quality control for reliable precise point positioning integer ambiguity resolution with GNSS modernization[M]. New York:Springer Verlag Inc.,2014.

[21] 张照杰,徐治宝,魏世春,等. GPS 网络 RTK 综合误差线性内插法模拟实验计算[J]. 测绘信息与工程,2008(01):14-15.

[22] 魏二虎,刘学习,王凌轩,等. BDS/GPS 组合精密单点定位精度分析与评价[J]. 武汉大学学报(信息科学版),2018,43(11):1654-1660.

第7章　网络RTK流动站动态定位算法

流动站的厘米级定位关键是流动站的整周模糊度的快速固定，相位观测方程的误差即流动站空间相关误差改正项的精度直接影响了流动站定位算法和定位精度[1]。常规的RTK定位通常需要多个历元观测值进行初始化，得到比较准确的整周模糊的浮点解和状态较好的方差-协方差阵，并通过模糊度搜索方法固定整周模糊度。随着GNSS现代化的过程、三频点多观测值的发展出现了模糊度快速单历元算法，即先固定长波的观测值模糊度，再固定短波长观测值模糊度[2]。

7.1　虚拟参考站技术流动站动态定位算法

网络RTK虚拟参考站的观测数据是通过主基准站观测值和空间相关误差改正项生成的，误差改正有效地削弱了流动站和主基准站间的空间相关误差的影响，而站间星间差分技术消除了卫星钟差及卫星硬件延迟、接收机钟差及接收机硬件延迟，能够保持流动站用户双频载波相位观测值模糊度的整数特性，从而可实现整周模糊度的解算[3]。

7.1.1　多历元初始化的RTK动态定位算法

多历元初始化的卡尔曼滤波算法是目前应用比较广泛的常规RTK动态定位算法[4]。基准站网络区域较大或者卫星高度角较低时，空间相关误差改正精度较低，流动站和虚拟参考站间的双差观测值误差严重制约着模糊度浮点解的精度。由2.3节分析知，同步观测的不同卫星所组成的双差观测值是相关的，表现为物理观测量间的相关，使我们不能分别独立地处理各个浮点解模糊度的估计值，特别是短时观测或单历元值，其相关性表现得更加明显。因此需要多个观测历元，改变卫星相对于接收机的几何图形，在较短的时间内得到可靠的模糊度估计[5]。而不同历元的观测值具有某种相关性，通过多个历元的观测值的初始化得到比较准确的模糊度浮点解和相应的状态方差阵，并通过MLAMBDA方法降相关性实现模糊度快速搜索固定[6]。

根据GNSS双差观测方程，忽略观测值误差项和接收机噪声的影响，构造附加模糊度参数的卡尔曼滤波如下（公式表示仅考虑L1值）：

状态矢量:

$$\boldsymbol{X}_k = [X_B \quad X_B \quad X_B \quad \Delta\nabla N_{AB}^{j1} \quad \Delta\nabla N_{AB}^{j2} \quad \cdots \quad \Delta\nabla N_{AB}^{ji} \quad \cdots \quad \Delta\nabla N_{AB}^{jn}] \tag{7.1}$$

常数矢量:

$$\boldsymbol{L}_k = [\Delta\nabla L_{AB}^{j1} - \Delta\nabla\rho_{AB}^{j1} \quad \cdots \quad \Delta\nabla L_{AB}^{jn} - \Delta\nabla\rho_{AB}^{jn} \quad \Delta\nabla C_{AB}^{j1} - \Delta\nabla\rho_{AB}^{j1} \quad \cdots \quad \Delta\nabla C_{AB}^{jn} - \Delta\nabla\rho_{AB}^{jn}] \tag{7.2}$$

式中:A 为基准站;B 为流动站。

系数矩阵:

$$\boldsymbol{B}_K = [B_B \quad \lambda E] \tag{7.3}$$

$$\boldsymbol{B}_B = \begin{bmatrix} \Delta l_k^{j1} & \Delta l_k^{j2} & \cdots & \Delta l_k^{ji} & \cdots & \Delta l_k^{jn} \\ \Delta m_k^{j1} & \Delta m_k^{j2} & \cdots & \Delta m_k^{ji} & \cdots & \Delta m_k^{jn} \\ \Delta n_k^{j1} & \Delta n_k^{j2} & \cdots & \Delta n_k^{ji} & \cdots & \Delta n_k^{jn} \end{bmatrix}^{\mathrm{T}} \tag{7.4}$$

观测噪声阵:

$$\boldsymbol{R}_K = \begin{bmatrix} P^j + P^1 & \cdots & P^j & & & \\ \vdots & & \vdots & & 0 & \\ P^j & \cdots & P^j + P^n & & & \\ & & & \gamma(P^j + P^1) & \cdots & \gamma P^j \\ & 0 & & \vdots & & \vdots \\ & & & \gamma P^j & \cdots & \gamma(P^j + P^n) \end{bmatrix} \tag{7.5}$$

式中: $P = (a^2 + b^2/\sin^2\theta + c^2 \cdot \mathrm{b1})$, bl 为基线长; γ 为单位长度比例因子。

离散系统的卡尔曼滤波方程表示为

$$\begin{cases} \boldsymbol{X}_K = \boldsymbol{X}_{K-1} + \boldsymbol{W}_K & \boldsymbol{W}_K \sim N(0, \boldsymbol{Q}_K) \\ \boldsymbol{L}_K = \boldsymbol{B}_K X_K + \boldsymbol{V}_K & \boldsymbol{V}_K \sim N(0, \boldsymbol{R}_K) \end{cases} \tag{7.6}$$

用 $K-1$ 历元滤波方差阵 $\boldsymbol{P}_{K-1}$ 以及 $\boldsymbol{Q}_K$ 计算 k 历元预测方差阵 $\boldsymbol{P}_{K,K-1}$, 进而 $[X,Y,Z]_K = [x,y,z]_K$ 计算滤波增益阵 $\boldsymbol{K}_k$, 修正第 k 历元预测值得到卡尔曼滤波解为

$$\begin{cases} \boldsymbol{K}_k = \boldsymbol{P}_{K,K-1}\boldsymbol{B}_K^{\mathrm{T}}[\boldsymbol{B}_K\boldsymbol{P}_{K,K-1}\boldsymbol{B}_K^T + \boldsymbol{R}_K]^{-1} \\ \boldsymbol{X}_k = \boldsymbol{X}_K + \boldsymbol{K}_K[\boldsymbol{L}_K - \boldsymbol{B}_K\boldsymbol{X}_K] \\ \boldsymbol{P}_k = [1 - \boldsymbol{K}_K\boldsymbol{B}_K]\boldsymbol{P}_{K,K-1} \end{cases} \tag{7.7}$$

通过第 K 历元观测值解算得到模糊度浮点解及其方差阵,结合改进的MLAMBDA方法加快模糊度搜索固定,模糊度固定后,载波相位可以视为厘米级距离观测量,从而得到流动站位置的精确固定解,初始化后的观测历元直接代入已经固定的模糊度进行动态定位。若出现卫星失锁或周跳以及卫星更替时,则需要重新估计整周模糊度[7]。

下面对多历元初始化的 RTK 动态定位算法进行实例分析。

与前面章节采用相同的基准站数据,图 7.1 中 RO 为增加的临时观测站,第 6 章已做好空间相关误差的改正数内插,通过周边多个基准站空间建模生成 JH 和 RO 的虚拟观测值,采用多历元滤波 RTK 算法解算 JH 和 RO 的坐标,并与 JH 和 RO 的真实坐标统计分析,其中 RO 真实坐标通过基线静态解算获得。其中 JH 和 RO 以多基站空间误差内插改正数,采样间隔 15s,定位结果如图 7.2 至图 7.7 所示。

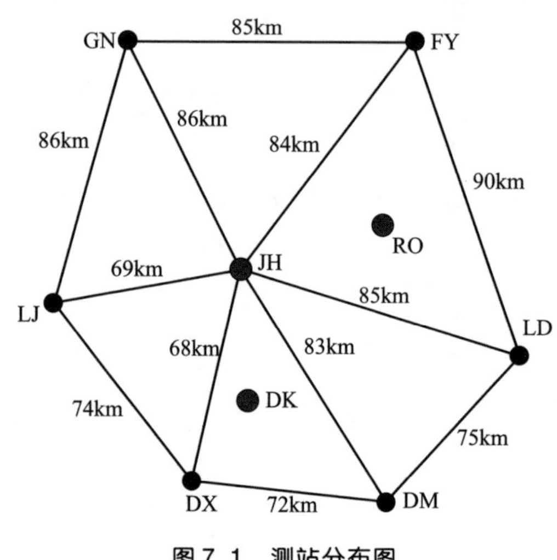

图 7.1 测站分布图

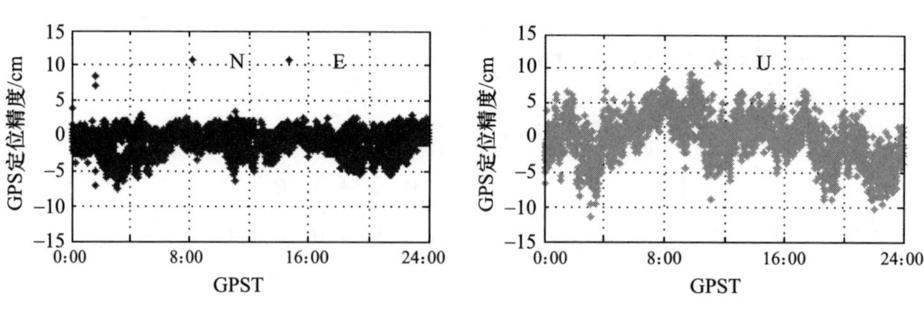

图 7.2 JH GPS 定位精度(见彩图)

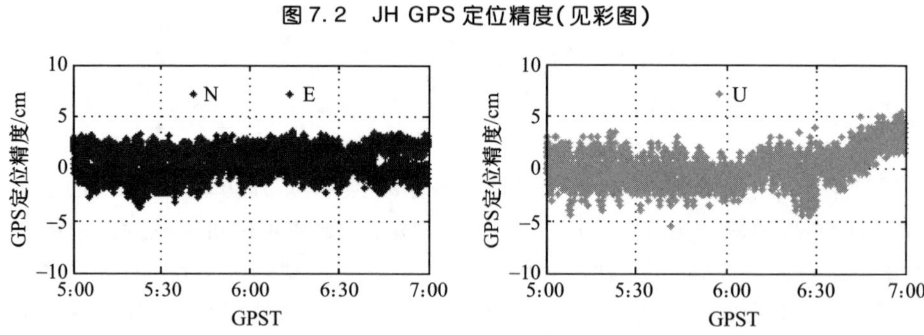

图 7.3 RO GPS 定位精度(见彩图)

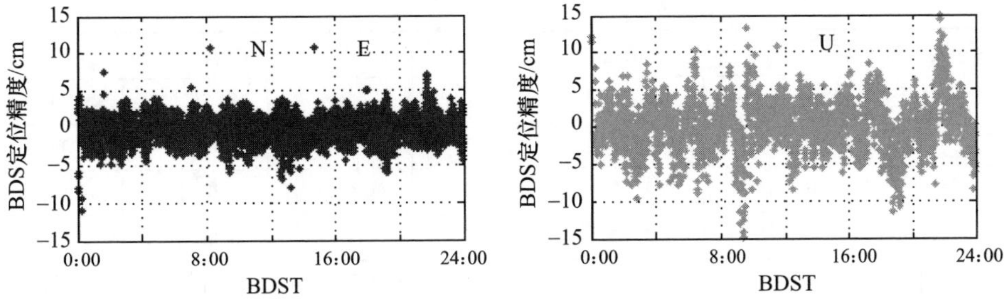

图 7.4　JH BDS 定位精度(见彩图)

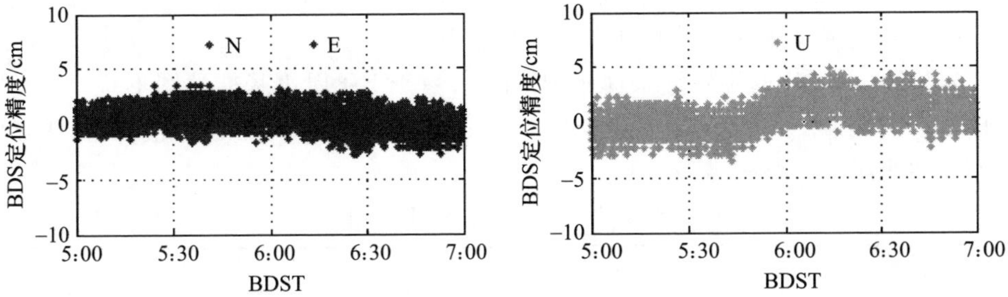

图 7.5　RO BDS 定位精度(见彩图)

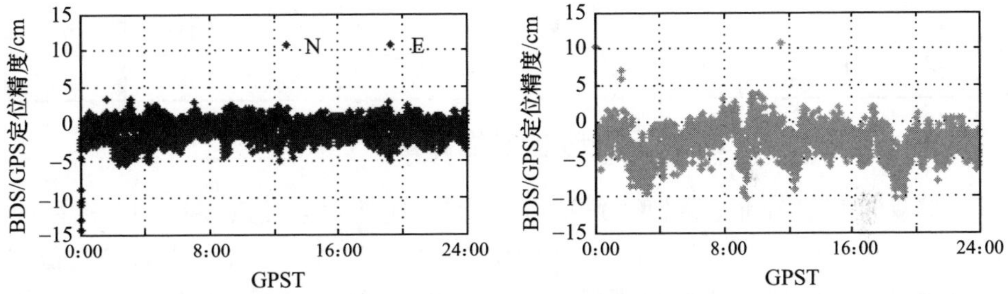

图 7.6　JH BDS/GPS 组合定位精度(见彩图)

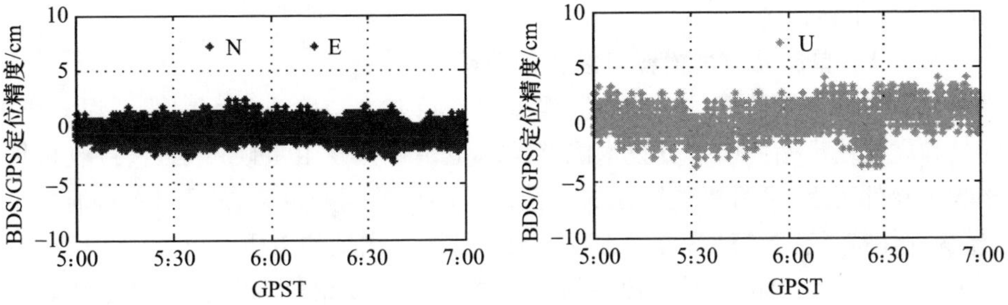

图 7.7　RO BDS/GPS 组合定位精度(见彩图)

根据上面的解算,得到 BDS/GPS 组合以及单系统的基于 VRS 虚拟观测值的 SRTK 定位精度统计见表 7.1(其中 C 表示 BDS,G 表示 GPS,M 表示 BDS/GPS 组合系统)。

表 7.1 RO 定位结果统计

定位系统＼精度	RMS 误差/cm			平均误差/cm		
	N	E	U	N	E	U
C	1.99	1.87	3.57	1.18	0.32	2.35
G	1.18	1.67	2.66	0.9	0.13	1.15
M	1.32	1.05	3.21	0.92	0.29	2.04

根据表 7.1 分析可以看出，相同的观测条件，利用 VRS 技术生成的虚拟观测值与流动站的定位，对于 GPS/BDS 组合系统以及单系统：平面精度优于 5cm，一般保持在 4cm 左右；高程方向精度稍差，优于 10cm，一般保持在 6cm 左右。GPS 定位精度略优于 BDS，组合系统稳定度略优于单系统定位精度。

表 7.2 统计 RO 的定位结果优于 JH 站点，由于 RO 周边基准站图形优于 JH，空间相关误差建模精度好于 JH，因此 RO 的定位结果精度略好，而且比较稳定，明显满足 RTK 厘米级定位要求。

表 7.2 RO 定位结果统计

定位系统＼精度	RMS 误差/cm			平均误差/cm		
	N	E	U	N	E	U
C	0.99	0.87	1.57	0.18	0.22	0.25
G	0.38	0.67	1.26	0.09	0.13	0.35
M	0.32	0.75	1.21	0.12	0.19	0.84

7.1.2 双频 RTK 单历元动态定位算法

根据双频 L1、L2 和宽巷（WL）模糊度之间的线性约束关系，利用 L1 模糊度与 WL 模糊度间的线性约束关系，在 WL 模糊度搜索空间内确定宽巷模糊度备选值，WL 模糊度固定再进行 L1 载波相位模糊度的解算，通过 WL 和 L1 观测值联合方程解算 L1 模糊度浮点解，并结合模糊度搜索算法确定 L1 模糊度。L2 模糊度可以通过 WL 和 L1 模糊度求差得到[8]。

7.1.2.1 单历元整周模糊度解算的策略

虚拟参考站观测值通过空间相关误差改正后基本消除或大大削弱了误差影响。流动站和虚拟基准站间的差分技术能够消除卫星钟差及卫星硬件延迟、接收机钟差及接收机硬件延迟，可将当前历元的双频载波相位站间星间双差观测方程简化。因此，模糊度保持了整数特性，可以进行流动站整周模糊度的单历元解算[9]。

由 L1、L2 载波相位观测方程可得流动站宽巷载波相位观测值的双差观测方程（以 GPS 为例）为

$$\frac{c}{f_1 - f_2}\Delta\nabla\varphi_{\mathrm{W}} = \boldsymbol{B}\cdot\boldsymbol{X} + \Delta\nabla\rho_0 - \frac{c}{f_1 - f_2}\Delta\nabla N_{\mathrm{W}} - \frac{f_1}{f_2}\cdot\Delta\nabla I + \Delta\nabla T + \Delta\nabla\varepsilon \quad (7.8)$$

将 L1、L2 载波相位的观测方程相减，整理后得到流动站上双频载波相位模糊度

间的线性约束关系：

$$\Delta\nabla N_2 = \frac{f_2}{f_1}\Delta\nabla N_1 + \frac{f_2}{f_1}\Delta\nabla\varphi_1 - \Delta\nabla\varphi_2 - \frac{f_2}{c}\cdot\left(\Delta\nabla I - \frac{f_1^2}{f_2^2}\cdot\Delta\nabla I\right) + \Delta\nabla\varepsilon_{12} \tag{7.9}$$

即

$$\Delta\nabla N_2 = \frac{60}{77}\Delta\nabla N_1 + \frac{60}{77}\Delta\nabla\varphi_1 - \Delta\nabla\varphi_2 - \frac{f_2}{c}\cdot\left(\Delta\nabla I - \frac{f_1^2}{f_2^2}\cdot\Delta\nabla I\right) + \Delta\nabla\varepsilon_{12} \tag{7.10}$$

基准站模糊度固定后可以准确计算出高精度的基准站网络双差误差改正数，并通过区域建模，对流动站的双差观测值进行电离层延迟误差改正，改正后的残差较小，不影响流动站整周模糊度的解算[10-11]，并忽略流动站载波相位观测值的噪声，则式(7.10)可表示为

$$\Delta\nabla N_2 = \frac{60}{77}\Delta\nabla N_1 + \frac{60}{77}\Delta\nabla\varphi_1 - \Delta\varphi_2 \tag{7.11}$$

将宽巷载波相位观测方程与L1载波相位观测方程相减，得到宽巷模糊度与L1载波相位模糊度间的线性约束关系：

$$\Delta\nabla N_W = \frac{f_1 - f_2}{f_1}\Delta\nabla N_1 + \frac{f_1 - f_2}{f_1}\Delta\nabla\varphi_1 - \Delta\nabla\varphi_W - \frac{f_1 - f_2}{c}\left(\Delta\nabla I + \frac{f_1}{f_2}\cdot\Delta\nabla I\right) + \Delta\nabla\varepsilon_{1W} \tag{7.12}$$

即

$$\Delta\nabla N_W = \frac{17}{77}\Delta\nabla N_1 + \frac{17}{77}\Delta\nabla\varphi_1 - \Delta\nabla\varphi_W - \frac{f_1 - f_2}{c}\left(\Delta\nabla I + \frac{f_1}{f_2}\cdot\Delta\nabla I\right) + \Delta\nabla\varepsilon_{1W} \tag{7.13}$$

将 $\varphi_W = \varphi_1 - \varphi_2$ 代入得

$$\Delta\nabla N_W = \frac{17}{77}\Delta\nabla N_1 - \frac{60}{77}\Delta\nabla\varphi_1 + \Delta\nabla\varphi_2 - \frac{f_1 - f_2}{c}\left(\Delta\nabla I + \frac{f_1}{f_2}\cdot\Delta\nabla I\right) + \Delta\nabla\varepsilon_{1W} \tag{7.14}$$

同样由于改正后的双差电离层延迟残差很小，可以忽略电离层延迟误差残差及流动站载波相位观测噪声，式(7.14)的简化形式为

$$\Delta\nabla N_W = \frac{17}{77}\Delta\nabla N_1 + \frac{17}{77}\Delta\nabla\varphi_1 - \Delta\nabla\varphi_W \tag{7.15}$$

流动站上双频载波相位模糊度的线性约束关系式(7.11)给定一个L1模糊度就有唯一的L2模糊度与之对应，双频载波相位模糊度的线性约束关系主要受电离层延迟误差的残差及观测噪声的综合影响。如果各种误差能够完全被消除，则双频模糊度备选组合的变化关系严格为60/77，即 ΔN_1 变化77周，ΔN_2 变化60周。实际上，电离层延迟残差及观测噪声的影响并不能完全消除，所以双频载波相位整周模糊度备选值不是严格按照60/77变化的。流动站上宽巷模糊度与L1载波相位模糊度之间的线性约束关系类似，并且式(7.15)、式(7.11)的约束关系是相关的[12]。

利用改正后的流动站伪距观测值计算出流动站的初值坐标，并求解L1载波相位

模糊度的初值,然后确定其搜索范围,并在搜索空间中寻找双频载波相位模糊度备选值。

求出宽巷模糊度的初值以后,给定宽巷模糊度的搜索范围大小,确定宽巷模糊度搜索空间。按照式(7.15)结合 L1 载波相位模糊度搜索空间中的模糊度备选值,在宽巷模糊度搜索空间当中寻找宽巷模糊度备选值,保留经过式(7.15)选取的宽巷模糊度和 L1 模糊度的备选值[13-14]。

线性约束关系对模糊度备选值的约束能力强弱是由观测噪声和误差的残差影响决定的,流动站载波相位的观测噪声和误差的残差越小,各类型观测值整周模糊度间的约束关系就越强[15-16]。反之,线性关系对模糊度的约束能力就越弱。一般情况下,高高度角卫星的观测噪声和误差的残差较小,线性约束关系对模糊度备选值的约束能力较强,并能保证模糊度备选值的可靠性。而对于低高度角卫星,由于观测值受到的干扰和影响相对于高高度角卫星可能会较大,所以线性约束关系的约束能力就比较弱。因此,按照高度角对宽巷整周模糊度和载波相位整周模糊度分组进行解算,即将所有观测卫星按照高度角分为两组。在保证一定 PDOP 值的情况下,高高度角卫星先进行模糊度解算,等高高度角卫星的整周模糊度确定之后再对低高度角卫星进行模糊度解算。

7.1.2.2 单历元宽巷模糊度的算法

根据卫星高度角对所有观测卫星进行分组,首先在保证一定 PDOP 值的情况下,选择高度角较高的卫星进行宽巷模糊度解算,一般取高度角大于 30°的卫星。利用 L1 载波相位模糊度与宽巷模糊度间的线性约束关系式(7.15),在宽巷模糊度的搜索范围内选取宽巷模糊度的备选值,组成宽巷模糊度的搜索空间[17-18]。

将选择出的高高度角卫星的伪距和宽巷载波相位观测方程写成误差方程组的形式,其矩阵形式可表示为

$$\begin{bmatrix} \boldsymbol{V}_{\mathrm{P}} \\ \boldsymbol{V}_{\varphi_{\mathrm{W}}} \end{bmatrix} = \begin{bmatrix} \boldsymbol{B} & \boldsymbol{0} \\ \boldsymbol{B} & -\boldsymbol{E}\cdot\lambda_{\mathrm{W}} \end{bmatrix} \begin{bmatrix} \boldsymbol{X} \\ \Delta\nabla\boldsymbol{N}_{\mathrm{W}} \end{bmatrix} - \begin{bmatrix} \Delta\nabla\boldsymbol{P} - \Delta\nabla\boldsymbol{\rho} \\ \Delta\nabla\boldsymbol{\varphi}_{\mathrm{W}} - \Delta\nabla\boldsymbol{\rho} \end{bmatrix} \tag{7.16}$$

如果流动站能够观测双频 P 码伪距观测值,则在观测方程组中增加 MW 组合观测值,增强对宽巷模糊度的约束,则误差方程组的矩阵形式为

$$\begin{bmatrix} \boldsymbol{V}_{\mathrm{P}} \\ \boldsymbol{V}_{\mathrm{MW}} \\ \boldsymbol{V}_{L_{\mathrm{W}}} \end{bmatrix} = \begin{bmatrix} \boldsymbol{B} & \boldsymbol{0} \\ \boldsymbol{0} & \boldsymbol{E}\cdot\lambda_{\mathrm{W}} \\ \boldsymbol{B} & -\boldsymbol{E}\cdot\lambda_{\mathrm{W}} \end{bmatrix} \begin{bmatrix} \boldsymbol{X} \\ \Delta\nabla\boldsymbol{N}_{\mathrm{W}} \end{bmatrix} - \begin{bmatrix} \Delta\nabla\boldsymbol{P} - \Delta\nabla\boldsymbol{\rho} \\ \mathrm{MW} \\ \Delta\nabla\boldsymbol{\varphi}_{\mathrm{W}} - \Delta\nabla\boldsymbol{\rho} \end{bmatrix} \tag{7.17}$$

式中:MW 为 MW 组合观测值。需要说明的是,利用式(7.16)、式(7.17)进行单历元最小二乘解算宽巷模糊度的前提条件是卫星数大于 3 个,如果不满足,就根据高度角大小依次增加该卫星组中的卫星数目。

流动站宽巷模糊度的误差方程组解算后,就可进行宽巷整周模糊度的搜索,具体实现过程为

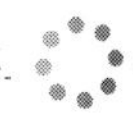

第一步搜索：由于单历元伪距观测值的精度较低，宽巷模糊度浮点解的精度不高，所以模糊度的搜索空间会比较大[19]。如果宽巷模糊度搜索空间中备选模糊度组合的数量能大大减少，那么得到正确宽巷模糊度组合的搜索效率就会明显提高，因此根据 L1 载波相位模糊度与宽巷模糊度间的线性约束，可以对宽巷模糊度搜索空间中的备选值进行筛选，保留满足式(7.15)的宽巷模糊度备选值，剔除不满足该式的备选值。

宽巷模糊度的方差-协方差矩阵进行降相关处理，然后在宽巷模糊度搜索空间内，对各宽巷模糊度组合进行搜索，依次搜索出多组最优的宽巷模糊度组合[20-21]。

第二步搜索：将第一步搜索过程中搜索出的多组最优的宽巷模糊度组合回代入宽巷载波相位观测方程，利用宽巷载波相位观测值再次进行最小二乘解算，得到流动站的位置坐标改正量及相应的残差矢量 $\boldsymbol{V}_{\varphi_W}$，并计算方差因子 $\sigma_0^2 = \frac{\boldsymbol{V}_{\varphi_W}^{\mathrm{T}} \boldsymbol{Q}_{\varphi_W}^{-1} \boldsymbol{V}_{\varphi_W}}{n-3}$，$\boldsymbol{Q}_{\varphi_W}$ 为宽巷载波相位观测值的协因数阵。

对得到的多个 σ_0^2 值进行 Ratio 检验：

$$\text{Ratio} = \frac{\sigma_{0\text{sec}}^2}{\sigma_{0\text{min}}^2} \tag{7.18}$$

若 Ratio 大于某一限值（一般取为大于 3 的常数），则方差最小值所对应的模糊度参数组合为正确的宽巷模糊度。

当宽巷整周模糊度确定之后，将其转化为距离观测值，与剩余卫星的宽巷观测值组成联合观测方程，这些剩余卫星主要是低高度角卫星，可得剩余卫星宽巷模糊度的浮点解和方差-协方差矩阵，对宽巷整周模糊度进行搜索固定[22]。

7.1.2.3　单历元 L1 模糊度的搜索算法

宽巷整周模糊度固定之后，将宽巷观测值和 L1 观测值组成新的联合观测方程：

$$\begin{bmatrix} \boldsymbol{V}_{\varphi_1} \\ \boldsymbol{V}_{\varphi_W} \end{bmatrix} = \begin{bmatrix} \boldsymbol{B} & -\boldsymbol{E}\cdot\lambda_1 \\ \boldsymbol{B} & \boldsymbol{0} \end{bmatrix} \begin{bmatrix} \boldsymbol{X} \\ \Delta\nabla \boldsymbol{N}_1 \end{bmatrix} - \begin{bmatrix} \Delta\nabla\boldsymbol{\varphi}_1 - \Delta\nabla\boldsymbol{\rho} \\ \Delta\nabla\boldsymbol{\varphi}_W - \Delta\nabla\boldsymbol{\rho} - \Delta\nabla\boldsymbol{N}_W \end{bmatrix} \tag{7.19}$$

对式(7.19)进行最小二乘解算，得到 L1 载波相位模糊度的浮点解和协方差阵。由于宽巷模糊度准确确定，坐标量已经具有比较理想的精度，可得到载波相位模糊度较高精度的浮点解和状态明显改善的协方差矩阵，更容易进行整数变换和降相关性处理[23]。如果浮点解精度较高，则可利用直接取整固定 L1 的模糊度。为了保证模糊度的固定成功率，也可利用 L1 模糊度的浮点解和协方差矩阵，对模糊度进行搜索固定。

7.1.2.4　实例分析

采用我国中纬度区域基准站网（图 7.8）进行实例分析，以测站 CD、RE 和 ZY 为基准站，S2 为流动站。采样间隔 1s，时段长度 2h。通过计算的动态定位结果与 S2 静态基线解算结果比较来进行分析。

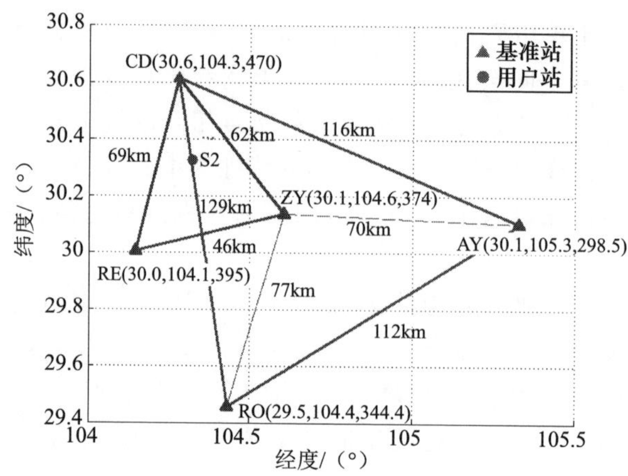

图 7.8　中纬度区域基准站网分布图

定位结果见图 7.9 至图 7.11。定位结果与前面多历元结果不一致主要是数据处理过程中固定模糊度的卫星不同、相同历元定位用到的卫星也不同引起的。

（1）GPS 定位结果。单独使用 GPS 数据，根据虚拟参考站技术生成用户站点处的虚拟观测值，并相应地与 S2 观测值进行 SRTK 定位，定位结果与已知值比较分析如图 7.9 所示。

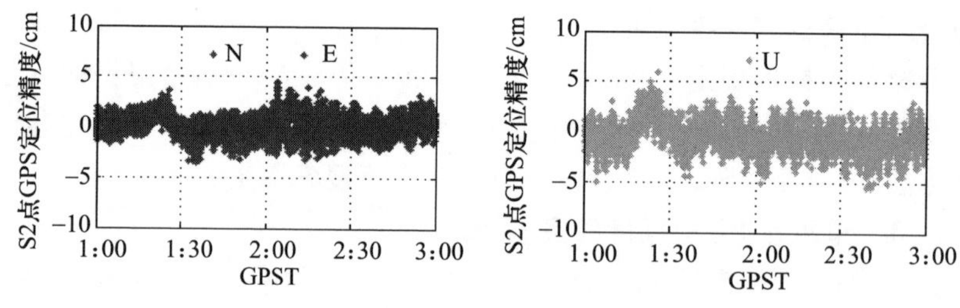

图 7.9　S2 点 GPS 定位精度(见彩图)

（2）BDS 定位结果。单独使用 BDS 数据，根据虚拟参考站技术生成用户站点 S2 处的虚拟观测值，并与 S2 观测值进行相对定位，定位结果与已知值比较分析如图 7.10所示。

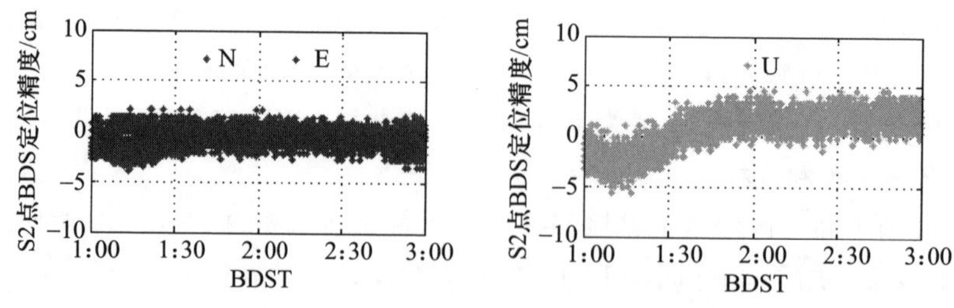

图 7.10　S2 点 BDS 定位精度(见彩图)

(3) BDS/GPS组合定位结果。组合使用BDS和GPS数据,根据虚拟基准站技术生成用户S2虚拟观测值,并与采集点观测值进行相对定位,定位结果与已知值比较分析如图7.11所示。

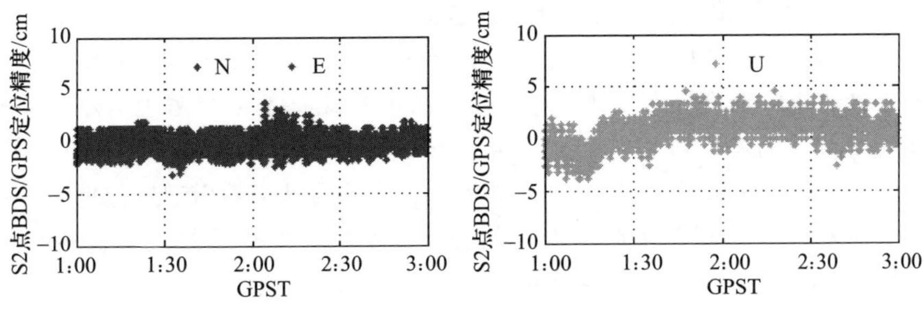

图7.11　S2点BDS/GPS组合定位精度(见彩图)

S2定位结果的统计值如表7.3所列。

表7.3　S2定位结果的统计值

定位系统	RMS误差/cm			平均误差/cm		
	N	E	U	N	E	U
C	0.23	0.92	1.83	0.01	0.26	0.47
G	0.18	0.37	1.66	0.9	0.13	0.35
M	0.21	0.21	1.45	0.87	0.28	0.96

根据上面图表分析可以看出,对于中短基线覆盖范围内,相同的观测条件,利用VRS技术生成的虚拟观测值与用户站的SRTK定位对于GPS/BDS组合系统以及单系统,其平面精度优于4cm,一般保持在2cm左右,高程方向精度差点,优于8cm,一般保持在4cm左右。系统间GPS定位精度略好于BDS,组合系统精度略好于单系统定位精度。

7.1.3　BDS三频单历元动态定位算法

常规的三频载波求整周模糊度解算(TCAR)法是1997年提出最早的三频模糊度固定算法,单颗卫星超宽巷—宽巷—窄巷逐级直接取整固定整周模糊度,相继出现了类似的整数层叠解算(CIR)法和多频相位模糊度解算(MCAR)法。常规TCAR法模糊度固定原理简单、快速,模糊度初值浮点解相对准确,误差源于前一项和自身多路径和观测噪声,采用模糊度直接取整的简单固定方式容易出现误判现象。

从常规TCAR法每步模糊度固定误差源出发,发现TCAR法模糊度初值比较准确,相应地对每步模糊度固定初值进行搜索判断,搜索空间很小。为了实现北斗三频RTK单历元模糊度固定,基于三频组合观测值的组合特性选取了几组合适的超宽巷、宽巷组合观测值,发现超宽巷或宽巷组合的双差残差与波长的差异明显,如超宽巷波长4.8m的组合双差残差一般在0.2m左右,因此模糊度一旦固定错误,则引起整周波长倍数的粗差(至少4.8m),超宽巷组合观测值单位权中误差会出现跳变异常(1 周约 1m);类似的模糊度固定错误中误差异常跳变同样适用于宽巷和基本频点观测值。因此对 TCAR 方法进行了改进,在固定超宽巷、宽巷和基本频点模糊度时,附加观测值单位权中误差作为模糊度固定的标准[24-25]。

7.1.3.1 模糊度固定错误引起中误差变化分析

观测值模糊度固定后,观测残差主要是差分后大气延迟残差和观测噪声,一般模糊度固定错误造成观测值出现波长整周倍数的粗差,粗差和正常残差大小相差悬殊,如超宽巷模糊度粗差一般为 4.8m,正常差分后的残差为 0.2m 左右,最小二乘估计是均方误差最小的参数估计,粗差与正常残差的大小悬殊必然引起定位偏差,并直接反映在中误差上[26]。粗差引起中误差的变化大小与样本空间的大小(卫星个数)、模型结构(卫星图形)以及出现粗差的样本(那颗卫星)有关。

图 7.12 显示了 2、4 号 GEO,8 号 IGSO 和 12 号 MEO 模拟超宽巷、宽巷和基本频点模糊度固定错 1 周引起的定位中误差值变化。显然粗差与残差的大小悬殊导致中误差与真值差异明显,且较高卫星与卫星数有关,而较低 4 号 GEO 卫星对中误差影响比较平缓,但与真值差异同样明显。总之,模糊度固定错误即发生跳周引入粗差时中误差明显大于真值,可以作为模糊度固定参考指标。

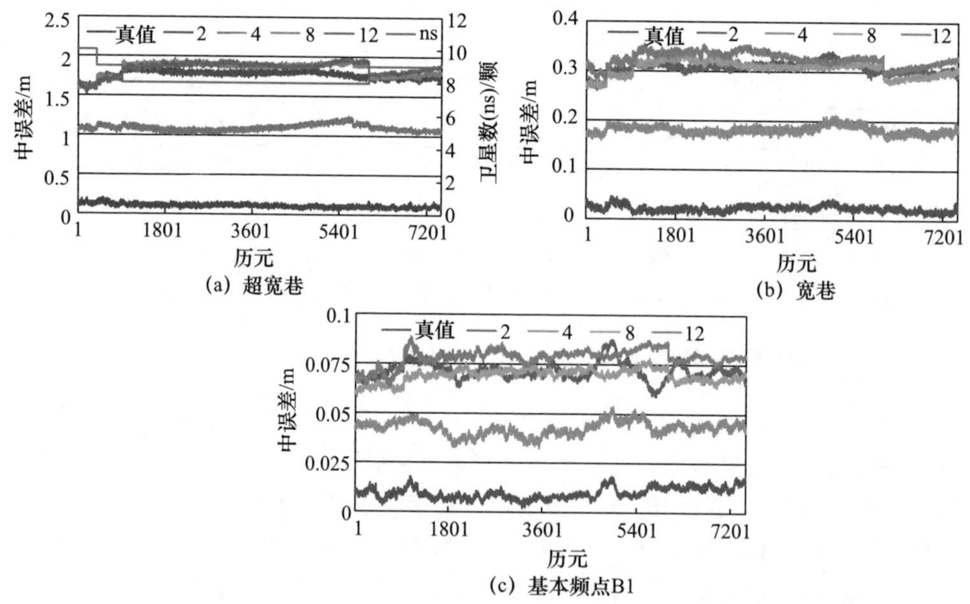

图 7.12 模糊度错 1 周引起的定位中误差变化(见彩图)

7.1.3.2 附加中误差约束的 TCAR 搜索法

TCAR 法认为残差(电离层、观测噪声等)对载波影响小于半周,顾及整数特性直接取整获得固定解,当观测噪声和电离层残差较大时会出现模糊度固定错误,此时本书用 TCAR 计算的模糊度建立少量备选模糊度组合,因模糊度固定错误会引起中误差跳变,因此引入中误差作为模糊度固定的附加判断标准,相应的模糊度固定步骤

如下：

(1) 忽略残差影响，用下式计算组合观测值模糊度浮点解，四舍五入取整得。

$$\Delta\nabla N = \frac{\Delta\nabla\rho - \Delta\nabla\phi_{(i,j,k)}}{\lambda_{(i,j,k)}} \tag{7.20}$$

(2) 当 $|\Delta\nabla N - [\Delta\nabla N]| \leq \delta$ 时，$[\Delta\nabla N]$ 为模糊度固定解。

(3) 当 $|\Delta\nabla N - [\Delta\nabla N]| > \delta$ 时，取 $\Delta\nabla N$ 两边的整数为备选模糊度，即 $\Delta\nabla N - [\Delta\nabla N] > \delta$ 时，取 $[\Delta\nabla N]$ 和 $[\Delta\nabla N + 0.5]$，当 $\Delta\nabla N - [\Delta\nabla N] < -\delta$ 时，取 $[\Delta\nabla N]$ 和 $[\Delta\nabla N - 0.5]$。

(4) 当前历元所有卫星通过(1)至(3)步骤后，建立了备选模糊度矢量组合，进而对备选模糊度矢量计算中误差，其中最小且小于设定阈值的中误差对应的模糊度矢量为固定解。

按照(1)至(4)步骤依次固定超宽巷、宽巷和基本频点 B1 模糊度。当固定超宽巷时，ρ 为伪距；当固定宽巷时，ρ 为超宽巷；当固定 B1 时，ρ 为宽巷。

7.1.3.3　静态实例分析

同样采用图 7.8 的基准站数据，对 S2 站进行定位分析，采样间隔 1s，卫星截止高度角 15°。

表 7.4 统计了常规 TCAR 法全部历元中出现模糊度固定错误的卫星情况，宽巷是采用正确超宽巷模糊度下固定错误统计、B1 是正确宽巷下错误统计，显然三者同时固定错误的历元很少，互不相关。图 7.13 显示了 4 号 GEO 卫星超宽巷、宽巷和基本频点 B1 的模糊度浮点解，线条的粗细反映了组合观测值的组合噪声大小，当偏差大于 0.5 周时，直接取整固定错误，其中宽巷模糊度有 37% 的历元固定错误。

表 7.4　TCAR 固定错误模糊度统计

卫星号		01	03	04	05	09	11	12	14
误判数	EWL	18	0	3	86	4	45	9	28
	WL	0	0	2807	3	0	0	0	0
	B1	6	149	62	0	0	7	0	156
EWL—超宽巷(模糊度)									

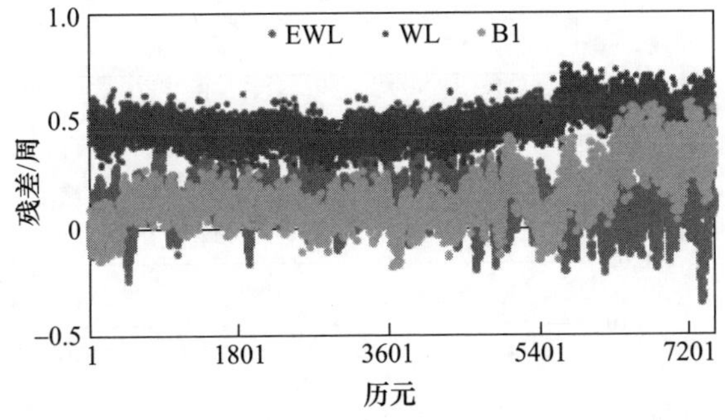

图 7.13　4 号 GEO 卫星超宽巷、宽巷、B1 浮点解(见彩图)

图 7.14 显示了 TCAR 方法固定超宽巷、宽巷和基本频点 B1 模糊度后，代入观测方程的相应的观测值中误差值。可以看出，超宽巷模糊度固定错误必然导致宽巷和 B1 模糊度固定错误，并且超宽巷、宽巷和 B1 的中误差值大小差不多，明显大于超宽巷观测值中误差数量级；宽巷模糊度固定错误同样导致 B1 模糊度固定错误，并且宽巷和 B1 的观测值中误差大小差不多，明显大于宽巷观测值中误差数量级；而 B1 模糊度固定错误时，B1 的中误差明显大于 B1 观测值中的误差数量级。因此模糊度固定正确时，观测值中误差明显小于固定错误时，并且差异明显。

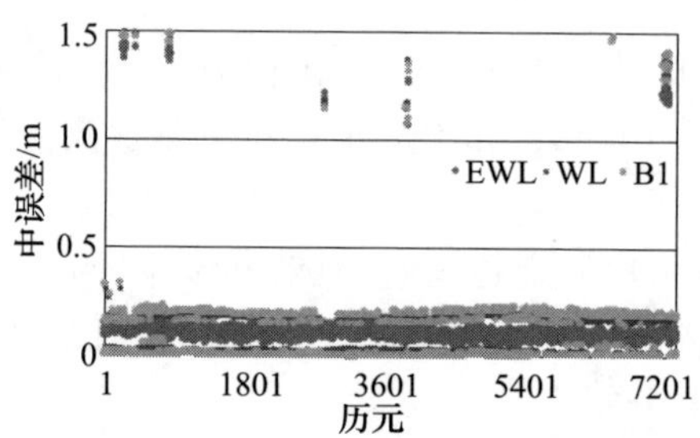

图 7.14　TCAR 方法中误差（见彩图）

图 7.15 显示了固定模糊度后相应的超宽巷、宽巷和 B1 频点观测值中误差值，其中没有较大的跳点值，并且图 7.16 分别显示了 B1 使用固定的模糊度的定位偏差值，平面定位偏差优于 3cm，高程优于 5cm，因此附加中误差约束的 TCAR 搜索法实现了模糊度 100% 固定，能够克服 TCAR 直接取整模糊度误判问题。

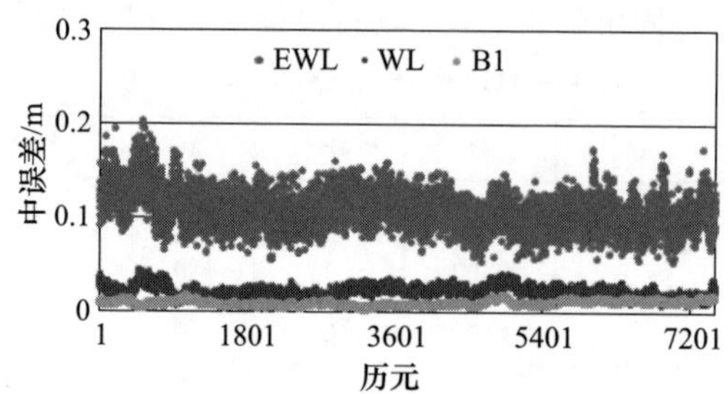

图 7.15　TCAR 搜索法的中误差（见彩图）

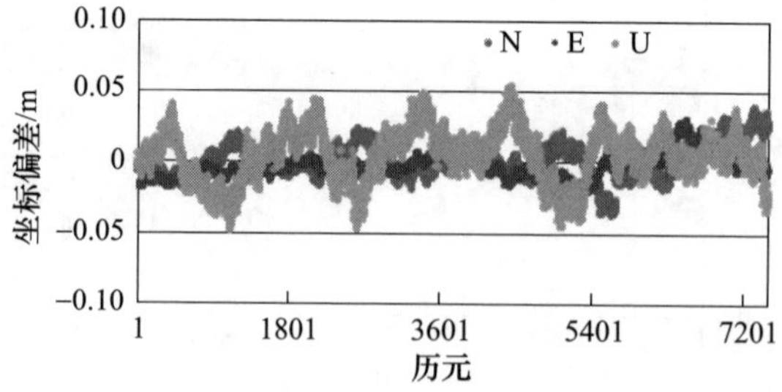

图 7.16　基本频点 B1 定位偏差（见彩图）

附加中误差约束的 TCAR 搜索法引入观测值中误差作为模糊度固定的判断标准，对 TCAR 方法建立的少量备选模糊度矢量组进行搜索，其中中误差最小值对应的模糊度矢量为固定解，实现北斗三频 RTK 单历元模糊度实时固定。经实测数据验证，超宽巷、宽巷和 B1 模糊度的固定成功率达到 100%，克服了常规 TCAR 方法直接取整的模糊度误判的弊病。

7.1.3.4　人行慢动态实例分析

采用 CD、RE 和 ZY 作为基准站网，在区域范围内距离 CD 站约 18km 的一个学校篮球场进行人行慢动态数据的测试，采样率 1s，观测时段3:20—3:40，人行慢动态（图 7.17）沿着篮球场规则的图形重复观测。

图 7.17　人行慢动态数据采集

人行慢动态沿着篮球场规则图形采集的观测数据，周围比较开阔，基本无遮挡，因此 BDS、GPS 以及二者组合仅需一个历元就能固定，并且可以 100% 解算定位，此处只给出了其中组合定位结果，可以看出，轨迹图比较清晰，未出现跳点等情况，与实际测试路线符合很好，轨迹点分段聚集反映人走的规律性（图 7.18）。

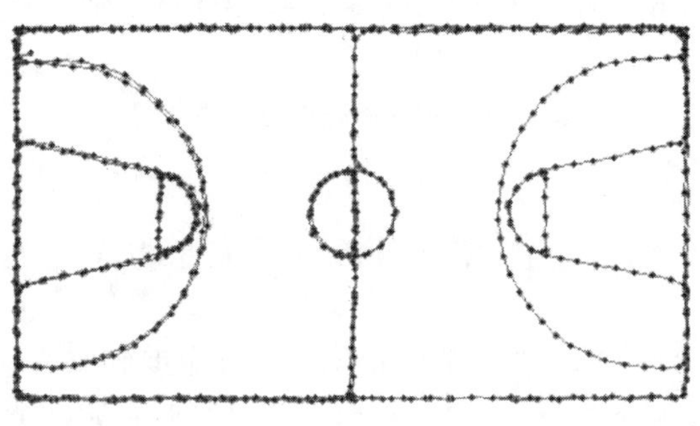

图 7.18　篮球场人行慢动态

图 7.19 显示了人行慢动态轨迹点定位中的误差,其中北东高三个方向中误差都是 mm 级,3 个方向的距离中误差也是 mm 级,但开始阶段定位中误差有跳动,可能由于周边树木或者篮球板遮挡引起的观测误差变差,并且在观测过程中可用卫星数也发生了变化。

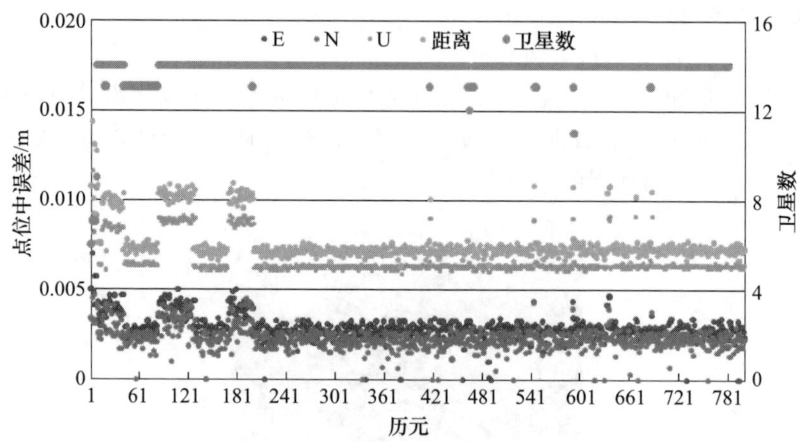

图 7.19 点位误差(见彩图)

图 7.20 显示了人行慢动态轨迹点高程值,其中高程变化较大的是中间换人采集数据引起的,后面是静态观测几十秒,历元间高程差显示定位精度偏差小于 5cm。

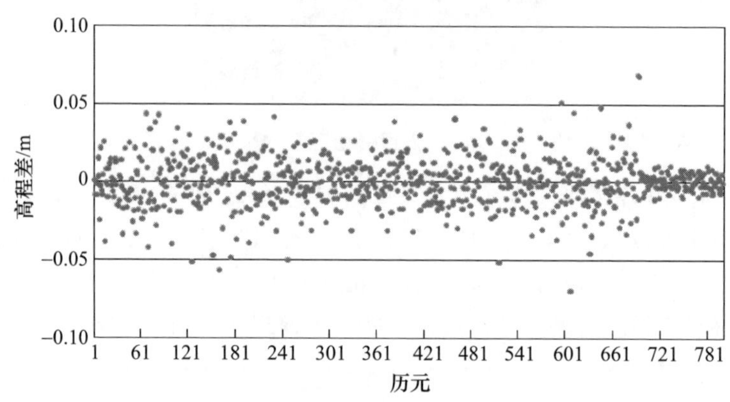

图 7.20 历元间高程差(见彩图)

7.2 非差网络 RTK 流动站动态定位算法

BDS/GPS 网络 RTK 流动站多频非组合整周模糊度解算方法基于几何模型,综合利用所有卫星的观测值信息,对于 BDS 的三频载波相位观测值和 GPS 的双频载波相位观测值[27-28],各系统间各频率的载波相位观测值不进行线性组合,也不采用逐

级模糊度解算的策略，而是将各系统各频率的载波相位观测值同时进行数据处理，同时将伪距观测值作为约束条件，采用最小二乘参数估计各系统各频率的整周模糊度及位置参数，并搜索确定整周模糊度。

基于非差观测模型的BDS/GPS基准站间区域误差改正方法可对BDS和GPS的伪距观测值和载波相位观测值进行误差处理，该过程中消除或削弱了观测值中的弥散性误差和非弥散性误差[29]。经过基准站网非差误差观测模型处理后的卫星p、q星间单差伪距观测值和载波相位观测值的观测方程为

$$\Delta P_{m,U}^{pq} = \Delta\rho_{m,U}^{pq} + \Delta\delta_{P,m,U}^{pq} \tag{7.21}$$

$$\lambda_m \cdot \Delta_m = \Delta\rho_{m,U}^{pq} - \lambda_m \cdot \Delta N_{m,U}^{pq} + \Delta\delta_{\varphi,m,U}^{pq} \tag{7.22}$$

经过基准站网非差误差观测模型误差处理后，式(7.21)和式(7.22)中的弥散性误差和非弥散性误差等得到了消除或削弱，$\Delta\delta$为残差和。

7.2.1　BDS和GPS流动站多频非组合算法

假定历元i，流动站同步观测到$s+1$颗卫星，将BDS或GPS的多频载波相位观测值同时进行数据处理。现以BDS的B1、B2和B3频率的载波相位观测值为例，并将BDS的任意一个频率的伪距观测值作为三频载波相位观测值的约束条件[30-31]，由式(7.21)和式(7.22)得到线性化后的非组合伪距和载波相位误差方程组的矩阵形式为

$$\begin{bmatrix} \boldsymbol{V}_\varphi \\ \boldsymbol{V}_\mathrm{P} \end{bmatrix} = \begin{bmatrix} \boldsymbol{A}_\varphi & \boldsymbol{B}_\varphi \\ \boldsymbol{A}_\mathrm{P} & 0 \end{bmatrix} \begin{bmatrix} \boldsymbol{X} \\ \boldsymbol{N} \end{bmatrix} - \begin{bmatrix} \boldsymbol{l}_\varphi \\ \boldsymbol{l}_\mathrm{P} \end{bmatrix} \tag{7.23}$$

式中

$$\boldsymbol{A}_\varphi = [\boldsymbol{a} \quad \boldsymbol{a} \quad \boldsymbol{a}]^\mathrm{T}$$

$$\boldsymbol{A}_\mathrm{P} = \boldsymbol{a}$$

$$\boldsymbol{B}_\varphi = \begin{bmatrix} \lambda_1 \cdot b & 0 & 0 \\ 0 & \lambda_2 \cdot b & 0 \\ 0 & 0 & \lambda_3 \cdot b \end{bmatrix}$$

$$\boldsymbol{X} = [\delta x \quad \delta y \quad \delta z]^\mathrm{T}$$

$$\boldsymbol{N} = [\boldsymbol{N}_1 \quad \boldsymbol{N}_2 \quad \boldsymbol{N}_3]^\mathrm{T}$$

$$\boldsymbol{l}_\varphi = [\boldsymbol{l}_{\varphi_1} \quad \boldsymbol{l}_{\varphi_2} \quad \boldsymbol{l}_{\varphi_3}]$$

$$\boldsymbol{l}_P = \begin{bmatrix} \Delta P_m^1 - \Delta\rho_{0,m}^1 \\ \vdots \\ \Delta P_m^s - \Delta\rho_{0,m}^s \end{bmatrix}^\mathrm{T}$$

其中

$$\boldsymbol{a} = \begin{bmatrix} l^1 & m^1 & n^1 \\ l^2 & m^2 & n^2 \\ \vdots & \vdots & \vdots \\ l^s & m^s & n^s \end{bmatrix}$$

$$\boldsymbol{b}=\begin{bmatrix} 1 & -1 & 0 & 0 & \cdots & 0 \\ 0 & 1 & -1 & 0 & \cdots & 0 \\ 0 & 0 & 1 & -1 & \cdots & 0 \\ \vdots & \vdots & \vdots & \vdots & & \vdots \\ 0 & 0 & 0 & 0 & 1 & -1 \end{bmatrix}$$

$$\boldsymbol{N}_m=[N_m^1 \quad \cdots \quad N_m^{s+1}]^{\mathrm{T}}$$

$$\boldsymbol{l}_{\varphi_m}=\begin{bmatrix} \lambda_m \cdot \Delta\varphi_m^1-\Delta\rho_{0,m}^1 \\ \vdots \\ \lambda_m \cdot \Delta\varphi_m^s-\Delta\rho_{0,m}^s \end{bmatrix}^{\mathrm{T}}$$

式中：上标表示星间单差卫星，在此省略了基准卫星；下标 m 为频率编号；$\boldsymbol{a}$ 是由各卫星方向余弦组成的系数矩阵，其中 l、m 和 n 分别为星间单差观测值对应的方向余弦系数；$\boldsymbol{X}$ 为流动站坐标改正矢量；$\boldsymbol{N}$ 为非差整周模糊度矢量；ρ_0 为卫星到流动站接收机的概略几何距离；$\boldsymbol{l}_\varphi$ 和 $\boldsymbol{l}_P$ 分别为星间单差观测载波相位和伪距观测方程对应的常数项矢量。

式(7.23)中左边为星间单差伪距和载波相位观测值，而右边的整周模糊度矢量对应的为非差整周模糊度，这种处理方法避免了星间单差组合过程中基准卫星变化的问题，将使数据处理变得更加简单而高效。

由于 B3 频率的码长是 B1 和 B2 频率的 10 倍，其受多路径误差影响较小，B3 频率噪声和多路径误差的量级要比 B1 和 B2 频率小，因此式(7.23)选择 B3 频率的伪距观测值作为约束信息。

对于随机模型，式(7.23)采用卫星高度角定权，即可得到其权矩阵：

$$\boldsymbol{p}(E)=\begin{cases}1.0 & E \geqslant 30^\circ \\ 2\sin E & E<30^\circ\end{cases} \tag{7.24}$$

式中：E 为流动站观测到的卫星的平均高度角；$\boldsymbol{p}(E)$ 为权值。根据 BDS 的伪距和载波相位观测值的测量精度，按照 1 : 100 的权比对伪距和载波相位定权。

进一步利用法方程的可加性，采用多个历元的观测数据进行法方程叠加，之后进行最小二乘参数估计，得到位置改正数和载波相位整周模糊度实数解及平差精度因子。利用模糊度参数对应的协方差矩阵及模糊度实数解，并采用最小二乘模糊度降相关平差(LAMBDA)法搜索得到模糊度最优值，最终得到固定解。

GPS 非组合形式的伪距和载波相位误差方程组的矩阵形式与式(7.23)类似，仅需将式(7.23)中载波相位观测值变成双频载波相位观测值即可，其他处理过程二者相同。BDS/GPS 两系统组合的定位方式类似，将 BDS 的 B1、B2 和 B3 频率的载波相位观测值和 GPS 的 L1 和 L2 频率的载波相位观测值同时进行数据处理，每个系统选定一个基准卫星，并将 BDS 和 GPS 的任意一个频率的伪距观测值作为两个系统载波相位观测值的约束条件。

7.2.2　实例分析

同样对 7.1.3 节中基准站数据，BDS 三频与 GPS 双频非组合整周模糊度解算对 RO 进行定位分析。

表 7.5 和表 7.6 分别给出了 BDS 各频率首个连续观测弧段内 JH、FY、LD 基准站上所有卫星的非差整周模糊度和流动站 RO 的非差整周模糊度，表 7.5 中基准站非差基准整周模糊度 N 取为 0，表 7.6 中基准站非差基准整周模糊度取为非 0。

表 7.5　BDS 非差整周模糊度（非差基准模糊度取 0）

测站 / PRN	JH			FY			LD			RO		
	B1	B2	B3	B1	B2	B3	B1	B2	B3	B1	B2	B3
C06	0	0	0	0	0	0	0	0	0	0	0	0
C01	0	0	0	-85	-92	-92	-43	-101	-106	5	79	14
C02	0	0	0	-6	9	10	-116	-39	-38	2	84	27
C03	0	0	0	-14	-12	-12	-103	-153	-138	11	87	36
C05	0	0	0	-34	-60	-67	8	-19	-30	-88	68	-15
C07	0	0	0	-2	8	4	-24	-54	-34	33	42	8
C08	0	0	0	400	524	501	24	34	28	-86	-38	60
C09	0	0	0	-127	-210	-210	-166	-292	-273	-38	78	24
C10	0	0	0	-30	-38	-37	-58	-82	-84	45	31	55
C13	0	0	0	-10	-9	-11	-93	-108	-110	-10	64	56

表 7.6　BDS 非差整周模糊度（非差基准模糊度取非 0）

测站 / PRN	JH			FY			LD			RO		
	B1	B2	B3	B1	B2	B3	B1	B2	B3	B1	B2	B3
C06	25160	25164	25165	25162	25166	25168	25166	25163	25166	0	0	0
C01	452	432	456	369	342	367	415	330	351	24713	24811	24723
C02	234	254	222	230	265	235	124	214	185	24928	24994	24970
C03	498	416	444	486	406	435	401	262	307	24673	24835	24757
C05	673	663	666	641	605	602	687	643	637	24399	24569	24484
C07	876	888	812	876	898	819	858	833	779	24317	24318	24361
C08	112	143	214	514	669	718	142	176	243	24962	24983	25011
C09	543	447	339	418	239	132	383	154	67	24579	24795	24850
C10	871	554	721	843	518	687	819	471	638	24334	24641	24499
C13	924	889	936	916	882	928	837	780	827	24226	24339	24285

从表 7.5 和表 7.6 可以看到，选取不同基准站非差基准整周模糊度对流动站的非差整周模糊度影响较大。以卫星 C01 和卫星 C06 为例，选取 B1、B2 和 B3 频率，表

7.5 中 $N_{1,A}^{1}=0$、$N_{1,A}^{6}=0$、$N_{2,A}^{1}=0$、$N_{2,A}^{6}=0$、$N_{3,A}^{1}=0$、$N_{3,A}^{6}=0$，表 7.6 中 $N_{1,A}^{1}=452$、$N_{1,A}^{6}=25160$、$N_{2,A}^{1}=432$、$N_{2,A}^{6}=25164$、$N_{3,A}^{1}=456$、$N_{3,A}^{6}=25165$。两种不同的基准站非差基准整周模糊度之间的差异为：452 - 25160 - 0 + 0 = - 24708，432 - 25164 - 0 + 0 = - 24732，456 - 25165 - 0 + 0 = - 24709：流动站 C01 - C06 的星间单差整周模糊度的差异为：5 - 0 - 24713 + 0 = - 24708，79 - 0 - 24811 + 0 = - 24732，14 - 0 - 24723 + 0 = - 24709。选取的两种不同的基准站非差基准整周模糊度之间的差异与流动站星间单差整周模糊度之间的差异相同，流动站星间单差整周模糊度可以将两种不同的基准站非差基准整周模糊度之间的差异吸收掉，流动站最终的定位结果是相同的，因此，流动站的误差处理不受基准站非差基准整周模糊度选取的影响。

表 7.7 和表 7.8 分别给出 GPS 各频率首个连续观测弧段内 CD、ZY、RE 基准站上所有卫星的非差整周模糊度和流动站 S2 的非差整周模糊度，表 7.7 中基准站非差基准整周模糊度取为 0，表 7.8 中基准站非差基准整周模糊度取为非 0。

表 7.7　GPS 整周模糊度(非差基准模糊度取 0)

测站 / PRN	基准站 A		基准站 B		基准站 C		流动站	
	L1	L2	L1	L2	L1	L2	L1	L2
G05	0	0	0	0	0	0	0	0
G02	0	0	- 29	- 25	- 27	3	63	- 6
G15	0	0	3	14	13	18	18	31
G18	0	0	- 14	- 14	20	37	20	37
G21	0	0	11	- 13	38	41	38	41
G24	0	0	13	8	6	20	6	20
G26	0	0	- 2	- 19	14	50	45	37
G29	0	0	0	- 7	7	20	10	46

表 7.8　GPS 整周模糊度(非差基准模糊度取非 0)

测站 / PRN	基准站 A		基准站 B		基准站 C		流动站	
	L1	L2	L1	L2	L1	L2	L1	L2
G05	31210	31212	31213	31214	31215	31216	0	0
G02	432	444	406	421	410	451	30841	30762
G15	346	365	352	381	364	387	30882	30878
G18	876	889	865	877	901	930	30354	30360
G21	765	777	779	766	808	822	30483	30476
G24	541	524	557	534	552	548	30675	30708
G26	142	119	143	102	161	173	31113	31130
G29	671	631	674	626	683	655	30549	30627

从表 7.7 和表 7.8 可以看到，选取不同基准站非差基准整周模糊度对流动站的非差整周模糊度影响较大。以卫星 G02 和卫星 G05 为例，选取 L1 和 L2 频率，表 7.7 中 $N_{1,A}^{2}=0$、$N_{1,A}^{5}=0$、$N_{2,A}^{2}=0$、$N_{2,A}^{5}=0$，表 7.8 中 $N_{1,A}^{2}=432$、$N_{1,A}^{5}=31210$、$N_{2,A}^{5}=444$、$N_{2,A}^{5}=31212$。通过对比可以发现，二者选取的基准站非差基准整周模糊度的关系为：432 − 31210 − 0 + 0 = − 30778，444 − 31212 − 0 + 0 = − 30768，流动站 G02 − G05 的星间单差整周模糊度的差异为：63 − 0 − 30841 + 0 = − 30778，− 6 − 0 − 30762 + 0 = − 30768。与 BDS 相同，GPS 选取的两种不同的基准站非差基准整周模糊度之间的差异与流动站星间单差整周模糊度之间的差异相同，流动站星间单差整周模糊度可以将两种不同的基准站非差基准整周模糊度之间的差异吸收掉，流动站最终的定位结果是相同的，因此，流动站的误差处理不受基准站非差基准整周模糊度选取的影响。

图 7.21 给出了确定 B1、B2 和 B3 频率的载波相位整周模糊度之后，流动站利用 B1 频率载波相位进行实时高精度定位在 E、N 和 U 三个方向的定位结果与坐标准确值的差值。图 7.22 给出了确定 L1 和 L2 频率的载波相位整周模糊度之后，流动站利用 L1 频率载波相位进行实时高精度定位在 E、N 和 U 三个方向的定位结果与坐标准确值的差值。图 7.23 给出了确定 B1、B2、B3、L1 和 L2 频率的载波相位整周模糊度之后，流动站利用 B1 和 L1 频率载波相位进行实时高精度定位在 E、N 和 U 三个方向的定位结果与坐标准确值的差值。

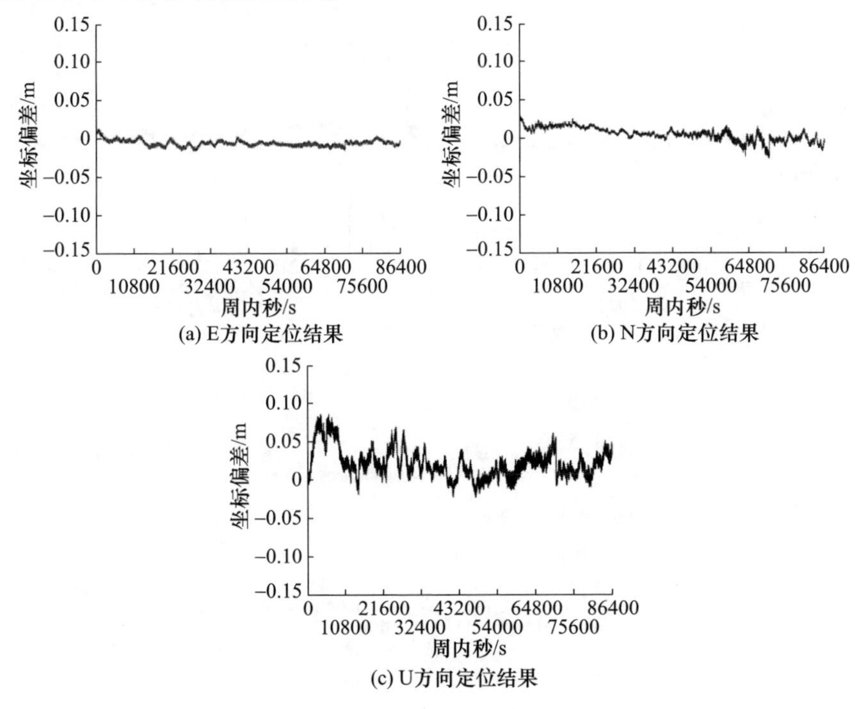

(a) E方向定位结果　(b) N方向定位结果　(c) U方向定位结果

图 7.21　BDS 定位结果

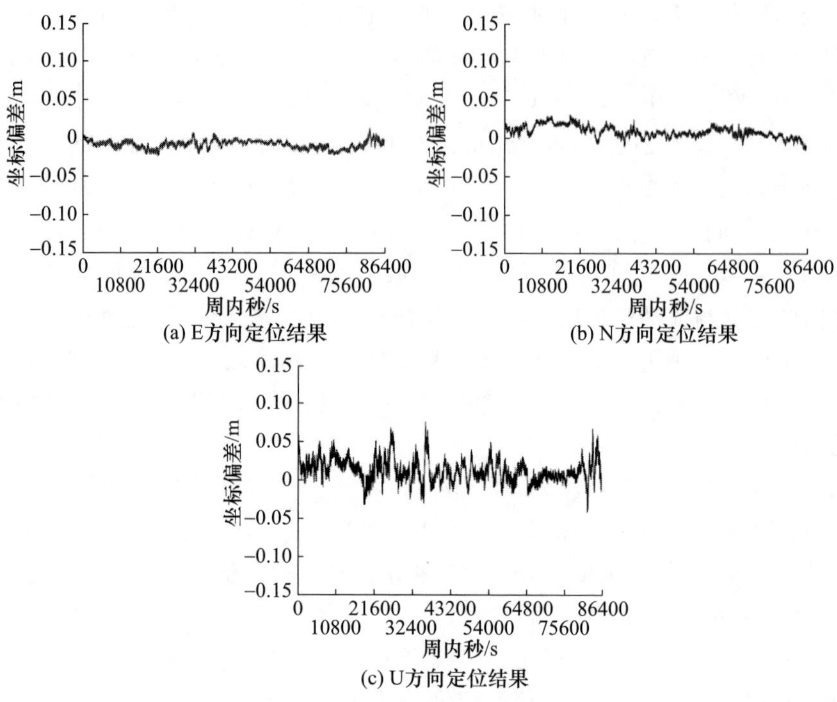

(a) E方向定位结果
(b) N方向定位结果
(c) U方向定位结果

图 7.22　GPS 定位结果

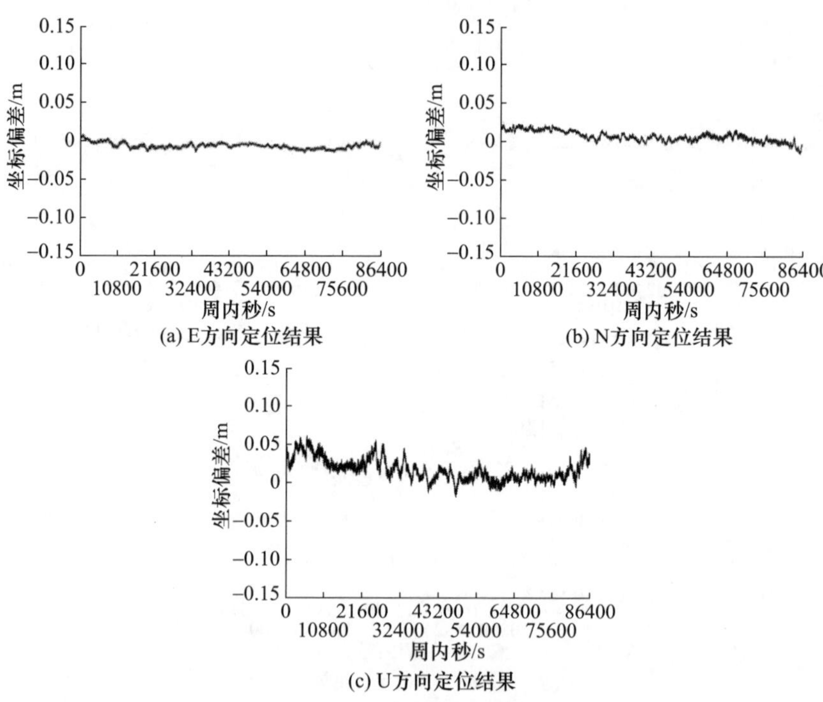

(a) E方向定位结果
(b) N方向定位结果
(c) U方向定位结果

图 7.23　BDS/GPS 定位结果

结果分析证明，利用非差观测模型的 BDS/GPS 基准站间区域误差改正方法，可以有效消除载波相位观测值中的观测误差。BDS、GPS 和 BDS/GPS 网络 RTK 多频非组合整周模糊度解算方法一般可在 1 个历元内准确可靠地确定流动站整周模糊度，最终得到厘米级的定位精度。为了定量分析，表 7.9 给出了 BDS、GPS 和 BDS/GPS 的 RO 非差定位结果。

表 7.9　RO 非差定位结果统计

定位系统	RMS 误差/cm			平均误差/cm		
	N	E	U	N	E	U
BDS	0.69	0.67	1.47	0.16	0.20	0.28
GPS	0.48	0.77	1.36	0.08	0.14	0.39
BDS/GPS	0.36	0.65	1.21	0.13	0.22	0.64

7.3　非差网络 RTD 流动站动态定位算法

GNSS 标准定位即单点定位采用伪距观测值，由于存在电离层和对流层等误差，定位精度为米级甚至十米级，采用第 6 章中介绍的伪距非差误差改正方法，通过周边基准站伪距改正值生成流动端的误差改正，对伪距观测值进行改正以提高距离观测值精度，再用单点定位模型进行定位得到实时差分（RTD）动态定位结果。

7.3.1　静态点定位实例分析

1）静态点 ZY

采用图 7.8 的基准站网观测数据，以 ZY 基准站虚拟为流动站、CD、RO 和 AY 为基准站生成 ZY 的非差误差改正进行试验分析，采样间隔为 1s。

图 7.24 给出了基准站 ZY 24h 捕获的卫星数，最多为 22 颗，BDS 最多为 13 颗，GPS 最多为 11 颗，BDS 由于主要是 GEO 和 IGSO 卫星，大部分时间捕获卫星数优于 GPS。

BDS、GPS 及 BDS/GPS 的定位结果如图 7.25 至图 7.27 所示。

2）静态点 RO

采用图 7.1 的基准站网观测数据，以 RO 为流动站、周边基准站生成 RO 的非差误差改正进行试验分析。

图 7.28 给出了 RO 流动站 24h 捕获的卫星数，最多为 21 颗，BDS 最多为 13 颗，GPS 最多为 10 颗，BDS 由于主要是 GEO 和 IGSO，卫星大部分时间捕获卫星数优于 GPS。

BDS、GPS 及 BDS/GPS 的定位结果如图 7.29 至图 7.31 所示。

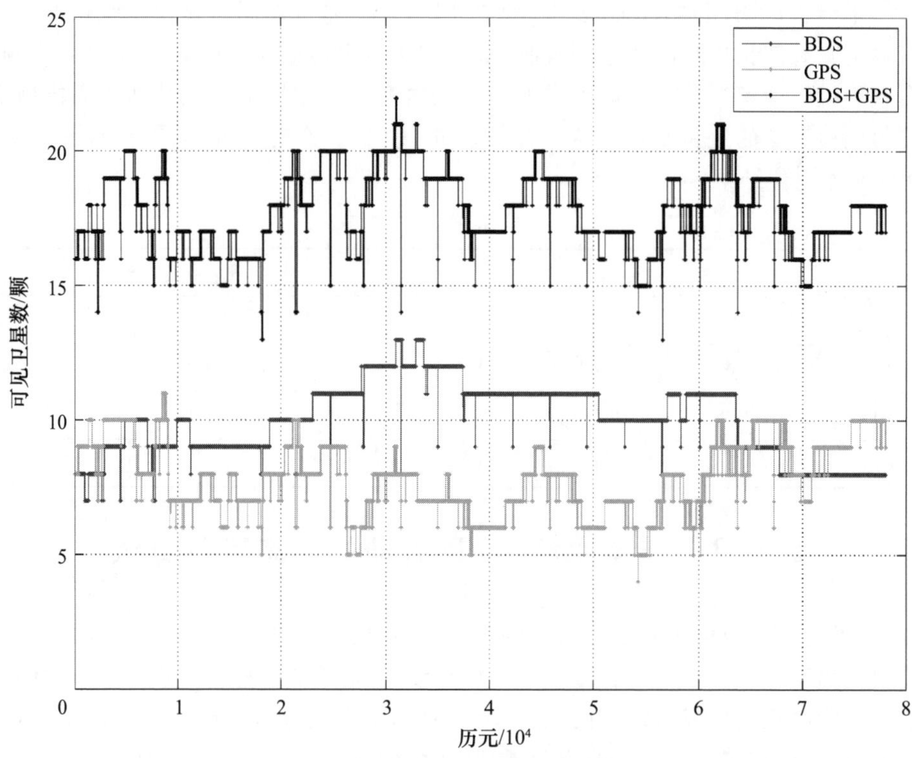

图 7.24　整个观测时段可见卫星数(见彩图)

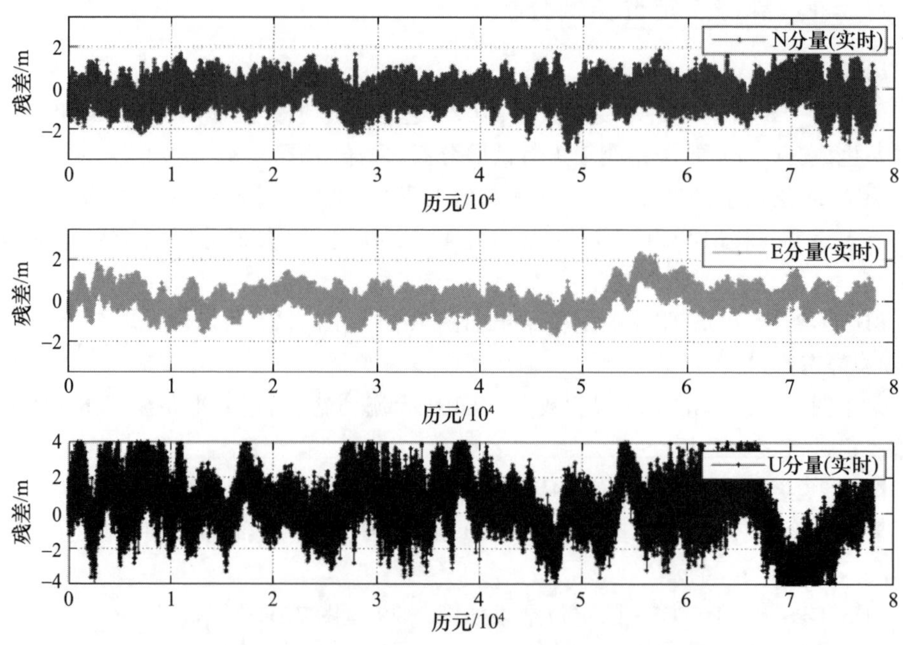

图 7.25　BDS(1s)定位 N、E、U 各分量残差(见彩图)

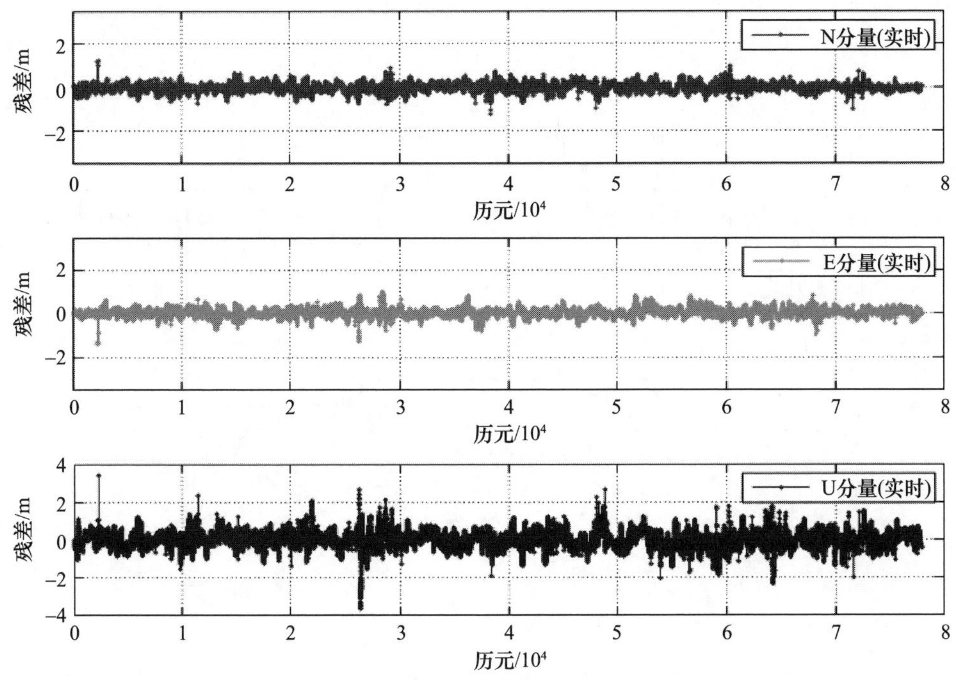

图 7.26　GPS(1s)定位 N、E、U 各分量残差(见彩图)

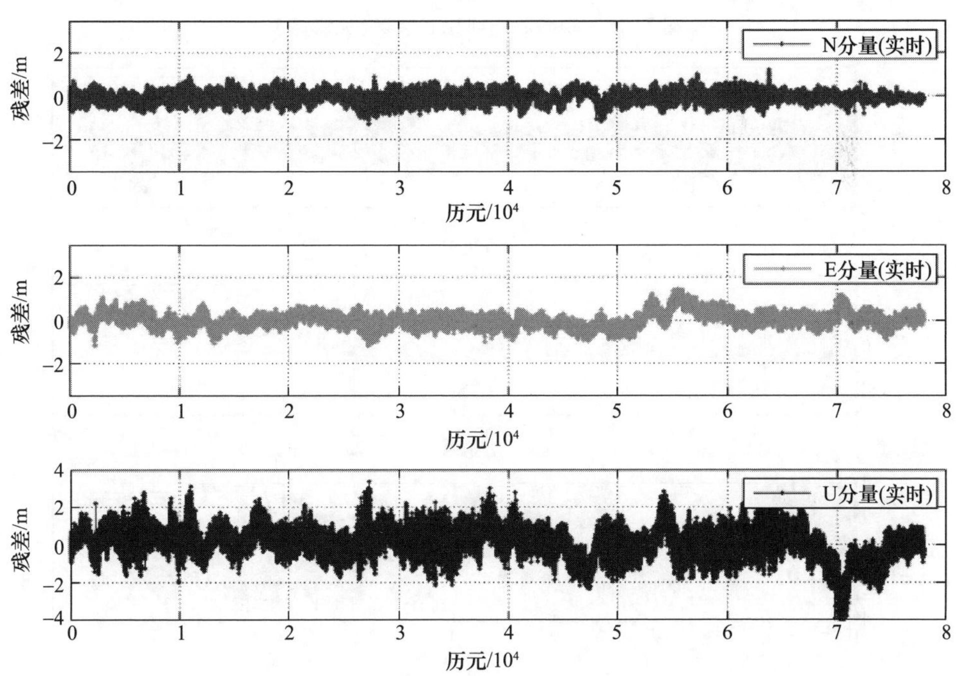

图 7.27　BDS/GPS(1s)定位 N、E、U 各分量残差(见彩图)

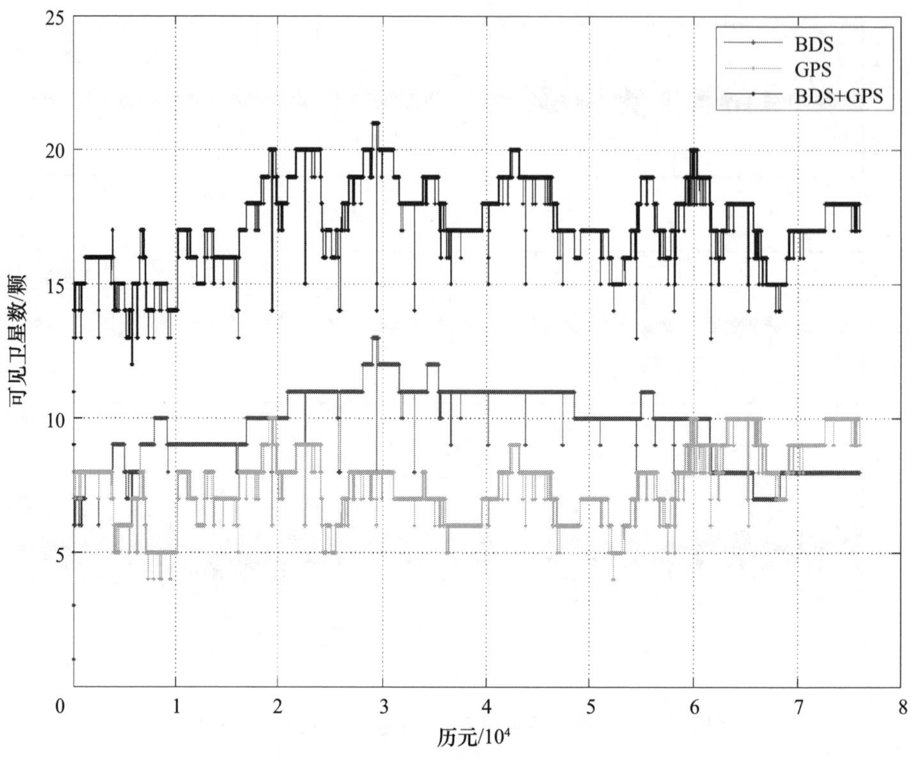

图 7.28　观测时段可见卫星数(见彩图)

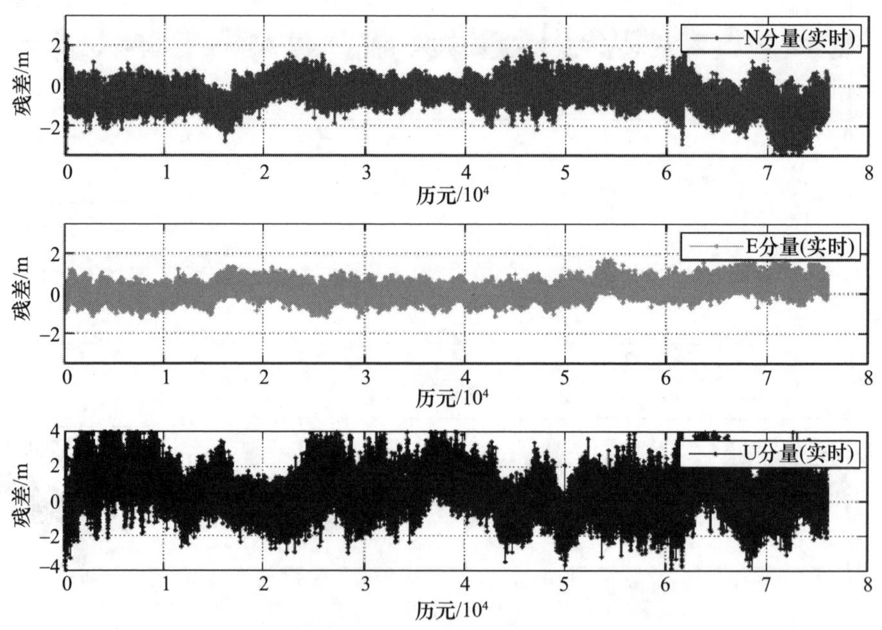

图 7.29　BDS 定位 N、E、U 分量偏差(见彩图)

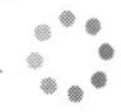

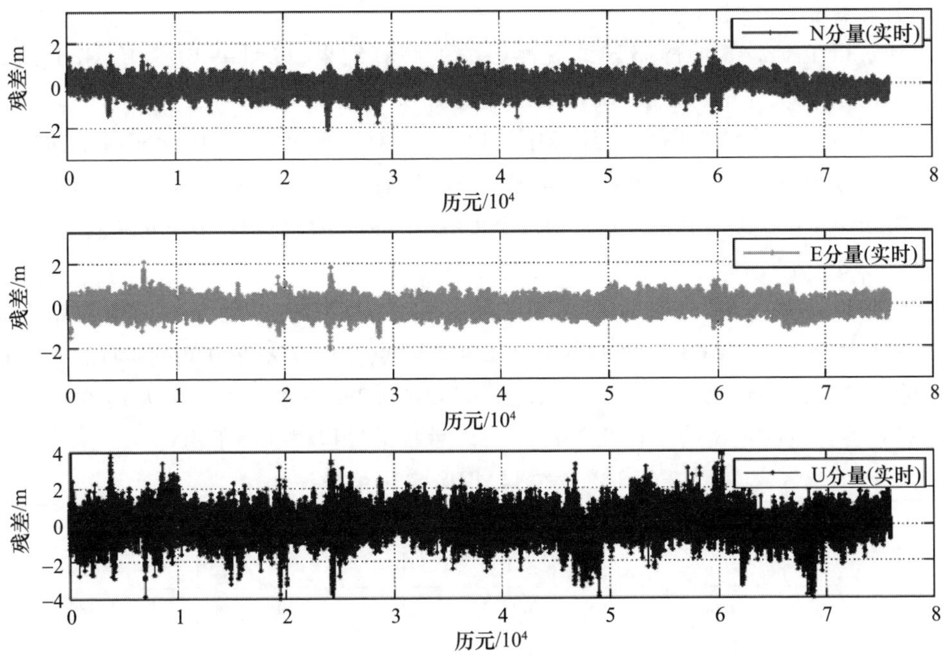

图 7.30　GPS 定位 N、E、U 各分量偏差(见彩图)

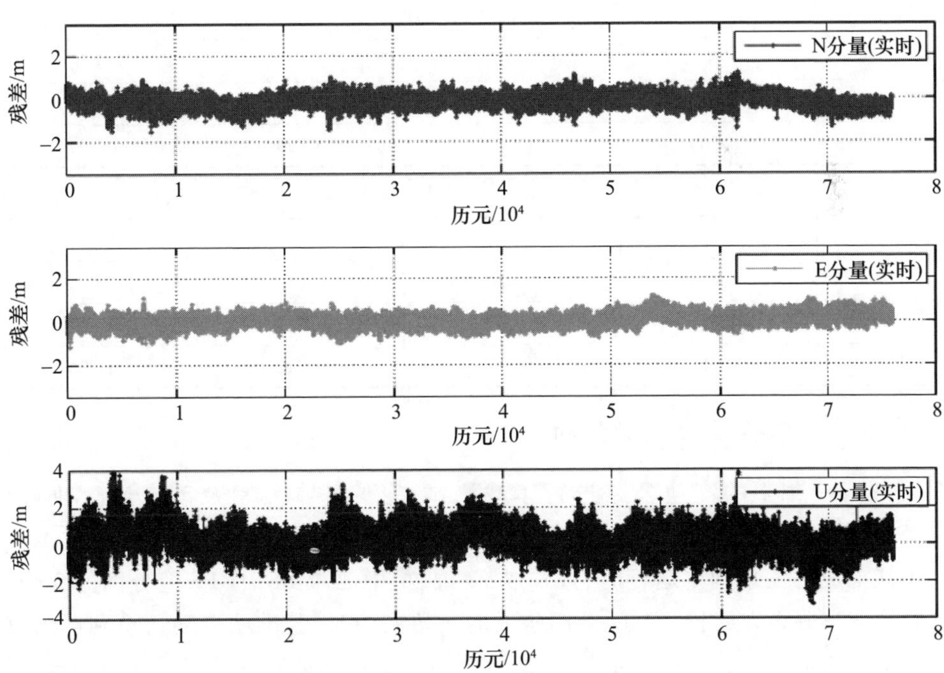

图 7.31　BDS/GPS 定位 N、E、U 分量偏差(见彩图)

3)定位精度统计分析

通过以上对 24h 的静态连续观测数据的解算结果,按照单 BDS、单 GPS、组合 BDS/GPS 分别统计定位精度,统计结果如表 7.10 至表 7.12 所列。

从对应的定位结果图和统计表中可以看出,对于单 BDS,单历元实时平面定位中误差优于 0.8m,高程方向较差,达到 1.4m 左右,点位中误差在 1.7m 左右。

对于单 GPS,单历元实时平面定位精度在 0.3m 以内,高程在 0.7m 左右,点位中误差在 0.8m 左右。

对于组合 BDS/GPS,BDS 和 GPS 采用等权组合(1∶1),整个系统定位精度较 BDS 有很大提高,与 GPS 精度相当。单历元实时点位中误差在 0.6m 左右。若对所有历元最终累计平均的点位误差值能够达到 0.2m 左右,而且在大约 600 历元(10min)各分量的定位精度在 0.3m 左右,以后整个过程精度趋于稳定。

表 7.10　静态点 BDS 定位结果统计

点名	精度/m			
	N	E	U	点位
ZY	0.621	0.537	1.589	1.789
RO	0.756	0.435	1.262	1.534

表 7.11　静态点 GPS 定位结果统计

点名	精度/m			
	N	E	U	点位
ZY	0.192	0.188	0.461	0.533
RO	0.300	0.272	0.733	0.837

表 7.12　静态点 BDS/GPS 定位结果统计

点名	精度/m			
	N	E	U	点位
ZY	0.253	0.326	0.813	0.911
RO	0.311	0.254	0.722	0.826

7.3.2　车载定位实例分析

在成都—绵阳的高速公路进行车载测试,定位基本元素及动态运行轨迹如图 7.32所示,选取成都、绵竹、中江、绵阳为 BDS/GPS 基准站。当汽车在以成都、绵竹、中江构成的三角网中运行时,选取成都、绵竹、中江为 BDS/GPS 差分网的 3 个基准站,当汽车驶入以绵竹、中江、绵阳构成的三角网中时,基准站自动切换到以绵竹、中江、绵阳构成的差分网的 3 个基准站,这样可以保证流动站在动态运动中一直会处于基准站构成的三角网中,从而保证车载动态的精度。

车载动态测试中,增加选择了德阳基准站,并将德阳站作为动态监测站,在进行

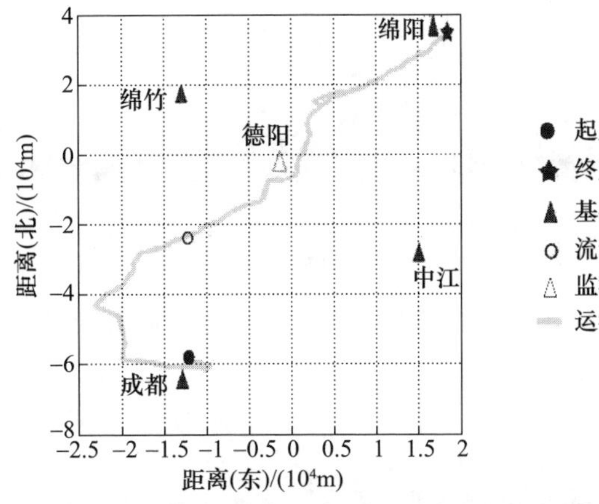

图 7.32　四川省 BDS/GPS 动态差分测试车载运行轨迹

跑车测试时，先在德阳监测站上进行加入接收机自主完整性监测（RAIM）的差分网解算，实时判断卫星信号质量。当某颗（多颗）卫星不满足定位条件时，可以判断该颗卫星含有粗差，则将其删除，不再播发该颗卫星的差分信号，流动站进行解算时不利用该颗（多颗）含有粗差的卫星差分信号，起到预先对粗差卫星监测的目的，以加快流动站定位解算速度，防止由于当前历元流动站多次循环进行 RAIM 定位解算的时间消耗而造成的数据拥堵，从而避免导航数据的丢失以保障车载动态定位精度。

7.3.2.1　定位精度比较

车载实时动态差分测试采用短基线方式，将两台接收机天线分别通过吸顶安放到汽车的顶部，如图 7.33 所示，将两天线保留一定距离构成一条短基线，并且基线距离已知。两天线分别连接一台接收机用于动态实时接收观测数据，由于车辆在高速行驶过程中，无法实时确定天线的真实坐标，进而无法对导航定位精度进行检核，而通过对两天线进行实时定位解算，将解算的两天线间的距离与真实距离对比，来评价车载动态定位的精度。BDS/GPS、BDS 及 GPS 的车载动态定位结果如图 7.34 至图 7.36 所示。

图 7.33　车顶一接收机天线

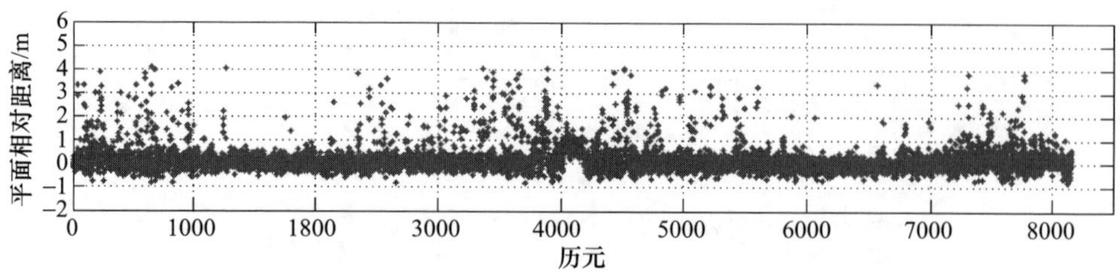

图 7.34　短基线 BDS/GPS 组合系统车载动态定位结果

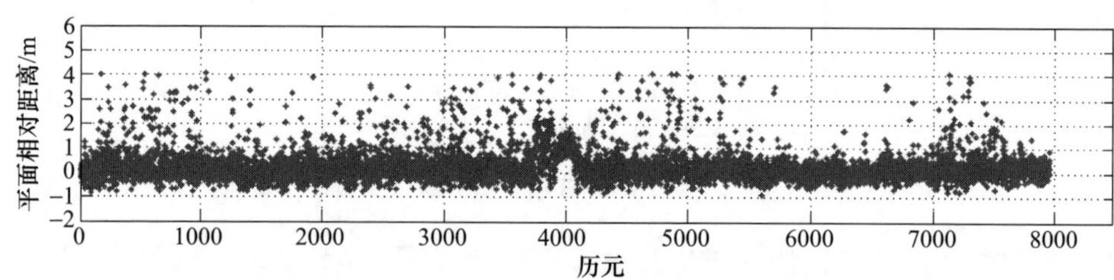

图 7.35　短基线 BDS 单系统车载动态定位结果

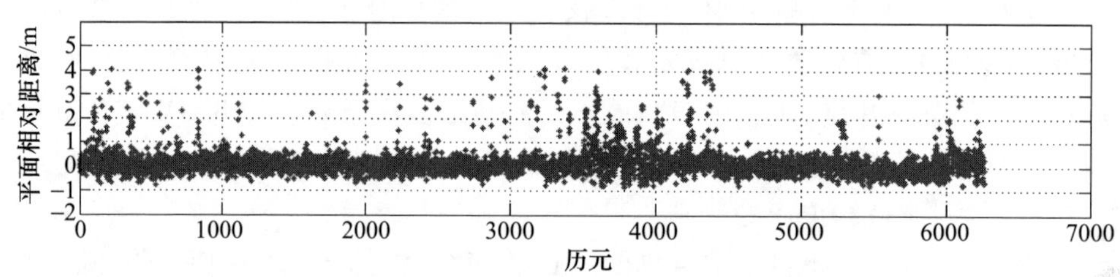

图 7.36　短基线单 GPS 车载动态定位结果

7.3.2.2　统计分析

对以上车载动态短基线各种测试方案进行统计，数据丢包率见表 7.13，定位结果统计见表 7.14。

表 7.13　车载动态短基线测试数据丢包率统计　（单位：m）

车载动态	BDS/GPS	BDS	GPS
后处理	100.0%	95.3%	76.4%

表 7.14　车载动态测试短基线差分网动态定位测试结果统计　（单位：m）

实时定位	后处理定位		
组合 BDS/GPS	单 GPS	单 BDS	组合 BDS/GPS
0.32	0.15	0.27	0.20

车载动态测试中两接收机天线构成的 0.89m 的短基线，通过定位结果图和表 7.13统计可以看出，整个实时跑车测试中，BDS/GPS 组合方案，整个通过解算的历元在 8300 个左右（图 7.34），单 BDS 方案通过解算的历元有近 8000 个（图 7.35），单 GPS 方案通过解算的历元仅有 6500 个左右（图 7.36）。单从参与解算的历元数量可

以看出,组合 BDS/GPS 的参与解算历元数量大于单 BDS 和单 GPS,这说明当单系统可见卫星数不足以实现定位解算时,融合系统能够有效提高可见卫星数量,避免当前历元因卫星不足不能够实现定位的弊端。

从表 7.14 统计的定位结果可以看出,按照单 BDS、单 GPS 和组合 BDS/GPS 三种方案分别进行差分网动态定位,统计结果平均值显示,BDS 单系统车载动态两天线间的平均距离的残差值为 0.27m,GPS 单系统车载动态两天线间的平均距离的残差值为 0.15m,组合 BDS/GPS 车载动态两天线间的平均距离的残差值为 0.20m。单从不同方案看,GPS 的定位精度虽然较高,但由于某些历元卫星数不足,不能够参与解算的历元较多,BDS 同样有这种现象,且定位精度较其他两种方案低。而 BDS/GPS 融合是一种较理想的定位方案,较好地弥补了单 BDS、单 GPS 定位精度较弱的不足,同时双系统融合定位能有效提高整个定位系统的稳定性和可靠性。

参考文献

[1] HOFMANN-WELLENHOF B, LICHTENEGGER H, WASLE E. 全球卫星导航系统 GPS, GLONASS, Galileo 及其他系统[M]. 程鹏飞,蔡艳辉,文汉江,等译. 北京:测绘出版社,2009.

[2] 徐彦田. 基于长距离参考站网络的 B/S 模式动态定位服务理论研究[D]. 阜新:辽宁工程技术大学,2013.

[3] 徐彦田,程鹏飞,蔡艳辉,等. 中长距离参考站网络 RTK 虚拟参考站算法研究[C]//第三届中国卫星导航学术年会(CSNC),广州,2010.5.

[4] 周乐韬,黄丁发,袁林果,等. 网络 RTK 参考站间模糊度动态解算的卡尔曼滤波算法研究[J]. 测绘学报,2007,36(1):37-42.

[5] 汪登辉,高成发,潘树国. 基于网络 RTK 的对流层延迟分析与建模[C]//第三届中国卫星导航学术年会电子文集,广州,2012.

[6] CHANG X W, YANG X, ZHOU T. MLAMBDA: a modified LAMBDA method for integer least-squares estimation[J]. Journal of Geodesy, 2005, 79(9):552-565.

[7] 柯福阳,王庆,潘树国. 网络 RTK 长基线模糊度解算方法研究[J]. 大地测量与地球动力学, 2012,32(5):72-77.

[8] LANDAU H, VOLLATH U, DEKING A, et al. virtual reference station networks-recent innovations by trimble[C]//Proceedings of GPS symposium 2001, Tokyo, Japan, November 14-16, 2001.

[9] LANDAU H, VOLLATH U. CHEN X M. Virtual reference stations versus broadcast solutions in network RTK-advantages and limitations[C]//GNSS 2003, Graz, Austria, April, 2003.

[10] 周乐韬,黄丁发,李成钢,等. 一种参考站间双差模糊度快速解算策略[J]. 大地测量与地球动力学,2006,26(4):35-40.

[11] 丁乐乐,张小红,于兴旺,等. 网络 RTK 双差模糊度解算成功率的提高[C]//第三届中国卫星导航学术年会电子文集,上海,2011:1048-1052.

[12] 祝会忠. 基于非差误差改正数的长距离单历元 GNSS 网络 RTK 算法研究[D]. 武汉:武汉大

学,2012.

[13] 刘硕,张磊,李健,等. 一种改进的宽巷引导整周模糊度固定算法[J]. 武汉大学学报(信息科学版),2018,43(4):637-642.

[14] 吕伟才,高井祥,张书毕,等. 宽巷约束的网络 RTK 基准站间模糊度固定方法[J]. 中国矿业大学学报,2014,43(5):933-937.

[15] 李成钢,黄丁发,袁林果,等. GPS 参考站网络的电离层延迟建模技术[J]. 西南交通大学学报,2005,40(5):610-615.

[16] 徐彦田. 基于长距离参考站网络的 B/S 模式动态定位服务理论研究[D]. 阜新:辽宁工程技术大学,2013.

[17] 许扬胤,杨元喜,何海波,等. 北斗星上多径对宽巷模糊度解算的影响分析[J]. 测绘科学技术学报,2017,34(1):24-30.

[18] 吴波,高成发,高旺,等. 北斗系统三频基准站间宽巷模糊度解算方法[J]. 导航定位学报,2015,3(1):36-40.

[19] 鄢子平,丁乐乐,黄恩兴,等. 网络 RTK 参考站间模糊度固定新方法[J]. 武汉大学学报(信息科学版),2013,38(3):295-298.

[20] LI B,SHEN Y,FENG Y,et al. GNSS ambiguity resolution with controllable failure rate for long baseline network RTK[J]. Journal of Geodesy,2014,88(2):99-112.

[21] LI B,LI Z,ZHANG Z,et al. ERTK:extra-wide-lane RTK of triple-frequency GNSS signals [J]. Journal of Geodesy,2017:1-17.

[22] LI L,LI Z,YUAN H,et al. Integrity monitoring-based ratio test for GNSS integer ambiguity validation[J]. Gps Solutions,2016,20(3):573-585.

[23] 高星伟. GPS/GLONASS 网络 RTK 的算法研究与程序实现[D]. 武汉:武汉大学测绘学院,2002.

[24] 高猛,徐爱功,祝会忠,等. BDS 网络 RTK 参考站三频整周模糊度解算方法[J]. 测绘学报,2017,46(4):442-452.

[25] 黄令勇,吕志平,刘毅锟,等. 三频 BDS 电离层延迟改正分析[J]. 测绘科学,2017,40(3):12-15.

[26] 王世进,秘金钟,李得海,等. GPS/BDS 的 RTK 定位算法研究 [J]. 武大大学学报(信息科学版),2014,39(5):621-625.

[27] 王兴,刘文祥,陈华明,等. 北斗系统三频载波相位整周模糊度快速解算[J]. 国防科技大学学报,2015,37(3):45-50.

[28] 李金龙,杨元喜,何海波,等. 函数极值法求解三频 GNSS 最优载波相位组合观测量[J]. 测绘学报,2012,41(6):797-803.

[29] 高星伟,过静珺,秘金钟,等. GPS 网络差分方法与试验[J]. 测绘科学,2009,34(5),52-54.

[30] 祝会忠,刘经南,唐卫明,等. 长距离网络 RTK 参考站间双差模糊度快速解算算法[J]. 武汉大学学报(信息科学版),2012,37(6):689-692.

[31] 祝会忠,刘经南,唐卫明,等. 长距离网络 RTK 基准站间整周模糊度单历元确定方法[J]. 测绘学报,2012,41(3):360-364.

第 8 章　网络 RTK 数据网络传输

GNSS 基准站数据通信网络是整个网络 RTK 系统的神经脉络,是完成网络高精度定位不可或缺的组成部分,连接网络 RTK 数据中心和基准站节点以及用户流动站,各基准站原始观测数据基于协议通过网络传输到数据中心,数据中心的误差改正数同样基于该协议通过互联网发送到流动站。从某种角度而言,正是由于通信网络技术的不断发展完善,才使得 GNSS 基准站网络 RTK 技术得以实现。

GNSS 数据在网络上传输需要三个要素的支持:通信链路、数据格式以及网络传输协议[1]。

8.1　网络 RTK 通信

8.1.1　通信链路

通信系统按照传输介质可划分为有线通信和无线通信。

有线通信是利用电缆或光缆作为传输媒介,通过连接器、配线设备、交换设备连接形成的通信网络。包括非对称数字用户线(ADSL)、光纤接入网和虚拟专用网(VPN)。ADSL 具有速度快、安装简便、费用低廉、可用性高的优势,用户可选择专线入网或虚拟拨号入网方式进行接入。光纤通信具有传输频带宽、通信容量大、损耗低、体积小、质量轻、电磁兼容性和环境兼容性优良等优势,是最理想的接入方式。虚拟专用网指在公用网络中建立专用数据通信网络的技术,利用公网实现安全的保密数据通信,网络的任意两个节点间的连接没有端到端的物理链路,而是架构在公共网络平台之上的逻辑网络,用户数据在逻辑链路中加密后传输[2]。

无线通信系统利用微波、超短波、红外线等作为传输载体,借助空间波实现信号传输,通过相应的信号收发器连接形成通信网络。无线通信已成为全球通信界共同关注的热门技术,移动电话的增长、各种卫星服务、无线局域网正在使电信和网络产生巨大变革。无线通信系统可分为短波通信、卫星通信、微波接力通信、移动通信等。移动通信系统形式多样,主要包括蜂窝移动通信、集群移动通信、无绳电话、无线寻呼、卫星移动通信等。

8.1.2　网络 RTK 通信方式

8.1.2.1　通信链路性能指标

数据通信系统的主要性能指标包括带宽、时延和误码率,用于评估通信网络的性能。

1）带宽

带宽指数字信道所能传输的最大数据速率,用于衡量通信线路传输数字数据的能力。

2）时延

时延指一个数据块帧、分组、报文等从链路或网络的一端传送到另一端所需要的时间,由 3 部分组成。

① 发送时延——发送数据时,数据块从节点送入传输介质所需的时间。

发送时延 = 数据块长度带宽

② 传播时延——承载信号的电磁波在一定长度的信道上传播所花费的时间。电磁波在不同介质中的传播速率不同。

传播时延 = 信道长度/电磁波在信道上的传播速率

③ 转发时延——数据块在中间节点中继器、交换机、路由器等转发时所需要的时间。转发时延可包括排队时延与处理时延,不同的中间节点有不同的转发时延。

传输数据块经历的总时延为:总时延 = 发送时延 + 传播时延 + 转发时延。

3）误码率

误码率指在传输过程中发生误码的码元个数与传输的总码元个数之比,误码率是多次统计结果的平均量,指平均误码率。误码率的大小由传输系统特性、信道质量、系统噪声等因素决定,反映了通信系统的可靠性。

8.1.2.2　网络 RTK 通信方式

GNSS 网络 RTK 系统包括基准站观测数据实时传输到数据中心和数据中心实时与用户交互播发改正服务。

1）基准站—数据中心通信

由于 GNSS 基准站分布在不同地方,间距 70 ~ 100km,观测数据需要连续、可靠、实时传输到数据中心、数据中心远程控制、配置接收机。

网络带宽由接收机数据格式、观测信号频点和可见卫星数目决定。若有 12 颗可见卫星,观测 2 个频点和 2 个伪距值,采用 RTCM3. X 数据格式,需要约 1800bit/s 的带宽,同时需要考虑卫星广播星历,通常设置为更新时发送,并且和观测值打包发送,一般一个历元发送 1 ~ 2 颗卫星星历,因此需要 2000bit/s 带宽。天宝 RT27 数据粗略估计一颗卫星每秒的数据流量是 25Byte(25B/s),接收机目前可接收卫星系统有 GPS、GLONASS、BDS、Galileo 系统、QZSS、星基增强系统(SBAS),同时考虑到北斗系统将会尽快完善,未来可见的卫星数量至少是 56 颗,也就是实时的数据流约每秒

1400Byte(1.4KB/s)。由于最新的基准站管理文件和标准要求基准站到数据中心传输必须采用专网或者商业加密网络,因此带宽一般能够满足要求。

GNSS 网络 RTK 需要实时为用户提高改正,实时性要求比较高,基准站数据需要实时传输到数据中心并完成解算,数据传输时延要求小于 0.5s。可靠性要求数据可用率大于 99.5% ,提供足够的稳定的通信方式[3]。

2) 数据中心—流动站通信

数据中心实时监听流动站的连接请求,并建立连接提供服务,数据中心和流动站采用 1 对多的服务模式,虚拟参考站技术采用双向通信模式,并且由于流动站作业区域的空间时间上的不确定性,采用有线网络难于实现,并且由于改正播发的数据量较小,目前国内普遍采用 3G 或 4G 的移动无线网络。

数据中心的数据要提供给用户终端使用,满足 RTK、RTD 位置服务需求,同时提供用户通过 Web 方式查询基准站服务状态等功能,对外服务静态互联网协议(IP)地址数量不少于 2 个,数据通过因特网传输到用户终端。

8.2　NTRIP

8.2.1　概述

计算机网络中,协议是一组控制数据通信的规则,实体间正确地进行通信,通信双方必须遵守共同的规则。协议定义要传送什么、怎样通信、何时通信。传输控制协议/互联网协议(TCP/IP)是目前使用最广泛的协议族,目前我国国家级或省级网络 RTK 系统基准站—数据中心通信普遍基于 TCP/IP[3]。

为了在因特网上传输 GNSS 数据流并为用户播发服务,由德国联邦制图与大地测量局(BKG)发起制订了通过互联网进行 RTCM 网络传输协议(NTRIP)。NTRIP 已经过 RTCM 认证,接纳为标准(RTCM10410.0)。NTRIP 是网络系统最重要的通信协议,接收机、数据中心和流动站用户遵照 NTRIP 有机地融合为一个整体[2]。

NTRIP 是一种无状态的通用协议,内部机制比较简单,随着协议的发展,它的优点和特色也越来越明显,很多用户逐渐开始使用,支持 NTRIP 的软件也开始增多,目前接收机生产商直接在软硬件上提供对这种协议的支持[4]。

NTRIP 允许 PC 机、便携计算机(PDA)或接收机等同时连接到广播主机,发送 GNSS 数据流或接收 GNSS 差分改正信息,所有的差分数据格式(NCT、RTCM、CMR、CMR + 等)都能够传输并支持 GSM、GPRS、码分多址(CDMA)等无线网络[4]。NTRIP 除了用于导航定位中,目前还应用于监测自然灾害,研究地球动力学,监测卫星健康状态,估算卫星轨道和钟差,监测预报对流层和气象情况等[5]。

8.2.2　NTRIP 架构

NTRIP 主要由 4 部分组成:数据源(NtripSource)、客户端(NtripClient)、源服务器

(NtripServer)和集中交换服务器(NtripCaster),其中集中交换服务器作为超文本传输协议(HTTP)服务器,源服务器和客户端作为 HTTP 客户端。

如图 8.1 所示,源服务器(NtripServer)与提供标准格式的数据源(NtripSource)相连,并将其发布到集中交换服务器(NtripCaster),NtripCaster 负责网络传输信息的播发。客户端(NtripClient)通过与 NtripCaster 进行交互(用户名和密码认证),从而获得 NtripServer 提供的标准格式的 NtripSource。因此,所有的 NtripServer 和 NtripClient 只要与 NtripCaster 的唯一的 IP 地址相对应,就可实现 NtripSource 数据流的播发,从而实现 GNSS 差分信息的传输。

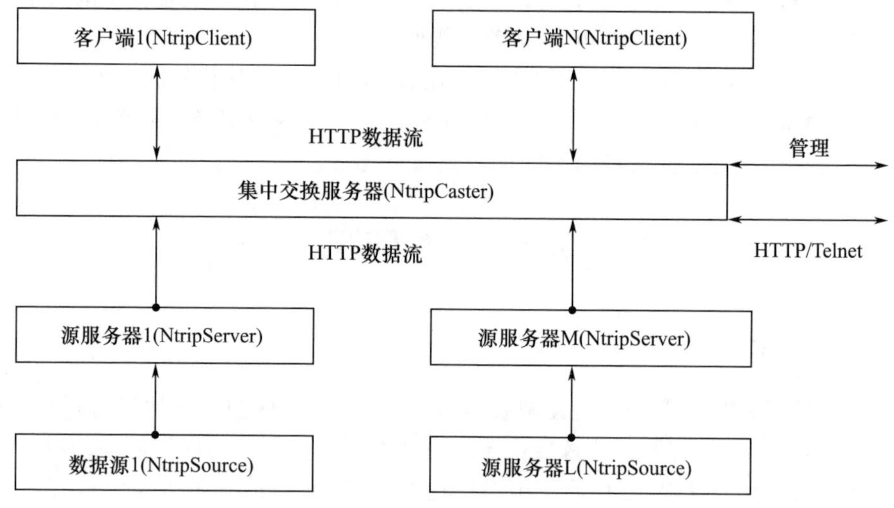

图 8.1　NTRIP 结构

1) 数据源(NtripSource)

NtripSource 是特定格式编码后的 GNSS 数据流(如 RTCM-104 差分信息),为 NtripServer 提供连续不断的数据信息以供向 NtripClient 传输。NtripSource 在 NtripCaster 的数据源表(SourceTable)上有唯一的挂载点(mountpoint)标识,NtripClient 通过唯一的挂载点获取该 GNSS 数据源。

2) 源服务器(NtripServer)

NtripServer 首先在 NtripCaster 上进行注册,集中交换服务器则为源服务器建立一个 MountPoint,便于识别 NtripServer 提供的特定功能和格式的 GNSS 数据流信息;其次 NtripServer 按对应 MountPoint 以及用户名和密码与 NtripCaster 建立连接,成功后,NtripServer 将 NtripSource 不断发送给 NtripCaster,便于为 NtripClient 提供特定的数据服务。

3) 集中交换服务器(NtripCaster)

NtripCaster 是一个超文本协议的请求与响应的 HTTP 服务器,是 NTRIP 系统的连接中心。NtripCaster 为每一个 NtripServer 建立唯一的 MountPoint,并将该 Mount-

Point 加入到资源表(SourceTable)中(一个 MountPoint 指定一种 NtripSource,若提供 RTK、DGPS 和星历数据,则 SourceTable 中有 3 个 MountPoint),NtripClient 通过向 NtripCaster 发送特定信息、登录后,NtripCaster 向其发送 SourceTable,NtripClient 选择需要的 MountPoint 并发送请求信息给 NtripCaster,NtripCaster 根据特定 MountPoint 将 NtripServer 与 NtripClient 联系连接到相同的端口,对 NtripClient 的权限进行验证。如果验证成功,则 NtripClient 可以获取 NtripServer 发送的数据流,如果失败,则 NtripCaster 发送验证失败。

NtripCaster 负责管理和协调多个 NtripClient 和多个 NtripServer,通过特定的 IP 地址和端口建立 NtripClient 与 NtripServer 的连接,使得 NtripClient 与 NtripServer 数据通信畅通无阻。NtripClient 会以一定的频率向 NtripServer 发送状态信息(比如每 10s 一个美国国家海洋电子协会(NMEA)的 NMEA-GGA 信息),NtripServer 则实时地向 NtripClient 发送 GNSS 数据流。

4) 客户端(NtripClient)

如果 NtripClient 没有最新的 SourceTable,需要向 NtripCaster 获取 SourceTable,并发送 64 位码加密的用户名和密码以及请求获取的 MountPoint,认证通过后,NtripCaster 将其连接到相应的 NtripServer 获取相应的信息。

8.2.3 NTRIP 工作原理

NTRIP 基于 HTTP,是面向客户/服务的请求/响应协议。

8.2.3.1 NtripServer 和 NtripCaster 交互

1) 与 NtripCaster 建立 TCP 连接

2) 给 NtripCaster 发送数据

数据如下:

```
SOURCE letmein /Mountpoint↙
Source-Agent:NTRIP NtripServerCMD/1.0↙
```

↙表示回车换行(\r\n),Mountpoint 是挂载点名称,注意它前面的/不能省略。NtripServer 可能有多个挂载点用来区分它们。

letmein 是挂载点对应的密码,若无密码任意程序都能连上挂载点,则整个系统就很容易受到恶意攻击。

"Source-Agent:NTRIP NtripServerCMD/1.0"这一行不是必需的。表示 NtripServer 的软件名称和版本号,软件名称为 NtripServerCMD,版本号为 1.0。

3) NtripCaster 给 NtripServer 的返回

若挂载点、密码均有效,则返回:ICY 200 OK↙,挂载点或密码无效,返回:ERROR-Bad Password↙

4) NtripServer 给 NtripCaster 发送差分数据

NtripCaster 回复 ICY 200 OK 后,NtripServer 就可以给 NtripCaster 发送差分数

据了。

8.2.3.2 NtripClient 和 NtripCaster 交互

NtripClient 访问 NtripCaster,一般有两个目的:获取源列表、获取差分数据。网络 RTK 系统中用户端即为 NtripClient。

1)获取源列表

NtripClient 在获取差分数据之前,需要知道 NtripCaster 差分数据有几个,分别是什么格式的……这就需要获取源列表,获取步骤如下:

① 与 NtripCaster 建立 TCP 连接;

② 给 NtripCaster 发送如下数据:

GET / HTTP/1.0↙

User-Agent:NTRIP GNSSInternetRadio/1.4.10↙

Accept: */*↙

Connection:close↙

↙

"User-Agent:NTRIP GNSSInternetRadio/1.4.10"说明了 NtripClient 的软件名称和版本号。这里的软件名称为 GNSSInternetRadio,版本号为 1.4.10。

NtripCaster 将返回如下数据,然后自动断开 TCP 连接

SOURCETABLE 200 OK↙

Server:NTRIP Trimble NTRIP Caster↙

Content-Type:text/plain↙

Content-Length:441↙

Date:02/Jun/2010:14:13:32 UTC↙

↙

STR;RTCM23;RTCM23;RTCM2.3;1(1),3(10),18(1),19(1);2;GPS;SGNET;CHN;31;121;1;1;SGCAN;None;B;N;0;;↙

STR;CMR;CMR;CMR;CMR;2;GPS;SGNET;CHN;31;121;1;1;SGCAN;None;B;N;0;;↙

ENDSOURCETABLE↙

源列表数据以 SOURCETABLE 开头,以 ENDSOURCETABLE 结尾。

200 OK 表示一切正常。

"Server:NTRIP Trimble NTRIP Caster"是对 NtripCaster 软件的说明。

"Date:02/Jun/2010:14:13:32 UTC"表示当前时刻。其格式并不固定。

Str 开头的数据为源列表数据,"Content-Length:441"表示源列表数据的字节数为 441,含每行结尾的\r\n。

源列表数据中,一行表示一个挂载点。每行以分号分隔,其含义见表 8.1。

表 8.1　源列表数据说明

序号	示例	说明
1	STR	类型 STR/CAS/NET,这里只对 STR 进行说明
2	RTCM23	挂载点(Mountpoint)
3	RTCM23	identifier
4	RTCM 2.3	差分数据格式
5	1(1),3(10)	数据 1(1s 输出一次);数据 3(10s 输出一次)
6	2	载波相位数据 0—无,1—单频,2—双频
7	GPS	导航系统,如 GPS、GPS + GLONASS、欧洲静地轨道卫星导航重叠服务(EGNOS)
8	SGNET	网络
9	CHN	国家
10	31	纬度
11	121	经度
12	1	是否需要发送 NMEA。0—不需要,1—需要
13	1	基站类型:0—单基站,1—网络
14	SGCAN	产生此数据流的软件名称
15	None	压缩算法
16	B	访问保护 N-None,B-Basic,D-Digest
17	N	Y/N
18	0	比特率
注:STR—源表记录;CAS—NtripCaster;NET—网络		

2)获取差分数据

NtripClient 获取差分数据的过程如下:

① 与 NtripCaster 重新建立 TCP 连接。

② 给 NtripCaster 发送如下命令

GET /RTCM23 HTTP/1.0↙

User-Agent:NTRIP GNSSInternetRadio/1.4.10↙

Accept: */*↙

Connection:close↙

Authorization:Basic VXNlcjpQd2Q =↙

↙

上面的 RTCM23 是挂载点名称。

“VXNlcjpQd2Q =”是用户名、密码的 Base64 编码,解码后就是 User:Pwd。也就是说用户名为 User、密码为 Pwd,它们之间以冒号分隔。

③ NtripCaster 的回复。

如果用户名、密码、挂载点均有效,则将返回如下数据:

ICY 200 OK↙

Server:Trimble-iGate/1.0↙

Date:Wed,18 May 2016 07:20:55 中国标准时间↙

↙

200 OK 表示一切正常。注意:有的服务器只返回 200 OK,其余数据行不返回;有的服务器返回的 200 OK 后面没有回车、换行。

如果用户名、密码、挂载点无效,将返回如下数据:

HTTP/1.0 401 Unauthorized↙

④ 给 NtripCaster 发送 GGA 数据。

NtripCaster 给 NtripClient 发送差分数据时分两种情况,有的挂载点需要发送 GGA 数据,有的挂载点不需要发送 GGA 数据,直接转发 NtripSource 产生的差分数据,在这种情况下,NtripClient 只要指定挂载点即可;网络 RTK 系统中通过解算多个 NtripSource 的差分数据,为 NtripClient 产生一个虚拟的基准站。在这种情况下,NtripClient 不仅要指定挂载点,还要发送自身的坐标给 NtripCaster,NtripCaster 根据这个坐标才能产生虚拟参考站。

NtripClient 给 NtripCaster 发送自身坐标,用到的就是 NMEA 里的 GPGGA 数据格式,表 8.1 中的第 12 个数据说明了是否需要给 NtripCaster 发送 GGA 数据,0 表示不需要,1 表示需要。

8.3 RTCM 标准数据格式

8.3.1 概述

国际海事无线电技术委员会(RTCM)为了在全球范围内推广应用差分 GPS 业务建立了 SC-104 专门委员会,论证差分 GPS 业务的各种方法,并制定相应数据格式标准,于 1985 年发表了 RTCM-V1.0 版本的建议文件。经过大量的应用试验分析,文件版本不断升级和修改,1990 年 1 月颁布了 V2.0 版本,改善了差分信息的抗差能力并增大了可用信息量。1994 年公布了 V2.1 版本,基本数据格式未变,增加了几个与实时动态定位相关的差分信息电文。1998 年发布了 V 2.2 版本,增加了支持 GLONASS 的差分信息电文。2001 年发布了 V 2.3 版本,增加了电文 23 和 24,实时动态定位精度小于 5cm[6]。

2004 年发布了 RTCM V3.0 版本,是对 2.X 版本的一次革命,具有良好的开发性和可扩展性,增加了用于传输网络差分改正数的电文。2006 年 10 月公布了 RTCM V3.1 标准格式,该版本新增了 GPS 网络差分改正信息、GPS 星历信息、GLONASS 星历信息、用于提供文本信息的统一编码信息以及为经营商预留的用于为特殊用途提供专有服务的一系列信息类型[7]。

2013 年发布了 RTCM V3.2 版本,为了满足日益增多的卫星导航系统以及多频的需求,在保留之前版本各电文定义外,增加和扩展了多种网络 RTK 信息,定义了包含 GPS、

GLONASS、Galileo 系统和 BDS 的多信号电文组(MSM),扩展了 RTCM 的应用领域[8]。MSM 可以对 BDS 和 QZSS 提供支持,这对北斗高精度差分定位服务有重要意义[9]。

2016 年发布了 RTCM V3.3 版本[10],增加和扩展了 BDS 和 Galileo 星历信息,定义了 SBAS 的多信号信息组,增加了 1-100 的试验信息。表 8.2 列出了版本 3(3.X)及其修订版(A.X)总览表。

表 8.2　版本 3(3.X)及其修订版(A.X)总览表

版本	信息定义	变更描述
3.0	1001-1013	GPS、GLONASS 单、双频 RTK 信息
3.1	1001-1029 4088-4095	GPS 网络 RTK GPS、GLONASS 星历信息 坐标系变换参数信息 Unicode 编码信息
3.1 A.1	1001-1029 4001-4087	改进信息描述 添加特有信息
3.1 A.2	1001-1033 4001-4095	网络 RTK 改正信息 物理基准站坐标信息(用于 VRS) 接收机和天线描述信息
3.1 A.3	1001-1033 4001-4095	处理 1/4 周的相位偏移
3.1 A.4	1001-1039 4001-4095	GPS、GLONASS FKP 信息 GLONASS MAC 信息
3.1 A.5	1001-1039 1057-1068 4001-4095	空间状态信息(SSR;PPP)
3.2	1001-1039 1057-1068 1071-1230 4001-4095	多频信息(MSM) GLONASS 偏差信息
3.2 A.1	1001-1039 1045 1057-1068 1071-1230 4001-4095	增加: Galileo F 卫星星历(1045) BDS MSM(1121-1127)
3.2 A.2	1001-1039 1044-1045 1057-1068 1071-1230 4001-4095	增加: QZSS 星历(1044) QZSS MSM(1111-1117)
3.3	1-100 1001-1039 1042 1044-1046 1057-1068 1071-1230 4001-4095	增加: 试验信息(1-100) BDS 星历(1042) Galileo I 类型卫星星历(1046) SBAS MSM(1001-1107)

注:SSR—空间状态信息

8.3.2 RTCM 3.X 电文内容

RTCM3.X 标准包含应用层、表示层、传输层、数据链路层以及物理层。对于编码、解码最重要的是表示层和传输层[11]。表示层对整个数据结构做出了详细的定义,包含帧结构、消息类型等。传输层定义了传输的协议,校验方式等。

1）帧结构

RTCM V3.X 为了达到较高的传输完整率,一条标准的电文由一个固定的引导字、保留字、信息的长度定义。一条消息由一个 24bit 周期冗余检校组成,每帧数据的结构如表 8.3 所列。

表 8.3 RTCM V3.2 标准格式的帧结构

内容	比特数(bit)	备注
同步码	8	设为“11010011”
保留	6	未定义,设为“000000”
信息长度	10	以字节表示的信息长度
可变长度的数据信息	可变长度,整字节数	0~1023byte,若不是整数字节,最后一个字节用 0 补足整字节数
循环冗余校验(CRC)	24	QualComm CRC-24Q

2）MSM 内容

为了满足日益增多的卫星导航系统以及多频的需求,RTCM3.2 在保留了之前版本各电文定义外,又引入了多信号电文组(MSM)。多信号信息是为不同卫星系统观测数据提供通用传输格式而定义的,可以分解成压缩信息和完整信息(类似于信息类型 1003 和 1004,或者 1011 和 1012)。由于未来将有更多导航卫星系统被设计使用,新的多信号信息将会被定义,信息类型 1070—1229 正是为多信号信息预留的。在 RTCM V3.X 版本中定义了 GPS、GLONASS、Galileo 和 BDS 多信号信息,这些信息具有相似的信息类型,如表 8.4 所列。

表 8.4 各系统多信号信息类型

信息类型	信息名称	多信号信息类型
1071 + 10N	压缩 GNSS 伪距	MSM1
1072 + 10N	压缩 GNSS 相位伪距	MSM2
1073 + 10N	压缩 GNSS 伪距与相位伪距	MSM3
1074 + 10N	完整 GNSS 伪距和相位伪距及信噪比(CNR)	MSM4
1075 + 10N	完整 GNSS 伪距、相位伪距、相位伪距速率和 CNR	MSM5
1076 + 10N	完整 GNSS 伪距和相位伪距及 CNR(高精度解算值)	MSM6
1077 + 10N	完整 GNSS 伪距、相位伪距	MSM7
注:N=0(GNSS 特指 GPS);N=1(GNSS 特指 GLONASS);N=2(GNSS 特指 Galileo);N=3(GNSS 特指 BDS)		

各种导航定位系统的多信号信息具有相同的结构，内部模块排列顺序也基本相同，如表 8.5 所列。

表 8.5　多信号信息内容和各模块排列顺序

模块类型	内容
信息头	包含这条信息所发送卫星和信号的所有信息
卫星数据	包含任意卫星所有信号共有的全部卫星数据（例如概略范围）
信号数据	包含各个信号专有的全部信号数据（例如精密载波相位范围）

所有数据字段不是根据卫星或信号来分组的，而是根据数据类型进行分组。具体就是，如果在一个卫星数据模块中被传送的数据字段不止一个，就将所有可利用卫星的第一个数据模块进行打包，紧接着是第二个，以此类推。相似的，如果传送的信号数据字段不止一个，那就将各可利用卫星与信号组合进行打包，紧接着是第二个数据字段，也对应于各可利用卫星和信号。这种打包的方式就是“内部循环”。

对于多信号信息的不同类型，RTCM V3.2 标准格式定义了相同的信息头格式，如表 8.6 所列。

表 8.6　多信号信息各信息类型（MSM1—MSM7）信息头的内容

数据字段	DF 号	数据类型	比特数	备注
信息数	DF002	uint12	12	
基准站 ID	DF003	uint12	12	
GNSS 历元时间	各 GNSS 专用	uint30	30	各 GNSS 专用
多信息指示符	DF393	bit(1)	1	
数据站发布信息	DF409	uint3	3	
预留	DF001	bit(7)	7	预留
时钟控制指示	DF411	uint2	2	
外部控制指示	DF412	uint2	2	
GNSS 无分歧平滑指示	DF417	bit(1)	1	
GNSS 平滑间隔	DF418	bit(3)	3	
GNSS 卫星标记	DF394	bit(64)	64	各 GNSS 专用
GNSS 信号标记	DF395	bit(32)	32	各 GNSS 专用
GNSS 单元格标记	DF396	bit(X)	$X(X\leqslant 64)$	X 参考 RTCM V3.2
总计			$169+X$	
注：DF—数据字段				

卫星信息的发送是有条件的，只有当卫星标记（DF394）对应值为 1 时，该卫星的卫星信息才会在 MSM 中发送。因此，如果卫星标记设为 1，每个数据字段将重复 N_{sat} 次（利用了内部循环），循环数据的顺序对应于卫星标记中的顺序，N_{sat} 指卫

星数量。多信号信息各信息类型的卫星数据内容分别如表 8.7、表 8.8 和表 8.9 所列。

表 8.7　多信号信息类型 MSM1/MSM2/MSM3 的卫星数据内容

数据字段	DF 号	数据类型	比特数
GNSS 卫星概略范围(以微秒为模)	DF398	uint10(N_{sat}次)	$10N_{sat}$
总计			$10N_{sat}$

表 8.8　多信号信息类型 MSM4/MSM6 的卫星数据内容

数据字段	DF 号	数据类型	比特数
GNSS 卫星概略范围的整微秒数	DF397	uint8(N_{sat}次)	$8N_{sat}$
GNSS 卫星概略范围(以微秒为模)	DF398	uint10(N_{sat}次)	$10N_{sat}$
总计			$10N_{sat}$

表 8.9　多信号信息类型 MSM5/MSM7 的卫星数据内容

数据字段	DF 号	数据类型	比特率
GNSS 卫星概略范围的整微秒数	DF397	uint8(N_{sat}次)	$8N_{sat}$
拓展卫星信息	各 GNSS 专用	uint4	$4N_{sat}$
GNSS 卫星概略范围(以微秒为模)	DF398	uint10(N_{sat}次)	$10N_{sat}$
GNSS 卫星概略相位范围	DF399	uint14(N_{sat}次)	$14N_{sat}$
总计			$36N_{sat}$

信号信息的发送也是有条件的,只有当单元格标记(DF396)对应值为 1 时,该信号与卫星组合的信号信息才会在 MSM 中发送。因此,如果单元格标记设为 1,每个数据字段将重复 N_{cell}次(利用了内部循环),循环数据的顺序对应于单元格标记中的顺序,N_{cell}指信号数据模块的数量。多信号信息各信息类型的信号数据内容如表 8.10至表 8.16 所列。

表 8.10　多信号信息类型 MSM1 的信号数据内容

数据字段	DF 号	数据类型	比特数
GNSS 信号精密伪距	DF400	int15(N_{cell}次)	$15N_{cell}$
总计			$15N_{cell}$

表 8.11　多信号信息类型 MSM2 的信号数据内容

数据字段	DF 号	数据类型	比特率
GNSS 信号精密载波相位数据	DF401	int22(N_{cell}次)	$22N_{cell}$
GNSS 信号精密载波相位时钟指示	DF402	uint4(N_{cell}次)	$4N_{cell}$
半周期模糊度指示	DF420	bit(1)	$1N_{cell}$
总计			$27N_{cell}$

表 8.12　多信号信息类型 MSM3 的信号数据内容

数据字段	DF 号	数据类型	比特率
GNSS 信号精密伪距	DF400	int15(N_{cell}次)	$15N_{cell}$
GNSS 信号精密载波相位数据	DF401	int22(N_{cell}次)	$22N_{cell}$
GNSS 信号精密载波相位时钟指示	DF402	uint4(N_{cell}次)	$4N_{cell}$
半周期模糊度指示	DF420	bit(1)	$1N_{cell}$
总计			$42N_{cell}$

表 8.13　多信号信息类型 MSM4 的信号数据内容

数据字段	DF 号	数据类型	比特率
GNSS 信号精密伪距	DF400	int15(N_{cell}次)	$15N_{cell}$
GNSS 信号精密载波相位数据	DF401	int22(N_{cell}次)	$22N_{cell}$
GNSS 信号精密载波相位锁定时间指示	DF402	uint4(N_{cell}次)	$4N_{cell}$
半周期模糊度指示	DF420	bit(1)	$1N_{cell}$
GNSS 信号载噪比	DF403	uint6(N_{cell}次)	$6N_{cell}$
总计			$48N_{cell}$

表 8.14　多信号信息类型 MSM5 的信号数据内容

数据字段	DF 号	数据类型	比特率
GNSS 信号精密伪距	DF400	int15(N_{cell}次)	$15N_{cell}$
GNSS 信号精密载波相位数据	DF401	int22(N_{cell}次)	$22N_{cell}$
GNSS 信号精密载波相位锁定时间指示	DF402	uint4(N_{cell}次)	$4N_{cell}$
半周期模糊度指示	DF420	bit(1)	$1N_{cell}$
GNSS 信号载噪比	DF403	uint6(N_{cell}次)	$6N_{cell}$
GNSS 信号精密载波相位速率	DF404	int15(N_{cell}次)	$15N_{cell}$
总计			$63N_{cell}$

表 8.15　多信号信息类型 MSM6 的信号数据内容

数据字段	DF 号	数据类型	比特率
GNSS 信号拓展分辨率精密伪距	DF405	int20(N_{cell}次)	$20N_{cell}$
GNSS 信号拓展分辨率精密载波相位数据	DF406	int24(N_{cell}次)	$24N_{cell}$
GNSS 信号拓展范围和拓展分辨率精密载波相位锁定时间指示	DF407	uint10(N_{cell}次)	$10N_{cell}$
半周期模糊度指示	DF420	bit(1)	$1N_{cell}$
GNSS 信号拓展分辨率载噪比	DF408	uint10(N_{cell}次)	$10N_{cell}$
总计			$65N_{cell}$

表 8.16 多信号信息类型 MSM7 的信号数据内容

数据字段	DF 号	数据类型	比特率
GNSS 信号拓展分辨率精密伪距	DF405	int20(N_{cell}次)	$20N_{cell}$
GNSS 信号拓展分辨率精密载波相位数据	DF406	int24(N_{cell}次)	$24N_{cell}$
GNSS 信号拓展范围和拓展分辨率精密载波相位锁定时间指示	DF407	uint10(N_{cell}次)	$10N_{cell}$
半周期模糊度指示	DF420	bit(1)	$1N_{cell}$
GNSS 信号拓展分辨率载噪比	DF408	uint10(N_{cell}次)	$10N_{cell}$
GNSS 新阿红精密载波相位速率	DF404	uint15(N_{cell}次)	$15N_{cell}$
总计			$60N_{cell}$

多信号信息以某一物理历元发送，因此，采用多信息指示符(DF393)来表示该历元是否结束(该指示符适用于各种 GNSS)。当在某一物理历元和某一基准站 ID 后还有同一种或另一种 GNSS 多信号信息存在时，该指示符设为 1。未来更多导航卫星系统多信号信息将会被定义，分解所有 GNSS 信息类型不太现实。由信息头结构可知，在 MTxxx1、MTxxx2、MTxxx3、MTxxx4、MTxxx5、MTxxx6、MTxxx7 信息中第 55 个字符代表 MSM 多信息指示符，确保解码在不了解新导航卫星系统多信号信息的内容和格式的情况下得到历元结束信息。

8.3.3 网络 RTK 服务 RTCM 电文信息组

网络 RTK 不同的定位服务方式采用不同的 RTCM 电文信息，单频 RTK 定位、单 GPS、单 GLONASS-RTK，或多系统的 GNSS 高精度定位服务采用 MSM 信息等，详细描述如表 8.17 所列。

表 8.17 不同级别 RTK 业务使用的信息类型

服务类型	信息组	流动接收机	服务信息类型	
		基本解码能力	基本服务信息	完整服务信息
GPSL1 精度	观测值(GPS)	1001-1004	1001	1002
	测站信息	1005 和 1006	1005 或 1006	1005 或 1006
	天线和接收机信息	1033	1033	1033
	辅助操作信息			1013
GPS RTK L1 + L2 精度	观测值(GPS)	1003-1004	1003	1004
	测站信息	1005 和 1006	1005 或 1006	1005 或 1006
	天线和接收机信息	1033	1033	1033
	辅助操作信息			1013

（续）

服务类型	信息组	流动接收机	服务信息类型	
		基本解码能力	基本服务信息	完整服务信息
GLONASS L1 精度	观测值（GLONASS）	1009-10012	1009	1010
	测站信息	1005 和 1006	1005 或 1006	1005 或 1006
	天线和接收机信息	1033	1033	1033
	辅助操作信息		1230	1013 和 1230
GLONASS RTK 精度	观测值（GLONASS）	1011-10012	10011	1012
	测站信息	1005 和 1006	1005 或 1006	1005 或 1006
	天线和接收机信息	1033	1033	1033
	辅助操作信息		1230	1013 和 1230
GPS + GLONASS L1 精度	观测值（GPS）	1001-1004	1001	1002
	观测值（GLONASS）	1009-10012	1009	1010
	测站信息	1005 和 1006	1005 或 1006	1005 或 1006
	天线和接收机信息	1033	1033	1033
	辅助操作信息		1230	1013 和 1230
GPS RTK L1 + L2 精度	观测值（GPS）	1003-1004	1003	1004
	观测值（GLONASS）	1011-10012	1011	1012
	测站信息	1005 和 1006	1005 或 1006	1005 或 1006
	天线和接收机信息	1033	1033	1033
	辅助操作信息		1230	1013 和 1230
GPS SSR	轨道和时钟修正	1057 1058 1060 1062	1060	1057 1058 1062
	偏差修正			1059
	辅助操作信息			1061
GLONASS SSR	轨道和时钟修正	1063 1064 1066 1068	1066	1063 1064 1068
	偏差修正			1065
	辅助操作信息			1067

（续）

服务类型	信息组	流动接收机	服务信息类型	
		基本解码能力	基本服务信息	完整服务信息
GPS + GLONASS SSR	轨道和时钟修正	1057 1058 1060 1062 1063 1064 1066 1068	1060 1066	1057 1058 1062 1063 1064 1068
	偏差修正			1059 1065
	辅助操作信息			1061 1067
GNSS CODE 码差分	观测值（GNSS）	MSM1 - MSM7	MSM1	MSM1
	测站信息	1005 和 1006	1005 或 1006	1005 或 1006
	天线和接收机信息			1007 或 1008 或 1033
	辅助操作信息			1013
GNSS RTK 标准精度	观测值（GNSS）	MSM1 - MSM7	MSM3	MSM5
	测站信息	1005 和 1006	1005 或 1006	1005 或 1006
	天线和接收机信息	1033	1033	1033
	辅助操作信息		1230 （如果播发 GLONASS 信息）	1013 1230 （如果播发 GLONASS 信息）
GNSS RTK 高精度	观测值（GNSS）	MSM6 和 MSM7	MSM6	MSM7
	测站信息	1005 和 1006	1005 或 1006	1005 或 1006
	天线和接收机信息	1033	1033	1033
	辅助操作信息		1230 （如果播发 GLONASS 信息）	1013 1230 （如果播发 GLONASS 信息）
GNSS 标准精度信息采集	观测值（GNSS）		MSM5	MSM5
	测站信息		1005 或 1006	1005 或 1006
	天线和接收机信息		1033	1033
	辅助操作信息		1230 （如果播发 GLONASS 信息）	1013 1230 （如果播发 GLONASS 信息）

（续）

服务类型	信息组	流动接收机	服务信息类型	
		基本解码能力	基本服务信息	完整服务信息
GNSS 高精度信息采集	观测值(GNSS)		MSM7	MSM7
	测站信息		1005 或 1006	1005 或 1006
	天线和接收机信息		1033	1033
	辅助操作信息		1230 （如果播发 GLONASS 信息）	1013 1230 （如果播发 GLONASS 信息）

8.3.4　NMEA 0183 格式

NMEA0183 是美国国家海洋电子协会(NMEA)为海洋电子设备制定的标准格式,目前广泛采用的标准是 Ver 2.3 以上的版本,也成了 GNSS 标准的 RTCM 协议。大多数 GNSS 接收机、数据处理软件、导航软件都遵守或至少兼容此协议[12]。

NMEA0183 协议定义的语句非常多,但兼容性最广的语句只有十多种。虚拟参考站技术需要根据流动站的位置信息生成改正数,而上节提出的 NRTK 模式也需要将定位信息传送给流动站,都需要 GPGGA 格式的位置信息,此处只简要介绍 GPGGA 格式,见表 8.18。

$GPGGA, <1>, <2>, <3>, <4 >, <5>, <6>, <7>,(8>, <9>,M, <10>,M, <11> * hh <CR> <LF>

表 8.18　GPGGA 语句信息

信息	数据	名称	描述
帧头内容	SGP	GNSS 数据	
	GGA	定位信息	
	<1>	UTC	hhmmss. ss
	<2>	纬度	ddmm. mmmmmm
	<3>	北纬或南纬	“N”或”S”
	<4>	经度	dddmm. mmmmmm
	<5>	东经或西经	“E”或“W”
	<6>	质量标志	0 = invalid,1 = SPS,2 = DGPS
	<7>	卫星数	
	<8>	HDOP	平面精度因子
	<9>	正常高	距离平均海平面的高程
	M	单位“米”	
	<10>	高程异常	WGS-84 椭球与平均海平面高度之差
	<11>	基准站 ID	差分基准站 ID(0000-1023)

（续）

	数据	名称	描述
帧尾	* hh	校验和	从帧头第二字符开始所有字符的校验和(十六进制)
	<CR>	回车符	
	<LF>	换行符	

值得注意的是,GPGGA 数据的编码程序需要从底层写起,不能使用 C 语言的 fprint 函数,或者 C#的 format 格式,这些函数虽然适应所有的状况,但是内部程序判断比较多,相对实时定位和传输延迟而言运算比较浪费时间,需要根据 GGA 的格式重新编写。

8.4 基于 RTCM 的 NTRIP 交互模式

网络 RTK 通过 NTRIP 使 GNSS 基准站资源在因特网上共享,该协议为网络 RTK 服务网络和用户建立了运行标准。用户不需要关心系统的内部运行,可以直接获取需要的 GNSS 资源,如图 8.2 所示。

网络 RTK 需要将基准站误差改正播发给用户,实际的改正数据发布系统是多用户系统,为保证 NTRIP 系统总体上的开放性、可扩展性和集成性,将协议结构上 3 个软件系统部分中的源服务器(NtripServer)和集中交换服务器(NtripCaster)结合在一起放入系统服务器中,而将客户端(NtripClient)放入流动用户端,用户端向服务器认证通过后,即开始向服务器发送 NMEA0183 数据,接着服务器根据 NMEA0183 数据生成对应的 RTCM 电文传送给用户。

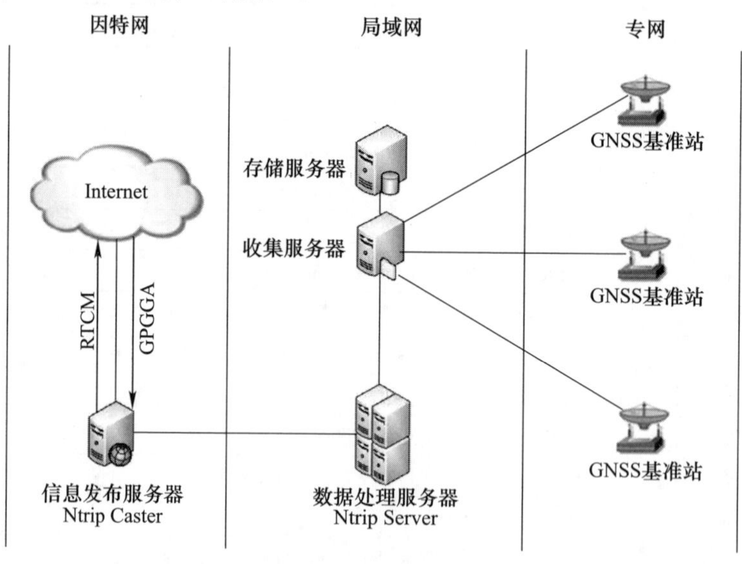

图 8.2　网络 RTK 服务流程

8.4.1　基于 NTRIP 的 VRS 改正数网络播发系统的实现

网络 RTK 需要实时服务多用户,并且每个用户实时发送数据,一旦建立连接直到断开时停止服务,属于长连接。Ntrip Caster 考虑到多用户的并行处理,采用事件驱动服务器状态运行,整个服务器采用的是异步 Socket 实现 TCP 网络服务的 C/S 的通信构架,完全独立地处理每个用户的请求。服务器把 NtripServers 和 NtripCasters 结合在一起,主要完成的功能为:接受用户的连接、用户的认证,处理用户的信息请求,同时把信息传给对应的 RTCM 电文编码器,发送对应的 RTCM 电文给用户。图 8. 3给出了整个服务器的简化运行流程图。

服务器中的相关信息(如配置的源信息表、用户名和密码信息等)的存放采用 XML 文档形式,便于程序直接查询调用。由于其规范的通用性,方便了以后的扩展。

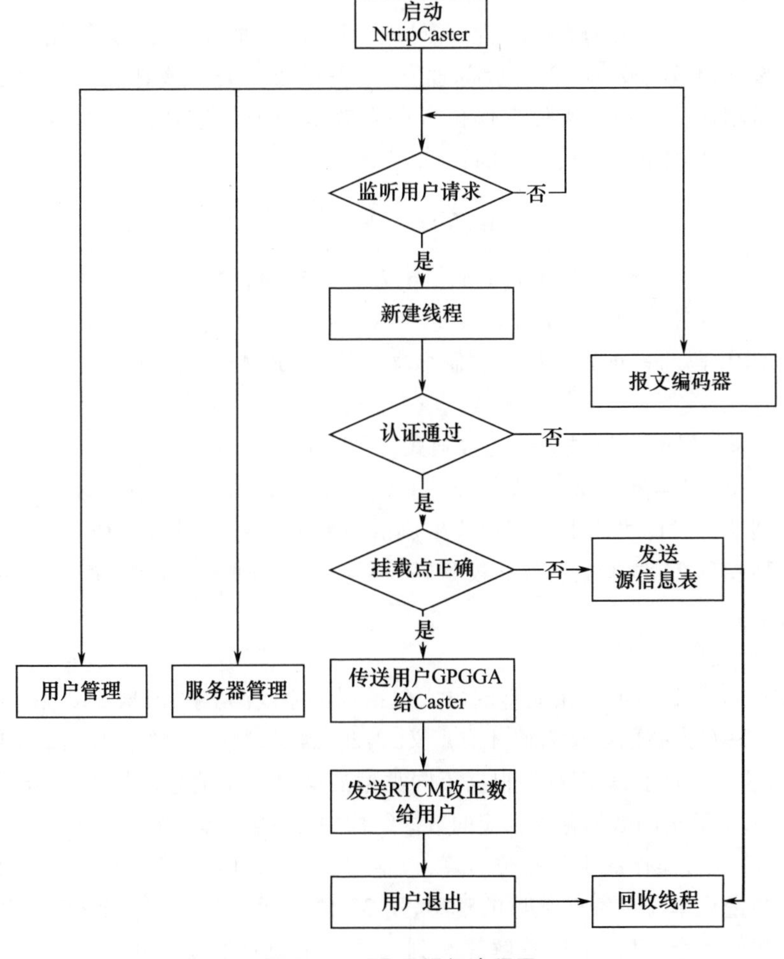

图 8. 3　NTRIP 运行流程图

8.4.2 RTCM 3.1 解码的设计

针对 RTCM V3. X 电文格式的特点,设计相应的解码算法,每种电文解码实现的原理相似,整个解码过程设计为一个功能模块,接收到的每个数据流创建一个解码器(对象),进行各种类型电文的解码[13-14],每个解码器包括以下几部分:

1) 数据管理

通过因特网或者直接从接收机接收的 RTCM 数据流是字节流,需要对接收的数据进行存储、整合、判断等才能进行数据解码。消息的处理实行先进先出的原则,因此采用一般的顺序队列组织接收的字节流,为了避免存储数据时的“假溢出”现象,采用动态队列存储实时接收的字节流,当判断接收到的字节数足够一个一条电文时,从引导字取出电文进行解码操作,并将该电文从队列中删除。

2) CRC

RTCM V3 版本与以往的 2. X 版不同,采用了数据通信领域中最常用的一种高通循环冗余校验(CRC)-24Q(Q 表示高通公司)差错校验码。该算法利用除法及余数的原理来做错误侦测,其 24 位奇偶位可以有效地探测信息是否缺失和一些随机误差。CRC 码是由如下多项式产生的:

$$g(X) = \sum_{i=0}^{24} g_i X^i \tag{8.1}$$

$$g_i = \begin{cases} 1 & i = 0,1,3,4,5,6,7,10,11,14,17,18,23,24 \\ 0 & 其他 \end{cases} \tag{8.2}$$

生成 CRC 码的多项式采用二进制多项式算法(BPA),形式如下:

$$g(X) = (1 + X)p(X) \tag{8.3}$$

式中:$p(X)$为低级的不可被约分的多项式,形式为

$$p(X) = X^{23} + X^{17} + X^{13} + X^{12} + X^{11} + X^9 + X^8 + X^7 + X^5 + X^3 + 1 \tag{8.4}$$

接收到消息时即可用上述多项式生成的校验码与已有的校验码进行比对,也可将消息序列左移 24 位加上已有的校验码,再与多项式进行二进制除法,余数若为零则信息完整。

3) 解码流程

RTCM V3.1 版本的一条完整的电文包括引导字、保留字、消息长度、消息体和 24 位 CRC 码,只有完整的电文解码才有意义,因此,需要判断电文的完整性,如果电文完整,就可以进行解码了,解码程序根据不同类型的消息判断消息体的格式,由相应的函数进行解码,解码出的数据存入相应的数据结构中,解码流程如图 8.4 所示。

解码程序中,操作的主要是位运算,包括与、或、非和移位等。RTCM 电文值都是按照一定的量化单位计算转换后的整型,用 32 位的无符号整型存放,解码就是将接收到的电文值组合,进行位运算解算得到编码前的原始数据。由于 V3 版本中省去了字节扫描、滚动和取补码操作,因此解码操作的难度有所降低。

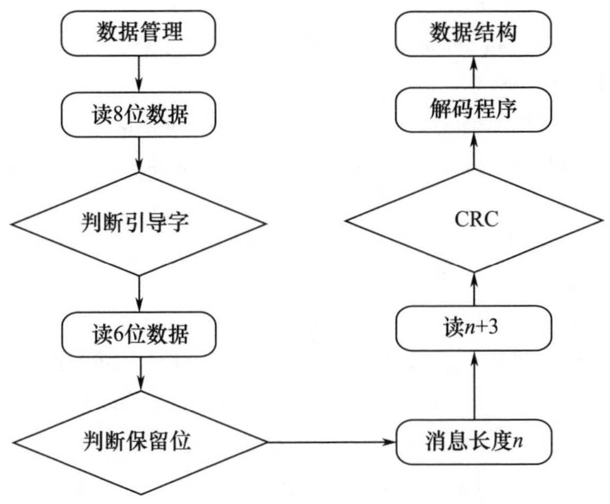

图 8.4　解码流程图

参考文献

[1] 关增社,裴凌,王庆. 基于 NTRIP 协议的 VRS 移动终端设计[J]. 仪器仪表学报,2006(S1):651-652.

[2] RTCM 10410.0 (RTCM Paper 200-2004/SC104-STD, Version 1.0), with amendment 1, standard for networked transport of RTCM via internet protocol (Ntrip) [S/OL]. [2004--09-30]. https://rtcm.myshopify.com/collections/differential-global-navigation-satellite-dgnss-standards/products/rtcm-10410-0-rtcm-paper-200—2004-sc104-std-version-1-0-with-amendment-1-standard-for-networked-transport-of-rtcm-via-internet-protocol-ntrip.

[3] 徐建民. GPS CORS 系统中 NTRIP 传输技术的应用研究[J]. 现代测绘,2008,31(05):22-23.

[4] 史峰,屈新岳,李铁,等. 基于 WinInet 的 NTRIP 终端设计[J]. 全球定位系统,2010,35(2):52-55.

[5] 祁芳,林鸿. Ntrip 协议在 CORS 系统中的应用[J]. 城市勘测,2008(1):82-85.

[6] RTCM 10410.1 standard for networked transport of RTCM via internet protocol (Ntrip) version 2.0 with amendment 1, June 28, 2011 (RTCM paper 111-2009-SC104-STD) (RTCM paper 139-2011-SC104—STD. r1) [S/OL]. [2011-06—28]. https://rtcm.myshopify.com/collections/differential-global-navigation-satellite-dgnss-standards/products/rtcm-10410-1-standard-for-networked-transport-of-rtcm-via-internet-protocol-ntrip-version-2-0-with-amendment-1-june-28-2011.

[7] RTCM 10401.2, standard for differential navstar GPS reference stations and integrity monitors (RSIM), December 18, 2006 (RTCM paper 221-2006-SC104-STD) [S/OL]. [2006-12-18]. https://rtcm.myshopify.com/collections/differential-global-navigation-satellite-dgnss-standards/products/rtcm-10401-2-standard-for-differential-navstar-gps-reference-stations-and-integrity-monitors-rsim.

[8] RTCM 10402. 3 RTCM recommended standards for differential GNSS(global navigation satellite systems)service, version 2. 3 with amendment 1 (May 21,2010) (RTCM paper 136-2001-SC104-STD) (RTCM Paper 130-2010-SC104-STD) [S/OL]. [2010-05-21]. https://rtcm. myshopify. com/collections/differential-global-navigation-satellite-dgnss-standards/products/rtcm-10402-3-rtcm-recommended-standards-for-differential-gnss-global-navigation-satellite-systems-service-version-2-3-with-amendment-1-may-21-2010.

[9] 丁艺伟,潘树国,汪登辉,等. 一种基于 RTCM2. 3 格式的北斗电文编解码方法[C] // 中国卫星导航学术年会,2015.

[10] RTCM 10403. 3, differential GNSS (global navigation satellite systems) services-version 3 + amendment 1 (April 28,2020) (RTCM paper 136-2001-SC104-STD) (RTCM paper 145-2015-SC104-STD) [S/OL]. [2020-04-28]. https://rtcm. myshopify. com/collections/differential-global-navigation-satellite-dgnss-standards/products/rtcm-10403-2-differential-gnss-global-navigation-satellite-systems-services-version-3-february-1-2013.

[11] 蒋军,刘晖,舒宝,等. 基于 RTCM2. x 与 RTCM3. x 的两种伪距差分模式对比分析[J]. 测绘地理信息,2018,43(06):58-61.

[12] 陈振,王权,秘金钟,等. 新一代国际标准 RTCM V3. 2 及其应用[J]. 导航定位学报,2014(4):87-93.

[13] 丁艺伟,潘树国,汪登辉,等. 一种基于 RTCM2. 3 格式的北斗电文编解码方法[C] // 中国卫星导航学术年会,2015.

[14] 汤廷松,吴凤娟,李红娜,等. RTCM 数据格式实时处理方法应用[J]. 全球定位系统,2011,36(5):75-79.

第9章　网络 RTK 系统

GNSS 网络 RTK 技术最终通过网络 RTK 增强定位系统实现,是一个有机的综合体。GNSS 基准站实时采集 GNSS 观测数据,并通过通信网络传输到数据中心网络 RTK 数据处理和服务软件,服务软件按照约定的协议与用户进行交互并提供增强定位服务,最终实现用户的高精度定位[1]。

9.1　网络 RTK 系统

网络 RTK 增强定位系统由 GNSS 基准站基础设施、数据通信网络、应用服务中心和用户应用子系统组成,其中应用服务中心包括控制中心和数据中心子系统,布设 GNSS 基准站网络 RTK 数据处理软件等[2-3]。系统组成简图见图 9.1,子系统的定义与功能见表 9.1。

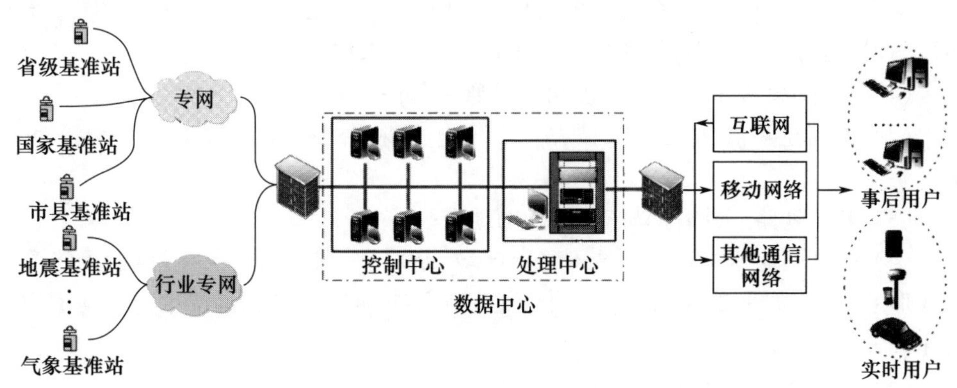

图 9.1　系统组成简图

表 9.1　子系统定义与功能

系统名称		主要工作内容
数据中心	控制中心	GNSS 二进制实时数据流接收与分发;网络 RTK 软件、数据库软件等管理与维护;用户的注册、管理、查询等,基准站的接收机远程配置、升级、视频监控,用户差分改正信息的播发
	处理中心	GNSS 基准站数据解码、数据处理、差分信息生成、GNSS 数据存储、精密星历信息下载,基准站坐标基线解算、监测,网络 RTK 运行状态显示,用户信息存储、分析

（续）

系统名称	主要工作内容
基准站子系统	GNSS 卫星信号的捕获、跟踪、采集与传输；观测数据存储
数据通信子系统	基准站 GNSS 观测数据传输、远程接收机配置、观测文件下载
	系统服务与用户交互、差分信息播发
用户应用子系统	分米、厘米、毫米不同精度等级用户定位

9.2 基准站子系统

基准站是国家空间基础设施的重要组成部分，是维护空间基准框架、获取基础地理信息数据、提供高精度导航定位的重要基础。基准站投资巨大，每个省级行政区基本都建立了覆盖全省区域的基准站网基础设施和数据中心服务系统，动辄投入数千万经费，基准站观测条件和地质条件要求较高，基准站设备、观测墩等建造费用较高，需要长期维护，因此应科学合理地布设基准站，既要满足需求又要节省人力财力等。

9.2.1 基准站选址

基准站站址的选择关系到卫星信号的接收质量、数据传输质量，直接影响系统的功能实现、运行的稳定性，各基准站选址时，主要要求如下[4]：

(1) 应有 15°以上的地平高度角卫星通视条件。

(2) 远离电磁干扰区（微波站、无线电发射台、高压线穿越地带等）和雷击区。

(3) 避开铁路、公路等易产生振动的地点。

(4) 基准站应避开地质构造不稳定区域：断层破碎带，易于发生滑坡、沉陷等局部变形的地点（如采矿区、油气开采区、地下水漏斗沉降区等），易受水淹或地下水位变化较大的地点。

(5) 便于接入公共通信网络。

(6) 具有稳定、安全可靠的交流电电源。

(7) 交通便利，便于人员往来和车辆运输。

9.2.2 基准站主要设备

基准站设备分为室外设备、室内设备，构成主要包括 GNSS 及其附属设备、雷电防护设备、网络通信设备、机柜、UPS 设备、视频监控设备等。在设备安装前，应对采购的接收机、不间断电源进行是否满足性能指标要求的测试，测试数量应根据生产实际情况确定。总体架构如图 9.2 所示。

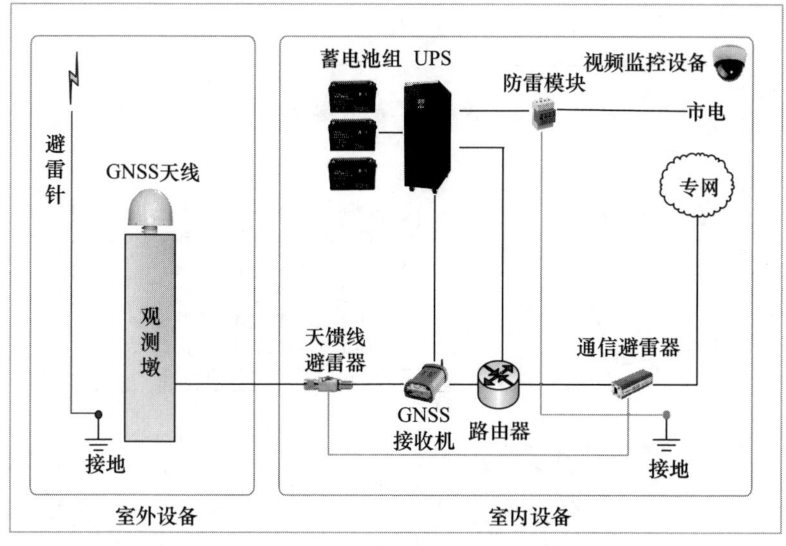

图9.2 基准站结构示意图

9.2.3 基准站布设

网络RTK主要处理GNSS观测过程中的空间相关误差,主要是电离层和对流层延迟误差,由于我国幅员辽阔,南北纬度和气候差异比较明显,因此需要根据实际地区的误差影响、生产需求以及建设维护成本等合理设计基准站位置,通常情况下基准站布设原则为平均间距70~80km,困难区域可以适当放宽间距到100km,形成全区域的覆盖,并且基准站布设过程中尽量避免基准站间高差过大[5-7];如黑龙江省南部区域平均间距70km,北部大兴安岭等区域平均间距110km,全省形成由122座基准站组成的HLJ-CORS基准站网,其中利用国家级基准站9座、中国地震局基准站5座,中国气象局全球定位系统气象学(GPS/MET)站4座,新建和改造利用符合要求的地方基准站共计104座。HLJ-CORS基准站站址分布如图9.3所示。

9.3 系统网络拓扑结构

数据通信网络是网络RTK的脉络部分,关系着各个部分间的交互、数据传输,其服务质量直接决定网络RTK系统的可靠性与可用性。数据通信链路可划分为运行中心与基准站的通信、运行中心与用户间的通信,实现数据传输、数据产品分发等任务。根据网络类型可分为专网、局域网和公网,主要功能有[5-6]:

(1) 专网:数据中心连接各基准站的通信线路,实现原始GNSS观测数据实时传输至运行中心,同时建立与其他数据中心的通信,进行基准站数据的实时转发,实现数据共享,同时国家基准站监管部门要求基准站到数据中心的网络采用专用网络或商业加密的网络。

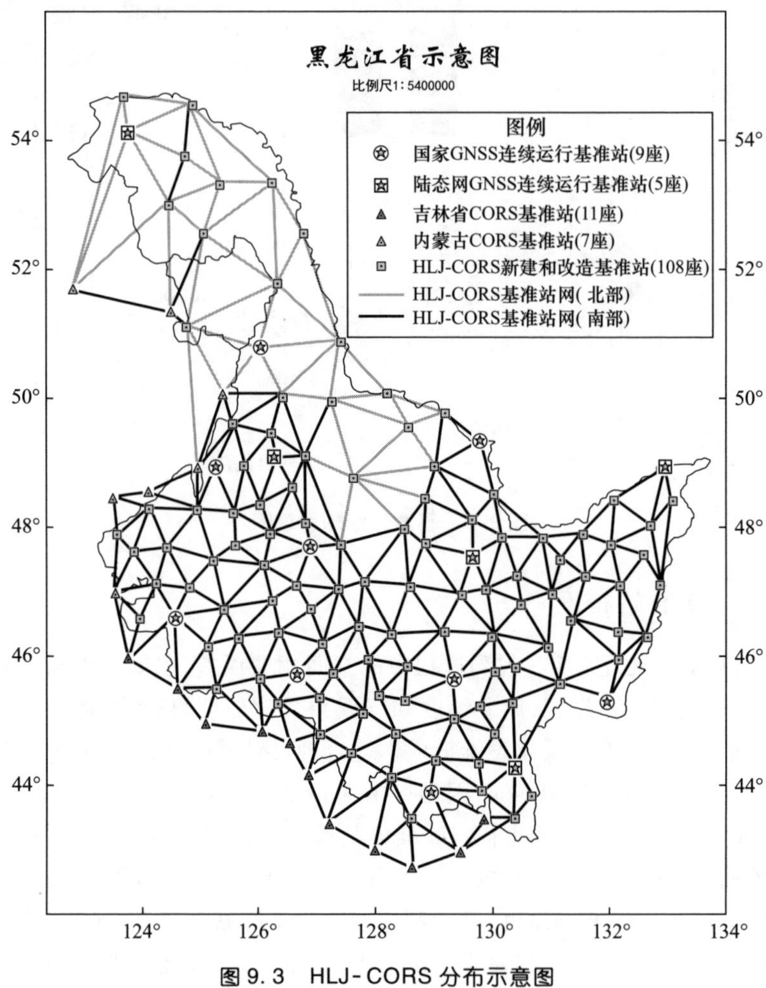

图 9.3　HLJ-CORS 分布示意图

（2）局域网：数据中心内部实现的高速网络连接，为不同服务器间信息传输、资源共享、存储等信息流传递提供网络线路。

（3）公网：数据中心与用户终端的通信线路，数据中心向用户终端交互网络，网络 RTK 服务播发 RTK、RTD 改正数据，接收用户发送的 GPGGA 数据。数据中心通常采用移动等 VPN 服务端口；用户终端则采用移动网络 GSM、GPRS、3G、4G 的 VPN 专卡等通信手段获取实时数据服务，以及用户通过服务中心 WEB 网站获取运行情况等信息。

为了确保通信网络的可靠性，对于基准站、数据中心之间的通信网络以及各数据中心间的通信线路，优先采用光纤专网作为承载网，并充分利用现有的行业如气象、地震等专网，网络拓扑结构见图 9.4。

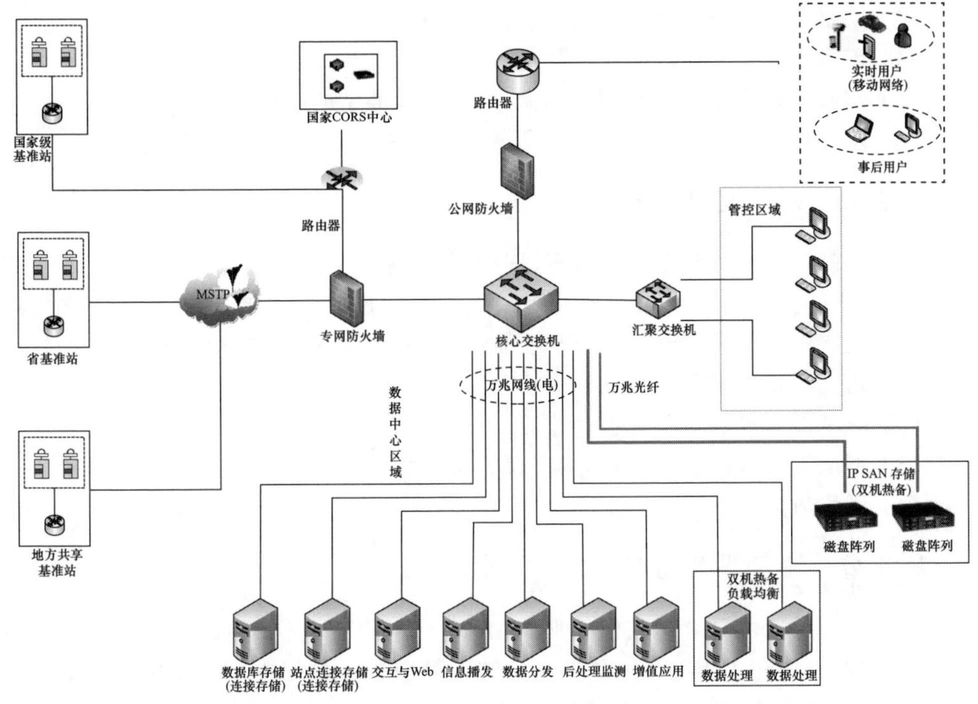

图 9.4　网络拓扑结构

9.4　数据中心子系统

数据处理与控制中心是整个网络 RTK 系统的神经中枢。主要的功能为数据管理、数据解算、数据发布、系统运行监控、信息服务等。数据处理与控制中心作为核心单元,主要由通信网络、网络 RTK 软件、服务器等组成,通过光纤网络实现与基准站间的有线连接。

9.4.1　GNSS 数据处理功能

基准站采集数据并对传输过来的数据进行质量分析和评价,对某些数据(如导航)进行多站数据综合、分流、形成统一的差分修正数据,按某种方式上网服务。如果开展广域差分服务,还需计算广域差分改正数或向广域差分中心提供必要数据,对事后精密定位的数据进行必要的预处理并按一定方式上网服务。按照测绘及定位导航的要求应输出的数据结果有[7]:

(1) RTCM V2. X 或 RTCM V3. X 伪距差分修正信息:服务于米级定位导航的用户。

(2) RTCM V2. X 或 RTCM V3. X 相位差分修正信息:服务于厘米级、分米级定位的用户。

(3) 网络 RTK 差分修正信息:服务于网络 RTK 用户。

(4) RINEX V3. X 原始观测数据:服务于事后毫米级定位的用户。

(5) 实时的基准站原始观测数据流:服务于基准站的用户。

(6) RAIM 系统完备性监测信息:服务于全体用户,提供系统完备性指标。

9.4.2 系统监控功能

对基准站运行中的设备运行状态、安全性、正常性进行监测管理,可远程监控基准站 GNSS 定位设备的工作参数、检测工作状态、发出必要的指令、改变各基准站运行状态。控制中心要求能够对 GNSS 基准站网子系统进行实时、动态的管理。

(1) 对基准站的设备进行远程管理。

(2) 对基准站进行设备完备性监测。

(3) 网络安全管理,禁止各种未授权的访问。

(4) 网络故障的诊断与恢复。

9.4.3 信息服务功能

对各类用户提供导航定位数据服务,地理信息中有关坐标系、高程系的转换服务,有关控制测量和工程测量的软件服务和计算服务。数据中心通过用户数据中心播发信息,可适应的主要通信方式有:

(1) 广播通信:向全区域发布实时定位与导航的差分数据,可选择多种广播式通信链路。

(2) 常规方式:利用特高频/甚高频(UHF/VHF),通过专用设备向局部区域用户发布差分数据。

(3) 公众网络:如 GSM/GPRS/CDMA,用于向大范围内的用户提供数据服务。

(4) 网络数据发布:互联网提供精密定位数据、电子地图信息等服务。

(5) 卫星通信:甚小口径终端(VSAT),Inmarsat 等。

9.4.4 网络管理功能

整个控制中心系统由专网、区域网和公网连接形成,主要职能有:

(1) DNS(域名服务器):将因特网域名转换为因特网 IP 的服务器。

(2) MAIL 服务器:支持 POP3/SMTP 邮件协议,负责电子邮件传递。

(3) FTP(文件传送协议)服务器:支持匿名和使用密码两种方式登录。

(4) WWW(万维网)服务器:网络多媒体数据信息服务器。主页是连续运行卫星定位服务系统,向省内用户发播各种信息。

(5) 网络管理专用计算机:对网络监视、运行及管理(包括计费)。

9.4.5 用户管理功能

对所服务的各类用户进行管理,包括:

(1) 用户许可管理:系统管理员将根据用户使用的时间、时段、次数和通信方式生成表格,以方便管理部门按照一定的制度进行管理。

(2) 用户登记、注册、撤销、查询、权限管理。系统管理员可方便地增减用户,设置相应的权限,查询统计某用户的使用情况。

9.4.6　其他功能

(1) 数据中心应具备一定的自动监控运行能力,减少人员干预的工作量,如系统自动重启、断电重启等功能。

(2) 对网络 RTK 系统的完备性进行监测,实时提供准确可靠的改正信息并进行预警。

(3) 具备扩展能力,可适应基准站数量的增加以及用户数量的增加,并且可以根据需求增加功能。

9.5　网络 RTK 系统的技术指标

网络 RTK 系统技术指标主要包括定位和导航两部分,其次明确系统可用性、可靠性、兼容性、完备性等指标,如表 9.2 所列。

表 9.2　网络 RTK 系统技术指标

<table>
<tr><th>项目</th><th>内容</th><th colspan="2">指标</th></tr>
<tr><td rowspan="2">覆盖范围</td><td>精密 RTK 定位</td><td colspan="2">基准站网构成的图形以内,以及周围 25km 以内</td></tr>
<tr><td>导航</td><td colspan="2">覆盖区域</td></tr>
<tr><td rowspan="2">服务领域</td><td>导航</td><td colspan="2">导航,地理信息采集、更新</td></tr>
<tr><td>定位</td><td colspan="2">测绘,规划,气象,地籍,工程建设,变形监测,地壳形变监测</td></tr>
<tr><td rowspan="7">系统精度[①]</td><td rowspan="2">动态参考基准</td><td>地心坐标的坐标分量</td><td>绝对精度不低于 0.1m</td></tr>
<tr><td>基线矢量的坐标分量</td><td>相对精度不低于 3×10^{-7}</td></tr>
<tr><td>网络 RTK</td><td>水平精度≤3cm</td><td>垂直精度≤5cm</td></tr>
<tr><td>事后精密定位</td><td>水平精度≤5mm</td><td>垂直精度≤10mm</td></tr>
<tr><td>变形监测</td><td>水平精度≤5mm</td><td>垂直精度≤10mm</td></tr>
<tr><td>导航</td><td>水平精度≤1m</td><td>垂直精度≤2m</td></tr>
<tr><td>定时</td><td>单机精度≤100ns</td><td>多机同步≤10ns。</td></tr>
<tr><td rowspan="2">可用性[②]</td><td>导航</td><td colspan="2">95.0% (365 天内);95.0% (1 天内)</td></tr>
<tr><td>定位</td><td colspan="2">95.0% (365 天内);95.0% (1 天内)</td></tr>
<tr><td rowspan="3">完备性[③]</td><td>报警时间</td><td colspan="2"><6s</td></tr>
<tr><td>误报概率</td><td colspan="2"><0.3%</td></tr>
<tr><td>空间信号精度/空间信号监测精度(SISA/SISMA)</td><td colspan="2">0.7m/0.85m</td></tr>
</table>

（续）

项目	内容	指标
兼容性	卫星信号	GNSS 信号：L1，L2，P1（C1），P2，L2C（L5）及 GLONASS 信号，并可扩展至多星系统信号
	差分数据	RTCM-SC104 v2.3，CMR，RINEX
容量④	实时用户	GSM、GPRS 方式：1000 个用户同时使用，并可扩展
	事后用户	无限制
① 精度数值为 1 倍中误差。 ② 可用性指标为不顾及通信网络可用性条件下的指标。 ③ 完备性指标中的报警时间为发生故障到通知用户的时间间隔。 ④ 容量与通信网络和服务平台性能有关，此处不顾及通信网络条件下的用户数量		

9.6 网络 RTK 数据处理软件

目前，我国各省运行的网络 RTK 系统都是国外系统（新疆除外），尤其是天宝公司的 Pivot 系统占据了绝大部分市场，莱卡公司的 SpiderNET 系统和拓普康 TopNet 系统市场占有率相对较少，而国内网络 RTK 软件也蓬勃发展起来，但目前主要应用于小区域的基准站网络系统，网络 RTK 软件性能的优劣直接决定了服务水平。随着北斗卫星导航系统发展和推广应用，目前部分省份也升级改造了北斗网络 RTK 系统，主要采用国内厂家的软件系统；并且随着国家军民融合重大项目的开展，以及升级北斗系统发展的北斗三号接收机的升级改造也将推动国产基准站接收机设备和国内厂家软件系统的推广应用。

网络 RTK 软件是卫星导航定位基准站网增强服务的核心，其将基准站观测数据处理生成用户需求的改正信息，并与用户交互提供差分服务，通常网络 RTK 软件要求如下：

（1）支持虚拟参考站技术的数据处理模式。

（2）支持 GPS、BDS、GLONASS，并提供三星差分数据服务。

（3）电离层或对流层活动剧烈时覆盖区域范围内达到厘米级定位精度，并具备实时显示电离层、对流层误差的功能。

（4）具备处理平均间距达 70～100km 的基准站数据能力，同时兼容单基站网络 RTK 能力。

（5）支持 NTRIP 进行差分数据传输，能够播发 CMRx、RTCM 2.X、RTCM 3.X 差分改正数据格式，能够播发 RTCM 3.X MSM 多星差分数据格式。

（6）软件支持精密星历下载，提供可用的 GPS、BDS、GLONASS 精密星历。

（7）基准站数据流存储能力，回传的实时数据流存储成指定采样率、指定数据格式（通常为 Rinex）、指定时间段的静态数据文件；在每个文件记录完成时，软件应自动检测数据的完整性。

(8) 应支持ITRF,兼容2000国家大地坐标系。

(9) 应具备基准站位移高精度实时监控功能,周期解算基准站精确坐标,并监测三维偏差是否超限并预警。

(10) 应支持统一的开放型数据库(如SQL Server),管理除基准站静态数据以外的所有系统数据,包括系统运行日志、基准站通信情况、用户账户信息、流动站连接情况等。

(11) 具备生成系统运行日志的功能,即记录基准站运行信息、数据服务信息等内容,形成日志文件。

(12) 具备远程系统维护功能,使用专用的用户界面实现对软件运行的远程操作和管理,且同时允许多个管理员对系统进行维护。

(13) 具有报警功能,能在软件运行异常的情况下给系统管理员发出警告和提示信息。

(14) 具备监测用户定位信息的能力,即软件可将用户定位坐标、定位状态等NMEA信息转发给第三方软件。

9.7 网络RTK系统进网申请和许可

网络RTK综合服务系统能够对覆盖范围内的区域提供高精度的实时厘米级增强定位服务,由于地理信息安全和作业许可等因素,用户使用网络RTK系统需要首先申请使用权,并登记注册用户相关的信息,申请SIM(用户识别模块)卡等。以某省级网络RTK服务系统为例简述如下。

9.7.1 申请表和相关协议

为了做好系统运行服务用户注册、使用工作,注册手续可在现场和网上办理,一般需要提供如下材料和手续:

(1) 申请表及相关协议。需填写《＊＊＊省卫星定位连续运行综合服务系统网络RTK用户注册申请表》《＊＊＊省卫星定位连续运行综合服务系统技术服务协议》和《＊＊＊省卫星定位连续运行综合服务系统试运行服务保密协议》,打印、签字并加盖公章。

(2) 需要提交的材料。单位法人证书、组织机构代码证或营业执照、测绘资质证书、法人身份证明、经办人身份证,上述材料需提供原件(备查)和两份复印件并加盖公章,开具单位介绍信,可通过网络上传审核和现场办理。

9.7.2 专用数据SIM卡办理

由于网络RTK服务系统的数据安全特性要求,注册单位需要使用专用数据SIM卡,通过VPN进入网络RTK服务系统,该卡需要实名办理,注册用户需要提供加盖公章的空白介绍信,其网络流量费按照年度标准缴纳。

注册单位人员提交上述申请表、协议和材料,经工作人员确认无误后即可办理。

9.8 用户端使用说明

用户使用网络 RTK 系统需要配置用户端设备,主要是通过 NTRIP 和服务系统进行交互并使用,下面以天宝用户设备为例简要说明。

9.8.1 移动 VPN 接入配置

网络 RTK 系统目前使用的是移动网络 VPN 加密卡进行数据播发,有特定的接入点名称,所以在测量之前需要修改手簿默认的接入点。

(1) 进入系统中的“设置”,单击“连接”,如图 9.5 所示。

图 9.5 设置连接

(2) 选中“internal modem”单击左下角“编辑”。连接名称无需修改,直接点“下一步”,将接入点名称改为特定的网络 RTK 服务地址,如图 9.6 所示。

图 9.6 输入接入点名称

(3) 用户名,密码等项都为空,不需要填写,然后完成。

9.8.2　测量形式设置

流动站选项设置,首先要修改播发格式,一般 VRS 网络选用的 VRS(RTCM)格式,正常情况网络 RTK 系统提供"数据源节点";单基站模式选择 CMR + \CMRx \RTCM RTK 需要看基站的格式设置,如图 9.7 所示。

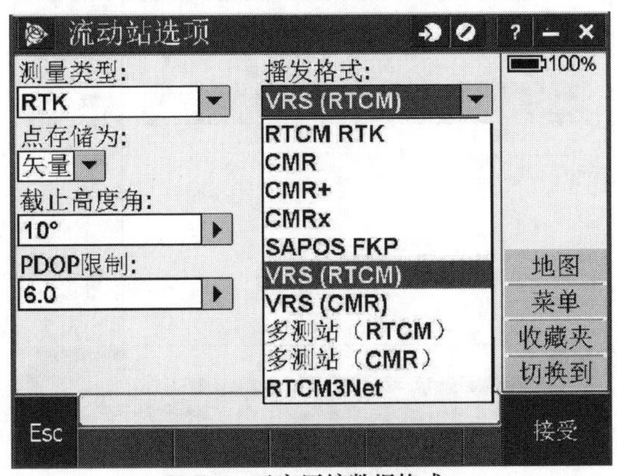

CMRx—天宝压缩数据格式。

图 9.7　选取数据播发格式

9.8.3　网络连接设置

需要使用互联网连接时,在"类型"里面选择"互联网连接",GNSS 联系选项,单击后面符号,进入"GNSS 联系"选择界面。

拨号简表设置,如果有已经配置好的 GNSS 联系设置可以直接选择 NTRIP 用户名和密码输入框,输入各用户相应申请的用户名密码,IP 地址和端口,输入相应 IP 地址和端口,如图 9.8 所示。

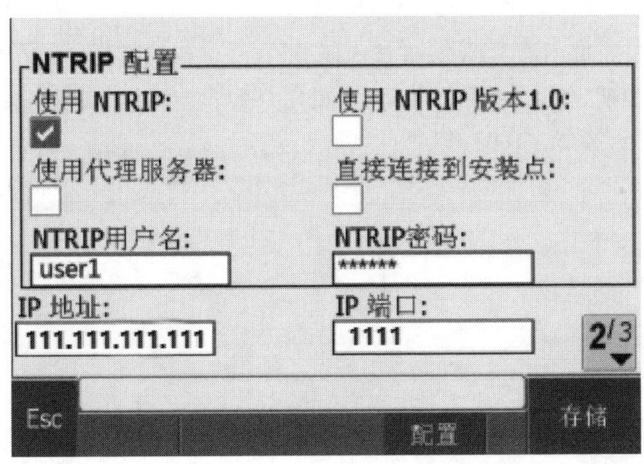

图 9.8　设置流动站电台

9.8.4 测量设置

测量选项选择前面配置的配置集名,如 RTK,选择“测量点”自动开始连接网络,并获得数据源列表。选择相应的数据源,如 RTCM3 格式,单击回车,然后等待直到完成,如图 9.9 所示。

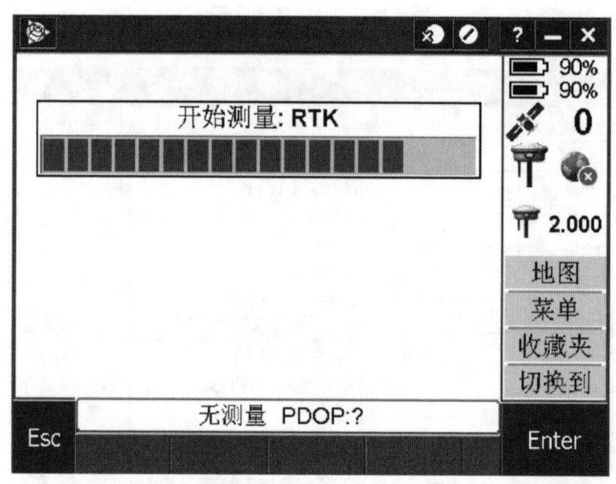

图 9.9 开始测量

参考文献

[1] 刘文建. 北斗/GNSS 区域地基增强服务系统建立方法与实践[D]. 武汉:武汉大学 2017.

[2] 李征航,黄劲松. GPS 测量与数据处理[M]. 武汉:武汉大学出版社,2010.

[3] 刘基余. GPS 卫星导航定位原理与方法[M]. 北京:科学出版社,2018.

[4] 秦士琨. 网络 RTK 相关技术研究[D]. 郑州:解放军信息工程大学,2008.

[5] 张乙志,金锴,刘立,等. 北斗地基增强系统网络 RTK 测试分析[J]. 全球定位系统,2016(6):115-118.

[6] 张明. GPS/BDS 长距离网络 RTK 关键技术研究[D]. 武汉:武汉大学 2016.

[7] 邹璇,李宗楠,唐卫明,等. 一种适用于大规模用户的非差网络 rtk 服务新方法[J]. 武汉大学学报·信息科学版,2015,40(9):1242-1246.

第 10 章 网络 RTK 系统工程应用

网络 RTK 系统优势明显，其独特的增强定位对地理空间信息数据的采集以及导航定位实现了革命性的变革，带来了实时性、高效性、精确性和便利性，大大降低了高精度定位的成本和测绘外业成本，为社会经济快速发展提供了精确的位置保障，直接影响到人们的生活方式。高精度位置服务于自然资源监测调查、灾害预报、应急救援、智能交通、无人驾驶、精准农业等社会的各行业，并且随着我国北斗卫星导航定位系统的建设、运行和应用，北斗卫星导航产业的发展也需要基准站网作为基础。网络 RTK 系统基础设施建设需投入大量的人力、物力和财力，且后期需要长期的维护，因此需要发挥好、利用好网络 RTK 的功能。

10.1 坐标参考框架建立和维持

为了描述地球空间信息的几何形态和时空分布需要一个与地球固连在一起，与地球共同旋转且空间随地球运行的非惯性参考系统即地球参考系统。地球参考系统是理论体系，定义了原点、尺度和定向及其实现等系列理论算法；坐标参考框架是参考系统的实现，由一系列固连在地球表面的具有任意历元点位坐标和速度场的基准点组成。GNSS 基准站观测墩设施比较稳固，间距为 80km 左右、总体分布比较均匀，并且具有连续不间断的观测能力，应用方便且应用广泛，是比较理想的基准框架点。

目前，以国际地球自转服务（IERS）为代表的国际组织致力于地球参考框架的不断完善，国际地球参考框架（ITRF）是当前理论最完善、实现精度最高的全球参考框架，为其他全球和区域参考框架提供基准。2016 年发布的 ITRF2014 共使用了 975 个地点的 1499 个测站，包含 1054 个 GNSS 基准站。国际 GNSS 服务（IGS）基准站遍布全球，IGS 地球参考框架产品基于 GNSS 基准站建立[1-4]。

欧洲参考框架（EUREF）的维持和更新，依赖于欧洲永久性连续运行网（EPN），观测站分布如图 10.1 所示。欧洲参考框架（EUREF）当前最新的版本是 ETRS89，EPN 可以看作由 IGS 管理的全球连续运行参考站网在欧洲地区的加密。EPN 分为若干个子网，保证每个站点同时至少被 3 个子网包含，每个子网由一个计算中心负责，主要提供 160 个测站的独立交换解决方案（SINEX）形式的周坐标解。

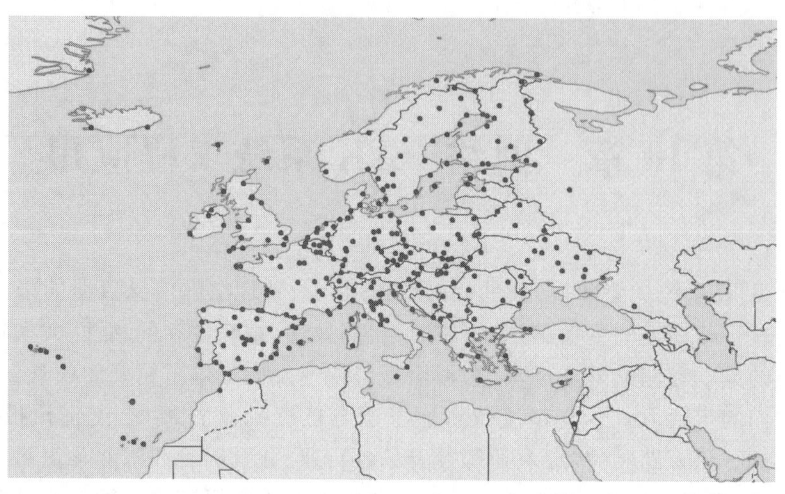

图 10.1　EPN 观测站(见彩图)

我国的 2000 国家大地坐标系统初始采用 25 个站观测数据参与了 2000 国家 GPS 大地控制网平差,随着国家现代基准一期工程、陆态网络工程、省级网络 RTK 系统建设的相继完成,我国已经形成了全国范围覆盖的卫星导航定位基准站。2000 国家大地坐标框架随着 GNSS 测站分布密度的加大、观测手段的提高、站坐标精度的提高,逐渐更新和完善。

10.2　测绘工程应用

最初建设基准站的目的是用于测绘的高精度测量等工作,目前国内的网络 RTK 系统也主要是测绘系统建立的。网络 RTK 在实际工程测量中逐渐应用开来,它可提高工作质量效率,保证控制测量的精度。在相关的测绘工作(例如地形图的测绘、工程测量、水下测量等)中都可以应用该项技术。基准站和移动网络覆盖的地域可以获得更高精度 RTK 定位结果,该结果是实时的、动态的,甚至可以是建立整个工程的控制网络。

10.2.1　工程测量

在野外,用户系统作为流动站打开 GNSS 接收机,在无线网的覆盖范围内将位置信息发送到控制中心,控制中心收到该信息后,分析处理相关数据,自动选择最佳的虚拟参考站,该站向流动站发送位置误差信息,流动站收到位置误差信息后即可完成对测量系统的初始化。

初始化之后就可以进行数据的采集,数据采集的前提条件是可同时观测 5 颗及以上的卫星。数据链路层能够实现数据的传输,有信息进入控制中心,控制中心无故障即可顺利完成信息的采集任务。一般情况下流动站在待测点上停留 1s、2s 后便可

测得该点坐标，记录下位置编号和相应的序列号，存储数据即所需信息，相关工作人员根据所得位置信息绘制相应的图形。

10.2.2　地形图测绘

地形图测绘工程建设过程复杂多样，涵盖类型广泛，在工程建设中地形图测绘是基本前提条件，因此地形图测绘成果的质量就格外重要，而传统的地形图测绘是通过使用全站仪、平板测图仪等将测量的碎部点展绘在图纸上，以手工方式描绘地物和地貌，具有测图周期长、精度低等缺点。

GNSS网络RTK技术可以高精度并快速地测定各级控制点和碎部点的坐标，作业区域不受限制。不需像传统RTK一样在已知点上架设基准站或者全站仪一样布设控制网，测量完成后无需后续的数据处理，测量的结果即精确结果，配合设备的图形作业功能，直接测量地物，点、线、面会以不同的颜色或样式显示出来，实时成图，效率高，如图10.2所示。

图10.2　现场作业

10.2.3　摄影像控点测量

航空摄影测量是利用摄影所得的像片，确定被摄物体形状、大小、位置、属性相互关系的一种技术。空中三角测量，即以航摄像片所量测的像点坐标或单元模型上的模型点为原始数据，以少量地面实测的控制点坐标为基础，用计算方法求解加密点的坐标。像控点一般按照一定的距离布设，采用常规的测量作业难度大、时间长，GNSS网络RTK发展起来后很快成为像控点测量的主力技术手段。

某一测区面积约30 km^2，属于平原地区，地形平坦、交通发达。测区内春耕已经开始，给控制点的判读与选择工作带来一定的难度，需要进行1∶3000航片像控点测量，整个测区共被划分为9个区域，每个区均为4条航线，每条航线的基线数约12

条,区域周边按布设平高点方式,沿航向间隔每 3 ~4 条基线布设 1 个平高控制点,沿旁向间隔 1 条航线布设 1 个平高控制点,区域中心布设 1 个平高点,大约布设 140 个点,采用常规的方法短时间快速完成像控点的测量,尤其是布设地标需要快速测量。

像控点选在影像清晰的明显地物上,一般选在交角良好的细小线状地物上、明显地物折角顶点、影像小于 0.2 mm 的点状地物中心。特征点少的地方可以布设地标,涂抹一米见方的白油漆,如图 10.3 所示。

图 10.3 像控点选择

网络 RTK 观测速度快的优势,在同一像控点范围内,对点位模糊和没有把握的情况下,选择观测了多个像控点。网络 RTK 技术可以成功地提高像控点的测量作业时间,缩短成图周期,降低成本。

10.2.4 道路施工放样

传统道路施工中,主要是使用全站仪或其他测量设备,需要沿道路两旁布设高精度控制网,根据设计文件提取出一些特征点来放样点坐标,作业方法需要人工计算的数据量非常大,导致测量效率较低。另外因为现场原因,部分特征点无法放样,需要更改里程等,所以外业需要携带图纸、计算器等诸多辅助文件和工具。

与传统道路施工相比,网络 RTK 的测量效率更高,在带状地形图测绘中该优势显现得尤为突出,为现代高低等级公路的设计和施工提供了极大的便利。因为不需用户布设工程控制网,只要能满足同步通信的畅通即可,这样不仅节省了作业时间,而且节省了成本。

在外业利用道路放样功能,根据需求选择放样中边桩、横断面、结构物或者边坡,找出辅助施工的点位并打入竹桩。机械施工完成后再利用道路检核功能检查是否达到设计要求,如图 10.4 所示。

图 10.4　现场施工放样

道路中边桩放样时，所选择的道路板块能完全显示，道路有加宽的时候，能直观显示出来；放样边桩时，当前位置和图上的边线能重合。道路元素中有结构物时，道路平曲线界面能显示图 10.5 所示的里程范围内的结构物图形，在显示平曲线的时候，能看到道路边线。

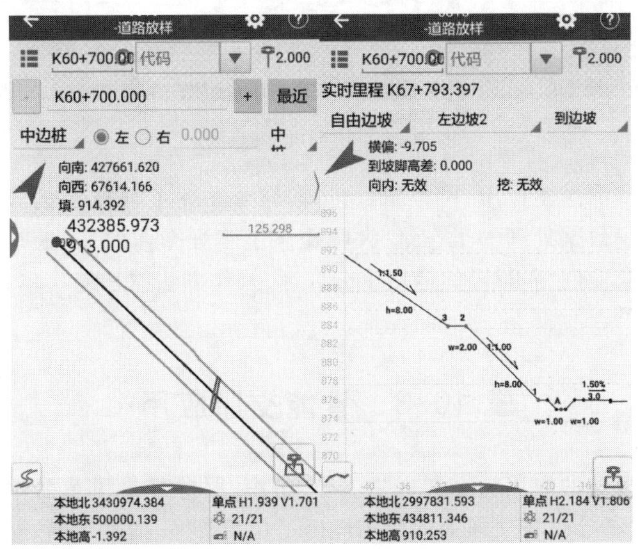

图 10.5　道路平曲线界面显示

10.2.5　水下测量

在水下资源勘查中，测量江河、湖泊、水库、港湾和近海水底点的平面位置和高程绘制水下地形图,用于建设现代化的深水港、桥梁,海洋石油工业及管道,水下资源调查等。

常规的做法需要在测量区域岸边架设基准站,通过基准站播发改正数据到测量船,限制了作业范围。网络 RTK 系统可以实时播发改正信息到作业船,对测绘点所在位置进行准确定位,且误差极小,测量数据可靠度高。

测量船上架设 GNSS 接收机实时获取测量船位置坐标,测深仪连接超声换能器可以测得仪器所在位置的水深数据,通过 RTK 输出 GGA 信息和水深数据结合即可得到水下点位坐标即水底的各点位三维坐标,从而绘制水下地形图,如图 10.6 所示。

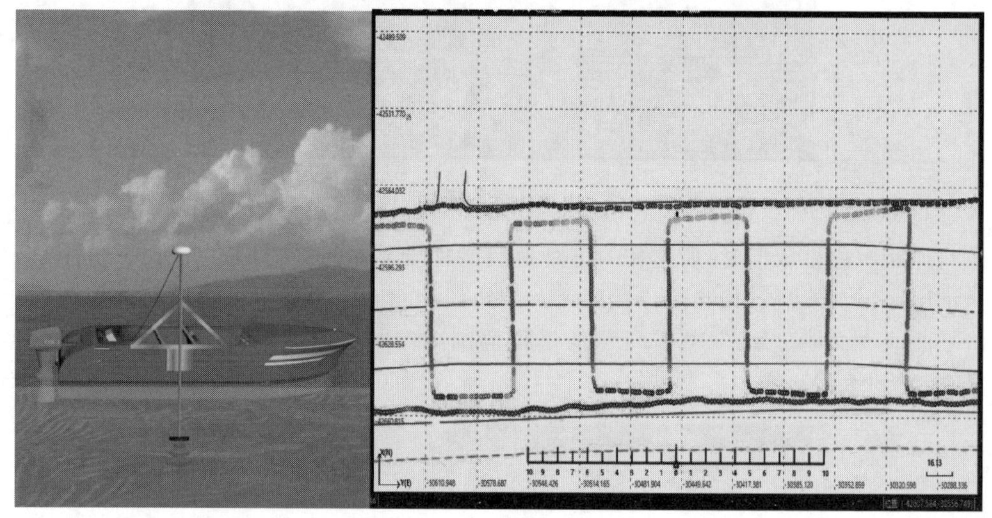

图 10.6 绘制水下地形图

总之,在工程测量工作中,网络 RTK 技术充分发挥了其技术优势,操作简单、灵活,另外还降低了数据处理的工作量,大幅提高了工程操作效率,根本上改变了工程测量的工作模式,使网络 RTK 的运用十分广泛,操作方法越来越简单,应用前景会越来越广泛。

10.3 智能交通应用

GNSS 卫星导航的应用为交通运输引导、组织、服务带来了革命性的变化。在过去的近 40 年,卫星导航在交通上的应用经历了位置参考、概略导航、精细导航 3 个阶段。在位置参考阶段,卫星导航系统获得的位置信息可供交通工具导航参考,该阶段从 20 世纪 70 年代至 80 年代,主要的系统是子午卫星系统,定位精度不足 1km,且需要间隔 1 个多小时定位一次,用户终端价格高昂,用户量很少,但即使是这样的定位精度和定位频度,也极大地方便了船舶导航。在概略导航阶段依靠卫星导航系统获得的位置信息可粗略地引导交通工具,该阶段从 20 世纪 80 年代中至 90 年代中,主

要的服务系统是美国的 GPS 和苏联的 GLONASS,民用定位精度可达百米,用户终端价格依旧较高,用户量较少,该阶段已经开始发展车辆导航应用。在精细导航阶段,可以依靠卫星导航定位信息进行道路级导航、引导车辆在复杂的路网中抵达目的地,该阶段是从 20 世纪 90 年代末至今,主要的服务系统加入了我国的北斗系统,定位精度可达 10m,用户终端非常廉价,用户数量爆发式增长,为交通出行、管理、服务带来了很大的方便。

总结这 3 个阶段的发展趋势,卫星导航系统的精度越来越高、用户数量越来越多、在交通中的作用越来越大。在当前交通领域智能化、信息化的背景下,智能驾驶、无人驾驶等先进科技快速发展,新一代的交通组织和控制蓄势待发,对卫星导航定位提出了新的需求。目前,卫星导航交通应用已发展到位置控制阶段,对可靠性、连续性和定位频度都提出了更高的要求[5]。

卫星导航在道路运输、水路运输、公路基础设施建设和公众交通等领域对卫星导航增强服务的应用需求主要包含以下三类:

1) 1 ~2m 级精度增强服务需求

船舶监控与导航、车辆监控与导航、公路养护和公众交通出行等应用均需 1 ~2m 级的精度增强服务,且该类服务要求覆盖主要内河、沿海和公路,实时性要求也比较高。用户包含营运车辆、乘用车辆、养护车辆及手机用户,预计用户规模将达到亿级。

2) 分米级精度增强服务需求

航道测量、航道疏浚、沿海船舶进港、车辆碰撞、事故调查、施工机械控制应用等均需提供分米级的高精度导航增强服务,根据应用的范围确定覆盖区域,且需要具备一定的实时性。网络 RTK 系统提供的分米级高精度导航位置需求发展迅速,涉及领域众多,用户规模将达到百万级。

3) 厘米级精度增强需求

未来智能交通系统(ITS)包含了在广大范围内的、以通信为基础的信息和电子技术。目前有研究人员正致力于司机协助先进系统的领域,包括道路偏离和换线碰撞避免系统,譬如现在大热的无人驾驶技术。这些系统需要在 10cm 内精确地估计车辆相对于路面车道和路沿的位置,因此需要采用网络 RTK 技术,实时地定位车辆的位置。厘米级实时精密定位服务随着经济和社会的快速发展,用户规模无法估量。

10.4 精准农业应用

精准农业是依靠信息技术支撑,实现精准播种、精准施肥、精准灌溉、精准动态管理和精准收获,通过精细化管理实现农业高效益、可持续发展的农业发展新潮流。其核心是地理信息技术、全球卫星定位技术、遥感技术和计算机自动控制技术。精准农业这一概念最早是 20 世纪 80 年代末由美国、加拿大的一些农业科研部门提出的。1993 年,精准农业技术首先在美国明尼苏达州的两个农场进行试验,结果当年用

GPS 指导施肥的作物产量比传统平均施肥的作物产量提高 30% 左右，同时减少了化肥施用总量，经济效益大大提高。此后，精准农业开始兴起，目前已成为农业发展的一种普遍趋势。我国黑龙江、内蒙古、新疆等广大产粮基地也相继建立了精准农业。农机作业示意图如图 10.7 所示。

实践经验表明，引入 GNSS 卫星导航的精准农业技术能够使不同地区、不同条件下的作物增产 3% ~50%，大大降低农业生产的人力、资金和原材料（种子、肥料、农药、能源等）成本，由此降低的投入占总成本的 1% ~50% 不等。

全球定位系统（GPS）与地理信息系统（GIS）的结合发展和应用，使实时的数据收集与精确的定位信息得以合二为一，从而使大量的地理空间数据得到有效的操作与分析。在精准种植中，GNSS 可应用于耕种规划、耕地绘图、土壤取样、拖拉机导航、庄稼监测、变率应用以及收成绘图等。GPS 让农民能够在雨、尘、雾及黑暗等能见度低的条件下工作。网络 RTK 系统准确解决实时精密定位的问题。通过实施精准耕作，可在尽量不减产的情况下，降低农业生产成本，有效避免资源浪费，降低因施肥除虫对环境造成的污染[6-8]。

图 10.7　农机作业示意图

1）农机导航系统——引导系统

农机导航系统利用网络 RTK 的伪距差分服务（0.5m），引导农机操作手按设计路线到达指定作业区域。

系统功能：

① 加载矢量地图，引导操作手到达工作区域。

② 根据地块的实际情况，设计作业路线，并引导操作员作业。

③ 有效避免重复作业和遗漏作业。

④ 实现 24h 作业，如播前喷药等。

⑤ 实时或事后精确计算作业面积。

2）农机自动驾驶系统

农机自动驾驶系统是利用网络 RTK 高精度差分技术（5cm），结合相应传感器，运用自动控制技术，实现农机按照规划路线作业的自动化控制系统。

系统特点：

① 作业范围广，在起垄、播种、喷药、收获等农田作业时都可以使用。

② 作业精度更高(厘米级)。保证单位面积的种植株数，有效提高亩产，提高土地利用率。

③ 可实现等行距作业，有利于后期标准作业(如施肥、收获)，减少不必要的损失。

④ 延长农机作业时间，人停车不停，可以实现24h作业，提高作业效率。

⑤ 大大降低操作手劳动强度，降低对操作手的技能要求。

通过地基增强系统给车载高精度RTK移动站提供差分信息，实现RTK固定解，给精细农业提供高精度定位信息。

10.5 变形监测应用

目前，随着GNSS技术的不断成熟，GNSS自动化监测已经在桥梁、建筑、地震、大坝等行业中应用并取得很好的效益[9-12]。采用GNSS技术用于桥梁等工程变形监测的手段已经被广泛地应用于世界各地。例如：英国Humber桥的GNSS监测系统、日本明石海峡大桥、虎门大桥、青马大桥、汲水门大桥和汀九大桥的GNSS监测系统、东海大桥GNSS监测系统、润扬大桥GNSS监测系统、湖北阳逻长江大桥监测系统等。

1）大桥变形监测

1998年3月，武汉大学(原武汉测绘科技大学)在清江隔河岩水利枢纽成功地建成了大坝外观变形与高边坡GNSS自动化安全监测；当年清江流域普降暴雨，长江的防汛形势也极为严峻，为了减轻长江防汛的压力，防汛部门将隔河岩的蓄水位提高到204m，超正常蓄水位4m；防汛部门能做出决策是利用了高性能的GNSS对大坝进行连续观测与数据的实时动态处理，及时地掌握了大坝的运行状态。事实证明，GNSS监测技术在隔河岩大坝取得成功，并在1998年长江全流域特大洪水期间经受了考验，发挥了重要作用。

GNSS在桥梁监测环境下的精度也会逐渐提高，目前的典型精度为1cm以内。随着GNSS技术(软硬件及数据处理模型)的不断改善，可以预计这一技术将不断改进，例如现在20Hz采样率的GNSS接收机已逐渐出现并取代采样率较低的接收机。

某大桥全长20多km，其中跨江大桥长约5km，主跨采用1418m三跨吊悬索桥方案，全线按双向六车道高速公路标准设计。在主桥塔顶布设4个GNSS监测站，分别为北塔左幅塔顶1个、北塔右幅塔顶1个、南塔左幅塔顶1个、南塔右幅塔顶1个；主桥梁部布设5个GNSS监测站(均布设在道路中央隔离带处)，分别为北边跨1/2处、1/4处、1/2处、3/4处、南边跨1/2处；主缆部分布设10个GNSS监测站，左幅主缆5个，右幅主缆5个，位置为左右主缆的北边跨1/2处、1/4处、1/2处、3/4处、南边跨1/2处。

具体布设位置如图10.8所示。大桥变形监测结果见图10.9。

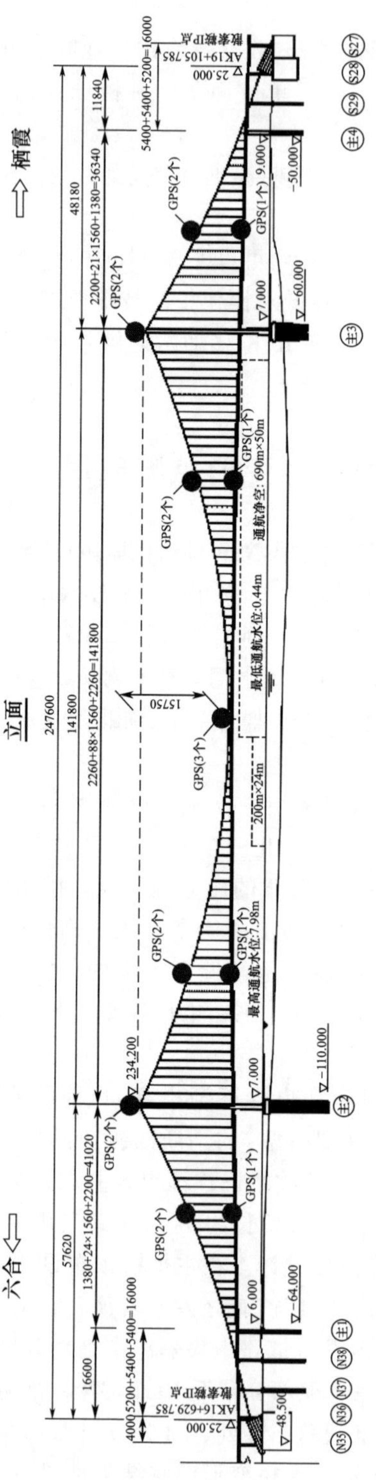

图 10.8　大桥侧面剖视图

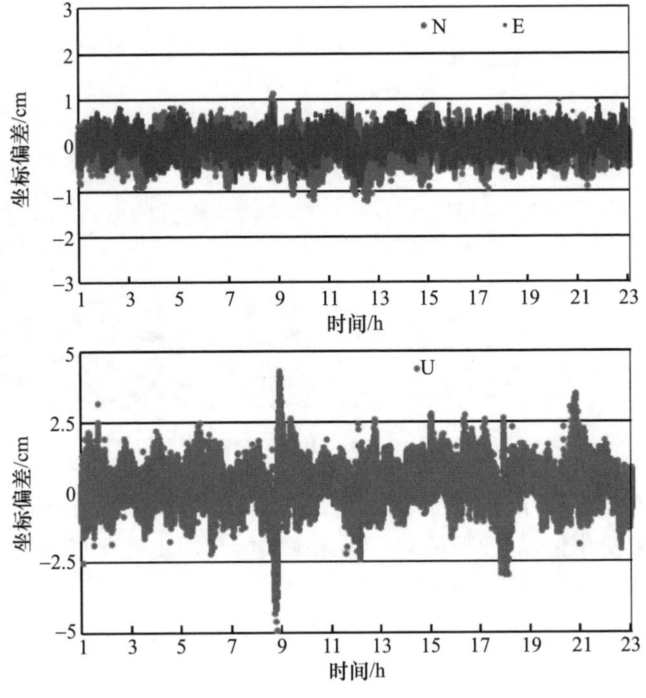

图 10.9　大桥变形监测结果

2）边坡自动化变形监测

边坡是由人为挖掘或者天然地质运动在地表产生的滑坡体，滑坡体的存在使得安全存在很大的隐患，人员与设备都可能因边坡滑下受到伤害。高速公路高边坡的变化在短时间内是很缓慢的，要通过观测整体的微小变形量，构造统计分析模型，预测变形体长期的变化趋势，为以后的分析决策提供依据。为了进行形变分析，需要获得监测点高精度位置坐标数据，通常要求监测点的观测数据达到毫米级的精度。

边坡监测时往往是在一定范围内具有代表性的区域建立变形观测点，边坡监测需要实时传送数据，并不断更新，在基准点架设 GNSS 接收机，经过几期观测从而得到变形点坐标（或者基线）的变化量。根据观测点的形变量，建立安全监测模型，从而分析边坡变形规律并实现及时的反馈，达到监控的目的。

某高速公路边坡监测布设 31 个监测点组成。基准站设在地质稳定的控制室上。31 个监测点按照监测网的布设要求，布设在边坡区域。在各监测点上安置接收机，各接收机观测的数据以无线的方式实时传输到控制中心，控制中心软件准实时解算出各监测点的三维坐标并保存到数据库，最终通过数据分析软件自动分析各监测点的变化量、变化趋势，对边坡区域整体的稳定性进行分析，如图 10.10 所示。各监测点的响应时间一般为 3h 一次，最快可为几分钟一次，监测精度为毫米级，根据解算时间不同可能略有浮动；数据自动传输、数据自动处理及自动网平差、数据自动分析、自动报警及自动生成报表等；如果某监测点监测结果超过预警值，系统则通过短消息、

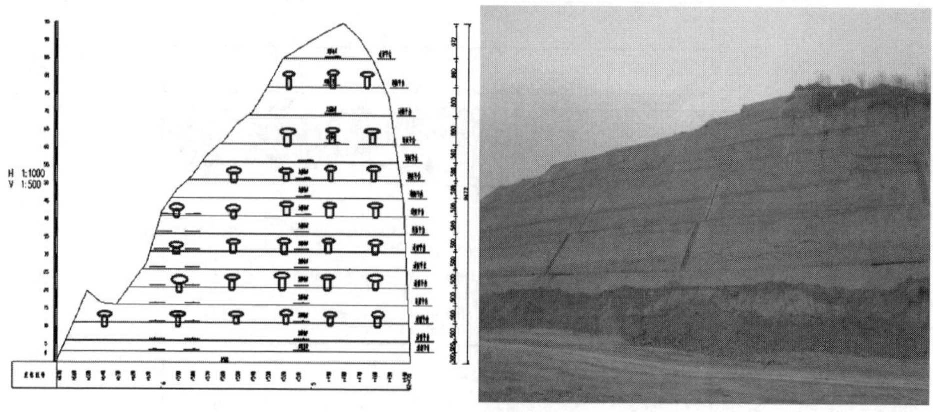

图 10.10　边坡示意图

声光或者 E-mail 的方式自动报警给相关人员;数据分析软件可自动分析各监测点的实时与历史三维变化情况、各监测点位移速率实时与历史变化情况,通过各个监测点反映出整个边坡区域坝表面的动态。

参考文献

[1] HOFMANN-WELLENHOF B,LICHTENEGGER H,WASLE E. 国家大地坐标系建立的理论与实践[M]. 程鹏飞,成英燕,秘金钟,等译. 北京:测绘出版社,2017.

[2] 姜卫平,马一方,邓连生,等. 毫米级地球参考框架的建立方法与展望[J]. 测绘地理信息,2016,41(4):1-6.

[3] 成英燕,党亚民,秘金钟,等. CGCS2000 框架维持方法分析[J]. 武汉大学学报(信息科学版),2017,42(4):543-549.

[4] 张西光,吕志平. 论地球参考框架的维持[J]. 测绘通报,2009(5):1-4.

[5] 张炳琪. 交通运输领域卫星导航增强系统应用发展研究[J]. 卫星应用,2016(04):17-20.

[6] 汪懋华. "精细农业"发展与工程技术创新[J]. 农业工程学报,1999,15(1:1-8).

[7] 郑文钟. 围内外智能化农业机械装备发展现状[J]. 现代农机,2015(6):4-8.

[8] 周晓桐,李剑,张振业,等. 浅谈智能化农业机械[J]. 农村牧区机械化,2016(5):43-45.

[9] 李黎,龙四春,张立亚,等. 矿山变形监测中常规 RTK 精度提高方法研究[J]. 湖南科技大学学报(自然科学版),2014,29(2):18-21.

[10] 熊春宝,田力耘,叶作安,等. GNSS RTK 技术下超高层结构的动态变形监测[J]. 测绘通报,2015(7):14-17,31.

[11] 刘娜,栾元重,黄晓阳,等. 基于时间序列分析的桥梁变形监测预报研究[J]. 测绘科学,2011,36(6):46-48.

[12] 潘传姣. 基于 NRTK 技术的 GNSS 在桥梁结构变形监测中的应用研究[J]. 公路工程,2017,42(4):204-210,222.

缩略语

ADSL	Asymmetric Digital Subscriber Line	非对称数字用户线
AR	Ambiguity Resolution	模糊度固定
ARP	Antenna Reference Point	天线参考点
BDS	BeiDou Navigation Satellite System	北斗卫星导航系统
BDT	BDS Time	北斗时
BIH	Bureau International de I' Heure	国际时间局
BKG	Bundesamt Fürkartographie and Geodaesie	德国联邦制图与大地测量局
BPA	Binary Polynomial Algebra	二进制多项式算法
CAS	Casters	差分数据中心
CDMA	Code Division Multiple Access	码分多址
CGCS2000	China Geodetic Coordinate System 2000	2000 中国大地坐标系
CIR	Cascade Integer Resolution	整数层叠解算
CMRx	Trimble Compressed Data Format	天宝压缩数据格式
CNR	Carrier-to-Noise Ratio	信噪比
CODE	Center for Orbit Determination in Europe	欧洲定轨中心
CORS	Continuously Operating Reference Stations	连续运行参考站
CRC	Cyclic Redundancy Check	循环冗余校验
CTP	Conventional Terrestrial Pole	协议地球极
CTS	Conventional Terrestrial System	协议地球坐标系
DF	Data Field	数据字段
DGPS	Differential GPS	差分 GPS
DIA	Distance-Based Linear Interpolation Algorithms	距离线性内插法
DNS	Domain Name System	域名服务器
DOP	Dilution of Precision	精度衰减因子
DOY	Day of Year	年积日
EGNOS	European Geostationary Navigation Overlay Service	欧洲静地轨道卫星导航重叠服务
EPN	EUREF Permanent Network	欧洲永久性连续运行网
EUREF	European Reference Frame	欧洲参考框架

EWL	Extra-Wide-Lane	超宽巷(模糊度)
FARA	Fast Ambiguity Resolution Approach	快速模糊度解算法
FASF	Fast Ambiguity Search Filter	快速模糊度搜索滤波器方法
FKP	Flächen Korrektur Parameter	区域改正数
FTP	File Transfer Protocol	文件传送协议
GDOP	Geometric Dilution of Precision	几何精度衰减因子
GEO	Geostationary Earth Orbit	地球静止轨道
GF	Geometry Free	无几何距离
GIS	Geographic Information System	地理信息系统
GLONASS	Global Navigation Satellite System	(俄罗斯)全球卫星导航系统
GNSS	Global Navigation Satellite System	全球卫星导航系统
GPRS	General Packet Radio Service	通用分组无线服务
GPS	Global Positioning System	全球定位系统
GPS/MET	The Global Positioning System Meteorology	全球定位系统气象学
GPST	GPS Time	GPS 时
GRS80	Geodetic Reference System 1980	1980 大地测量参考系
GSM	Global System for Mobile Communication	全球移动通信系统
HDOP	Horizontal Dilution of Precision	水平精度衰减因子
HTTP	Hypertext Transfer Protocol	超文本传输协议
IERS	International Earth Rotation Service	国际地球自转服务
IGS	International GNSS Service	国际 GNSS 服务
IGSO	Inclined Geosynchronous Orbit	倾斜地球同步轨道
IP	Internet Protocol	互联网协议
IPP	Ionospheric Pierce Point	电离层穿刺点
ITRF	International Terrestrial Reference Frame	国际地球参考框架
ITS	Intelligent Transport System	智能交通系统
iGMAS	International GNSS Monitoring & Assessment System	国际 GNSS 监测评估系统
JD	Julian Data	儒略日
LAMBDA	Least-Squares Ambiguity Decorrelation Adjustment	最小二乘模糊度降相关平差
LCA	Linear Combination Algorithms	线性组合法
LIA	Linear Interpolation Algorithms	线性内插法
LSA	Low-Order Surface Algorithms	低阶曲面法
LSC	Least Squares Collocation	平差配置法
MAC	Master-Auxiliary Concept	主辅站
MCAR	Multiple Carrier Ambiguity Resolution	多频相位模糊度解算

MEDLL	Multipath Estimating Delay Lock Loop	多路径估计延迟锁定环
MEO	Medium Earth Orbit	中圆地球轨道
MLAMBDA	Modified LAMBDA	改进的 LAMBDA(方法)
MSM	Multiple Signal Messages	多信号电文组
MW	Melbourne-Wubeena Combination	MW 组合
NET	Network	网络
NGA	National Geospatial-Intelligence Agency	国家地理空间情报局
NMEA	National Marine Electronics Association	美国国家海洋电子协会
NMF	Neill Mapping Function	Neill 映射函数
NRTK	Network Real-Time Kinematic	网络 RTK
NTRIP	Networked Transport of RTCM via Internet Protocol	通过互联网进行 RTCM 网络传输协议
OMC	Observations-Minus Calculation	观测值减计算值
OTF	On the Fly	在航(模糊度解算)
OVT	Overall Validation Test	综合验证测试
PCO	Phase Center Offset	相位中心偏移
PCV	Phase Center Variation	相位中心变化
PDA	Personal Digital Assistant	便携计算机
PDOP	Position Dilution of Precision	位置精度衰减因子
PPP	Precise Point Positioning	精密单点定位
PPS	Precise Positioning Service	精密定位服务
PRN	Pseudo Random Noise	伪随机噪声
QZSS	Quasi-Zenith Satellite System	准天顶卫星系统
RAIM	Receiver Autonomous Integrity Monitoring	接收机自主完整性监测
RDSS	Radio Determination Satellite Service	卫星无线电测定业务
RIZD	Relative Ionospheric Zenith Delay	相对电离层天顶延迟
RMS	Root Mean Square	均方根
RNSS	Radio Navigation Satellite Service	卫星无线电导航业务
RTCM	Radio Technical Committee for Marine Services	海事无线电技术委员会
RTD	Real-Time Differential	实时差分
RTK	Real-Time Kinematic	实时动态
RZTD	Relative Zenith Tropospheric Delay	相对天顶对流层湿延迟
S&G	Stop and Go	走走停停
SBAS	Satellite-Based Augmentation System	星基增强系统
SIM	Subscriber Identification Module	用户识别模块
SINEX	Solution Independent Exchange	独立交换解决方案

SISA	Signal-in-Space Accuracy	空间信号精度
SISMA	Signal-in-Space Monitoring Accuracy	空间信号监测精度
SPS	Standard Positioning Service	标准定位服务
SRTK	Standard RTK	常规 RTK
SSR	State Space Representation	空间状态信息
STR	Source Table Records	源表记录
TACE	Triangle Ambiguities Closure Error	三角形模糊度闭合差
TAI	International Atomic Time	国际原子时
TCAR	Tri-Band Carrier of Ambiguity Resolution	三频载波求整周模糊度解算
TCP	Transmission Control Protocol	传输控制协议
TDOP	Time Dilution of Precision	时间精度衰减因子
TEC	Total Electron Content	电子总含量
UERE	User Equivalent Range Error	用户等效距离误差
UHF	Ultra High Frequency	特高频
UPS	Uninterruptable Power System	不间断电源
UTC	Coordinated Universal Time	协调世界时
VDOP	Vertical Dilution of Precision	垂直精度衰减因子
VHF	Very High Frequency	甚高频
VPN	Virtual Private Network	虚拟专用网
VRS	Virtual Reference Station	虚拟参考站
VSAT	Very Small Aperture Terminal	甚小口径终端
VTEC	Vertical Total Electron Content	垂直电子总含量
WGS-84	World Geodetic System 1984	1984 世界大地坐标系
WL	Wide-Lane	宽巷(模糊度)
WWW	World Wide Web	万维网